图解
中国茶经

上卷

主编／宋全林

中医古籍出版社

图书在版编目（CIP）数据

图解中国茶经 / 宋全林主编. -- 北京：中医古籍出版社，2015.7
ISBN 978-7-5152-0960-9

Ⅰ.①图… Ⅱ.①宋… Ⅲ.①茶叶—文化—中国—图解 Ⅳ.①TS971-64

中国版本图书馆CIP数据核字(2015)第165378号

图解中国茶经

编　　著：	宋全林
责任编辑：	朱定华
出版发行：	中医古籍出版社
社　　址：	北京市东直门内南小街16号（100700）
印　　刷：	北京通州皇家印刷厂
发　　行：	全国新华书店发行
开　　本：	889mm×1194mm　1/16
印　　张：	27
字　　数：	400千字
版　　次：	2015年8月第1版　2015年8月第1次印刷
书　　号：	ISBN 978-7-5152-0960-9
定　　价：	299.00元（上、中、下）

前言
preface

茶，是中华民族的举国之饮。从神农尝百草起，茶经历了无数朝代的荣辱兴衰，因而具有悠远深邃的底蕴和内涵。茶文化糅合了中国儒、道、佛诸派思想，独成一体，是中国文化中的一朵奇葩，芬芳而甘醇。茶可净心，茶可怡情，茶可养性……茶，凝聚着中国人的哲学。因而，研究茶，学会识茶、泡茶、品茶、懂茶，感悟茶道的魅力，是爱茶人的享受。

中国是世界上最早发现和利用茶的国家。在漫长的历史发展过程中，我国历代茶人，创造地开发了各种各样的茶类，外加茶区分布广泛，茶树品种繁多，制茶人不断地革命创新，形成了丰富多彩的茶类，如绿茶、红茶、黄茶、白茶、乌龙茶、黑茶和再加工茶，包括誉满天下的西湖龙井、洞庭碧螺春、黄山毛峰、庐山云雾、六安瓜片、君山银针、信阳毛尖、武夷岩茶、安溪铁观音、祁门红茶、云南普洱茶等。每种茶都有独特的品质与特性，只有深入了解，才能更好地泡茶、品茶。每种茶叶的品质都有高低优劣之分，可以从外形、叶底、汤色、滋味等方面鉴别。

中国的饮茶历史有煮、煎、点、泡四类，并先后发展为煎茶道、点茶道、泡茶道三种形式。唐代以前虽有饮茶，但不普遍。东晋虽有茶艺的雏型，还远未完善。晋、宋以迄盛唐，是中国茶事活动的蕴酿期。中唐以后，中国人饮茶"殆成风俗"，形成"比屋之饮"，"始自中地，流于塞外"。唐朝陆羽著《茶经》，奠定了中国茶事活动的基础。又经皎然、常伯熊等人的实践、润色和完善，形成了"煎茶道"；北宋时期，蔡襄著《茶录》，徽宗赵佶著《大观茶论》，从而形成了"点茶道"，明朝中期，张源著《茶录》，许次纾著《茶疏》，标志着"泡茶道"的诞生。泡茶讲究茶叶、器具、水、冲泡方法等内容。不同的茶叶有着不同的甄别方法，在众多的茶中择取品质最好的，才能泡出极致味道的茶来；"器为茶之父"，优雅的茶具有助于我们更深刻地感受茶之韵味，也增加了品茶时的感官享受，让眼、口、心，得到温馨的统一。除了好茶和好的茶具，对水的认识也是必不可少的，正所谓："水为茶之母"，水质直接影响到茶质，泡茶所取水质的好坏关乎茶的色、香和味的优劣。只有对茶性、茶具、水有了深刻的认识，加上合理、讲究的冲泡方法，才能确保泡出品质最佳的茶汤。

品茶不仅是品茶汤的味道，同时也是极高雅的艺术享受，讲究的是观茶色、闻茶香、品茶味、悟茶韵。要品出茶叶生于深山幽谷，汲取山水灵韵，远离尘俗的意境。静静地品一杯茶，体验"一碗喉吻润，两碗破孤闷。三碗搜枯肠，唯有文字五千卷。四碗发清汗，平生不平事，尽问毛孔散。五碗肌骨清，六碗通仙灵。七碗吃不得也，唯觉两腋习习清风生。"的状态。淡淡的茶，需要人们平心、清净、禅定，在茶香袅袅中，在唇齿回甘中，人们一定获得从未有过的精神享受。

本书分为茶史茶事篇、茶类制作篇、名茶鉴赏篇、茶道茶艺篇、品茗听壶篇、茶与健康篇、茶与文学艺术篇，力求概括中国茶文化的各个方面和几千年的发展史，并充分反映中国当前丰富多彩的茶文化新面貌，是一部很好的普及茶文化的百科全书，也是茶文化研究者和爱好者的一本工具书。是一部集识茶、鉴茶、泡茶、品茶、茶道、茶艺、茶文化于一体的精品茶书。全书图文并茂，可以让您在边品读文字的同时，也欣赏到精美的图片，既能感受到茶的无穷魅力，同时又获得精神的愉悦与满足，从而找到清净平和的心境。

中国酒茶文化收藏协会常务副会长：宋全林

目录 Contents

茶史茶事

茶的起源 / 2
2 / 美丽传说
2 / 历史记载
3 / 原产中国

茶名探源 / 4
4 / 茶字的演变和形成
5 / 别名雅称

历代茶事 / 6
6 / 秦汉茶事：茶文化启蒙
8 / 六朝茶事：茶文化的萌芽
9 / 唐朝茶事：茶文化的形成
12 / 宋代茶事：茶文化的兴盛
17 / 明朝茶事：茶文化的普及
20 / 清朝茶事：走向世俗

在世界传播 / 21
21 / 中国茶叶对外传播综述
22 / "丝绸之路"与茶叶传播
23 / "茶马古道"
24 / 茶叶之路
27 / 海上茶路
31 / 亚洲茶文化圈

茶类制作

绿茶 / 44
44 / 绿茶分类
48 / 制作工艺
50 / 品茗指南
51 / 瓷杯泡茶
53 / 沏泡诀窍

红茶 / 53
53 / 红茶的种类
55 / 名茶品质
55 / 红茶的制作

56 / 品茗指南
57 / 适宜的茶具
58 / 水温
58 / 置茶量
58 / 浸泡时间

乌龙茶 / 59
59 / 乌龙茶的品质
61 / 名茶种类
62 / 采摘
63 / 乌龙茶的制作

65 / 品茗指南
67 / 品饮得法
67 / 铁观音的起源

黄茶 / 67
68 / 黄茶的种类
68 / 黄茶的制作
70 / 黄茶审评
70 / 品茗指南

白茶 / 70
70 / 白茶的品质
71 / 白茶的制作
72 / 品茗指南

黑茶 / 74
74 / 黑茶的品质
75 / 黑茶的制作
77 / 品茗指南

花茶 / 78
78 / 生产历史
78 / 花茶的制作
80 / 品茗指南

花果茶 / 80

茶区名茶

江南名茶 / 82

江南茶区 / 82
82 / 区域范围
82 / 地理特征
82 / 茶树品种
82 / 特产名茶

西湖龙井 / 83
83 / 天堂瑰宝
83 / 孕育名茶的环境
83 / 三大品类
83 / 品质特征
85 / 鉴别方法

黄山毛峰 / 87
87 / 天地精华
88 / 采制工艺
89 / 等级划分
90 / 特级黄山毛峰鉴别
90 / 品茗指南

洞庭碧螺春 / 90
90 / 康熙赐名
91 / 得天独厚的自然环境
91 / 采制工艺

92 / 等级的划分
92 / 品相特征
92 / 品茗指南

庐山云雾 / 93
93 / "虎溪三笑"禅茶合一
94 / 云雾"六绝"
94 / 采制工艺
95 / 鉴别技巧
95 / 储存方法
95 / 品茗指南

太平猴魁 / 96
96 / 优越的地理环境
96 / 采摘特别讲究
97 / 制作工艺
97 / 等级划分
98 / 冲泡奇景

君山银针 / 98
98 / 遍布茶园的君山岛
99 / "三起三落"
99 / "九不采"
99 / 精工细作

100 / 品茗指南

祁门红茶 / 100

100 / "由绿转红"
100 / 祁门香——"春天的芬芳"
101 / 采制精细
101 / 名扬天下
102 / 品茗指南
102 / 祁红鉴别

安吉白茶 / 103

103 / 以白茶为名
103 / 制作工艺
104 / "龙凤之姿"
104 / 品质鉴别
104 / 品茗指南

武夷岩茶 / 105

105 / 碧水丹山
105 / 一岩一茶
106 / "岩骨花香"
106 / 品种繁多
108 / 品茗指南
109 / 密封储藏

武夷山大红袍 / 109

109 / 国宝茶王
109 / 特殊的药效
110 / 天价的"茶中之王"
110 / 储藏方法

白毫银针 / 110

110 / 茶中"美女"
111 / 北路银针
111 / 南路银针
112 / 形如其名
112 / 采制工艺
112 / 品茗指南
113 / 储藏方法

白牡丹 / 113

113 / 历史传说
113 / "红装素裹"
113 / 产地分布
114 / 制作工艺

金骏眉 / 114

114 / 名称由来
114 / 品质特征
115 / 真假鉴别
115 / 冲泡要领

华南名茶 / 116

华南茶区 / 116

116 / 区域范围
116 / 地理特征
117 / 茶树品种

安溪铁观音 / 117

117 / 乌龙茶类的代表
117 / 主要产地
118 / 历史传说
118 / 品质特征
118 / 名扬四海
119 / 采制工艺
119 / 品鉴指南
119 / 安溪铁观音的感官分级标准

冻顶乌龙 / 121

121 / "茶中圣品"
121 / 冻顶山
121 / 采制工艺
121 / 外观内质
122 / 品级的评定

茉莉花茶 / 122

122 / "人间第一香"
123 / 花茶窨制
123 / 冲泡方法
124 / 品饮欣赏
124 / 药用功效
124 / 产品类型与品质特征
125 / 储存方法

西南名茶 / 125

西南茶区 / 126

126 / 区域范围
126 / 地理特征
126 / 茶树品种
126 / 江北六大茶山
127 / 江南六大茶山

滇红工夫茶 / 127

127 / 大自然的恩赐
128 / 品质鉴别
128 / 滇红分级
129 / 品鉴指南
129 / 蜚声国际

云南普洱茶 / 130

130 / 茶之祖
130 / 主要产地
130 / 产品分类
133 / 品质鉴别
133 / 普洱茶的功效
134 / 冲泡品饮
135 / 普洱茶的收藏
135 / 普洱茶的储存

蒙顶茶 / 135

135 / 世界茶文明的发祥地
136 / 茶史溯源
136 / 神秘的采制仪式
136 / 独特的制作工艺
137 / 蒙顶茶的品质
137 / 蒙顶山茶艺——天风十二品
137 / 蒙顶山茶艺——龙行十八式

江北名茶 / 137

江北茶区 / 137

137 / 区域范围
138 / 地理特征

信阳毛尖 / 138

138 / "绿茶之王"

138 / 得天独厚的自然条件
139 / 采制工艺
139 / 品质特点
139 / 品饮指南
140 / 等级标准
140 / 鉴别技巧
141 / 储存方法

六安瓜片 / 141
141 / 独一无二的片茶
141 / 产地环境
142 / 名茶来历
142 / 采制工艺
143 / 品级划分
144 / 品饮指南

崂山茶 / 144
144 / 南茶北引
144 / 山海相依
144 / 崂山茶的种类
145 / 品饮指南

146 /附录 茶叶的审评技巧
147 /附录 审评术语

茶道茶艺

茶道 / 150
150 / 茶道是生命之美的延伸
151 / 茶道的基本要素
154 / 茶道的思想理论
157 / 茶道的修养方法
159 / 茶道的养生思想
161 / 茶道的人际关系内涵
163 / 各国茶道

茶艺欣赏 / 165
茶之美 / 165
165 / 名之美
167 / 形之美
168 / 色之美
169 / 香之美
170 / 味之美

水之美 / 170
171 / 水之美的标准
172 / 水的分类
174 / 水之美的鉴赏

177 / 茶与水的关系
179 / 古人选水的诀窍

器之美 / 180
180 / 形之美
183 / 组合美

境之美 / 184
184 / 环境美
185 / 艺境美
187 / 人境美
187 / 心境美

艺之美 / 188
188 / 内涵美
188 / 科学卫生
189 / 文化品味
189 / 动作美和神韵美

人之美 / 189
189 / 仪表美
190 / 风度美
191 / 神韵美

语言美 / 192

192 / 语言规范
192 / 语言艺术
193 / 心灵美
195 / 姿态美

品茶艺术 / 196

196 / 品饮要义

各类茶的品饮 / 201

201 / 高级细嫩绿茶的品饮
202 / 乌龙茶的品饮
202 / 红茶品饮
202 / 花茶品饮
203 / 细嫩白茶与黄茶品饮

名茶茶艺 / 203

203 / 祁门工夫红茶
206 / 台式乌龙茶
209 / 绿茶茶艺
210 / 禅茶茶艺
212 / 花茶茶艺
214 / 普洱茶茶艺
216 / 蒙古阿巴嘎奶茶

品茗听壶

茶具的分类 / 220

220 / 主茶具
224 / 辅助用具
226 / 备水器具
226 / 备茶器具
227 / 盛运器具
227 / 泡茶席
227 / 茶室用具

茶具的发展 / 227

227 / 茶具的起源
229 / 专用茶具的确立

唐代茶具——陶盛瓷兴 / 231

231 / 饮茶风靡全国
232 / 茶具门类齐全
232 / 烧水和煮茶器具
233 / 烤茶、煮茶或量茶的器具
234 / 盛水或取水的器具
234 / 装盛茶具的器具
235 / 金银为优
236 / 南青北白

238 / 琉璃茶具出现
238 / 茶具器形的变化

两宋茶具——精益求精 / 239

239 / 形制愈来愈精
241 / 五大名窑
241 / 斗茶崇尚黑釉
242 / 茶瓶讲究形制
242 / 茶具质地更广

元代茶具——承上启下 / 243

243 / 唐宋茶具的孑遗
243 / 去繁从简
244 / 异军突起的元青花

明代茶具——重大变革 / 244

245 / 弃黑从白
245 / 储茶器具受到重视
245 / 洗茶器具兴起
246 / 烧水器具更为讲究
246 / 崇尚小茶壶和紫砂

清代茶具——异彩缤纷 / 247

247 / 陶瓷争艳

248 / 盖碗兴起
248 / 茶具异彩纷呈
248 / 茶壶丰富多彩

近现代茶具——百花齐放 / 249
249 / 因茶择器
249 / 因地制宜
250 / 紫砂热潮
250 / 功夫茶茶具

缤彩纷呈的茶具 / 251

紫泥清韵的紫砂茶具 / 251
253 / 千姿百态的紫砂造型
253 / 变化多端的色泽
253 / 艺术之美
254 / 紫砂茶具的保养

张扬风格的瓷器茶具 / 254
254 / 中华瑰宝
255 / 青瓷茶具
256 / 白瓷茶具
257 / 黑瓷茶具
258 / 青花瓷茶具
259 / 红瓷
259 / 彩瓷茶具
260 / 骨瓷
260 / 景瓷
261 / 识别仿古瓷器

多姿多彩的漆器茶具 / 262
雍容华贵的金玉茶具 / 264
光泽夺目的玻璃茶具 / 266
自然粗犷竹木茶具 / 267
收藏新贵老铁壶 / 267
搪瓷木鱼石茶具 / 273

名窑茶具鉴赏 / 275
275 / 以瓷为首
278 / 长沙窑茶具鉴赏
278 / 越窑茶具鉴赏
279 / 两宋官窑茶具鉴赏
279 / 建窑茶具鉴赏
280 / 德清窑茶具鉴赏
280 / 钧窑茶具鉴赏
281 / 定窑茶具鉴赏
282 / 汝窑茶具鉴赏
282 / 耀州窑茶具鉴赏
283 / 哥窑茶具鉴赏
283 / 德化窑茶具鉴赏
284 / 邢窑茶具鉴赏
284 / 龙泉窑茶具鉴赏
285 / 吉州窑茶具鉴赏
285 / 湘阴窑茶具鉴赏
286 / 景德镇窑茶具鉴赏
286 / 宜兴窑茶具鉴赏

紫砂壶鉴赏 / 287
287 / 紫砂壶的起源
291 / 紫砂壶的发展
292 / 陶壶鼻祖供春与供春壶
296 / 紫砂壶与阳羡茶文化
301 / 紫砂壶的鉴赏与购买
305 / 紫砂的工艺水平
306 / 紫砂旧壶的仿制及其识别
306 / 历代紫砂名家及其作品
307 / 紫砂壶的评价
308 / 进入欣赏紫砂壶之门
309 / 鉴赏紫砂壶的基本知识
313 / 紫砂壶的选用与收藏
314 / 紫砂壶的赝品及其鉴定

茶与健康

饮茶与健康 / 320
320 / 茶的功能性成分
324 / 茶的主要保健功效
328 / 科学饮茶

四季茶饮 / 333
333 / 春季茶饮
335 / 夏季茶饮
336 / 秋季茶饮
337 / 冬季茶饮

花草茶 / 340
340 / 认识花草茶
344 / 花草茶的冲泡方法
345 / 香草茶的保存与储藏
345 / 单方花草茶
359 / 复方香草茶

民族茶 / 361
361 / 擂茶

白族三道茶 / 363
藏族酥油茶 / 365
蒙古奶茶 / 366
侗族打油茶 / 367
怒族盐茶 / 368

茶点 / 369
369 / 茶点分类
371 / 茶点与茶的搭配艺术
373 / 茶点与茶饮的搭配

茶疗 / 374
374 / 基本知识
376 / 养生保健
376 / 治疗疾病
378 / 茶疗良方
381 / 茶的外用

茶与文学艺术

茶与文学 / 384

384 / 茶与诗词

388 / 历代茶诗鉴赏

394 / 茶与小说

397 / 茶谚、茶联

茶与艺术 / 399

399 / 茶与歌舞

400 / 茶与绘画

402 / 茶与戏曲

饮茶传说与典故 / 403

403 / 茶的传说

茶史

ZHONGGUO CHADIAN

茶事

中国有句俗语:"开门七件事——柴、米、油、盐、酱、醋、茶。"
茶是中国人日常生活中不可缺少的一部分。
有朋自远方来,主人亲自奉上一杯清茶——这也是中国人的待客之道。
茶可净心,茶可怡情,茶可养性。
茶,凝聚着中国人的哲学。

一碗喉吻润,两碗破孤闷。
三碗搜枯肠,唯有文字五千卷。
四碗发清汗,平生不平事,尽向毛孔散。
五碗肌骨清,六碗通仙灵。
七碗吃不得也,唯觉两腋习习清风生。

茶，是中华民族的举国之饮。发于神农，闻于鲁周公，兴于唐朝，盛于宋代。中国茶文化糅合了中国儒、道、佛诸派思想，独成一体，是中国文化中的一朵奇葩，芬芳而甘醇。

茶的起源

中国是世界上最早发现和利用茶树的国家。远古时期，老百姓就已发现和利用茶树，如神农《本草经》："神农尝百草，日遇七十二毒，得荼而解之。"公元前1122～1116年，我国巴蜀就有以茶叶为"贡品"的记载。

神农

⊙ 美丽传说

茶可以作为饮料是中国人的一项重大发现。它的利用历史和药用植物一样久远。大概在采集和渔猎的古代时期，古人类在尝百草的过程中发现了它。它的利用，可能经过了由食用到药用，再到饮用的几个不同阶段。东汉时期的《神农本草》中记有"神农尝百草，日遇七十二毒，得荼解之"的传说。在五千多年前，民间传说有位最早发明农业、医药，被后人称为"神农氏"的人，为了为民解除病痛，尝遍百草，企图寻找能治病的植物。有一次，他先后尝了72种毒草，毒气聚腹，五脏若焚，四肢麻木，便躺在一棵树下休息。忽然，一阵凉风吹过，掉下一片树叶落入口中，清香甜醇，他的精神为之一振，便将树上嫩枝叶采下再尝，咀嚼后，毒气顿时退去，全身舒适轻松。于是他认定此种树叶为治病良药，并称它为"荼"。从此，"荼"就在世间代代相传。据说"荼"由药用发展为药、饮并用，也是神农经过多次品饮，反复检查，才认定并传于后世。

⊙ 历史记载

茶树这种植物在地球上已经有数千万年的历史，然而茶叶被人们发现和利用，还是四五千年以前的事。在原始社会时期，没有发明文字，人类活动和经验只能依靠口和耳代代相传。我国最早的字书《尔雅·释木篇》（成书于秦汉年间，约公元前200）中就有"槚，苦荼"

之说。经考证,"荼"即是现今"茶"的古名字。公元350年左右东晋常璩所撰《华阳国志》中有多处谈到茶事。在《华阳国志·巴志》中记述:"周武王伐纣,实得巴蜀之师,著乎尚书……丹、漆、茶、蜜……皆纳贡之。"周武王率领南方八国伐纣是在公元前1066年,这说明早在三千多年以前,巴蜀一带已用当地所产茶叶作为贡品了。用文字记录人类活动,往往滞后于事实本身很长一段时间,因此可以判断,早在三千多年前,我国云、贵高原的川、滇、黔相邻地带已经开始了茶叶的栽培和加工。迄今为止,世界上还未见有比我国更早发现和记载茶的国家,我国是最早种植和饮用茶的国家。

☉ 原产中国

自古以来,我国西南地区就有许多关于大茶树的记载。唐·陆羽《茶经》中称:"茶,南方之嘉木也,一尺、二尺乃至数十尺,其巴山峡川有两人合抱者,伐而掇之。"宋·太平兴国年间的《太平寰宇记》中说:"泸州(四川南部)有茶树,夷人常携瓢攀登茶树采茶。"北宋·沈括《梦溪笔谈》(约1093)卷二十五杂志二中曾谈到"建茶皆乔木"。明代《云南大理府志》中记载:"点苍山……产茶,树高一丈。"解放后,考察发现的大茶树就更多了。据统计,在云、贵、川等省的200多处都有大茶树,甚至有的地区是成片分布的,如云南省镇源县千家寨的古茶林群落,其面积达到数千亩之多。云南省勐海巴达大黑山有一棵大茶树,树高达32.12米,胸围2.9米,树龄估计在1700年以上,是迄今发现树龄最老的野生茶树。位于勐海县南糯山麓,被称为"茶树王"的栽培型大茶树的树龄也有800余年。最近在澜沧县邦崴发现的一株过渡型茶树王,树龄约有1000年。这三棵不同类型的茶树王作为茶树起源地最好的历史见证,已被列为国家重点保护树种,供国内外学者参观研究。

有没有野生茶树固然是研究茶树原产地的一大根据，但如果从茶树栽培历史的发展、亲缘植物的分布、植物体化学成分等多方面综合判断，才能得出有说服力的结论。从茶树的亲缘植物分布来看，山茶是茶树种群最接近的植物。全世界山茶科植物23属，380余种，除其中10属产于南美洲外，其余各属都产于亚洲热带和温带。我国有15个属，260余种，大多分布在云南、贵州和四川一带。云南省是山茶科山茶属植物分布最集中的地方，其中的大理山茶、怒江山茶、云南大花茶等都很著名，有山茶"甲天下"之称。如果从古地理、古气候、古生物学的角度来看，自第四世纪以来，全世界经历过几次冰河期，对所有植物造成极大的灾害。根据我国西南地区冰川堆积物分布情况来看，云南受到冰河期的灾害不大，所以在云南原生的大叶种茶树没有受到严重影响，保存最多。大头茶、木荷、柃木、厚皮香、石笔木等茶树的近缘植物在森林中也随处可见。因此可以推断，云南是茶树原产地的中心地带。近年来，一些科学家用生物化学的方法进一步研究了茶树的原始类型，发现在云南茶树品种的叶子中所含儿茶素比较接近茶树幼苗期儿茶素的类型。这说明云南茶树芽叶的新陈代谢类型比其他品种茶树简单，因而更有理由断定，云南茶树是现在所有茶树中最为古老的原始类型。综合上述事实，我们认为茶树原产自中国西南部，云南则是茶树原产地的中心地带。

茶名探源

⊙ 茶字的演变和形成

在中国古代史料中，茶的名称很多，在公元前2世纪，西汉司马相如的《凡将篇》中提到的"荈诧"就是茶；西汉末年，在扬雄的《方言》中，称茶为"蔎"；在《神农本草经》（约成于汉朝）中，称之为"荼草"或"选"；东汉的《桐君录》（撰人不详）中谓之"瓜芦木"；南朝宋山谦之的《吴兴记》中称为"荈"；东晋裴渊的《广州记》中称之谓"皋芦"；唐陆羽在《茶经》中，也提到"其名，一曰茶，二曰槚，三曰蔎，四曰茗，五曰荈"。自《茶经》问世以后，正式将"荼"字减去一横，称之为"茶"。可见茶字的定形至今已有1200余年的历史。

茶起源于中国，却流行全世界。世界各种语言中的"茶"，均从中国对外贸易港口所在地广东、福建一些地区"茶"的方言音译转变而来。一般而言，"茶"字的读音可分两大体系，一是普通话语音：茶——"CHA"；二是福建厦门地方语"退"音——"TEY"。两种语音在对外传播时间上，有先有后，先为"茶"音，后为"退"音。"CHA"音传往中国的周边四邻的国家。如东邻日本，直接使用汉字"茶"。西邻古波斯语："CHA"；土耳其语："CHAY"；葡

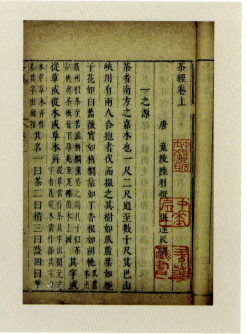

《茶经》，是中国乃至世界现存最早、最完整、最全面介绍茶的第一部专著，被誉为"茶叶百科全书"，由中国茶艺的奠基人陆羽所著。此书是一部关于茶叶生产的历史、源流、现状、生产技术以及饮茶技艺，茶道原理的综合性论著，是一部划时代的茶学专著。它不仅是一部精辟的农学著作又是一本阐述茶文化的书。它将普通茶事升格为一种美妙的文化艺能。它是中国古代专门论述茶叶的一类重要著作，推动了中国茶文化的发展。

萄牙语："CHA"。北邻俄语："чай"。南邻印度、斯里兰卡、巴基斯坦、孟加拉的僧伽罗语也叫"CHA"。在明末清初，西方远洋船队由厦门等地方语得知茶称为"退"，随译成英语"TEE"，拉丁文"THEA"，后来英语拼成"TEA"。至于法语系的"THE"，德语系的"TEE"，西班牙语的"TE"，都是由厦门语的"退"音和英语的译音演变而成。

⊙ 别名雅称

茶之名，可谓多矣。先说别名，最常用的当数"茗"，茶即是茗，茗即是茶。由此派生的则有茶茗、茗饮。根据特点而来的别称有：苦口师，冷面草，余甘氏，森伯，离乡草。根据功用而来的别称有：不夜侯，涤烦子等。再说雅称和美称。唐宋时流行团饼茶，于是有月团、金饼等雅称。此外，嘉木、清人树、瑞草魁、凌霄芽、甘露、香乳、碧旗、兰芽、金芽、雪芽、玉蕊、琼蕊、绿玉、琼屑等都是茶的美称。这些美称，对茶的喜爱推崇可谓溢于文字之间。

嘉木 茶树之赞称。唐·陆羽《茶经·一之源》："茶者，南方之嘉木也。"茶旗亦称"旗"。茶初展之叶芽。宋·

叶梦得《避暑录话》："其精者在嫩芽，取其初萌如雀舌者谓之枪，稍敷而为叶者谓之旗。"

森伯 出自南朝后。汤悦的"森伯颂"。《清异录》上说："汤悦有森伯颂，盖颂茶也。略谓：方饮而森然，严于齿牙，既久罡肢森然。二义一名，非熟夫汤瓯境界，谁能目之。"

甘侯 出自唐·孙樵的《与焦刑部书》。该书有一段记载："晚甘侯十五人，遣侍齐阁。此徒皆请雷而坼，拜水而和，盖建阳丹山碧水之乡，月涧龙之品，慎

勿贱用之。"

甘露 茶之赞称。唐·陆羽《茶经·七之事》引《宋录》："新安王子鸾、豫章王子尚。诣昙济道人于八公山。道人设茶茗，子尚味之曰："此甘露也，何言茶茗。"

金饼 古代对团茶、饼茶之雅称。唐·皮日休《茶中杂咏·茶焙》："初能燥金饼，渐见干琼液。"宋·黄儒《品茶要录》："借使陆羽复起，阅其金饼，味其云腴，当爽然自失矣。"

清友 出自宋·苏易简的《文房四谱》。"事物异名录"《文房四谱》曰："叶嘉字清友，号玉川先生。清友，谓茶也"。姚合品茗诗："竹里延清友，迎风坐夕阳。"

花乳 茶汤别称。唐宋时饮茶多将团饼研末煮泡，汤面浮沫渤如乳，隐现变幻如花。刘禹锡《西山兰若试茶歌》："欲知花乳清泠味，须是眠云跂石人。"苍碧亦称"苍龙璧"。宋代"龙团'贡茶'之别称。黄庭坚《谢宋碾赐壑源拣芽》："矞云从龙小苍璧，元丰至今人未识。壑源包贡第一春，细碾碾香供玉食。"

草中英 茶之赞称。五代·郑遨《茶诗》："嫩芽香且灵，吾谓草中英。叶臼和烟捣，寒炉对雪烹。唯忧碧粉散，常见绿花生。最是堪珍重，能令睡思清。"

馀甘氏 出自宋·李郭的《纬文琐语》："世称橄榄为馀甘子，亦称茶为馀甘子。因易一字，改称茶为馀甘氏，免含混故也。"

涤烦子 茶之别称。唐·施肩吾诗云："茶为涤烦子，酒为忘忧君。"

历代茶事

中国的饮茶历史有煮、煎、点、泡四类，并先后发展为煎茶道、点茶道、泡茶道三种形式。唐代以前虽有饮茶，但不普遍。东晋虽有茶艺的雏型，还远未完善。晋、宋以迄盛唐，是中国茶事活动的酝酿期。中唐以后，中国人饮茶"殆成风俗"，形成"比屋之饮"，"始自中地，流于塞外"。唐朝肃宗、代宗时期，陆羽著《茶经》，奠定了中国茶事活动的基础。又经皎然、常伯熊等人的实践、润色和完善，形成了"煎茶道"；北宋时期，蔡襄著《茶录》，徽宗赵佶著《大观茶论》，从而形成了"点茶道"；明朝中期，张源著《茶录》，许次纾著《茶疏》，标志着"泡茶道"的诞生。

⊙ 秦汉茶事：茶文化启蒙

◇ 巴蜀：茶文化的摇篮

清初学者顾炎武在其《日知录》中考说："自秦人取蜀而后，始有茗饮之事。"指出各地对茶的饮用，是在秦国吞并巴、蜀以后才慢慢传播开来的。也就是说，中国和世界的茶叶文化，最初是在巴蜀发展为业的。顾炎武的这一结论，统一了中国历代关于茶事起源上的种种说法，也为现在绝大多数学者所接受。因此，常称"巴蜀是中国茶业和茶叶文化的摇篮"。明代杨慎的《郡国外夷考》中记

载："《汉志》葭萌，蜀郡名，萌音芒。《方言》，蜀人谓茶曰蔎萌，盖以茶氏郡也……"表明很早之前蜀人已用"茶"来为当地的部落和地域命名了。同时也反映出巴蜀地区在战国之前已经形成了具有一定规模的茶区。

西汉时，王褒的《僮约》中已有"烹茶尽具"以及"武阳买茶"的记载，可见在当时的巴蜀地区，饮茶已经很广泛，茶叶甚至成为一种商品。三国时期魏国《广雅》一书记载："荆巴间采茶作饼，成以米膏出之……"反映出巴蜀地区独有的制茶方式和饮茶方法。

◇ 茶区扩大

两汉茶文化的发展，首先表现在茶区的扩大上。马王堆出土文物表明，汉朝时期长江中游的荆楚之地已经出现了茶和饮茶习俗。资料显示，荆楚茶业曾一度发展到今广东、湖南和江西接壤的茶陵。据《汉书·地理志》记载，西汉时已有的"茶陵"即今日的湖南省茶陵县。从明朝嘉庆年间的《茶陵州志》可以考证，茶陵境内的茶山，就是湖南省与江西省交界处的"景阳山"，那里"茶水源出此"，且"林谷间多生产茶茗，故名"。

◇ 煮茶法

所谓煮茶法，是指茶放在水中烹煮而饮。唐代以前没有制茶法，从魏晋南北朝一直到初唐，人们主要是将茶树的叶子采摘下来直接煮成羹汤来饮用，饮茶就像今天喝蔬菜汤，吴人称此为"茗粥"。

唐代中后期饮茶以陆羽式煎茶为主，但煮茶的习惯并没有完全摒弃，特别是在少数民族地区较为流行。晚唐樊绰的《蛮书》记载："茶出银生城界诸山，散收，无采早法。蒙舍蛮以椒、姜、桂和烹而饮之。"这表明唐代煮茶，往往加入盐、姜等各种作料。

到了宋朝时期，北方少数民族地区在茶中放入盐、干酪和姜等一起煮，南方地区也偶有煮茶的习俗。

明清至今，煮茶法一直主要是在少数民族中使用。

⊙ 六朝茶事：茶文化的萌芽

◇ 重心东移

三国两晋时期，长江中下游地区因为便利的地理条件和较高的经济文化水平，茶业和茶文化也得到较大发展，该地区在中国茶文化传播中的地位，逐渐明显且重要起来，呈现出取代巴蜀之势。此外，由于六朝基本上都是定都建康（今南京市），中国茶业的重心也逐渐由西向东移，从而使江东的茶文化和饮茶习俗有了较快发展。

同一时期中国东南方的植茶，也逐渐由浙西扩展到现在的温州、宁波沿海一带。南北朝时期的《桐君录》记载，"西阳、武昌、晋陵皆出好茗"。晋陵即今江苏省常州的古名，表明东晋末期以及南朝时，长江下游一带种植的茶叶也著名起来。

秦汉的统一打破了巴蜀地区的封闭，使茶叶和饮茶得以在之后的六朝时期向北、向东传播开来。到了魏晋南北朝时期，茶叶的种植和生产已经遍及四川、湖南、湖北、浙江、江苏、安徽、河南等省。

中国的第一大河——长江及其众多的支流如同一张辐射网，为茶叶的传播提供了便利的自然条件。有文字记载，三国吴赤乌元年（238年），道士葛玄"植茶之圃已上华顶"，"华顶"即浙江天台，可见饮茶之风已到江淮流域。

汉王亦曾在江苏宜兴的茗岭招收学童，专门教习种茶的技术。而长江流经湖北武汉，其支流进入陕西，茶也可能顺着这条支流传入陕西一带的北方地区。

◇ 从药用到饮用

秦汉时期，茶并非普通百姓的日常饮品，而是更多地以其药用效果出现在人们的生活中。据史料记载，到了三国时期，茶开始在王室贵族等上层社会流行。两晋和南北朝时期，茶作为药用还是饮用，因南北地域和习俗的不同，而经历了一段具有南北差异的过渡期。

由于茶叶原产自云南、四川等地，南方饮茶习俗较北方成熟略早。南下的中原贵族逐渐适应了南方的饮茶文化，喜欢上了饮茶。而东晋南渡之初，北伐志士刘琨现在信中写进"前得安州干姜一斤，桂一斤，黄芩一斤，皆所须也。吾体中溃闷，常仰真茶，汝可置之。"可见，北方士族还将茶视为药。

◇ 茶文化的萌芽

至魏晋时期，饮茶的方式逐渐进入烹煮的阶段，对烹煮的方法技巧也开始讲究起来。饮茶的形态除了在种类上呈现多样化的特点之外，还开始其有一定的仪式、礼数和规矩。人们日益自发自觉地遵守和规范起来。

在这一时期，茶也开始成为文人雅士吟咏、赞颂和抒情达意的对象。杜毓的《赋》、左思的《娇女诗》等从各个方面对种茶、煮茶、饮茶等茶事进行了描述。此外，茶作为一种健康的饮品，其清香雅致的特质被赋予高雅淳朴的精神力量，与儒、释、道和神、鬼、怪等联系起来，开始进入宗教领域。

从茶文化发展史的整体来看，虽然这一时期的中国茶文化还仅仅处于发展的萌芽阶段，茶风还没有普及到普通百姓中间，人们饮茶更多地关注于茶的物质属性和药性，而不是其文化功能，但是仍为后代茶文化的发展和完善奠定了一定的基础。

⊙ 唐朝茶事：茶文化的形成

唐代"风俗贵茶"，是由唐代特定的社会条件和时代背景所决定的。唐朝国家统一安定，经济繁荣昌盛，为饮茶风尚的形成奠定了坚实的基础；统治阶级对饮茶的重视和倡导，在全国产生上行下效的效应；文人士大夫的饮茶活动及其茶诗文的创作对饮茶风尚起了推波助澜的作用；禅宗佛教与茶一味促成饮茶风尚的形成，当然这一切又与茶本身丰富的生理功效及广大的社会功效吻合时代需要有决定性关系。

◇ 比屋之饮

"比屋之饮"说的是唐朝时期饮茶已经十分普遍，特别是在唐都长安几乎走进家家户户。唐朝时期的经济发展日趋繁盛，文化昌明，社会处处生机勃勃，充满活力，这些有利条件为包括茶业在内的各行各业的发展提供了动力。茶圣陆羽就是生于这样一个繁荣的朝代，正如《茶经》中所说的"滂时浸俗，盛于国朝，两都并荆俞间，以为比屋之饮"。

◇ 皇家重茶

唐贞观15年（公元641年），太宗把文成公主嫁给吐蕃赞普松赞干布时，茶作为陪嫁之物而入藏。《西藏政教鉴附录》称："茶叶亦自文成公主入藏也。"随之西藏饮茶习俗蔚为时尚。此后，以奶与肉食为主的边民得茶之大益，达到"宁可三日无粮，不可一日无茶"的程度。于是自唐代开始了与回纥（今维吾尔族）等边地民族长达数世纪的"茶马交易"。很显然，皇帝以茶和亲、以茶输边，为的是强国固边，以示福惠边民。

唐代宗开始（公元762年），为满足宫廷对名茶的需要，建立了定时、定点、定量、定质的贡茶制，并责成专门官吏督造贡茶入贡事宜。如大历五年（公元770年）在浙江顾渚山建立的我国历史上第一所贡茶院，其产制规模之宏大，

◎绡夏图(部分)

至今也属罕见。史载：采制盛期，"役工三万人"，仅常年从事制茶的"工匠千余人""岁贡达一万八千斤"之多。宫廷对贡茶的需要及因此而设施的贡茶制，客观上刺激了茶叶的生产，对兴起竞制佳品名茶产生了深远的影响。

每年入贡的茶叶，为示皇恩，皇帝皆于清明节举行茶宴，分赐群臣功戚。《全唐文》载有柳宗元"为武中函谢赐新茶表"和刘禹锡"代武中丞谢新茶表"（两篇），表明在宫廷，茶被统治者作为安抚边蕃和臣下的特别"礼遇"。

唐德宗建中元年（780年），首开"税天下茶"，"十取其一"，贞元九年（公元893年）上茶税"岁则四十万贯"。税额十分可观，使茶叶生产的经济地位发生了根本性的变化，茶业的发展进一步得到国家的重视和倡导。

中唐酒道大行，耗粮日渐增加，人口也日趋增多，朝廷为节约粮食，确保人民生活所必须，一边禁酒、一边倡导饮茶，以茶代酒，于国于民皆有大益。

不仅如此，唐代宗后，朝廷内凡举考、论经修志、较量文章，"宫人已下待茶汤"。唐时，中国成为世界文化经济交往中心，赠茶又是外交活动的重要内容，使得饮茶习俗随之流传国外。

唐代最高统治者直接提倡饮茶、热衷茶事，皆因茶体现了皇家的意志，适应统治的需要，利于国家的统一、社会的安定、经济的繁荣。因而茶的地位由此上升到国家政治经济的高度。

◇ 文人写茶

唐以前文人士大夫就介入饮茶活动，与茶结下缘份，并有作品留世。但唐之前的茶诗文零星散见。唐朝的统一强盛、国泰民安、宽松开明的文化背景为文人提供了优越的社会条件，激发了文人创作的激情；加之茶能涤烦提神、醒脑益思而深得文人喜爱。文人士大夫面对名山大川、稀疏竹影、夜后明月、晨前朝霞尽兴饮茶，将饮茶作为一种愉悦精神、修身养性的手段，视为一种高雅的文化体验过程。唐代茶诗多达数百首，题材涉及茶的栽、采、制、煎、饮，以及茶具、茶礼、茶功、茶德等等。可以说在唐代不饮茶做不了名诗人，名诗人不能不写茶。唐代诗人有极为广泛的活动范围，在饮茶习惯尚未普及和逐渐普及过程中，诗人们利用交游、酬唱机会，写下了大量的动人茶诗，言茶妙用、宣茶功效、普及饮茶知识。人们通过这些动人的茶诗，得以了解茶功用，这无疑推动并加快了饮茶风尚的形成。

◇ 煎茶之道

煎茶法主要是指陆羽在其所著的《茶经》中所记载的一种饮茶方法。煎茶法通常用饼茶，主要程序有备茶、备水、生火煮水、调盐、投茶、育华、分茶、饮茶、洁器等9个步骤。煎茶法一出现就受到士大夫、文人雅士和品茗爱好者的喜爱。特别是到了唐朝中后期，逐渐成熟并且流行起来。

由于茶圣陆羽是煎茶法的创始人，因此煎饮法又被称为"陆氏煎茶法"。煎茶之道可以说是中国茶道的雏形，兴盛于唐朝、五代和两宋，历时约500年。

◇ 佛教崇茶

有句俗话说"吃茶是和尚家风"，僧侣与品茶之风有着极其密切的关系。

茶道从一开始萌芽，就与佛教有着千丝万缕的联系，旧时有"自古名寺出名茶"之说，也有说法称茶由野生茶树到人工培植也是始于僧人。

佛教的禅宗认为，参禅时需要有一颗平常心，无妄无欲。茶性平和，香气淡稚含蓄，细品慢吸回味持久，让人内心宁静，归于平和，这些特性与参禅悟道所秉持的心态有异曲同工之妙。正如同古人讲"禅让僧人有一颗平常心，而茶给茶人以一颗平常心"。日常生活中最平凡不过的"茶"，与佛教中最重要的精神"悟"结合起来，作为禅宗的"悟道"方式，升华出"茶禅一味"至高无上的境界。

佛中有茶，茶中有佛，佛离不了茶，茶因佛而兴，唐代高僧从谂禅师，嗜茶成癖，并留下"吃茶去"的茶文化典故，成为禅林法语。

> **禅宗公案："吃茶去"**
>
> 　　唐代赵州（今河北省赵县）从谂禅师曾在柏林禅寺（当时叫观音院）主持40年，有着"吃茶去"、"庭前柏树子"等几桩有名的禅门公案。最有名的就是"吃茶去"公案。1000多年以前，有两位僧人从远方来到赵州，向从谂禅师请教如何是禅。从谂禅师问其中的一个，"你以前来过吗？"那个人回答："没有来过。"从谂禅师说："吃茶去！"从谂禅师转向另一个僧人，问："你来过吗？"这个僧人说："我曾经来过。"从谂禅师说："吃茶去！"这时，引领那两个僧人到从谂禅师身边来的监院就好奇地问："禅师，怎么来过的你让他吃茶去，未曾来过的你也让他吃茶去呢？"从谂禅师称呼了监院的名字，监院答应了一声，从谂禅师说："吃茶去！"对"吃茶去"这三个字历来也是见仁见智的，这三字禅有着直指人心的力量，也从而奠定了赵州柏林禅寺是"禅茶一味"的故乡的基础。

⊙ 宋代茶事：茶文化的兴盛

◇ 茶业重心南移

宋代贡焙从顾渚改为建安，主要是为保证清明前能送到京城，以赶上皇室的清明郊祭并赐享国戚近臣，而宜兴、长兴的茶树因气温较低而发芽推迟，很难保证在清明前贡到汴京。欧阳修有诗句说"建安三千里，京师三月尝新茶"，正说明建茶萌发时间很早。

茶史茶事

建茶作为贡物，最早是从五代闽和南唐时开始的，而且很有地方特色。根据吴任臣《十国春秋·闽康宗本纪》中记载：通文二年（公元937年，"国人贡建州茶膏，制以异味，胶以金缕，名曰耐重儿，凡八枚。""命建州制的乳茶，号曰京挺腊茶之贡。……始罢阳羡茶。"因而可以说，贡焙南迁，宋朝罢顾渚紫笋改贡建安、腊面茶，是宋朝沿承南唐的旧制，是一个历史过程。

随着贡焙的南迁，闽南和岭南一带的茶叶生产明显发展了起来。《太平寰宇记》中对南方产茶的记载要比唐朝详细和丰富。其"江南东道"一节中记载"福州土产茶，南剑州土产茶，有六般白乳、金字、蜡面、骨子、山挺、银字；建州土产茶……出茶"。

这些记载，比陆羽《茶经》中有关南国产茶的资料要详细得多。这正反映了由于气候转寒，促使南部的茶业，较北部更加迅速地发展了起来。

◇ 兴盛的民间茶肆

经历了唐朝茶业与茶文化启蒙发展阶段，宋朝成为历史上茶饮活动最活跃的时期，除了有内容丰富，技艺高超的"斗茶"、"分茶"等外，民间的饮茶方式更是丰富多彩。

民间饮茶最为典型的是在南宋时期的都城临安（今浙江杭州）。当时繁华的临安城，茶肆经营昼夜不绝，无论烈日当头还是隆冬腊月，时时有人来提壶买茶。茶肆里面张挂着名人书画，装饰古朴，四季有鲜花装点，前来饮茶的人们络绎不绝，往来如织。

临安的茶肆通常分成很多种，以适应不同层次的消费者。有一些茶肆，多是士大夫等人与朋友相聚的场所，人们在此不但品茗倾谈，甚至开展体育活动，如蹴球茶坊等。茶楼、茶馆的主要顾客多为文雅和有学识之人，他们在此把玩乐器，学习曲艺弹奏，当时人们把这种茶肆称为"挂牌儿"。还有一些茶馆并非以茶为营生，只是挂名而已，人们在此进行买卖交易，谈事论情，饮酒甚至赌博，成为娱乐场所。

◇ 制茶法

宋代是饮茶鼎盛期，上至皇帝，下至百姓，嗜茶成风。对茶叶的需求量非常大。宋代以品饮团茶为主。据赵汝砺《北苑别录》记载的团茶制法。较陆羽的制法又更精细，品质也更为提高，宋代团茶制法是采、拣芽、榨、研、造、过黄等七个步骤。宋朝末年开始出现散茶制法，到元朝时团茶即不再流行，散茶则大为发展，"蒸青法"逐渐改为"炒青法"，到了明代，团茶几乎已遭淘汰，炒青散茶则开始大行其道。

◇ 点茶法

到了宋代，中国的茶道发生了变化，

Chinese Tea

点茶法成为时尚。和唐代的煎茶法不同,点茶法是将茶叶末放在茶碗里,注入少量沸水调成糊状,然后再注入沸水,或者直接向茶碗中注入沸水,同时用茶筅搅动,茶末上浮,形成粥面。其实,点茶就是把茶瓶里烧好的水注入茶盏中。具体操作是:在点茶时,先用瓶煎水,对候汤要求与唐代是一样的。而后将研细茶末放入茶盏,放入少许沸水,先调成膏。所谓调膏,就是视茶盏大小,用勺挑上一定量的茶末放入茶盏,再注入瓶中沸水,将茶末调成浓膏状,以黏稠为度。接着就是一手点茶,通常用的是执壶往茶盏点水。点水时,要有节制,落水点要准,不能破坏茶面。与此同时,还要将另一只手用茶筅旋转打击和拂动茶盏中的茶汤,使之泛起汤花(泡沫),称之为"运筅"或"击拂"。在实际操作过程中,注水和击拂是同时进行的。所以,严格说来,要创造出点茶的最佳效果:一要注意调膏,二要有节奏地注水,三是茶筅击拂得视情而有轻重缓急的运用。只有这样,才能点出最佳效果的茶汤来。而这种高明的点茶能手,被称之为"三昧手"。北宋苏轼《送南屏谦师》诗曰:"道人晓出南屏山,来试点茶三昧手"。说的就是这个意思。"点茶"茶礼从元朝起逐渐衰落,最后于明代消失。

◇ 风靡一时的斗茶

斗茶,也称茗战,是比赛茶叶优劣的一种聚会方式。关于如何斗茶,《大观茶论》作了详细的记述,如在斗茶之前,先要鉴别饼茶的质量,要求"色莹澈而不驳,质缜绎而不浮,举之凝结,碾之则铿然,可验其为精品也"。就是说,要求饼茶的外层色泽光莹而不驳杂,质地紧密,重实干燥。斗茶时,要将饼茶碾碎,过罗(筛)取其细末,入茶盏调成膏。同时,用瓶煮沸水,把茶盏加热,调好茶膏后,就是"点茶"和"击沸"。所谓点茶,就是把瓶里的沸水注入茶盏。点水时要喷泻而入,水量适中,不能断断续续。而"击沸",就是用特制的茶筅(形似小扫把),一边转动茶盏一边搅动茶汤,使盏中泛起"汤花"。如此不断地运筅、击沸、泛花,使斗茶进入美妙境地。接着就是鉴评,先看茶盏内表层汤花的色泽和均匀程度,凡色白有光泽,且均匀一致,汤花保持时间久者为上品;而汤花隐散,茶盏内沿出现"水

痕"的为下品。最后，还要品尝汤花，比较茶汤的色、香、味，而决出胜负。有时茶质虽略次于对方，但用水得当，也能取胜。所以斗茶需要了解茶性、水质及煎后效果，不能盲目而行。

宋代连皇帝也为茶叶著书立说，大谈斗茶之道，可见当时饮茶之风的盛行程度。同时，这种斗茶的结果也推动了茶叶的生产和烹沏技艺的提高。

◇ 茶百戏

茶百戏，又称汤戏或分茶，是宋代流行的一种茶道。即将煮好的茶，注入茶碗中的技巧。在宋代，茶百戏可不是寻常的品茗喝茶，有人把茶百戏与琴、棋、书并列，是士大夫们喜爱与崇尚的一种文化活动。沏茶技艺高超的人能使茶汤汤花瞬间显示瑰丽多变的景象。若山水云雾，状花鸟鱼虫，如一幅幅水墨图画。杨万里有一首《澹庵坐上观显上人分茶》诗，记述他观看显上人玩分茶时的情景，十分详尽而生动。诗云："分茶何似煮茶好，煎茶不如分茶巧。蒸云老禅弄泉手，隆兴元春新玉爪。二者相遇兔瓯面，怪怪奇奇真善幻。纷如劈絮行太空，影落寒江能万变。银瓶首下仍尻高，注汤作势字嫖姚。"茶、水相遇，在兔毫盏的盏面上幻变出怪怪奇奇的画面来，有如淡雅的丹青，或似劲疾的草书。北宋初年人陶谷在《羁·茗录》中说到一种叫"茶百戏"的游艺："茶至唐始盛，近世有下汤运匕，别施妙诀，使汤纹水脉成物象者。禽兽虫鱼花草之属，纤巧如画，但须臾即就散灭。此茶之变也，时人谓茶百戏。"陶谷所述"茶百戏"便是"分茶"，"碾茶为末，注之以汤，以笑击拂"，此时，盏面上的汤纹水脉会幻变出种种图样，若山水云雾，状花鸟虫鱼，恰如一幅幅水墨图画，故也有"水丹青"之称。

◇ "绣茶"和"漏影春"

茶宴"绣茶"和"漏影春"是以干茶为主的造型艺术。"绣茶"的艺术是宫廷内的秘玩。据南宋周密的《乾淳风时记》中记载，在每年仲春上旬，北苑所贡的第一纲茶就列到了宫中，这种茶的包装很精美，共有百夸，都是用雀舌水芽所造。据说一只可冲泡几盏。大概是太珍贵的缘故，一般舍不得饮用，于是一种只供观赏的玩茶艺术就产生了。这种绣茶方法，据周密记载为："禁中大庆会，则用大镀金，以五色韵果簇龙凤，谓之绣茶，不过悦目。亦有专其工者，外人罕见"。另一种称为"漏影春"的玩茶艺术，是先观赏，后品尝。"漏影春"的玩法大约出现于五代或唐末，到宋代时，已作为一种较为时髦的茶饮方式。

宋代陶谷《清异录》中，比较详细地记录了这种做法："漏影春法，用镂纸贴盏，糁茶而去纸，伪为花身。别以荔肉为叶，松实，鸭脚之类珍物为蕊，沸汤点搅"。

宋代时期，茶宴被推向盛期。茶宴主要在上层社会和禅林僧侣间进行，其中以宫廷茶宴最为讲究。

宫廷茶宴：这种茶宴通常在金碧辉煌的皇宫中进行，被看作是皇帝对近臣的一种恩施。所以，场面隆重，气氛肃穆，礼仪严格。茶要贡品，水要玉液，具要珍玩。茶宴进行时，先由近侍施礼布茶，群臣面对皇帝三呼万岁。坐定后再闻茶香、品茶味，赞茶感恩，互相庆贺。

文人茶宴：文人茶宴多在知己好友间进行，一般选择在风景秀丽、景观宜人、装饰优雅的场所举行，一般从相互间致意开始，然后品茗尝点、论书吟诗。

禅林茶宴：禅林茶宴通常在寺院内进行，参加的多为寺院高僧及当地知名的文人学士。茶宴开始时，众人围坐，住持按一定程序冲沏香茗，依次递给大家品尝。对冲茶、递接、加水、品饮等，都按宗教礼仪要求进行。在称赞茶美之后，也少不了谈论道德修身、议事叙情。

虽然各种茶宴目的和要求各有不同，但茶宴的仪式基本一致，一般可分为迎送、庆贺、品茶、叙谊、观景等内容。整个过程都以品茗贯穿始终。所以，对与品茗有关的程序，如选茶、择水、配器，以及烧水、冲沏、递接，直至观色、闻香、尝味等，都须按要求进行。茶宴进行时，一般先由主持人亲自调茶，以示敬意。然后献茶给赴宴的宾客，宾客接茶先是闻茶香、观茶色，然后尝味。一旦茶过两巡，便开始评论茶品，称赞主人品行好、茶味美，随后话题便可转入叙情誉景、论书吟诗了。

⊙ 明朝茶事：茶文化的普及

◇ 返璞归真

明代是中国茶业与饮茶方式发生重要变革的发展阶段。为去奢靡之风、减轻百姓负担，明太祖朱元璋下令茶制改

革，用散茶代替饼茶进贡。伴随着茶叶加工方法的简化，茶的品饮方式也发生了改变，逐渐趋于简化。

真正开从简清饮之风的是朱元璋的第十七子朱权。朱权大胆改革传统饮茶的烦琐程序，并著有《茶谱》一书。《茶谱》里说"盖羽多尚奇古，制之为末，以膏为饼。至仁宗时，而立龙团、凤团、月团之名，杂以诸香，饰以金彩，不无夺其真味。然天地生物，各遂其性，莫若叶茶。烹而啜之，以遂其自然之性也。予故取烹茶之法，末茶之具，崇新改易，自成一家。"从明代开始，宋代皇家定制的龙凤团茶被废弃，茶的形态向散茶方向定型，从而形成了今天我们多见的茶叶形态。朱权所谓的自然之态，不仅仅体现在茶叶形态上，还包括其制作工艺、冲泡过程。

◇ 品种增多

随着明朝制茶技术的改进，各个茶区出产的名茶品类也日见繁多。宋朝时期闻名天下的散茶寥寥无几，有史料记载的只有数种。但到了明朝，仅黄一正编写的《事物组珠》一书中收录的名茶就有近百种之多，且绝大多数属于散茶。

在明清时期，茶叶的形式得到了真正的飞跃和发展，黑茶、青茶、红茶、花茶等各种茶类相继出现和扩大。青茶，即乌龙茶，是明清时期由福建首先制作出来的一种半发酵茶类。红茶最早见之于明朝中期刘基编写的《多能鄙事》一书。清朝时，随着茶叶贸易的发展，红茶从福建很快传播到云南、四川、湖南、湖北、江西、浙江、安徽等省。此外，在各地茶区，还出现了工夫小种、紫毫、白毫、漳芽、选芽、清香和兰香等许多名优茶品，极大地丰富了茶叶种类，推动了茶业的发展。

◇ 泡茶法

泡茶法是将茶放在茶壶或茶杯之中，以沸水冲泡后直接饮用的便捷方法。唐及五代时期的饮茶方式都以煎茶法为主，宋元时期以点茶法为主。泡茶法虽然在唐代时已经出现，但是始终没有传播开来，直至明清时期才开始流行，并逐渐取代煎茶法和点茶法成为主流。

明清的泡茶法更普遍的是用壶冲泡，即先将茶置于茶壶中冲泡，然后再

分到茶杯中饮用。据古代茶书的记载，壶泡法有一套完整的程序，主要包括备器、择水、取火、候汤、投茶、冲泡、酾茶、品茶等。泡茶之道孕育于元末明初时期，正式形成于明朝后期，到清中期之前发展到鼎盛阶段，流传至今。今日流行于福建、两广、台湾等地区的"功夫茶"即以明清的壶泡法为基础发展起来的。

◇ 品饮方式的艺术性

明朝时期品茶方式的更新和发展，突出表现在饮茶艺术性的追求。明代兴起的饮茶冲泡法，是基于散茶的兴起，散茶容易冲泡，冲饮方便，而且芽叶完整，大大增强了饮茶时的观赏效果。明代人在饮茶中，已经有意识地追求一种自然美和环境美。明人饮茶艺术性，还表现在追求饮茶环境美，这种环境包括饮茶者的人数和自然环境。当时对饮茶的人数有"一人得神，二人得趣，三人得味，七八人是名施茶"之说，对于自然环境，则最好在清静的山林、俭朴的柴房、清溪、松涛，无喧闹嘈杂之声。

◇ 追求饮茶的器具之美

明代散茶的兴起，引起冲泡法的改变，原来唐宋模式的茶具也不再适用了。茶壶被更广泛地应用于百姓茶饮生活中，茶盏也由黑釉瓷变成了白瓷和青花瓷，目的是为了更好地衬托茶的色彩。除白瓷和青瓷外，明代最为突出的茶具是宜兴的紫砂壶。紫砂茶具不仅因为瀹饮法而兴盛，其形制和材质，更迎合了当时社会所追求的平淡、端庄、质朴、自然、温厚、闲雅等的精神需要。紫砂壶的制造出现了许多名家，如时大彬、陈远鸣等，并形成了一定的流派，最终形成了一门独立的艺术。因而说，紫砂艺术的兴起，也是明代茶叶文化的一个丰硕果实。

⊙ **清朝茶事：走向世俗**

清朝处于我国封建社会末期，其茶文化不仅具有继承和发扬前代的特征，也具有近代化的特征。清代茶文化较之前代，得到了长足的发展，其茶叶的栽培和制作技术不断提高，使得茶叶的种类繁多，而且清代的品饮方法也得到创新，新的饮茶器具也不断涌现。而且茶馆作为一种平民活动的场所，发展之快，使得中国的传统茶文化发生了较大变化，即从文人茶文化占主导地位向平民饮茶文化转变并成为最终的主流。这些都是时代赋予清朝茶文化的特征。

◇ 茶馆的普及

明清之际，特别是清代，中国的茶馆作为一种平民式的饮茶场所，如雨后春笋，发展很迅速。清代是我国茶馆的鼎盛时期。据记载，就北京有名的茶馆已达30多座，清末，上海更多，达到66家。在乡镇，茶馆的发达也不亚于大城市，如江苏、浙江一带，有的全镇居民只有数千家，而茶馆可以达到百余家之多。

茶馆是中国茶文化中的一个很引人注目的内容，清代茶馆的经营和功能特色有以下几种：饮茶场所，点心饮食兼饮茶，听书场所。除了上面几种情况外，茶馆有时还兼赌博场所，尤其是江南集镇上，这种现象很多。再者，茶馆有时也充当"纷裁判场所"。"吃讲茶"，邻里乡间发生了各种纠纷后，双方常常邀上主持公道的长者或中间人，至茶馆去评理以求圆满解决。如调解不成，也会有碗盏横飞，大打出手的时候，茶馆也会因此而面目全非。

◇ 走向世俗

清代，中国茶文化的主流——传统的民族文化精神开始转向民间，茶馆文化、茶俗文化取代了前代以文士主导茶文化发展的地位，茶文化深入市井，走向世俗，进入千家万户的日常生活，与传统的伦常礼仪结合起来，成为一种高尚的民族情操。

清代前期，中国的茶叶生产有了惊人的发展，种植的面积和产量较前期都有了大幅度的提高。茶叶更以大宗贸易的形式迅速走向世界，曾一度垄断了整个世界市场。

◇ 茶进入了商业时代

清代我国城乡各地茶馆遍布，专卖茶叶的商店、茶庄、茶行、茶号也纷纷出现，杭州翁隆盛茶号创建于1730年，以专售"三前摘翠"（春前、明前、雨前）的西湖龙井茶而极负盛名，上海汪裕泰茶号则以专售安徽的红茶、绿茶而闻名。

清代的统治者，尤其是康熙、乾隆皆好饮茶。乾隆首倡了新华宫茶宴，每年于元旦后三日举行。仅清一代在新华宫举行的茶宴便有六十次之多。这种情况使得清代整个上层社会品茶风气尤盛，进而也影响到民间。

清代前期，中国的茶叶生产有了惊人的发展，种植的面积和产量较前期都有了大幅度的提高。茶叶更以大宗贸易的形式迅速走向世界，曾一度垄断了整个世界市场。

在世界传播

⊙ 中国茶叶对外传播综述

总体而言，全世界的茶叶产区大致分布在北纬45度以南，南纬30度以北的区域。茶叶从中国传播到世界各国，

一般是通过以下三种渠道：一是由僧侣和使臣将茶叶带入周边地区；二是在国与国之间的交往中，茶叶被当做随带礼品或日用品；三是通过商务贸易，将茶叶运销到国外。目前，世界上有50多个国家生产茶叶，而消费茶叶的国家和地区则有160个以上。

中国茶对外传播，自古代到近代大致有四条路径：第一条，自唐宋即开始，向东传播到今天的朝鲜半岛和日本，时间最早。第二条，由新疆和西藏向西传播至中亚和印度。第三条，向北传播到今天的蒙古和西伯利亚，这条路径以元朝最为兴盛，明清时期进一步传播至俄罗斯及广大的欧洲地区。第四条，以明朝郑和下西洋为肇始，向南传播到中南半岛，并在明清时期向非洲、欧洲、美洲传播。

从时间跨度和贸易形式来看，公元475到公元1644年的1000余年，是"以物易茶"为主要特征的出口外销时期。

中国茶叶最早输出时间是在公元473～476年间，中国与土耳其商人在蒙古边疆通过"以物易茶"的方式进行贸易。所以现今只有土耳其的"CHAI"，仍遗留我国汉语"茶叶"的发音方式。唐714年我国开始设"市舶司"管理对外贸易。往后中国茶叶就通过海、陆"丝绸之路"向西输往西亚和中东地区，向东则输往朝鲜、日本。从明代开始，中国古典茶叶类型向近代多种茶类发展，为清初以来开展大规模的茶叶国际贸易提供了商品基础。郑和七次组率船队，出使南亚、西亚和东非30余国。同时，波斯（今伊朗）商人的商业活动、西欧人东来航海探险旅行、传教士的传教活动，都为中国茶叶的对外传播做了铺垫工作。

依据上述东、西、南、北四条路径，在茶叶对外传播历史上也形成了相对应的四种名称：海上茶路、茶马古道、丝绸之路、茶叶之路（也称草原茶路）。下面分别介绍这四条路径的茶叶传播活动。

⊙ "丝绸之路"与茶叶传播

普鲁士舆地学和地质学家、近代地貌学的创始人、旅行家和东方学者李希托芬（FerdinandvonRichtholfen，1833～1905）是最早提出"丝绸之路"概念的人。他于1860年曾随德国经济代表团访问过包括中国在内的远东地区，

他去世后才陆续出版的5卷巨著《中国亲程旅行记》中，谈到中国经西域与希腊—罗马社会的交通线路时，首次将其称为"丝绸之路"（Seidenstrasse）。此后"丝绸之路"的名称在世界范围内流传开来。法国学者布尔努瓦夫人指出："研究丝路史，几乎可以说是研究整部世界史，既涉及欧亚大陆，也涉及北非和东非，如果再考虑到中国的瓷器和茶叶的外销以及鹰洋（墨西哥银元）流入中国，那么它还可以包括美洲大陆，它在时间上已持续了25个世纪。"因此，"丝绸之路"实际上是一片交通线路网。一般而言，"丝绸之路"是指古代和中世纪从黄河流域与长江流域，经过印度、中亚、西亚，连接非洲和欧洲，以丝绸贸易为主要媒介的文化交流之路。

"丝绸之路"的基本走向形成于两汉时期。其东面的起点是西汉的首都长安（今西安）或东汉的首都洛阳，经陇西或固原西行至金城（今兰州），然后通过河西走廊的武威、张掖、酒泉、敦煌四郡，出玉门关或阳关，穿过白龙堆到达罗布泊地区的楼兰。

汉代西域分南道、北道，南北两道的分岔点就在楼兰。北道西行，经渠犁（今库尔勒）、龟兹（今库车）、姑墨（今阿克苏）至疏勒（今喀什）。南道自鄯善（今若羌），经且末、精绝（今民丰尼雅遗址）、于阗（今和田）、皮山、莎车至疏勒。从疏勒西行，越葱岭（今帕米尔）至大宛（今费尔干纳）。由此西行可至大夏（今阿富汗）、粟特（今乌兹别克斯坦）、安息（今伊朗），最远到达大秦（罗马帝国东部）的犁靬（又作黎轩，在埃及的亚历山大城）。另外一条道路是，从皮山西南行，越悬渡（今巴基斯坦达丽尔），经厨宾（今阿富汗喀布尔）、乌弋山离（今锡斯坦），西南行至条支（今波斯湾头）。如果从厨宾向南行，至印度河口（今巴基斯坦的卡拉奇），转海路也可以到达波斯和罗马等地。这是自汉武帝时张骞两次出使西域以后形成的"丝绸之路"的基本干道，也就是说，狭义的"丝绸之路"就是指上述的道路。

广义的"丝绸之路"指从上古开始陆续形成，遍及欧亚大陆甚至包括北非和东非在内的长途商业贸易和文化交流线路的总称。除了上述的路线之外，还包括在南北朝时期形成，在明末发挥巨大作用的海上丝绸之路，以及与西北丝绸之路同时出现，在元末取代西北丝绸之路成为路上交流通道的南方丝绸之路，等等。

本书所说的作为茶叶传输路线之一的丝绸之路是狭义上的概念，是根据中国茶叶的发展史以及有记载的茶叶外销而集中于陆路的、中世纪的茶叶运输线路。

⊙ "茶马古道"

"茶马古道"源于古代西南边疆的茶马互市，兴于唐宋，盛于明清，第二次世界大战中后期最为繁荣。"茶马古道"主要有三条线路，即青藏线（唐蕃古道）、滇藏线和川藏线。在这三条古道中，青藏线兴起于唐朝时期，发展较早；而川藏线在后来的影响最大，也最为知名。

在历史上，销往西北地区和西藏的茶叶以各类茶砖为主，西北多产名马，贸易商互通有无，以名马换取茶叶成为必然的选择，到了唐朝则演变为"茶马政策"。《封氏闻见记》载："开元中，泰山灵寺岩有降魔师大兴禅教，学禅务于不寐，又不夕食，皆许其饮茶，人自怀挟，到处煮饮。从此转相仿效，遂成风俗，自邹、齐、沧、棣，渐至京邑，城市多开店铺煎茶卖之，不问道俗，投钱取饮。其茶自江淮而来，舟车相继，所在山积，色额甚多……于是茶道大行，王公朝士无不饮者……按此古人亦饮茶耳，但不如今人溺之甚，穷日尽夜，殆成风俗，始自中地，流于塞外，往年回纥入朝，大驱名马，取茶而归，亦足怪鄢。"

从文字记载来看，唐代便有"回纥驱马市茶"的话语，但直至宋太宗太平兴国八年，盐城使王明才上书："戎人得铜钱，悉销铸为器。"这样乃设"买马司"，正式禁止以铜钱买马，改用布帛、茶药（主要是用茶）来换马。这是我国由国家制定的最早的茶马互市政策。北宋时期，茶马交易主要在陕甘地区，换马的茶叶就地取于川蜀地区，并在成都、秦州（今甘肃天水）各置榷茶和买马司。

在10世纪，蒙古商队来华商贸，将中国茶砖从中国经西伯利亚带到中亚甚至更远的地方。到元代，蒙古人远征欧洲，创建了横跨欧亚的大帝国，中国的茶叶传入中亚，被广泛饮用，并迅速在阿拉伯半岛和印度传播开来。

元代，官府废除了宋代实行的茶马治边政策。到明朝，川藏茶道正式形成。政府规定四川、陕西两省分别接待杂甘思和西藏的入贡使团，而明朝使臣亦分别由四川、陕西入藏。明代成化二年（1470），朝廷更是明确规定乌思藏赞善、阐教、阐化、辅教四王和附近乌思藏地方的藏区贡使均经由四川入贡。另外，明代朝廷还在雅州、碉门设置茶马司，每年有数百万斤茶叶输往康区转至乌思藏，使茶道从康区延伸至西藏地区。而乌思藏贡使的往来，又促进了茶道的畅通。于是，由茶叶贸易开拓的川藏茶道

同时也作为官道，取代了青藏道的地位。

清代，朝廷设置边疆台站，进一步加强了对康区和西藏的管理。由于放宽了茶叶输藏，打箭炉成为南路边茶总汇之地，进而使川藏茶道进一步繁荣。这样一来，明清时期形成了两路茶道：由雅安、天全越过马鞍山、泸定到康定的"小路茶道"；由雅安、荣经越大相岭、飞越岭、泸定至康定的"大路茶道"。通过这两个茶道，再由康定经雅江、里塘、巴塘、江卡、察雅、昌都至拉萨的南路茶道和由康定经乾宁、道孚、炉霍、甘孜、德格渡金沙江至昌都与南路会合至拉萨的北路茶道。

⊙ 茶叶之路

茶叶之路形成于 17 世纪中叶，大致衰退于 20 世纪初，是一条通向北部的陆路茶叶贸易线路。1567 年哈萨克人把茶叶传入俄国。清康熙 1679 年，中俄两国签订了《尼布楚条约》，该条约规定："从黑龙江支流格尔必齐河到外兴安岭直到海，岭南属于中国，岭北属于俄罗斯。西以额尔古纳河为界，南属中国，北属俄国，额尔古纳河南岸之黑里勒克河口诸房舍，应悉迁移于北岸。雅克萨地方属于中国，拆毁雅克萨城，俄人迁回俄境。两国猎户人等不得擅自越境，否则捕拿问罪。十数人以上集体越境须报闻两国皇帝，依罪处以死刑。此约定以前所有一切事情，永作罢论。自两国永好已定之日起，事后有逃亡者，各不收纳，并应械系遣还。双方在对方国家的侨民'悉听如旧'。两国人带有往来文票（护照）的，允许其边境贸易。和好已定，两国永敦睦谊，自来边境一切争执永予废除，倘各严守约章，争端无自而起。"条约有满文、俄文、拉丁文三种文本，以拉丁文为准，并勒石立碑。碑文用满、汉、俄、蒙、拉丁五种文字刻成。根据此条约，俄国失去了鄂霍次克海，但与大清帝国建立了贸易关系。

清廷与俄国签订《尼布楚条约》以后，为了让俄、蒙商人来市，在齐齐哈尔城北设立互市地。除划定中俄东段边界线外，还规定"嗣后往来行旅，如有路票准其交易"。当时，交易的主要货品是纺织品和皮毛，茶叶并不在其中，俄国先后派出了 11 支官方商队远赴中国，1706 年商队赚取了 27 万卢布，彼得大帝为了确保官方商队的利益，规定所有的私人商队必须获得特别批准才能与北京进行交易。后来发现，实际的交易多发生在库伦。1727 年 8 月 20 日，中俄双方签订了《恰克图条约》（俄国人称为《布连斯奇界约》），新的条约指定距离色楞格斯克 91 俄里的恰克图和额尔古纳河旁尼布楚境内的祖鲁海图作为贸易口岸，并禁止俄国商人进入中国境内，禁止继续在库伦和齐齐哈尔做生意。只有政府有权派出商队，但每三年才能派出一支商队到中国去，双方规定采用易货贸易方式，禁止使用货币。计价以畅销货为单位，1800年之前用中国棉布，此后改为茶叶。祖鲁海图因为地理和交通的原因并没有发展起来，恰克图则得到新的发展。俄国政府的商队从恰克图入境，沿库伦—归化（呼和浩特）—张家口一线进入北京，由此促进了沿途城市的经济发展。

　　1736年（乾隆元），清廷规定中俄贸易仅限于恰克图一口，中国商人到关外贸易，必须领取"部票"。由于这个原因，从北京、张家口到库伦、恰克图的商队逐渐增多。张家口到库伦、恰克图运输路线成了有名的"买卖路"。当时，输入的货物有天鹅绒、海獭皮、貂皮、毛外套、牛羊皮革、各种毛纺品、皮革制品等；输出的有布匹、砖茶、面粉、绸缎、纸张、瓷器、烟草、硫黄、火药、铜铁制品等。由北京经张家口去库伦、恰克图贩运货物的商人，形成了"北京帮"、"山西帮"，贸易量逐年增加。在恰克图，仅仅茶叶一项的输出额，1727年为25000箱，道光年间（1821~1850）增加到66000箱。茶叶在1850年占了全部输出额的75%。1728年丝织品输出额为白银46000两，棉布为44000两。同时，从恰克图输入的商品也逐年增加。1728年农历一月至七月，双方贸易额在北京的白银为152534两，在边境为7462两，合计白银为159996两，约合224408卢布。1845年双方贸易额增加到13620000卢布，中国成为俄国在亚洲的最大市场。输出的茶叶大部分是由"山西帮"茶商从福建武夷茶区采购，经张家口中转，再经张库大道运往恰克图。

　　当时，在恰克图经常能遇到这样的场面：在过节的时候，中国买卖城的官员扎尔固奇带领着他的随员和中国商界头面人物到俄国人这边共同庆祝。瓦西

里·帕尔申这样写道："扎尔固尔彬彬有礼，对俄国人一般都很客气。交谈通过翻译用蒙古语或满语进行……阴历年的庆祝活动在无炮架的小炮的轰鸣声中开始，然后扎尔固尔通过翻译接受我方边防长官和税务总监的正式新年祝贺。俄国商人也赠给自己的中国朋友小的礼品表示祝贺。买卖城很快就热闹起来了，到处是穿红戴绿的人群……中国人在做买卖上特别固执，坚持要价，他们能为一件东西讨价还价三天三夜而不觉厌烦。俄商对他们也同样强硬，毫不相让。不过，一旦他们当中有一方决定做成这笔生意，这种买卖就像大溃堤一样奔腾向前，市面也随即沸沸扬扬，活跃异常……买卖城的商人几乎全都是中国北方各省的人。他们与其他省份的人不同，性格特别刚强，或者说的更直率一些，也就是非常地固执，难以说服。他们开玩笑或者说俏皮话，带着浓厚的民族特色。"（引自瓦西里·帕尔申《外贝加尔边区纪行》）

　　恰克图贸易使中俄双方实现了共赢。道光十七年至十九年（1837-1839）间仅在恰克图一地，中国对俄茶叶出口每年平均达800余万俄磅，价值800万卢布，约合白银320万两之多；而同期俄国每年由恰克图向中国出口的商品仅

600～700万卢布，中国由此获得大量以白银支付的贸易盈余。1821～1859年间，恰克图俄对华贸易额占俄国全部对外贸易的40%～60%，而中国出口商品的16%和进口的19%都是要经过恰克图的。另外，恰克图贸易为俄方带来巨额的关税收入。1760年俄国从恰克图所收入的关税占全国收入的24%，1775年上升到38.5%。

1861年清廷在汉口开埠后，俄商在汉口陆续设立了阜昌、隆昌、顺丰、沅太、百昌和新泰等洋行。这些洋行除在汉口采办茶叶外，还于1869年派人到羊楼洞一带出资招人包办监制砖茶；后来还在汉口建立了顺丰、新泰、阜昌三个砖茶厂，采用机器制砖，大量运到俄国出口，把羊楼洞茶区变为他们的原料供应地。他们主要生产米砖，也生产一部分青砖。俄商在汉口压制或收购砖茶一般是从汉口顺流而下经上海转运天津，在天津集中整理，再用木船运往通州，从通州用数以百计的骆驼队，经张家口越过沙漠古道运往恰克图，再从恰克图运到西伯利亚和俄国市场上去。后来俄国调派义勇舰队参加运输，将砖茶直接运往俄国。

1871年，俄国人在黑龙江成立了阿穆尔船舱公司，在茶叶之路上开辟了一条新的运输线，这条运输线以黑龙江航道为主，向南出黑龙江入海口进入日本海，然后走海路到达天津和长江的入海口上海，溯黑龙江北上则进入乌苏里江，最后由传统的陆路到达茶叶之路上俄罗斯方面的桥头堡伊尔库茨克。

后来，英国人成功地将茶叶贸易转向海路，茶叶之路的利润随即下滑，19世纪40年代从恰克图到莫斯科的茶叶陆路贸易的运输费用至少是每普特6卢布，而从广东到伦敦同样数量的茶叶的海运费却只有30～40戈比，欧洲纺织品运往东方时也同样存在着这样的运费差异，于是欧美货物渐渐地从恰克图市场上消失了。当时，恰克图最重要的贸易品是从中国到俄罗斯的茶叶，恰克图的官员决定把茶叶之路途经莫斯科的陆路运费降低到与途经欧洲的海路运费一样低，于是把关税降低到原来的30%，但是收效不大。到19世纪末期，恰克图基本上变成了西伯利亚人、蒙古人和中国人之间的区域贸易聚集地。

总之，由于海上路线的开通、边界口岸的增多和天津港的对外开放，通过张家口运往库伦、恰克图的货物越来越少。1903年，俄国西伯利亚铁路建成通车，中俄商品运输经海参崴转口，不仅缩短了时间，而且节省了运费，从根本上夺去了张家口至库伦、恰克图的运输业务。

⊙ 海上茶路

中国茶叶南传到中南半岛，始于明朝郑和下西洋时期。同时，向西传播到非洲、欧洲、美洲，向东则传播至朝鲜和日本。

中国茶叶向中南半岛的传播由来已久。自永乐三年（1405）至宣德八年（1433）的28年间，郑和率众7次远航，途径南洋、西洋、东非等地的30余个国家，加深了中国与世界各地的贸易和文化交流。公元1610年，荷兰东印度公司的荷兰船首航从爪哇岛把中国茶运到欧洲。

大约6世纪中叶，朝鲜半岛已有植茶，据传其茶种是由华严宗智异禅师在朝鲜建华严寺时传入。至7世纪初，饮茶之风已遍及全朝鲜。

中国茶和茶文化是通过佛教传入日本的。据记载，永贞元年（805）八月，日本留学僧最澄与永忠等一起从明州起程归国，从浙江天台山带去了茶种，茶树开始在日本生根发芽。

◇ 传入日本

在中国茶和茶文化向东方传播的过程中，日本和朝鲜的情况令人瞩目。为

什么会出现这种情况呢？这里有几个原因：第一，日本、朝鲜都是文明发展较早的东方国家，一切文献、礼仪多效仿中国，有关茶及文化输入的情况无论中国自身或日、朝两国都有较多详细记载。第二，日本和朝鲜都属于中华文化圈，都以中国文化为母本，通过文献和日、朝文物发掘都可以证明。所以，日、朝两国输入中国茶虽然可能晚于西亚，但却是连同物质形态与精神形态全面吸收。第三，日、朝属于清饮文化系统，两国输入中国茶叶的时间恰与中国唐代陆羽创立茶文化体系相衔接。而且自唐、宋到明代茶文化的每一大转变时期，皆能远渡重洋，传播至海外；来华学习的两国学生，常得文化风气之先。

谈到中国茶传入日本，一般从唐代最澄和尚来华说起。事实上，茶传到日本的时间比这还要早。据记载，日本圣德太子时代，即隋文帝开皇年间，中国的文化艺术和佛教在向日本传播的同时，即于公元593年将茶传到日本。所以，日本圣武天皇天平元年四月八日（729）（我国唐玄宗时期），日本文献已有宫廷举行大型饮茶活动的记载。据记载，此日天皇召一百僧侣入禁讲经，第二天向百僧赐茶。又过七十多年，日本天台宗的开创者最澄于804年（唐德宗贞元二十）来华，翌年（唐顺宗永贞元年，805）返国，在带去大量佛教经典的同时带去中国茶种植，在日本近江地区的台麓山附近传播。所以，最澄是日本植茶技术的第一位开拓人，却不是传播茶叶的第一人。

日本僧人从中国带去茶叶和茶种的

同时，自然也带去了中国的茶饮习俗与文化风尚。日本学僧遗留文献记载，日本僧人空海便全面在日本传播了在中国所学的制茶和饮茶技艺。空海和尚又称弘法大师，他与最澄同年来华（804），但比最澄晚一年归国（806）。他曾在长安学习，自然见多识广，据记载他回国时不仅带去茶籽，还带去中国制茶的石臼，以及中国蒸、捣、焙等制茶技术。他归国后所写《空海奉献表》中，就有"茶汤坐来"的记载。当时，日本饮茶风气因僧人的提倡而兴起，饮茶方法也和唐代相似，即煎煮团茶，又加入甘葛与姜等佐料。

在日本嵯峨天皇时，畿内、丹波、近江、播磨各地都种植有茶树，并指令每年按时向朝廷送贡品。同时，在京都设置专供宫廷的官营茶园。可能由于茶叶数量有限，这一时期饮茶仅限于日本宫廷和少数僧人，并没有普及到民间。到日本平安时期后，在近二百年的时间内，即中国五代至宋辽时期，中、日两国来往明显减少，茶的传播也随之中断。不知何种原因，茶在日本一度播种之后，可能又断绝了。直到南宋时，才由日僧荣西和尚再度引入日本。荣西14岁出家即到日本天台宗佛学最高学府比睿山受戒，到21岁时便立志到中国留学。南宋孝宗乾道四年（1168），荣西在浙江明州登陆，遍游江南名山古刹，并在天台山万年寺拜见禅宗法师虚庵大师，又随虚庵移居童山景德寺。此时南宋饮茶之风正盛，荣西得以领略各地风俗。此次来华，荣西一住就是19年。后来他回国一次，不久又再次来华，又住6年。荣西在华前后共达24年之久，最后于宋光宗绍熙三年（1192）回到日本。因此，荣西不仅懂一般中国茶道技艺，而且得悟禅宗茶道精髓。这也就是为什么日本茶道特别突出禅宗苦寂思想的重要原因之一。荣西回国后，亲自在日本背振山一带栽种茶树，同时将茶籽赠明惠上人播植在宇治。荣西还著有《吃茶养生记》，从内容看，特别对茶的保健及修身养性功能高度重视，深得陆羽《茶经》之理。所以，荣西是日本茶道的真正奠基人。元明时期，日本僧人仍不断来华，特别是明代日本高僧深得明朝禅僧和文人茶寮饮茶之法，将二者结合创"数寄屋"茶道，使日本茶道仪式臻于完善。

综合上述情况，可知日本既引进了中国植茶、制茶、饮茶技艺、茶道精神等多方面的内容，又据自己的民族特点进行了改造。因而，在日本保留中国古老的茶道艺术并形成中国茶文化的一个分支也就不足为奇了。

◇ 传入朝鲜

从各种文献记载看，中国茶叶传入朝鲜的时间都要比传入日本要早得多。有人甚至认为当汉朝渡渤海征辽东占领朝鲜半岛的乐浪、真番、昭屯时汉代文人饮茶习俗就已经传入。这种说法可能是因为朝鲜保留的中国汉代文献中发现有"茶茗"的记载。不过，汉代典籍流入朝鲜，不能完全证明茶传入朝鲜。中、朝两国有久远的历史渊源，经常互相遣使不断。或许朝鲜使节来华，对中国饮茶情况略知一二倒有可能。比较可靠的记载，是在新罗时期中国茶传入朝鲜。在四五世纪时，朝鲜有高丽、百济、新罗等小国。公元632～646年，新罗王统一三国，进入新罗时期。这时便从中国传入饮茶习俗，同时学会茶艺。朝鲜创建双溪寺的著名僧人真鉴国师（755～850年）的碑文中就有："如再次收到中国茶时，把茶放入石锅里，用薪烧火煮后曰：'吾不分其味就饮。'守真忏俗都如此。"可见，在这一时期，

饮茶已作为朝鲜寺院礼规。而从李奎报（1168～1235年）所著《南行日记》中，则可看到李已熟知宋代点茶之法。其文曰："……侧有庵，俗称蛇包圣人之旧居。元晓曾住此地，故蛇包迁至此地。本想煮（茶）贡晓公，但无泉水，突然岩隙涌泉，其味甘如奶，故试点茶。"由此可知，此时朝鲜僧人煮茶，不仅用于礼仪，还讲茶艺，论水品。公元828年新罗来中国的使者大廉由唐带回茶籽，种在智异山下的华岩寺周围，从此朝鲜开始了茶的种植与生产，至今朝鲜全罗南道、北道、庆尚南道仍生产茶叶，有茶园2万多亩，产茶约3万多担。茶叶的种类有我国的钱团茶、炒青、雀舌等品种，也有日本的煎茶、沫茶。

至宋代时,新罗人也学习宋代的烹茶技艺。新罗在参考吸取中国茶文化的同时,还建立了自己的一套茶礼。这套茶礼包括"吉礼时敬茶"、"齿礼时敬茶"、"宾礼时敬茶"、"嘉时敬茶"。其中宾礼时敬茶最为典型。高丽时代迎接使臣的宾礼仪式共有五种。迎接宋、辽、金、元的使臣,其地点在乾德殿阁里举行,国王在东朝南,使臣在西朝东接茶,或国王在东朝西,使臣在西朝东接茶,有时,由国王亲自敬茶。

由此可见,朝鲜也是一个全面引入中国植茶、制茶、饮茶技艺和茶道精神的国家。与日本不同的是,日本注重完整的茶道仪式,而朝鲜则更注重茶礼,甚至把茶礼贯彻于各阶层之中。

◇ 传入南亚诸国

中国茶两宋时期传入南亚各国。北宋在广州、杭州、明州、泉州设立市舶司征榷贸易,广州、泉州通南洋诸国,明州则有日本、朝鲜船只往来,当时与南洋交易时输出的货物中就有茶叶。南宋与阿拉伯、意大利、日本、印度各国贸易,外国商人经常来往于中国各港口。当时的泉州和亚、非一些国家贸易频繁,是主要的对外港口,这时福建茶叶已大量销往海外,尤其是南安莲花峰名茶(今称石亭绿茶)有消食、消炎、利尿等功效,是向南亚出口的重要产品。

元朝时期,由于朝廷出师海外,用兵南洋诸国,茶叶逐渐输入南亚诸国,这时福建茶叶仍主要向南洋销售。南洋许多国家吸收了我国茶与饮食结合的方法,许多地方当时以茶为菜,茶成为不可缺少的食物。

到明代,郑和七下西洋,遍历越南、爪哇、印度、斯里兰卡、阿拉伯半岛和非洲东岸,每次都带有茶叶。这时,南洋诸国饮茶习俗已经十分普遍,不仅输入中国茶叶成品,还从中国引进种茶技术。早在公元7世纪,印度尼西亚的苏门答腊、加里曼丹、爪哇等地即与我国来往,到16世纪开始种茶,主要产自苏门答腊。后来,又于1684年、1731年两度大量引进中国茶种,后一次种植尤其见成效。印度人的茶叶也是由我国西藏传播去的。有人估计唐宋时期印度人已经开始学习中国饮茶的方法。到1780年东印度公司从广州输入印度部分茶籽,1788年又再次引种,这才使印度逐渐成为世界产茶大国之一。

南亚诸国与中国茶的关系密切,特别是由于大量华侨的迁入,饮茶习俗也与中国很相似,属于绿茶调饮系统。至于以茶佐餐、以茶待客，茶馆茶楼更与中国相仿。然而，正因为相似太多反而不如日本和朝鲜的茶道、茶礼个性明显。

随着南亚诸国饮茶风俗的兴起和大量中国茶的输入、引种，这些国家逐渐成为中国茶经过海上通往地中海和欧、非各国的中界地，从而自元、明之后真正形成了一条通向西方的"茶之路"。西方国家以南亚诸国为中界地，引入中国种茶、制茶技术，然后利用东南亚有利的自然条件和廉价劳动力大量生产茶叶，再由这些国家运往欧洲销售。这在明代和清初，要比直接与以老大自居的中国进行茶叶贸易要划算得多。所以，南亚诸国种茶、饮茶之风的大兴，一方面是中国茶文化的延伸，同时又是中国茶文化向西方发展的前奏。如果没有这个地区种茶、饮茶之风的兴盛，中国茶要冲出亚洲，走向全世界是难以想象的。也正因为如此，研究南亚诸国饮茶风情及其对西方的影响是一个重大茶学课题。可惜，时至今日，茶人们对这方面还研究的不够，知之甚少。

⊙ 亚洲茶文化圈

我们通过以上情况可以看到，中国茶从公元5世纪开始外传，17、18世纪南亚诸国逐渐成为中国茶向西方发展的中继地，在一千多年中，已经逐步形成一个以中国为中心的亚洲茶文化圈。

总体上看，亚洲茶文化圈大致有三大体系。

第一个体系是中国北方的蒙古、前苏联亚洲部分以及中国西部的中亚和西亚国家。这些国家实际上很早就引入了中国茶，但大多与乳饮文化相结合，所以表面看来中国茶文化的影响似乎不大。事实上，情况并非如此。亚洲北部国家和西部国家是通过中国古代北方民族为中介学习中国茶文化的。我国北方民族性情豪放，大多重武轻文，对中华腹地和南方儒雅的饮茶之风不大习惯。但这并不等于北方民族没有接受中国茶文化的精神。我国北方民族勇猛剽悍、重情重义，普遍习惯以乳茶、酥油茶、蜜茶、茶点表示友谊、敬意。随之，这些习俗自然而然传布到相邻国家。所以外蒙古与我国蒙古族茶俗很相似，前苏联境内一些古代牧猎民族也多少吸收了奶茶文化，而西亚许多国家的饮茶习俗大多从我国新疆地区传入。

比如阿富汗，尊重传统，信仰伊斯兰教，把茶当做人与人之间的友谊桥梁，常用茶沟通感情，用茶培养团结和睦的风气。阿富汗和大多数信仰伊斯兰教的国家一样，多以牛羊肉食为主，红绿茶皆饮，夏季饮红茶，冬季反而饮绿茶。这样一来，茶便成为阿富汗人生活的必需品。所以，阿富汗到处有茶店。而家庭多以铜制圆形"茶炊"来煮茶，与中国火锅类似，与俄国"茶炊"也相像。底部烧火，亲友相聚，围炉而饮，颇有东方大家庭欢乐和睦的感觉。阿富汗人与我国新疆地区一样习惯喝奶茶，但又不像蒙古奶茶，阿富汗人是先将奶熬稠，然后舀入浓茶搅动并加盐，这是民间的习惯。但是，有客人来时，无论城市与农村，都与中国礼俗相仿，总是热情地说："喝杯茶吧！"而且饮茶也有"三杯"

之说,第一杯在于止渴,第二杯表示友谊;第三杯是表示礼敬。这些习俗与我国的一些地方习俗,如"三杯茶"、"三道茶"都很相似。其实,不仅阿富汗,许多阿拉伯穆斯林国家也有与此相仿的习俗。

第二个体系是日本和朝鲜。总的来说,这两个国家受中国儒家思想影响很深,大体接受中国文人茶文化和佛教禅宗茶文化。但两国也有所区别,日本重于禅,因而强调苦寂、内省、清修,以调节其民族紧迫感;朝鲜则重礼仪,把茶礼贯彻到各阶层之中,强调茶的亲和、礼敬、欢快,以茶作为团结本民族的力量。

第三个体系是和中国南方民间饮茶习俗相似的南亚诸国。由于这些国家华侨众多,其茶文化思想大多直接从中国带去。再通过印度尼西亚、印度、巴基斯坦、斯里兰卡等国,茶风又进一步西渡,使单项调饮(加一种佐料而不是像我国云南等地加多种)的习俗又渐播到西方。这样,便形成了一个以茶的亲和、礼敬、平朴为特征的放射状东方茶文化圈,它明显有别于西方。而在西方现代工业文明充满浮躁的社会情况下,东方的茶文化确实是一服清醒剂。所以,这个文化圈定将会不断扩大,在未来世界发展中将有重大意义。

茶不仅是一种物品,更是一种精神力量,是东方许多优秀思想的象征。上面仅从茶的一般传播情况谈到亚洲茶文化圈。在这一文化圈上,日本与朝鲜的茶道与茶礼各有特色,实有大书特书的必要。日本与朝鲜的茶文化都是以中国为源头,但这并不影响他们各有自己的特点。

◇ 日本茶道

中国的茶叶"哺育了日本的茶道文

化","很可能在天平时代（710～794），至少是在奈良时代的末期，作为唐朝文化一环的吃茶，就已传入了我国"。主要传播者是鉴真和尚与日本高僧最澄法师。这段茶话，出自日本学者森本司朗所著《茶史漫话》（孙加瑞译）。森本司朗是日本茶道文化协会负责人，此书概述了日本有关茶史、茶道以及饮茶风俗的发展等茶事的相关情况。摘要如下：

荣西禅师曾于乾道四年（1168）、淳熙十四年（1187）两次到宋朝留学，回国时带去了大量"岩山茶"种子，并广为种植，使种茶成为日本农家副业，而吃茶风习也逐渐由贵族阶层扩展到庶民大众。荣西回国后，不仅用汉字撰著《吃茶养生记》二卷，向全国推广饮茶，还用吃茶养生法治好了镰仓幕府的将军源实朝的糖尿病。随后，元代高僧古林清茂又将中国茶禅一体的哲学及抹茶法传到日本。义满之子足利义政（1435～1490）建造银阁寺，首创茶禅一体的工夫茶饮茶方式，遂形成书院的饮茶仪式。室町时代，一休的弟子村

田珠光对书院茶道持半否定态度。他继承发扬了茶祖荣西禅师的茶道教义，认为"茶道的根本在于清心，这也是禅道的中心"。珠光着眼于"如何把一直以享乐为中心的茶道改变成节制欲望的体现禅道核心的修身养性的茶道"，创立了"和美茶"，武野绍鸥又将珠光倡导的茶道向前推进了一步。日本安土桃山时代的千利休（1522～1591）是绍鸥的弟子。他上学茶祖荣西禅师，下集茶道大成，被时人誉为"茶道天才"。千利休把茶道精神总括为"和、敬、清、寂"，详细来说，即酷爱和平，清心宁静，人与人互敬互爱，人与自然和谐。茶器用具的协调美，人与人间的契合美，展示了人类希望和平与安定的理想。千利休的"和美茶道"艺术，创造了多样造型的饮茶样式，即"工夫茶"：

踏入茶会庭院，"在贮水钵前，以冷水漱口净手，身心为之一爽"，"这是进入茶室举行茶道的精神准备"。

进入茶室的客人，鉴赏过壁龛中的墨迹之后，就将座位面对茶釜。主人取出炭斗，放好茶釜，燃起炭来，这就是烧炭手法。"……请客人们领略火相之美"。

烹茗。"最重要的是水"，"黎明时分一尘未染的净水"最好，"这是千利休待客的一片深情"。

千利休茶道的神髓，在于"以和谐

安定为基调,执意探索'和美茶'的极境。"茶道可以毫无保留地体现在任何型式之中,问题在于如何从型式中解脱出来,达到无我无忧的境界。这就是千利休茶道为何能一直流传至今的根本原因。

日本是一个十分善于学习的民族。日本的许多文化思想最初大多来自外国。但一经移植到本土,又总是善于创新整合,形成自己的特点,使其更符合自身需要,从而带上明显的"大和民族"特色。茶文化的情况也是如此。早期,主要是直接向中国学习、移植,经过一个长期学习、思考的过程才消化吸收,最后形成了日本独特的茶道。这一过程大致可以分四个阶段:

第一阶段,大约在公元7、8世纪到13世纪之间,相当于中国隋唐到南宋,是日本认真学习和大量输入、移植中国茶文化的时期。隋朝时期,日本人已经对我国的饮茶风气有所见闻,但从唐代才开始全面学习中国饮茶的风俗习惯。最初,可能是由僧人带回一些茶叶成品,向日本宫廷敬献,作为猎奇品看待。到唐朝中期,最澄来华时不仅带回中国茶种,而且在日本寺院推广佛教茶会,才引入较多茶文化内容。但是,中国茶文化在唐代也是刚刚兴起的新事物。所以最澄等人还不可能了解更多茶文化的内容。

在日本全面宣传中国茶文化、奠定日本茶文化基础的应该是荣西和尚。荣西和尚两度来华,在中国居住长达24年,他和他的僧友,无论是学习中国的佛学理论或是茶学道理,都十分虔诚。他不

仅游历了许多名刹,请教过许多高僧,而且对民间的市肆、茶坊也都有所见闻。所以,他学习的已不仅是一般烹茶、饮茶方法,更能从一定禅学茶理上对中国的佛茶文化有大概的了解。正如他在自传中所写,他曾"登天台山见青龙于石板,拜罗汉于并峰,供茶汤而感现异花于盏中"。龙是中国文化的象征,龙出现于中国禅宗寺庙中,证明自印度等国传来的佛教已完全中国化了。而所谓向罗汉供茶,感觉有花朵从杯中显现,据说只有在一定功态下才有这种感觉,可见荣西当时修炼是十分认真虔诚。但是,从荣西归国后所写《吃茶养生记》的内容来看,他的研究还没有全面吸收中国唐宋以来茶文化学理,对儒、道、佛诸家在茶文化中的茶道精神还涉足不多,只是重点吸收了陆羽《茶经》中关于以茶保健和烹调器具、技艺方面的内容。对陆羽二十四器中所包含的修齐治平的道理、天人合一的宇宙观和儒家的伦理道德原则很少涉及。但对道家的五行思想,如用五行解释东西南北中的关系,解释人的肝肺心脾肾等内容却相当重视。对茶学的知识也着重其自然功能和对养生保健的好处,许多内容是简录陆羽的《茶经》,把茶的名称、形状,中国历史文献中关于饮茶功能的记载,以及采集、制造等都作了简单介绍。从某种角度说,可以说是陆羽《茶经》的简译本。他认为"茶者养生之仙药也,延寿之妙术也"。可见在这一阶段,日本茶人向自己国内介绍的,一是佛教供茶礼仪,二是茶的养生保健功能,而尤以后者为重,还看不出日本茶文化的独立创造。

第二阶段,时间大体相当于中国的元代,而在日本称为南北朝时期,是日本思考、吸收、摸索中国茶文化的时期。元代时期,日本僧人来华尽量仿效汉人习俗,许多人成为"汉化的日本人"才回国。那时,中国因为蒙古族的统治对国内儒学有所压抑。这时,宋代的龙团凤饼等精细茶艺因过于繁复已不多见,文人茶会多效唐代简朴风气。而深受中国古老文化影响的日本人则更仰慕秦汉唐宋之风,所以日本僧人多向汉人学"唐

式茶会"。包括烹调技艺、茶会形式、室内装饰、建筑等多个方面。此时,正当日本的南北朝时期,许多日本文人潜心研究中国宋代朱子理学,虽说是"唐式茶会",实际上又包含了大量的宋代茶艺内容,这从日本人所著《吃茶往来》和《禅林小歌》中可以看到详细的描绘,尤其在禅林和武士中间,饮茶成为一时风尚。从两书和其他记载来看,当时的"唐式茶会"主要内容有:

1. 点心

点心本是中国禅宗用语,是两次饮食间为安定心神添加的临时糕点。而日本茶人却用来开茶之用。点心所用各种原料多由日本到中国的学僧带回,客人相互推劝,"一切和中国的会餐无异"。就像当今中国青年"留洋"归来,带几瓶法国白兰地、美式咖啡供友人欣赏一样。

2. 点茶

点心稍息之后,"亭主之息另献茶果,梅桃之若冠通建盏,左提汤瓶,右曳茶筅(搅茶用的刷子,唐宋之时有银制、竹制等,日本多以竹为之),从上位至末座,献茶次第不杂乱"。从这一记载看,当时进行的是抹茶中的点茶法。

3. 斗茶

宋代流行斗茶,来比较茶的优劣。日本人也效仿斗茶这种形式,一方面是娱乐,同时也为了推动和宣传日本种茶、制茶的技艺。日本人用斗茶来鉴别本国茶叶的种类、产区和优劣,开始摸索适合国情的茶叶技术。

4. 宴会

日本的所谓"唐式茶会",并非我国真正的唐代饮茶方法,而是掺杂了唐代茶亭聚会形式和宋代点茶、斗茶的方法,加上我国北方民族以茶点与进茶相结合的礼仪(参见(《辽史》、《金史》、《元史》礼志部分),把这些内容糅合在一起的一种"杂拌"货。这就像中国近代以来学习西方文化,常在似与不似之间。

然而，正是这"四不像"才开始体现出一种吸收、摘择的过程。后来，到了日本室町幕府时期，这类茶会便发生变化，开始把茶亭改为室内的铺席客厅，称为"座敷"，贵族采取"殿中茶"，平民则称"地下茶"。这时就开始出现了日本族独创的茶文化。在茶会功能上，这一时期也是多方引进中国茶文化的内容。有的是交际娱乐，体现中国"以茶交友"；有的是僧人茶会，也效法禅宗以茶布道；有的用茶会解决纠纷，就像当今我国四川乡间的"茶会法厅"。日本民间还有"顺茶"、"云脚会"等，也可以从我国江南民间找到踪迹。

第三阶段，日本东山时期，是结合自己民族特点对茶文化有所开创的时期。这时,日本茶文化已向大众化趋势发展。一般而言，凡是深入民众的东西都要结合本民族的特点才可能被大众接受。所以，到日本东山时期，日本人逐渐把茶文化与自己的民族精神相结合，茶文化开始进入一个新的时代，于是产生了村田珠光的"数寄屋法"。"数寄屋"是日本民间茶会，又称"顺茶"，类似今天我国湖州地区的"打茶会"。无论我国的"打茶会"，还是日本的早期的"顺茶"，原本都要突出欢快的含义。但是，日本大和民族随时都有岛国的"危机感"，所以村田珠光突出了这一点，仍以"顺茶"形式出现，但表达的不是欢快，而是着重吸收我国禅宗的"苦寂"意识和"省定"、"内敛"等特征，强调"禅的精神"，把到"数寄屋"饮茶作为修身养性和节制欲望的一种方法。只有呈现出这种精神内容，才可以称之为"茶道"。尽管这种日本"茶道"并没有得"道"之真谛，较中国"道"的含义也要狭窄得多，但毕竟向前迈进了一大步。

第四阶段，大约16世纪末，是具有本民族独立特色的日本茶道创立时期。

千利休（1521～1591）继承历代茶道精神，创立了日本正宗茶道——"陀茶道"。千利休的老师武野绍欧才是村田珠光的直接继承人，他是第三代弟子。千利休原来是一个普通的富商，不是贵族的门第势力，他对茶道却有着特殊的天才。当时，日本国内群雄争霸，战乱不休，已进入所谓的"战国"时期。所以，人们厌恶战乱而希望和平，虽然不能马上实现和平统一，但在心理上却非常期望。日本几个小岛本来就处境困难，分裂也不是民众的愿望。所以，千利休想通过茶室提倡和平、尊敬、寂静，提醒人们随时反省，期望统治者不再继续纷争下去。他为了达到这一目的，对原有的"数寄屋"作了许多改进，改进后称为"陀茶道"：提出以"和敬清寂"为日本茶道的基本精神，"和敬"表示对来宾的尊重；"清寂"是指恬淡、闲寂的审美观。要求人们通过茶室中的饮茶进行自我反省，沟通彼此的思想，在清寂之中去掉自己内心的尘垢和彼此的芥蒂，达到和敬的目的。

千利休为了营造特定气氛，达到精神上的目的，特地设计了别开生面的茶室。当时的豪门住室一般比较宽敞，而千利休却专门把茶室造成小间，以四叠半席为准。在这种很小的空间里，却要

划分出床前、客位、点前、炉踏达等五个专门的地方。然后是采用非对称原则精心布置室内出入口、窗子等位置，典型的日本茶室入口很小，需伏身进入，小室内不仅洁净，各种窗子位置、花色都多有变化。在茶室外型上，一般采取农家中古时的茅庵式：中间一根老皮粗树为柱，上以竹木芦草编成尖顶盖，增添一些田野情趣。在茶室入口还安置一些石灯、篱笆、踏脚、洗手的地方，使人没有入室就产生雅洁的感觉。

全面吸收中国唐宋点茶器具与方法，日本至今还保留有陆羽"二十四器"中的二十种。这样做是为了让人经历一个有条不紊的洗器、调茶过程，使人逐渐安静下来。

设计每次茶会的对话主题，在洗器、点茶过程中，主客应答，从而通过茶艺回忆典籍、铭文，把人们引入一个古老肃穆的氛围之中。

仍然沿用原来"顺茶"中的点心，但称之为"怀石料理"，即一些简单饭菜。"怀石"是禅宗语言，本意是怀石而略取其温，这里是取点心"仅略尽温饱"之意，以示简朴，从中追求苦寂的意境。

从这些细节不难看出，千利休别具匠心地设计了这套日本茶道。茶室寓意一种小社会，有我国道家返璞归真的味道。不同的是，道家要求返归于广大的自然宇宙，而千利休是从繁乱争吵的社会中特意设计一块净地。当时，因为织田信长正开始日本统一的步伐，他想借茶道向被征服区推行一种新文化，就指定千利休为三大茶头之一。于是，陀茶法得到大力推广，一直延续至今。这就是今天日本茶道的由来。但是，茶道在日本也只是一种精神仪式，日本民间其实并不这样喝茶。

◇ 朝鲜茶礼

朝鲜与中国的关系比日本更为密切。因此，朝鲜文化与中国传统文化非常相似，尤其受到中国儒家礼制思想的影响。朝鲜自称"礼仪之邦"，其长幼伦序，礼仪之道，在人们心目中的影响深刻久远。韩国是一个可以用礼让、亲敬对待，却难以用武力屈服的英雄民族。所以，朝鲜重点学习、吸收了中国的茶礼文化。早在新罗时期，朝鲜就在朝廷的宗庙祭礼和佛教仪式中运用了茶礼。例如首露王第十七代赓世级干时，曾规定用三十顷王田供应每年的宗庙祭祀，主要物品是糕饼、饭、茶、水果等，其中就有茶。

新罗时期朝鲜佛教主要尊崇中国的华严宗和净土宗。朝鲜华严宗以茶供文殊菩萨，净土宗则在三月初三"迎福神"日用茶供弥勒。但是，新罗时期的茶礼也主要是效仿中国习俗。高丽时期，朝鲜茶礼已经在朝廷、官府、僧俗等各个社会阶层普及。这时，韩国普遍流行中国宋代的点茶法，茶膏、茶磨、茶匙、茶筅等环节都像中国，但整个程序更为简易。

在朝鲜，重要活动也都有茶仪。在传统节日燃灯会、八关会，以及迎北朝诏使仪、祝贺国王长子诞生仪、公主出嫁仪、曲宴群臣仪等情况下，进茶都是

重要内容之一。

八关会是由朝鲜朝廷主持的传统节日。所谓八关,是供天灵、五岳、名山、大川、龙神,可以说是杂中国泛神主义之总汇而成,由高丽太祖王所建制,太祖王曾在《训要》第六条中说:"朕非常希望的是在于燃灯和八关"。八关会又分为八关小会和八关大会。八关小会是每年阴历11月14日,由太子和上公主持,其中有持礼官劝茶和摆茶饭的礼节。八关大会则在次日举行,至时上茶饭、摆茶。

以茶礼招待使节,在中国宋辽金之时非常盛行,高丽时期也用于招待使节。公主出嫁使用茶仪,也是从我国宋代开始。其余如重型对奏仪、长子诞生仪、太子分封仪、曲宴群臣仪等,则可能是结合高丽情况加以应用和创造。

高丽时期的朝鲜佛教主要有戒律、法相、涅槃、法性、圆融五教。这时除新罗时期崇尚的华严宗之外,天台宗和禅宗佛教也逐渐占上风。因此,中国禅宗茶礼在这一时期成为高丽佛教茶礼的主流。与新罗时期相比,这时候的和尚们不仅以茶供佛,还要把茶道用于自己的修行。这时,中国唐代百丈怀海的《百丈清规》已流传到高丽,后来又有传入元代德辉禅师版本的《敕修百丈清规》。宋人的《苑林清规》、元人的《禅林备用清规》等书籍也都流传到高丽。这些文献中都有关于佛教茶礼的规定,如主持尊茶、上茶、会茶,寮主供茶汤,还有吃茶时敲钟、点茶时打板、打茶鼓等,皆成为朝鲜效仿的蓝本。

宋朝的朱子家礼在高丽时期流传到朝鲜,随之儒家主张的茶礼茶规也在14~15世纪间开始在朝鲜民众中推行。朝鲜民间的冠婚丧祭都用茶礼。

虽然在《高丽史》中有关茶的多处记录说明朝鲜早在高丽时期就全面学习了中国茶文化,但朝鲜在学习过程中并没有全面照搬,而是重点吸取了中国茶文化的茶礼、茶规。到朝鲜时代,除继续发展茶礼外,民间的茶房、茶店、茶信契、茶食、茶席等也发展起来。

总之,朝鲜茶文化经过上千年的流传发展,逐渐形成了以茶礼为中心、以茶艺形式为辅助的茶文化特点。近代以来,朝鲜人爱茶重礼之风不仅没有因为日本帝国主义的入侵而消亡,近年来反而成为提倡和平、团结、统一的重要手段。近年来,朝鲜又发起"复兴茶文化"的运动。特别是在韩国,有不少学者、僧人不仅在研究朝鲜茶文化的历史,而且成立了研究组织,重新研究其茶文化精神、茶礼、茶艺,茶的精神进一步鼓舞着朝鲜人民团结、和谐的精神,成为推动和平统一的进步力量。茶能被提高到国家、民族兴亡的重要高度,是其他饮食文化所难以比拟的。

◇ 西欧茶饮

西方人虽然没有形成茶文化体系,但受到中国茶文化的影响,也有饮茶的风俗。

中国人饮茶的各种传说在茶的流传过程中,自然也流传到了国外。据说著名的法国小说家巴尔扎克曾得到一些珍

贵的中国名茶，他说这茶是中国皇帝送给俄国沙皇，沙皇赏赐于驻法使节，这使节又转送于他。所以他格外珍惜，非至友不能与之分享。每有好友到来，他总是非常认真地泡上一杯中国茶，然后讲一个美丽动听的中国故事，说这茶是由最美丽的中国姑娘在朝阳升起以前，唱着动人的歌，像舞蹈一般的运用于足才采制出来的。巴尔扎克凭着一个小说家的艺术嗅觉，捕捉到中国茶文化中关于人与自然相契合的思想痕迹。那时，法国人很爱喝茶，尤其是法国姑娘爱喝中国红茶，她们认为喝了中国的茶可以让身材变得苗条。

西方最早对茶文化表达赞美的大概是英国。大约在17世纪60年代，葡萄牙的卡特琳娜公主嫁给了英国皇帝查理二世，成为卡特琳娜皇后。她不仅自己饮用出嫁时从葡萄牙带到英国的中国红茶，还宣传茶的功能，说饮茶使她身材苗条起来。这消息引起了一位诗人埃德蒙·沃尔特的激情，便作了一首题名《饮茶皇后》的诗献给查理二世，这大概是第一首外国的"茶诗"。诗曰：

　　花神宠秋色，嫦娥矜月桂。
　　月桂与秋色，美难与茶比。
　　一为后中英，一为群芳最。
　　物阜称东土，携来感勇士。
　　助我清明思，湛然去烦累。
　　欣逢后诞辰，祝寿介以此。

虽然这诗经过译者的加工，加上了不少中国味，但大意基本如此，说明英国人把茶与最美好的事物联系到了一起。直到今天，英国仍是一个十分讲究饮茶的国家。英国人爱喝午后茶，请客人喝午茶更是一种礼仪。英国人不仅爱中国的茶，也很喜爱中国的茶具。1851年，英国海德公园大型国际展览会上曾展出了一个英国女王维多利亚时代使用过的中国大茶壶。此壶现藏于伦敦川宁茶叶公司茶叶博物馆，高约1米，重27千克，容量为57.3千克，可泡2.3千克茶叶，能斟出1200杯茶，是目前世界上少见的巨型茶壶。这个大茶壶如何传到英国已无法可考，但从其釉彩和画里面中国人种茶、采茶、烤茶及海路运茶出口图画来分析，可能是清代为随同茶叶出口专门制造的茶壶。

虽然中国人爱饮茶，但还比不上英国人的平均用量。据统计，世界上饮茶最多的是爱尔兰人，每人平均每年饮茶都在10千克以上。英国人爱喝红茶，饮茶方式也比欧洲其他国家讲究。红茶有冷热之分。热饮加奶，冷饮加冰或放入冰柜。冰茶须浓酽，才能味香可口。茶具尽量模仿中国，讲究用上釉的陶器或瓷茶具，不喜欢金属茶具。煮茶也颇有讲究。水要生水现烧，不能用落滚水再烧泡茶。冲泡先以水烫壶，再投入茶叶，每人一茶匙，冲泡时间又有细茶、粗茶之分。

中国古代以茶助文的思想在英国也有所表现。据说，18世纪的大作家赛缪尔·约翰生，每日要饮40杯茶以助文思。不仅如此，茶在英国还影响到各个社会阶层。上层社会有早餐茶、午后茶。火车、轮船、甚至飞机场都以茶供应过客，一些宾馆也以午后茶招待住客。甚至在剧场、影院休息时也饮茶。普通家庭则把客来泡茶作为见面礼。可以说，英国和中国一样把茶称为"国饮"。到18世纪末，伦敦有2000个茶馆，还有许多"茶园"，成为名流论事、青年交际的最佳场所。所以，有人认为中国近代的茶园是学习英国而来。从中可以窥见东西文化交流的痕迹。

荷兰也是西方最早饮茶的国度之一，早在17世纪便凭借航海优势从爪

茶／史／茶／事

哇转运中国绿茶回国。在荷兰，饮茶起初主要用于宫廷和豪门，作为一种养身和社会交往的高层礼仪，是上层社会炫耀阔气、附庸风雅的方式。这时，中国的茶室也传入荷兰，只不过不是由茶人或茶童操持，而作为家庭主妇表现礼节的手段。后来，茶文化从上层社会进入一般家庭，也像中国南方一样早茶、午茶、晚茶的习惯。有客人来，主妇要以礼迎座、敬茶、品茶，热情招待，直到辞别，整个过程都相当十分讲究。

到18世纪，荷兰还上演过一出叫做《茶迷贵妇人》的戏，不仅反映了当时荷兰本身的饮茶风尚，对整个欧洲饮茶之风也推动很大。

◇ 摩洛哥茶饮

摩洛哥地处非洲西北部，是世界上绿茶进口量最多的国家。人均年消费量在1000克以上。摩洛哥西临大西洋，北临直布罗陀海峡与西班牙相望，东南是阿尔及利亚，与撒哈拉大沙漠相接，气候炎热。由于地理和气候原因，当地人多食牛羊肉，又喜甜食，为帮助消化，对茶有很大需求。摩洛哥人喜欢在茶中加糖和新鲜薄荷，茶要非常浓酽，甜中带苦。因为长期饮茶，摩洛哥人对茶具也十分讲究，自己也制作茶具。他们有一套精美的铜制茶具，有的还涂上银。茶壶的尖嘴为白或红色帽，大茶盘的花纹很精致，糖缸为香炉式，整体搭配赏心悦目，具有非洲风格。其整套茶具，既可用于饮茶，又可作为工艺品观赏，使饮茶成为一种精神享受，这一点与东方人很相似。

在摩洛哥，用茶待友是一种礼仪，走亲访友送上一包茶叶则表示敬意。有时还用红纸包上，作为新年礼物送人。除家庭有饮茶习惯外，摩洛哥的茶肆也十分热闹，一般是在炉灶上有一大茶壶煮开水，用大壶中的水冲泡放有茶叶、白糖、新鲜薄荷的小锡壶，然后把小壶放到火上再煮，煮好后直接将小锡壶端到客人的桌上，客人就可以饮茶进餐了。

摩洛哥人特别喜欢喝中国茶，对中国绿茶评价很高，认为是最理想的饮料。摩洛哥上至国家元首，下至一般平民，都很喜爱中国绿茶。专管茶叶的官员"茶办主任"在摩洛哥有很高的地位，有一位茶办主任建造了一幢别墅，用中国绿茶"珍眉"命名。按当地风俗，每逢大的国宴、招待会、婚丧喜事，都必须有中国的茶。许多家庭把大部分收入用于茶的消费。除绿茶外，他们也进口一部分红茶，主要供应旅馆、饭店里的欧洲人或欧化的本地人。花茶则主要供应宫廷贵族。至于当地居民，还是喜欢中国绿茶。

在摩洛哥，北部人喜欢秀眉之类绿茶，称之为"小蚂蚁"；中部人喜欢珍眉绿茶，取了个当地名字，意为"纤细的头发"；南部人喜欢珠茶类，有一个城市便以"珠茶"为代名。在摩洛哥人看来，茶是中摩友好的象征，代表着和平与友谊。

茶类制作

ZHONGGUO CHADIAN

中国茶文化博大精深，源远流长。
在漫长的历史发展过程中，我国历代茶人，
创造地开发了各种各样的茶类，外加茶区分布广泛，茶树品种繁多，
制茶工人不断的革命创新，形成了丰富多彩的茶类！
根据2014年10月27日正式实施的《茶叶分类》国标中，
对茶叶的术语和定义、分类原则和类别均有详细规定。
其中，根据茶叶的特点，
国标分别规定了鲜叶、茶叶、萎凋、杀青、做青、闷黄、发酵、
渥堆、绿茶、红茶、黄茶、白茶、乌龙茶、
黑茶和再加工茶15个茶叶行业专用术语和定义。
明确将我国茶叶产品分为绿茶、红茶、黄茶、白茶、乌龙茶、
黑茶和再加工茶。

绿茶

绿茶是未经发酵制成的茶，因此较多的保留了鲜叶的天然物质，含有的茶多酚、儿茶素、叶绿素、咖啡碱、氨基酸、维生素等营养成分也较多。绿茶中的这些天然营养成分，对防衰老、防癌、抗癌、杀菌、消炎等具有特殊效果，是其他茶类所不及的。绿茶是将采摘来的鲜叶先经高温杀青，杀灭了各种氧化酶，保持了茶叶绿色，然后经揉捻、干燥而制成，清汤绿叶是绿茶品质的共同特点。

绿茶作为中国的主要茶类之一，年产量在10万吨左右，位居全国六大初制茶之首。中国有20个省（市、自治区）产茶，几乎每个产茶区都可以生产绿茶。绿茶产区可大致划分为：江南产区、江北产区、华南产区和西南产区。河南、贵州、江西、安徽、浙江、江苏、四川、陕西（陕南）、湖南、湖北、广西、福建为我国的绿茶主产省份。

⊙ 绿茶分类

绿茶按其干燥和杀青方法的不同，一般分为炒青、烘青、晒青和蒸青绿茶这四种绿茶种类。

◇ 炒青绿茶

由于在干燥过程中受到机械或手工操力的作用不同，成茶形成了长条形、圆珠形、扁平形、针形、螺形等不同的形状，故又分为长炒青、圆炒青、扁炒青等等。

长炒青状似眼眉，故又称眉茶，成品的花色有珍眉、贡熙、雨茶、针眉、秀眉等，各具不同的品质特征。如珍眉：条索细紧挺直或其形如仕女之秀眉，色泽绿润起霜，香气高鲜，滋味浓爽，汤色、叶底绿微黄明亮；贡熙：是长炒青中的圆形茶，精制后称贡熙。外形颗粒近似珠茶，圆结匀整，不含碎茶，色泽绿匀，香气纯正，滋味尚浓，汤色黄绿，叶底尚嫩匀；雨茶：原系由珠茶中分离出来的长形茶雨茶大部分从眉茶中获取，外形条索细短、尚紧，色泽绿匀，香气纯正，滋味尚浓，汤色黄绿，叶底尚嫩匀。

圆炒青外形颗粒圆紧，色泽绿润，颗粒饱满，因产地和采制方法不同，又分为平炒青、泉岗辉白和涌溪火青等。平炒青：产于浙江嵊县、新昌、上虞等县。因历史上毛茶集中绍兴平水镇精制和集散，成品茶外形细圆紧结似珍珠，故称"平水珠茶"或称平绿，毛茶则称平炒青。

扁炒青扁平光滑，香鲜味醇，因产地和制法不同，主要分为龙井、旗枪、大方三种。龙井：产于杭州市西湖区，又称西湖龙井。鲜叶采摘细嫩，要求芽叶均匀成朵，高级龙井做工特别精细，具有"色绿、香郁、味甘、形美"的品质特征。旗枪：产于杭州龙井茶区四周及毗邻的余杭、富阳、萧山等县。大方：产于安徽省歙县和浙江临安、淳安毗邻

44

地区，以歙县老竹大方最为著名。

在炒青绿茶中，因其制茶方法不同，又有称为特种炒青绿茶，为了保持叶形完整，最后工序常进行烘干。其茶品有洞庭碧螺春、峨眉春语、剑叶、南京雨花茶、汉家刘氏茶、金奖惠明、高桥银峰、韶山韶峰、安化松针、古丈毛尖、江华毛尖、泉城红、泉城绿、大庸毛尖、信阳毛尖、桂平西山茶、庐山云雾等等。在此只简述二品，如洞庭碧螺春：产于江苏吴县太湖的洞庭山，以碧螺峰的品质最佳。外形条索纤细、匀整，卷曲似螺，白毫显露，色泽银绿隐翠光润；内质清香持久，汤色嫩绿清澈，滋味清鲜回甜，叶底幼嫩柔匀明亮。金奖惠明：产于浙江云和县。曾于1915年巴拿马万国博览会上获金质奖章而得名，外形条索细紧匀整，苗秀有峰毫，色泽绿润；内质香亮而持久，有花果香，汤色清澈明亮，滋味甘醇爽口，叶底嫩绿明亮。

西湖龙井：属于炒青绿茶，产于浙江杭州西湖的狮峰、翁家山、虎跑、梅家坞、云栖、灵隐一带的群山之中。杭州产茶历史悠久，早在唐代陆羽《茶经》中就有记载，龙井茶则始产于宋代。品质特点：龙井茶以"色翠，香郁，味甘，形美"四绝著称于世，素有"国茶"之称。成品茶形似碗钉，光扁平直，色翠略黄呈"糙米色"，滋味甘鲜醇和，香气优雅高清，汤色碧绿清莹，叶底细嫩成朵，一旗一枪，交错相映，大有赏心悦目之享受。

◇ 烘青绿茶

是用烘笼进行烘干的。烘青绿茶初制工序分为：杀青、揉捻、干燥三个过程。烘青毛茶经再加工精制后大部分，作熏制花茶的茶坯，香气一般不及炒青高，少数烘青名茶品质特优。烘青绿茶的特点是外形完整稍弯曲、锋苗显露、干色墨绿、香清味醇、汤色叶底黄绿明亮。

以其外形亦可分为条形茶、尖形茶、片形茶、针形茶等。条形烘青，全国主要产茶区都有生产；尖形、片形茶主要产于安徽、浙江等省市。其中特种烘青，主要有马边云雾茶、黄山毛峰、太平猴魁、汀溪兰香、六安瓜片、敬亭绿雪、天山绿茶、顾渚紫笋、江山绿牡丹、峨眉毛峰、金水翠峰、峡州碧峰、南糯白毫等。如黄山毛峰：产于安徽歙县黄山。

外形细嫩稍卷曲，芽肥壮、匀整，有锋毫，形似"雀舌"，色泽金黄油润，俗称象牙色，香气清鲜高长，汤色杏黄清澈明亮，滋味醇厚鲜爽回甘，叶底芽叶成朵，厚实鲜艳。

黄山毛峰：属烘青绿茶，产于安徽省黄山。黄山产茶的历史可追溯至宋朝嘉佑年间。至明朝隆庆年间，黄山茶已经很有名气了。黄山毛峰始创于清代光绪年间。品质特点：特级黄山毛峰堪称我国毛峰之极品，其形似雀舌，匀齐壮实，锋毫显露，色如象牙，鱼叶金黄，香气清香高长，汤色清澈明亮，滋味鲜醇，醇厚，回甘，叶底嫩黄成朵。"黄金片"和"象牙色"是黄山毛峰的两大特征。

◇ 晒青绿茶

晒青茶，是指鲜叶经过锅炒杀青、揉捻以后，利用日光晒干的绿茶。由于太阳晒的温度较低，时间较长，较多的保留了鲜叶的天然物质，制出的茶叶滋味浓重，且带有一股日晒特有的味道，喜欢的茶人谓之"浓浓的太阳味"。晒青茶色泽为墨绿色，白毫也较显，条索主要看制作中是揉得紧还是松，传统手工制作，一般较松，由于晒青干燥后水份较高，10%左右，故蓉毛一般不会飘散，干嗅干茶会闻到一股不太爽的味道，就像太阳光下晒久的衣服上的那种味道，冲泡后汤色手工制作显橙黄色，滋味略带点水味，苦味较重，香气表现略闷，叶底一般为暗绿色，部分叶底上会出现黄斑，有点像乌龙茶那种，但不是在边上。

晒青茶产区遍布云南、贵州、四川、广东、广西、湖南、湖北、陕西、河南等省，产品有滇青（即滇晒青，以下同）、黔青、川青、粤青、桂青、湘青、陕青、豫青等。青毛茶除少量供内销和出口外，主要作为沱茶、紧茶、饼茶、方茶、康砖、茯砖等紧压原料。根据产地不同，晒青茶可分为滇青、川青、陕青等品种，其中云南大叶种滇青品质最佳，采摘标准为一芽三四叶，芽叶全长6～10厘米。（湖北的老青茶、四川的做庄茶等也采用日晒干燥，但在晒干过程中，结合堆

变色，品质风格与晒青不同，属于黑毛茶类，不应与晒青混淆。)

滇青毛茶：是云南传统茶类，主要用作紧压茶原料，所以又称"散茶"。滇青按原料老嫩分为10级。毛茶经筛制后，制成的散茶有春蕊、春芽和各级配茶等花色品种，投放本地市场，大部分毛茶经过筛制，作为紧压茶原料。品质特点：外形条索粗壮肥硕，白毫显露，色泽深绿油润，香味浓醇，富有收剑性，耐冲泡，汤色黄绿明亮，叶底肥厚。

◇ 蒸青绿茶

蒸青绿茶是指利用蒸汽来杀青的制茶工艺而获得的成品绿茶。蒸青绿茶的故乡是中国。它是中国古代汉族劳动人民最早发明的一种茶类，比炒青的历史更悠久。据"茶圣"陆羽《茶经》中记载，其制法为："晴，采之。蒸之，捣之，拍之，焙之，穿之，封之，茶之干矣。"即将采来的新鲜茶叶，经蒸青或轻煮"捞青"软化后揉捻、干燥、碾压、造形而成。

蒸青绿茶的新工艺保留了较多的叶绿素、蛋白质、氨基酸、芳香物质等内含物，形成了"三绿一爽"的品质特征，即色泽翠绿，汤色嫩绿，叶底青绿；茶汤滋味鲜爽甘醇，带有海藻味的绿豆香或板栗香。由于炒青绿茶居多，湖北恩施玉露、仙人掌茶等是仅存不多的蒸青绿茶品种。

恩施玉露：属蒸青绿茶，产于湖北恩施市南部的芭蕉乡及东郊五峰山。恩施玉露是我国保留下来的为数不多的一种蒸青绿茶，其制作工艺及所用工具相当古老，与陆羽《茶经》所载十分相似。曾称"玉绿"，因其香鲜爽口，外形条索紧圆光滑，色泽苍翠绿润，毫白如玉，故改名"玉露"。相传于清康熙年间，恩施芭蕉黄连溪有一兰姓茶商，垒灶研制，所制茶叶，外形紧圆、坚挺、色绿、毫白如玉，故称"玉绿"。到晚清至民国初期，为茶叶发展兴盛时期，1936年湖北省民生公司管茶官杨润之，改锅炒杀青为蒸青，其茶不但茶之汤色、叶底绿亮、鲜香味爽，而且使外形色泽油润翠绿，毫白如玉，格外量露，故改名为"玉露"。1945年外销日本，从此"恩施玉露"名扬于世。中国茶叶学会副理事长、博士生导师施兆鹏先生给予极高评价，并挥毫题词"恩施玉露，茶中极品"！恩施玉露深受国人及东南亚一带的厚爱，并被评为"中国十大名茶"。

⊙ 制作工艺

绿茶的加工，简单分为杀青、揉捻和干燥三个步骤，其中关键在于杀青。鲜叶通过杀青，酶的活性钝化，内含的各种化学成分，基本上是在没有酶影响的条件下，由热力作用进行物理化学变化，从而形成了绿茶的品质特征。

◇ 杀青

杀青对绿茶品质起着决定性的作用。通过高温，破坏鲜叶中酶的特性，制止多酚类物质氧化，以防止叶子红变；同时蒸发叶内的部分水份，使叶子变软，为揉捻造形创造条件。随着水分的蒸发，

鲜叶中具有青草气的低沸点芳香物质挥发消失，从而使茶叶香气得到改善。

除特种茶外，该过程均在杀青机中进行。影响杀青质量的因素有杀青温度、投叶量、杀青机种类、时间、杀青方式等。它们是一个整体，互相牵连制约。

◇ 揉捻

揉捻是绿茶塑造外形的一道工序。通过利用外力作用，使叶片揉破变轻，卷转成条，体积缩小，且便于冲泡。同时部分茶汁挤溢附着在叶表面，对提高茶滋味浓度也有重要作用。制绿茶的揉捻工序有冷揉与热揉之分。所谓冷揉，即杀青叶经过摊凉后揉捻；热揉则是杀青叶不经摊凉而趁热进行的揉捻。嫩叶

宜冷揉以保持黄绿明亮之汤色于嫩绿的叶底，老叶宜热揉以利于条索紧结，减少碎末。

◇ 干燥

干燥的目的,蒸发水分,并整理外形,充分发挥茶香。干燥方法,有烘干、炒干和晒干三种形态。绿茶的干燥工序,一般先经过烘干,然后再进行炒干。因揉捻后的茶叶,含水量仍很高,如果直接炒干,会在炒干机的锅内很快结成团块,茶汁易粘结锅壁。故此,茶叶先进行烘干,使含水量降低至符合锅炒的要求。

⊙ 品茗指南

◇ 绿茶的功效

在各大种类的茶叶中,绿茶茶叶的功效主要表现为以下七点:

1. 有助于延缓衰老,茶多酚具有很强的抗氧化性和生理活性,是人体自由基的清除剂。

2. 有助于抑制心血管疾病,绿茶含有黄酮醇类,有抗氧化作用,亦可防止血液凝块及血小板成团,降低心血管疾病。

3. 有助于预防和抗癌,茶多酚可以阻断亚硝酸铵等多种致癌物质在体内合成,并具有直接杀伤癌细胞和提高肌体免疫能力的功效。

4. 有助于预防和治疗辐射伤害,茶多酚及其氧化产物具有吸收放射性物质锶90和钴60毒害的能力。

5. 有助于抑制和抵抗病毒菌,茶多酚有较强的收敛作用,对病原菌、病毒有明显的抑制和杀灭作用,对消炎止泻有明显效果。

6. 醒脑提神,茶叶中的咖啡碱能促使人体中枢神经兴奋,增强大脑皮层的兴奋过程,起到提神益思、清心的效果。

7. 护齿明目,茶叶中含氟量较高,其中儿茶素可以抑制生龋菌作用,减少牙菌斑及牙周炎的发生。茶所含的单宁酸,具有杀菌作用,能阻止食物渣屑繁殖细菌,故可以有效防止口臭。

◇ 绿茶冲泡讲究多

茶具:一般是选用玻璃杯、玻璃壶冲泡。一则上好的绿茶观赏性强,便于充分欣赏清新绿茶在水中缓缓舒展、游动、变化之美,翠色欲滴;二则绿茶芽叶较嫩,用盖碗之类的容易烫熟烫伤芽叶。相比于玻璃杯,盖碗保温性好一些,而且好的白瓷,可充分衬托出茶汤的嫩绿明亮。此外,由于好的绿茶不是用沸水冲泡,茶叶多浮在水面,如用盖碗,则可用盖子将茶叶拂至一边。盖碗适合

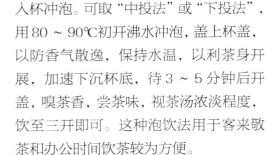

入杯冲泡。可取"中投法"或"下投法"，用 80～90℃初开沸水冲泡，盖上杯盖，以防香气散逸，保持水温，以利茶身开展，加速下沉杯底，待3～5分钟后开盖，嗅茶香，尝茶味，视茶汤浓淡程度，饮至三开即可。这种泡饮法用于客来敬茶和办公时间饮茶较为方便。

杯泡法，茶叶与水的比例，因人口味而定，一般以200毫升水泡3克茶为适中。喜浓饮者可略多加茶，喜淡饮者可略少加茶。

冲泡特级庐山云雾、信阳毛尖和六安瓜片等条索松展的绿茶。

投茶：有上、中、下投法。上投法即先投水后投茶，中投法即先投水后投茶再投水，下投法即先投茶后投水。应根据水温和茶叶嫩度而定来保护芽叶。上投法多用于细嫩的明前茶，下投法多用于一般的绿茶，中投法不太采用，多用于表演。

水温：80～90℃。那么怎样控制水温呢？我们当然不会拿支温度计去量，所以最好的是先把沸水倒进公道杯里，然后再倒进玻璃杯冲泡，这样就可轻易控制水温。还有一点要记的，就是要高冲、低倒。因为高冲时可增加水柱接触空气的面积，令冷却的效果更加有效率，而沿着玻璃杯低倒不容易烫伤芽叶。

⊙ **瓷杯泡茶**

瓷杯品绿茶适于泡饮中高档绿茶，如一、二级炒青绿茶、珠茶绿茶、烘青绿茶、晒青绿茶之类，重在适口、品味或解渴。一般先观察茶叶的色、香、形后，

◇ **茶壶泡茶**

一般不宜泡饮细嫩名贵绿茶，因水多，不易降温，会闷熟绿茶茶叶，使绿茶茶叶失去清鲜香味。壶泡法适于冲泡中低档绿茶，这类茶叶中多纤维素，耐冲泡，茶味也浓。泡茶时，先洗净壶具，取绿茶入壶，用100℃初开沸水冲泡至满，3～5分钟后即可酌入杯中品饮。饮茶人多时，用壶泡法较好，因不在欣赏茶趣，而在解渴，或饮茶谈心，或佐食点心，畅叙茶谊。

客来敬茶是我国各族人民共同的礼节，敬客一般以杯泡法较为隆重。壶泡绿茶法，相对而言有些粗俗。有些地区，为表达敬客心意，还在绿茶中放糖调饮，

以示甜甜蜜蜜。

◇ 玻璃杯泡茶

玻璃杯泡绿茶，适于品饮细嫩的名贵绿茶，便于充分欣赏名茶的外形、内质。

泡饮之前，先欣赏干绿茶的色、香、形。取一杯之量的茶叶，置于无异味的洁白纸上，观看茶叶形态。名茶的造型，因品种不同，或条、或扁、或螺、或针……欣赏绿茶制作工艺，察看绿茶茶叶色泽，或碧绿，或深绿，或黄绿，或多毫……再干嗅绿茶中香气，或奶油香，或板栗香，或锅炒香，或不可名状的清鲜茶香……充分领略各种名茶的地域性的天然风韵，称为"赏茶"。然后进入冲泡。

采用透明玻璃杯泡饮细嫩名绿茶，便于观察茶在水中的缓慢舒展、游动、变幻过程，人们称其为"绿茶舞"。泡绿茶的具体操作，可视绿茶条的松紧不同，分别采用两种冲泡法，一是冲泡外形紧结重实的名茶，如龙井绿茶、碧螺春绿茶、都匀毛尖绿茶、蒙顶甘露绿茶、庐山云雾绿茶、福建莲芯绿茶、凌云白毫绿茶、涌溪火青绿茶、高桥银峰绿茶、苍山雪绿绿茶等，可用"绿茶上投法"。即洗净茶杯后，先将85～90℃开水冲入杯中，然后取绿茶投入，一般不须加盖，绿茶茶叶便会自动徐徐下沉，但有先有后，有的直线下沉，有的则徘徊缓下，有的上下沉浮后降至杯底；干绿茶吸收水分，逐渐展开叶片，现出一芽一叶、二叶，单芽、单叶的生叶本色，芽似枪、剑，叶如旗；汤面水气夹着茶香缕缕上升，如云蒸霞蔚，趁热嗅闻茶汤香气，令人心旷神怡；观察茶汤颜色，或黄绿碧清，或乳白微绿，或淡绿微黄……隔杯对着阳光透视，还可见到汤中有细细茸毫沉浮游动，闪闪发光，星斑点点。绿茶茶叶细嫩多毫，汤中散毫就多，此乃绿茶嫩茶特色。这个过程称为湿看欣赏。

待绿茶茶汤凉至适口，品尝茶汤滋味，宜小口品啜，缓慢吞咽，让茶汤与舌头味蕾充分接触，细细领略名绿茶的风韵。此时舌与鼻并用，可从茶汤中品出绿茶嫩茶香气，顿觉沁人心脾。此谓一开茶，着重品尝茶的头开鲜味与绿茶茶香，饮至杯中绿茶汤尚余1/3水量时（不宜一开全部饮干），再续加开水，谓之二开绿茶。如若泡饮茶叶肥壮的名绿茶，二开绿茶汤正浓，饮后舌本回甘，余味无穷，齿颊留香，身心舒畅。饮至三开，一般茶味已淡，续水再饮就显得淡薄无味了。

二是泡饮茶条松展的名绿茶，如六安瓜片绿茶、黄山毛峰绿茶、太平猴魁绿茶、舒城兰花绿茶等，如用"上投法"，绿茶茶叶浮于汤面不易下沉。可用"中投法"，即在干绿茶欣赏以后，取绿茶入杯，冲入90℃开水至杯容量的1/3时，

稍停2分钟，待干茶吸水伸展后再冲水至满，此时绿茶茶叶或徘徊飘舞下沉，或游移于沉浮之间，观其茶形动态，别具茶趣。其他各项欣赏、品饮如前。

泡饮细嫩名绿茶茶，如用不透明的白瓷杯，当然亦可，但不能透视绿茶在杯中变化全貌，不能充分领略绿茶汤中茶趣，是一不足。

⊙ 沏泡诀窍

正确的泡绿茶饮用，能使口感更好，而且喝起来更加健康。泡茶有一定的讲究，尤其是水温。

一般的绿茶冲泡方法及注意事项：冲泡绿茶时，水温控制在80～90℃。若是冲泡绿茶粉，以40～60℃的温开水冲泡即可。份量是2公克绿茶粉配450毫升的白开水。冲泡茶叶的第一泡不要喝，冲了热水后摇晃一下即可倒掉。绿茶粉不可泡得太浓，否则会影响胃液的分泌，空腹时最好不要喝。

红茶

红茶为我国第二大茶类。属全发酵茶，是以适宜的茶树新牙叶为原料，经萎凋、揉捻（切）、发酵、干燥等一系列工艺过程精制而成的茶。具有红茶、红汤、红叶和香甜味醇的特征。红茶富含胡萝卜素、维生素A，钙、磷、镁、钾、咖啡碱、异亮氨酸、亮氨酸、赖氨酸、谷氨酸、丙氨酸、天门冬氨酸等多种营养元素。红茶具有提神消疲、生津清热、利尿、消炎杀菌、解毒、养胃、抗癌的功效。

⊙ 红茶的种类

红茶的种类较多，自然产地也就较广，按照其加工的方法与出品的茶形，一般又可分为三大类：小种红茶、工夫

红茶、红碎茶和红茶茶珍。

◇ 小种红茶

小种红茶是最古老的红茶，是红茶的鼻祖，其他红茶都是从小种红茶演变而来的。它分为正山小种和外山小种，均原产于武夷山1000米以上的高山，如今那里已经实行了"原产地保护"。正山小种又可分为东方口味和欧洲口味，东方口味讲究的是"桂圆汤"味，欧洲口味的"松香味"则更浓郁。

正山小种红茶外形条索肥实，色泽乌润，泡水后汤色红浓，香气高长带松烟香，滋味醇厚；带有桂圆汤味，加入牛奶茶香味不减，形成糖浆状奶茶，液色更为绚丽。烟熏小种茶是福建省特产。青叶经萎凋、揉捻、发酵完成后，再用带有松柴余烟的炭火烘干。

◇ 工夫红茶

工夫红茶是我国特有的红茶品种，也是我国传统出口商品。当前我国19个省产茶（包括试种地区新疆、西藏），其中有12个省先后生产工夫红茶。按

产地的不同有"祁红"、"滇红"、"宁红"、"宜红"、"闽红"、"湖红"等不同的花色，品质各具特色。最为著名的当数安徽祁门所产的"祁红"和云南省所产的"滇红"。按品种又分为大叶工夫和小叶工夫。大叶工夫茶是以乔木或半乔木茶树鲜叶制成；小叶工夫茶是以灌木型小叶种茶树鲜叶为原料制成的工夫茶。

工夫红茶原料细嫩，制工精细，外形条索紧直，匀齐，色泽乌润，香气浓郁，滋味醇和而甘浓，汤色红明，叶底红艳明亮，具有形质兼优的品质特征。

◇ 红碎茶

红碎茶是国际茶叶市场的大宗产品，目前占世界茶叶总出口量的80%左右，有百余年的产制历史。它是在工夫红茶加工技术的基础上将新鲜的茶叶经凋萎、揉捻后，用机器切碎呈颗粒型碎片，然后经发酵，烘干而制成，因其外形细碎，故称红碎茶，也称"红细茶"。

红碎茶用沸水冲泡后，茶汁浸出快，浸出量也大，适宜于一次性冲泡后加糖加奶饮用。为便于饮用，常把一杯量的红碎茶装在专用的滤纸袋中，加工成"袋泡茶"，饮用时连袋冲泡，具有茶汁浸出快，浸出较完全的特点，冲泡后取出装渣的纸袋弃去，再加糖加奶，十分可口。

红碎茶主产于云南、广东、海南、广西、贵州、湖南、四川、福建等省（自治区），其中以云南、广东、海南、广西用大叶种为原料制作的红碎茶品质最好。红碎毛茶经精制加工后有分为叶茶、碎茶、片茶、末茶等四类。

叶茶：是短条形红茶，常有金黄毫；

碎茶：是颗粒形红茶，是红碎茶的主体产品；

片茶：是小片形红茶，滋味浓度不如碎茶；

末茶：是细末状红茶，冲泡后茶汁易浸出，滋味浓强度较大。

红碎茶可直接冲泡，也可包成袋泡茶后连袋冲泡，然后加糖加乳，饮用十分方便。由于红碎茶的饮用方式较为特别，与其他茶类一般采用清饮有很大的不同，因此，品质强调滋味的浓度、强度和鲜爽度，汤色要求红艳明亮，以免泡饮时，茶的风味被糖、奶等兑制成分所掩盖。

⊙ 名茶品质

祁红，产于安徽省祁门县的"祁门红茶"，色泽乌黑、光润，有独特的蜜糖似的香气，被称为"祁门香"而享誉国际市场。

川红，四川省所产的"川红"为中叶种工夫红茶，条索不及大叶种肥硕，但比一般中、小叶种显得壮实，多金毫，有鲜嫩带橘子似的香味。

滇红，产于云南"滇红"为大叶种工夫红茶，条索肥硕重实，满披金黄色芽毫，有花果香味，香高味浓。

宜红，湖北省所产的"宜红"，其茶汤常出现冷后浑似乳凝现象，这是茶汤中有效成分丰富，品质优良的一个标志。

宁红，江西省所产的"宁红"，香味甜醇，茶汤似玫瑰色，叶底带花青。

⊙ 红茶的制作

对于红茶来说，其制作过程中包括萎凋、揉捻、发酵、烘焙、复焙等几个步骤。

◇ 萎凋

萎凋是指鲜叶经过一段时间失水，使一定硬脆的梗叶成萎蔫凋谢状况的过程，是红茶初制的第一道工序。经过萎凋，可适当蒸发水分，叶片柔软，韧性增强，便于造形。此外，这一过程会使青草味消失，茶叶清香欲现，是形成红茶香气的重要加工阶段。萎凋方法有自然萎凋和萎凋槽萎凋两种。自然萎凋即将茶叶薄摊在室内或室外阳光不太强处，搁放一定的时间。萎凋槽萎凋是将鲜叶置于通气槽体中，通以热空气，以加速萎凋过程，这是目前普遍使用的萎凋方法。

◇ 揉捻

红茶揉捻的目的，与绿茶相同，茶叶在揉捻过程中成形并增进色香味浓度，同时，由于叶细胞被破坏，便于在酶的作用下进行必要的氧化，利于发酵的顺利进行。

◇ 发酵

发酵是红茶制作的独特阶段，经过发酵，叶色由绿变红，形成红茶红叶红汤的品质特点。其机理是叶子在揉捻作用下，组织细胞膜结构收到破坏，透性增大，使多酚类物质与氧化酶充分接触，

在酶促作用下产生氧化聚合作用，其他化学成分亦相应发生深刻变化，使绿色的茶叶产生红变，形成红茶的色香味品质。目前普遍使用发酵机控制温度和时间进行发酵。发酵适度，嫩叶色泽红匀，老叶红里泛青，青草气消失，具有熟果香。

◇ 干燥

干燥是将发酵好的茶坯，采用高温烘焙，迅速蒸发水分，达到保质干度的过程。其目的有三：利用高温迅速钝化酶的活性，停止发酵；蒸发水分，缩小体积，固定外形，保持干度以防霉变；散发大部分低沸点青草气味，激化并保留高沸点芳香物质，获得红茶特有的甜香。

◇ 烘焙

发酵差不多后，就将茶叶进行烘焙，温度一般控制在80℃左右，等到茶叶差不多干燥，有手感后，就进行摊晾。

◇ 复焙

由于茶叶会吸收湿气，因其在出售前最好在焙火一次，使其达到要求的干度。

⊙ 品茗指南

红茶的特性是茶性温和，滋味醇厚，广效能容，具有极好的兼容性，酸如柠檬，甜如蜜糖，烈如白酒，润如奶酪，辛如肉桂，清如菊花，它都能与之相互融合，相得益彰，调制出美味饮品。所以红茶的饮茶要领不仅注重清饮，更注重于调饮。

◇ 清饮法

清饮法是中国大多数地方的饮用红茶方法，工夫饮法就属于清饮。即在茶汤中不加任何调味品，使茶叶发挥固有的香味。清饮时，一杯好茶在手，静品默赏，细评慢饮，最能使人进入一种忘我的精神境界，欢愉、轻快、激动、舒畅之情油然而生，正如苏东坡比喻的"从来佳茗似佳人"，黄庭坚则咏茶是"味浓香永，醉乡路，成佳境。恰如灯下故人，万里归来对影。口不能言，心下快活自省"。而卢仝的《七碗茶》诗，欣然欲仙的饮茶乐趣更是跃然纸上。所以中国人多喜欢清饮，特别是名特优茶，一定要清饮才能领略其独特风味，享受到饮茶奇趣。

◇ 调饮法

调饮法在红茶中加入辅料，以佐汤味的饮法称之为调饮法。中国古时，团茶、饼茶都碾碎加调味品烹煮后饮用，随着制茶工艺的革新，散条的创制，饮茶方法也逐渐改为泡饮，并在泡好的茶汤中加入糖、牛奶、芝麻、松子仁等佐料。这种方法以后逐渐传向各少数民族地区和欧美各国。现在的调饮法，比较常见的是在红茶茶汤中加入糖、牛奶、柠檬片、咖啡、蜂蜜或香槟酒等。所加调料的种类和数量，则随饮用者的口味而异。也有的在茶汤中同时加入糖和柠檬，蜂蜜和酒同饮，或置冰箱中制作不同滋味的清凉饮料。调出的饮品多姿多彩，风味各异,深受现代各层次消费者的青睐。这里还值得一提的是茶酒，即在茶汤中加入各种美酒，形成茶酒饮料。这种饮料酒精度低，不伤脾胃，茶味酒香，酬宾宴客，颇为相宜，已成为近代颇受群众青睐的新饮法。

⊙ 适宜的茶具

冲泡香醇红茶，红茶器具的选择是至关重要的。不同种类的红茶，选用不同的茶具，能诉说出不同的风情。

● 白瓷杯的冲泡

工夫红茶、小种红茶、袋泡红茶等大多采用白瓷杯冲泡，置茶于白瓷杯中，用沸水冲泡后饮。白瓷杯适宜冲泡大红袍、武夷红茶和祁门工夫等红茶。

● 茶壶的冲泡

红碎茶多采用壶饮法。把茶叶放入壶中，冲泡后为使茶渣和茶汤分离，从壶中慢慢倒出茶汤，分置各小茶杯中，以便饮用。

一般来说，用青花瓷、汝瓷茶壶泡红茶，能使汤色清晰，为上选；尤其是汝瓷与信阳红搭配，更是相得益彰，尽诉河南深厚的茶文化。而玻璃茶壶适宜泡银骏眉这类高档红茶，使茶的美感尽现。

⊙ 水温

红茶最适合用沸腾的水冲泡，高温可以将红茶中的茶多酚、咖啡因充分萃取出来。对于高档红茶，最适宜水温在95℃左右，稍差一些的用 95～100℃ 的水即可。注水时，要将水壶略抬至一定的高度，让水柱一倾而下，这样可以利用水流的冲击力将茶叶充分浸润，以利于色、香、味的充分发挥。当沸水冲入茶壶中时，茶叶会先浮现在茶壶上部，接着慢慢沉入壶底，然后又会借由对流现象再度浮高。如此浮浮沉沉，直到最后茶叶充分展开时方完成，这就是所谓的闷茶时间。

⊙ 置茶量

茶叶投放量的多少要视茶具容量大小、饮用人数、饮用人的口味、饮用方法及茶的不同品性而定。大体原则和绿茶类似，茶叶与水的比例一般为 1∶50，1克茶叶需要50毫升的水。过浓或过淡都会减弱茶叶本身的醇香，过浓的茶还会伤胃。按照一般的饮用量来讲，冲泡 5～10 克的红茶较为适宜。红茶多放一点，冲泡出来会很浓香，但一定要把握得当。

⊙ 浸泡时间

冲茶前要有一个短短的烫壶时间，用热滚水将茶具充分温热。之后再向茶壶或茶杯中倾倒热水，静置等待。如有盖子，还可将盖子盖严，让红茶在封闭的环境中充分受热舒展。

根据红茶种类的不同，等待时间也有少许不同，原则上细嫩茶叶时间短，约2分钟；中叶茶约2分半钟；大叶茶约3分钟，这样茶叶才会变成沉稳状态。若是袋装红茶，所需时间更短，为40～90秒。泡好后的茶叶不要久放，放久后茶中的茶多酚会迅速氧化，茶味变涩。好的功夫红茶一般可冲泡多次，而红碎茶只能冲泡1～2次。

乌龙茶

乌龙茶综合了绿茶和红茶的制法，其发酵程度介于绿茶和红茶之间，既有红茶浓鲜味，又有绿茶清芬香并有"绿叶红镶边"的美誉。品尝后齿颊留香，回味甘鲜。乌龙茶除了与一般茶叶具有提神益思、消除疲劳、生津利尿、解暑防暑、杀菌消炎、解毒防病、消食去腻、减肥健美等保健功能外，还突出表现在防癌症、降血脂、抗衰老等特殊功效。在日本被称之为"美容茶"、"健美茶"。乌龙茶为中国特有的茶类，主要产于福建的闽北、闽南及广东、中国台湾三个省。近年来四川、湖南等省也有少量生产。

⊙ 乌龙茶的品质

◇ 特色品种

闽北乌龙茶：闽北乌龙属于福建乌龙茶，福建乌龙茶按做青（发酵）程度分闽北乌龙茶和闽南乌龙茶两大类。闽北乌龙茶做青时发酵程度较重，揉捻时无包揉工序，因而条索壮结弯曲，干茶色泽较乌润，香气为熟香型，汤色橙黄明亮，叶底三红七绿，红镶边明显。产地包括崇安（除武夷山外）、建瓯、建阳、水吉等地。武夷山素有"奇秀甲於东南"之誉，自古以来就是游览胜地。武夷山所以蜚声中外，不仅它的风光秀丽，还在它还是盛产"武夷岩茶"的岩茶之乡，"奇种"、"单种"、"名枞"各具特色，名枞是岩茶之王。这些名枞之中又以四大名枞：大红袍、铁罗汉、白鸡冠、水金龟最为名贵，又以大红袍享有最高声誉，可谓乌龙茶中的"茶中之圣"。现在游客在武夷山游览，啜饮名枞极品，饮略范仲淹诗云：不如仙山一啜好，冷然使欲乘风飞之意境。

闽南乌龙茶：闽南乌龙茶主产于福建南部安溪、永春、南安、同安等地的乌龙茶。茶鲜叶经晒青、晾青、做青、杀青、揉捻、毛火、包揉、再干制成。主要品类有铁观音、黄金桂、闽南水仙、永春佛手，以及闽南色种等，但以安溪铁观音最为著名，与闽北大红袍一样，铁观音既是品种名，又是商品名；其铁观音的品质总体以海拔500~800米的中山地带的内安溪为佳。

铁观音的外形颗粒状，圆实紧结，梗圆形、皮红亮、枝骨硬，造型优美故称之；干茶色泽砂绿或黄绿而油润，翠而鲜润，如香蕉色；香气馥郁持久观音韵明显，鲜纯而具天然兰花香、果香和奶香；滋味醇厚，茶汤香而鲜爽回甘；汤色清黄、金黄、蜜绿；叶形椭圆，叶齿疏纯，叶脉粗壮，叶尾向左歪斜，俗称"歪尾桃"。而色泽翠绿，香气清香，滋味清爽，汤色清亮，正逐步成为铁观音的主流。

广东乌龙茶：广东乌龙茶产于海拔1000米高山，故有高山出好茶的说法。是有机种植的无污染茶叶，随着海拔高度的不同，造成了高山环境的独特特点，从气温、降雨量、湿度、土壤到山上生

长的树木，这些环境对茶树以及茶芽的生长都提供了得天独厚的条件。该茶特点是条索肥壮匀整，色泽褐中带灰，油润有光，汤色黄而带红亮，叶底非常肥厚，富特有的高山韵，香气浓郁且耐冲泡。最突出的是香气，独树一帜，而又芬芳馥郁。较为常见的香型有：类似栀子花的黄枝香、桂花香、蜜兰香、芝兰香等等。主产于广东潮州地区，凤凰单枞和凤凰水仙是最优秀产品。近年来，广东的石古坪乌龙和岭头单丛（即白叶单丛）也较出众。其次是产于饶平县的饶平色种。

台湾乌龙茶：台湾乌龙茶源于福建，但是福建乌龙茶的制茶工艺传到台湾后有所改变，依据发酵程度和工艺流程的区别可分为：轻发酵的文山型包种茶和冻顶型包种茶；重发酵的台湾乌龙茶。

包种茶是目前台湾生产的乌龙茶中数量最多的，它的发酵程度是所有乌龙茶中最轻的品质较接近绿茶，外形呈直条形，色泽深翠绿，带有灰霜点；汤色密绿，香气有浓郁的兰花清香，滋味醇滑甘润，叶底绿翠，素有"露凝香"、"雾凝春"美誉。

冻顶乌龙茶产于台湾南投县的冻顶山，它的发酵程度比包种茶稍重。外形为半球形，色泽青绿，略带白毫，香气兰花香、乳香交融，滋味甘滑爽口，汤色金黄中带绿意，叶底翠绿，略有红镶边。

重发酵的乌龙茶有白毫乌龙茶。茶

叶外观颇显美感,叶身呈白绿黄红褐五色相间,鲜艳可爱,茶汤水色呈较深的琥珀色,尝起来浓厚甘醇,并带有熟果香和蜂蜜芬芳。

⊙ 名茶种类

安溪铁观音:产自福建安溪县,为中国十大名茶之一。铁观音是乌龙茶的极品,其品质特征是:茶条卷曲,肥壮圆结,沉重匀整,色泽砂绿,整体形状似蜻蜓头、螺旋体、青蛙腿。冲泡后汤色金黄浓艳似琥珀,有天然馥郁的兰花香,滋味醇厚甘鲜,回甘悠久,俗称有"音韵"。铁观音茶香高而持久,可谓"七泡有余香"。

凤凰水仙:产于广东潮安凤凰乡的条形乌龙茶,分单丛、浪菜、水仙三个级别。有天然花香,蜜韵,滋味浓、醇、爽、甘、耐冲泡。主销广东、港澳地区,外销日本、东南亚、美国。凤凰水仙享有"形美、色翠、香郁、味甘"之誉。茶条肥大,色泽呈鳝鱼皮色,油润有光。茶汤澄黄清澈,味醇爽口回甘,香味持久,耐泡。

冻顶乌龙茶：俗称冻顶茶，是台湾知名度极高的茶，原产地在台湾南投县的鹿谷乡，主要是以青心乌龙为原料制成的半发酵茶。冻顶乌龙茶成品外形呈半球型弯曲状，色泽墨绿，有天然的清香气。冲泡时茶叶自然冲顶壶盖，汤色呈柳橙黄，味醇厚甘润，发散桂花清香，后韵回甘味强，饮后杯底不留残渣。其茶品质，以春茶最好，香高味浓，色艳；秋茶次之；夏茶品质较差。

◇ 香型类别

细腻花果香型：这是青茶中品质最好的一类，其品质的最大特点是具有类似水蜜桃或兰花的香气，滋味清爽润滑，细腻优雅，汤色橙黄明亮，叶底主体色泽绿亮，呈绿叶红边，发酵程度较轻。干茶外形重实，色泽深绿油润，大多用春茶制作，如广东潮安凤凰单丛，福建安溪铁观音、武夷肉桂，台湾冻顶乌龙等，均带有浓郁而细腻的花果香味。

花果香型：它与细腻花果香型相比，香味类型相同，显水蜜桃香，滋味清爽，但入口后缺乏鲜爽润滑的细腻感，在青茶中属于二类产品，经济价值也较高。这种茶，大多产于秋茶季节，制作条件与一类的相同，产量大致占青茶总产量的23%。

老火香型：阴雨天采摘的雨水叶，或晒青、晾青的气候条件不适应正常制茶要求，加工时只好延长摊青时间，或采用萎凋槽加温萎凋，在摇青中形成不了"果香型"香味，最后只有通过提高烘干温度，将在制品的粗青气烘去，烤出老火香味。老火香型的青茶，干茶色泽暗褐显枯，汤色黄深，叶底暗绿，无光泽。这类产品，由于鲜叶不十分粗老，香味上显老火香味，而无粗老气味。

老火粗味型：老火粗味型青茶，在青茶中是品质最次的一类，它的制作方法与第三类相同，但原料更粗老，大多是夏茶中的低档鲜叶，因而既有老火香味，又带有粗老气味。如果按常规方法烘干，不烤出老火味，就相当于绿茶三角片的滋味，不易被消费者所接受的。

⊙ 采摘

◇ 采摘季节

闽南茶区，气候温和，雨量充沛，茶树生长周期长，一年可采四至五季，即春茶、夏茶、暑茶、秋茶和冬片。具体采摘期因品种、气候、海拔、施肥等条件不同而差异。一般采摘期，春茶在谷雨前后，夏茶在夏至前后，暑茶在立秋前后，秋茶在秋分前后，冬片在霜降后。各茶季的采摘间隔期为40～50天，在具体掌握上，应做到"开头适当早，中间网刚好，后期不粗老"。

◇ 采摘标准

乌龙茶的采摘标准为：待茶树新梢长到3～5叶将要成熟，顶叶六七成开面时采下2～4叶，俗称"开面采"。所谓"开面采"，又分为小开面、中开面和大开面，小开面为新梢顶部一叶的面积相当于第二叶的1/2，中开面为新梢顶部第一叶面积相当于第二叶的2/3；大开面新梢顶叶的面积相当于第二叶的面积。一般春、秋茶采取"中开面"采；夏暑茶适当嫩采，即采取"小开面"采；产茶园生长茂盛，持嫩性强，也可采取"小

茶/类/制/作

开面"采,采摘一芽三四叶。

长期以来广大茶农在生产实践中创造出"虎口对芯采摘法",即将拇指和食指张开,从芽梢顶部中心插下,稍加扭折,向上一提,就将茶叶采下。一般采叶标准是:长三叶采二叶,长四叶采三叶,采下对夹叶,不采鱼叶,不采单叶,不带梗蒂。这种采摘方法,优点很多,已得到普遍采用。其次,1980年以来,安溪大坪茶农创造出"高平面采摘法"在不改变"口对芯采摘法"的基础上根据茶树生长情况,确定一定高度的采摘面把丛面上的芽梢全部采摘,丛面下的芽梢全部留养,以形成较深厚的营养生长层,达到充分利用光能,提高萌芽率,进增产提质。采摘时,应做至"五分开",即不同品种分开,早午晚青分开,粗叶嫩叶分开,干湿茶青分开,不同地片分开,以利于提高毛茶品质。

◎ **乌龙茶的制作**

乌龙茶的制造,其工序概括起来可分为:萎凋、做青、炒青、揉捻、干燥,其中做青是形成乌龙茶特有品质特征的关键工序,是奠定乌龙茶香气和滋味的基础。

◇ 萎凋

萎凋即是乌龙茶区所指的凉青、晒青。通过萎凋散发部分水分,提高叶子韧性,便于后续工序进行;同时伴随着失水过程,酶的活性增强,散发部分青草气,利于香气透露。乌龙茶萎凋的特殊性,区别于红茶的萎凋。红茶萎凋不仅失水程度大,而且萎凋、揉捻、发酵工序分开进行,而乌龙茶的萎凋和发酵工序不分开,两者相互配合进行。通过萎凋,以水分的变化,控制叶片内物质适度转化,达到适宜的发酵程度。萎凋方法有四种:凉青(室内自然萎凋)、晒青(日光萎凋)、烘青(加温萎凋)、人控条件萎凋。

◇ 做青

做青是乌龙茶制作的重要工序,特殊的香气和绿叶红镶边就是做青中形成的。萎凋后的茶叶置于摇青机中摇动,叶片互相碰撞,擦伤叶缘细胞,从而促

进酶的氧化作用。摇动后，叶片由软变硬。再静置一段时间，氧化作用相对减缓，使叶柄叶脉中的水分慢慢扩散至叶片，此时鲜叶又逐渐膨胀，恢复弹性，叶子变软。经过如此有规律的熟悉动与静的过程，茶叶发生了一系列生物化学变化。叶缘细胞的破坏，发生轻度氧化，叶片边缘呈现红色。叶片中央部分，叶色由暗绿转变为黄绿，即所谓的"绿叶红镶边"；同时水分的蒸发和运转，有利于香气、滋味的发展。

◇ 炒青

乌龙茶的内质已在做青阶段基本形成，炒青是承上启下的转折工序，它象绿茶的杀青一样，主要是抑制鲜叶中的酶的活性，控制氧化进程，防止叶子继续红变，固定做青形成的品质。其次，是低沸点青草气挥发和转化，形成馥郁的茶香。同时通过湿热作用破坏部分叶绿素，使叶片黄绿而亮。此外，还可挥发一部分水分，使叶子柔软，便于揉捻。

◇ 揉捻

揉捻是乌龙茶初制的塑型工序，通过揉捻形成其紧结弯曲的外形，并对内质改善也有所影响。其作用是卷紧茶条，缩小体积，为炒干成条打好基础，适当破坏叶组织、物质转变。揉捻分热揉和冷揉，热揉指杀青叶不经过摊凉趁热揉捻；冷揉指杀青叶出锅后，经过一段时间的摊凉使叶温下降到一定程度时的揉捻。

揉捻应掌握"热揉、适当重压、快速、短时"的原则。乌龙茶外形要求紧结、弯曲有皱节，鉴于乌龙茶鲜叶厚、成熟度高、含水量较少、所含纤维素和矿物质元素较多，体现出揉捻叶较松散，略有弹性，较难卷曲成条，所以，应及时"热揉"，炒青出锅后不待冷却立即趁热装桶揉捻，这时叶温高，内含物的分子结构松散，叶子的柔软性、黏性和可塑性较强，制成的条形能紧结、均匀。

揉捻压力应掌握"轻、重、轻"，因为在最初的时候，茶叶还比较脆弱，茶汁还未曾破，未曾被揉捻出来，所以轻压，待中间时，茶汁出来，茶叶比较湿润，所以可以重压，最后茶叶基本成形，防止揉碎条形，要尽量轻揉。

◇ 干燥

乌龙茶初制工序中的干燥是固定茶叶色、香、味的最后一道工序，干燥可抑制酶性氧化，蒸发水分和软化叶子，并起热化作用，消除苦涩味，促进滋味醇厚。

焙火，也有称"烘焙"、"吃火"、"炖火"，是乌龙茶加工过程中较为特殊的干燥方法，工艺特点是烘干的时间长。焙火的目的去除多余的水分，利于储藏之外，主要目的是通过低温慢焙形成乌龙茶特殊的香气。

用焙火技术干燥生产最为典型的产品是武夷岩茶。其特点是"高温水焙"和"文火慢烤"。高温水焙也是我们常说的初烘，与其他茶的加工接近。初烘后，当茶叶在制品含水量达20%左右时，筛去碎末，簸去黄片，拣去梗朴，摊晾6～10小时。然后进行复焙（火），采用低温慢烤的干燥形式，温度控制在80～90℃，时间1～2小时，烘至足干含水量为7%～8%。冷却，整理后继续烘焙，称"吃火或炖火"，温度控制在70～90℃，时间2～4小时，"吃火"后趁热装箱，从而形成武夷岩茶特有的"岩火香"。

⊙ 品茗指南

乌龙茶是我国茶业百花园中的一朵奇葩，香漂四海，饮誉五洲。它具有红茶之甘醇、绿茶之鲜爽和花茶之芳香，深受消费者的喜爱。品饮乌龙茶不仅可以生津止渴，而且是一种艺术享受。乌龙茶泡饮技艺三个要素，即泡茶用水、泡茶器具和泡饮技艺，并掌握"水以石泉为佳，炉以炭火为妙，茶具以小为上"的原则，以"潮州功夫茶具"最具作为代表性茶具。

◇ 泡茶用水

自古以来，善于饮茶的人，都把名茶与好水摆在同等重要的位置，相提并论，加以品尝。茶与水的关系犹如红花与绿叶。"鱼得水活跃，茶靠水冲泡"。名贵的茶，没有甘美的水来冲泡，就难以发挥独特的香、味，所以宋代王安石有"水甘茶串香"之句，李中也有"泉美茶香异"之说。水有泉水、河水、井水、湖水、雨水、雪水和自来水等，各种水质不同，泡出来的茶就不一样。《茶经》论水，称"山水上，江水中，井水下"颇有道理。一般说，山泉水、雨雪水为"软水"，河水、井水、自来水为"硬水"。如能取泉水、溪水等流动的天然"软水"来泡茶是最为理想。其次，没有污染的井水、自来水也可以。总之，泡茶用水要求水源没有病源体污染，没有工业污染，水的感官性状良好，即无色、无臭、透明、无异味、无悬浮物，舌尝有清凉甜润的感觉，水的pH值为中性7，煮沸后永久硬度不超过8度，这样的水就适用于泡茶。

◇ 泡茶器具

名茶与茶具总是珠联璧合的。范仲淹的"黄金碾畔绿尘飞,碧玉瓯中翠涛起";梅尧臣的"小石冷泉留翠味,紫泥新品泛春华",都是用赞誉茶具的珍奇来烘托佳茗的优美。历史上品饮乌龙茶的茶具十分考究,备有一套小巧精致的茶具,称为"茶房四宝",即潮汕炉——广东潮州、汕头出产的陶磁风炉或白铁皮风炉;玉书碨——扁形薄磁的开水壶,容水量约250毫升;孟臣罐——江苏宜兴产的用紫砂制成的小茶壶,容水量约50毫升;若琛瓯——江西景德镇产的白色小瓷杯,

一套四只,每只容水量约5毫升。当今泡饮乌龙茶的茶具仍然脱离不了这"茶房四宝",只是有所变化,更趋实用化、方便化。普遍使用的"茶房四宝"有小电炉、钢质开水壶(也有电炉与开水壶配套称为"随手泡")、钢质茶盘(或塑料茶盘)、"白瓷盖碗"(钟形,高5.5厘米,口径8.2厘米,底径4.5厘米;这种盖碗放茶叶、嗅香气、冲开水、倒茶渣都很方便)和小茶杯,这样才具备泡饮乌龙茶的条件。

◇ 泡饮技艺

乌龙茶的泡饮具有独特的技艺,在泡饮的过程中也别有一番情趣。其泡饮技艺共有8道程序。

首先是烧开水,水温以"一沸水"(即刚滚开水)为宜。水烧开时,要把盖碗(或茶壶)、茶杯淋洗一遍,这样既卫生又能加温,然后把乌龙茶放入盖碗(或茶壶)里。用茶量盖碗为5~10克,茶壶视大小而定,小茶壶约占茶壶容量的四五分,中茶壶约占三四分,大茶壶约占二三分。这些动作包含着三道程序,即"山泉初沸"、"白鹤沐浴"和"乌龙入宫"。

接着提起开水壶,自高处往盖碗或茶壶口边冲入,使碗(壶)里茶叶旋转,促使茶叶露香;开水冲满后,立即盖上碗(壶)盖,稍候片刻,用碗(壶)盖轻轻刮去漂浮的白泡沫,使茶叶清新洁净。这是第四、五道程序,称为"悬壶高冲"、"春风拂面"。

泡1~2分钟后(泡的时间要适当,太短,色香味出不来;太长,会产生苦涩味),用拇、中两指紧夹盖碗,食指压住碗盖,把茶水依次巡回斟入并列的小茶杯里。斟茶时应低行,以免散香失味。斟到最后碗底最浓部分,要均匀地一点一点滴到各茶杯里。这样,达到浓淡均匀,香醇一致,也蕴含着主人的深情厚意。这是第六、七道程序,叫做"关公巡城"、"韩信点兵"。

茶水一经斟入杯里,应乘热细吸,以免影响色香味。吸饮时,先嗅其香,后尝其味,边啜边嗅,饮量虽不多,但能齿颊留香,喉底回甘,神清气爽,心旷神怡。这是第八道程序,称为"品啜甘霖"。

冲第二遍茶时,仍要用开水烫杯,泡2~3分钟后斟茶。接下去冲第三遍、第四遍……泡饮程序基本一样,只是泡茶的时间逐道加长些,但要根据茶的品质优劣而定,好的乌龙茶如铁观音,冲泡七八遍仍有余香。

人们的生活节奏虽然已经加快,如能在工作之余,闲暇之隙,沿习传统,品饮佳茗,不仅可以调适快节奏的现代生活,而且还可以陶冶情操,增加无限的生活乐趣,达到绝妙的艺术享受。

◇ 冲泡要领

乌龙茶的冲泡时间由开水温度、茶叶老嫩和用茶量多少三个因素决定。一般的情况下,冲入开水2~3分钟即可饮用。但是,有下面两种情况要做特殊处理:一是如果水温较高,茶叶较嫩或用茶量较多,冲第一道可随即倒出茶汤,

第二道冲泡半分钟后倾倒出来，以后每道可稍微延长数十秒时间。二是如果水温不高、茶叶粗老或用茶量较少，冲泡时间可稍加延长，但是不能浸泡过久，要不然汤色变暗，香气散失，有闷味，而且部分有效成分被破坏，无用成分被浸出，会增加苦涩味或其他不良气味，茶汤品味降低。若是泡的时间太短，茶叶香味则出不来。乌龙茶较耐泡，一般可泡饮5~6次，上等乌龙茶更是号称"七泡有余香"。

品饮得法

品饮乌龙茶也别具一格。首先，拿着茶杯从鼻端慢慢移到嘴边，乘热闻香，再尝其味。尤其品饮武夷岩茶和铁观音，皆有浓郁花香。闻香时不必把茶杯久置鼻端，而是慢慢地由远及近，又由近及远，来回往返三四遍，顿觉阵阵茶香扑鼻而来，慢慢品饮，则茶之香气、滋味妙不可言，达到最佳境地。

乌龙茶品饮的四大禁忌：一是"茶醉"，喝酒和空腹时候不要喝乌龙茶，否则你会觉得饿，甚至头晕，对身体是非常不好；二是睡前不能饮，否则会使人难以入睡；三是冷茶不能饮，乌龙茶冷后性寒，对胃不利，还可能引发冷感冒；四是身体不好的人不要喝，比如生病、月经或是怀孕等等特殊生理期。还有，因为乌龙茶所含茶多酚及咖啡碱较其他茶多，初饮乌龙茶的人品饮不当易感到身体不适。

乌龙茶的名称来源

乌龙茶的名字来源有很多传说。

大致有四种来源可能：一为产地说；二为茶树品种而来；三为制茶之人名称而来；四以茶叶形态色泽而来。

有一个故事说：一个茶园主人去看快晒好的茶叶，发现那里有一条乌龙。他吓坏了，过了几天才敢回来看。茶叶在这几天太阳之下氧化，不再是以前的绿茶，但是浓香可口。主人从此叫它"乌龙茶"。

也有说最先发明乌龙茶制法之人名字叫苏龙（因人长得黑，人称乌龙），所以茶因人而得名。

其实乌龙茶名字应该还是来源于茶叶的形态，茶叶在晒、炒、焙加工之后，色泽乌黑，条索似鱼（比作龙）。在水中泡开，叶片似卷似曲，色泽乌青，有如乌龙入水。故而得名。不论由地名而来还是由茶树品种名而称的乌龙茶，只要制法相同的，均通称为乌龙茶，包括乌龙品种及其他著名品种，如铁观音、大红袍等。

铁观音的起源

铁观音的起源也有两种不同但同样美妙的传说：一是魏氏说法，安溪县尧阳松林头有一人姓魏名饮（也称魏荫），信佛且十分虔诚，每天在观音像前供奉一杯清茶。有一天，他在山上砍柴忽见崖隙一株茶树，经挖回精心栽培，采制出品质特异、香味佳，沉重如铁，疑观音所赐，取名"铁观音"；二是王氏说法，发现采制与魏说相似，只是经方相国转献内廷，皇上品饮赞其甚好，因茶美如观音，沉如铁，而赐名"南岩铁观音"。

黄茶

黄茶是人们从炒青绿茶中发现，由于杀青、揉捻后干燥不足或不及时，叶色即变黄，于是产生了新的品类——黄茶。黄茶的品质特点是"黄叶黄汤"。这种黄色是制茶过程中进行闷堆渥黄的结果。黄茶是沤茶，在沤的过程中，会

产生大量的消化酶，对脾胃最有好处，消化不良，食欲不振，懒动肥胖，都可饮而化之。

黄茶的种类

黄茶的种类，按其鲜叶的嫩度和芽叶大小，分为黄芽茶、黄小茶和黄大茶三类。

黄芽茶

黄芽茶芽叶细嫩，显毫，香味鲜醇。由于品种的不同，在茶片选择、加工工艺上有相当大的区别。主要代表品种有产于湖南岳阳的君山银针，产于四川名山的蒙顶黄芽，产于安徽霍山的霍山黄芽等。

君山银针是黄芽茶之极品，其成品茶，外形茁壮挺直，重实匀齐，银毫披露，芽身金黄光亮，内质毫香鲜嫩，被誉为"金镶玉"。汤色杏黄明净，滋味甘醇鲜爽，香气清雅。若以玻璃杯冲泡，可见芽尖冲上水面，悬空竖立，下沉时如雪花下坠，沉入杯底，状似鲜笋出土，又如刀剑林立。再冲泡再竖起，能够三起三落。

蒙顶黄芽外形扁直，芽条匀整，色泽嫩黄，芽毫显露，甜香浓郁，汤色黄亮透碧，滋味鲜醇回甘，叶底全芽嫩黄。

霍山黄芽茶的外形条状，微直略扁，形似雀舌，其色嫩绿均披白毫，其香气清爽并持久，霍山黄芽茶汤色黄绿清澈，叶底嫩黄明亮，品一品其汤滋味醇和浓厚，品后还有明显回甘。

黄小茶

采摘细嫩芽叶加工而成。主要包括：湖南岳阳的"北港毛尖"，湖南宁乡的"沩山白毛尖"，湖北远安的"远安鹿苑"，安徽的"皖西黄小茶"和浙江温州、平阳一带的"平阳黄汤"。

北港毛尖是条形黄茶的一种，产于湖南省岳阳市北港和岳阳县康王乡一带。在唐代就有记载，清代乾隆年间已有名气。其品质特征为外形芽壮叶肥，毫尖显露，呈金黄色，内质香气清高，汤色橙黄，滋味醇厚，叶底肥嫩黄似朵。

沩山白毛尖制造分杀青、闷黄、轻揉、烘焙、拣剔、熏烟六道工序，烟气为一般茶叶所忌，更不必说是名优茶。而悦鼻的烟香，却是沩山白毛尖品质的特点。沩山白毛尖的品质特点是，外形叶缘微卷成块状，色泽黄亮油润，白毫显露，汤色橙黄明亮，松烟香芬芳浓厚，滋味醇甜爽口，叶底黄亮嫩匀。沩山白毛尖颇受边疆人民喜爱，被视为礼茶之珍品。

黄大茶

黄大茶创制于明代隆庆年间，距今已有400多年历史。叶大、梗长、黄色黄汤，具有浓裂的老火香（俗称锅巴香）。黄大茶要求大枝大杆，鲜叶采摘的标准为一芽四五叶。一般长度在10～13厘米。黄大茶大枝大叶的外形在我国诸多茶类中确实少见，已成为消费者判定黄大茶品质好坏的标准。著名的品种有安徽的霍山黄大茶、广东的大叶青等。

霍山黄大茶外形梗壮叶肥，叶片成条，梗叶吉相连形似钓鱼钩，梗叶金黄显褐，色泽油润，汤色深黄显褐，叶底黄中显褐，滋味浓厚醇和，具有高嫩的焦香，黄大茶产品按品质优次分3级6等。

大叶青是先萎凋后杀青，再揉捻闷堆。这与其他黄茶不同。大叶青的品质特点是，外形条索肥壮、紧结、重实，老嫩均匀，叶张完整，显毫，色泽青润显黄，香气纯正，滋味浓醇回甘，汤色橙黄明亮，叶底淡黄。产品分1～5级。

黄茶的制作

黄茶原叶采摘要求严格，清明前后所采称"芽茶"，夏初所采称"梅尖"，七、八月所采称"秋白"，十月所采称"小春"。

春茶又有芽茶、毛尖、明前及雨前之分，以芽茶最为细嫩，于清明与谷雨之间，采摘一芽一、二叶。经芽叶拣剔、分等摊放，然后杀青、轻揉、微渥堆、炒二青、烘焙干燥、过筛等传统工序，所制成品，芽叶完整，净度良好，外形紧细成条似莲心，芽叶肥壮显茸毫，色泽黄嫩油润，汤色橙黄明亮，香气清鲜，滋味醇爽。

◇ 杀青

在正常天气下，一般采取自然萎凋。鲜叶在水筛黄茶杀青应掌握"高温杀青，先高后低"的原则，以彻底破坏酶活性，防止产生红梗红叶和烟焦味。要杀透、杀匀，红梗红叶红汤不符合黄茶的质量要求。与同等嫩度的绿茶相比较，某些黄茶杀青投叶量偏多，锅温偏低，时间偏长。这就要求杀青时适当地少抛多闷，以迅速提高叶温，彻底破坏酶的活性。杀青过程中，由于叶子处于湿热条件下时间较长，叶色略黄，可见杀青过程已产生轻微的闷黄现象。至于杀青程度与绿茶无多大差异，某些黄茶在杀青后期。因结合滚炒轻揉做形，出锅时含水率则稍低一些。

黄茶揉捻可以采用热揉，在湿热条件下易揉捻成条，也不影响品质。同时，揉捻后叶温较高，有利于加速闷黄过程的进行。

◇ 闷黄

闷黄是黄茶类制茶工艺的特点，是形成黄色黄汤品质特点的关键工序。从杀青开始至干燥结束，都可以为茶叶的黄变创造适当的湿热工艺条件。但作为一个制茶工序，有的在杀青后闷黄，如伪山白毛尖；有的在揉捻后闷黄，如北港毛尖、鹿苑毛尖、广东大叶青、温州黄汤，有的则在毛火后闷黄，如霍山黄芽、黄大茶。还有的闷炒交替进行，如蒙顶黄芽三闷三炒，有的则是烘闷结合，如君山银针二烘二闷；而温州黄汤第二次闷黄采用了边烘边闷，故称为"闷烘"。

影响闷黄的因素主要有茶叶的含水量和叶温。含水量愈多，叶温愈高，则湿热条件下的黄变进程也愈快。在湿坯闷黄的黄茶中，温州黄汤的闷黄时间最长（2～3天）最后还要进行闷烘，黄变程度较充分；北港毛尖的闷黄时间最短(30～40分钟)，黄变程度不够重，因而常被误认为是绿茶，造成"黄（茶）绿（茶）不分"；沩山白毛尖、鹿苑毛尖、广东大叶青则介于上述两者之间，闷黄时间5～6小时左右。君山银针和蒙顶黄芽闷黄和烘炒交替进行，不仅制工精细，且闷黄是在不同含水率条件下分阶段进行的，前期黄变快，后期黄变慢，历时2～3天左右，属于典型的黄茶。霍山黄芽在初烘后摊放1～2天，黄变不甚明显，所以有人说霍山黄芽应属绿茶。近年来，新创制了霍山翠（绿）芽，成为名优茶中的一个新产品。这样黄芽、绿芽同出霍山，品质风格各异，可能就不会"黄绿不分"了。黄大茶堆闷时间长达5～7天之久，但由于堆闷时水分含量低(已达九成干)，故黄变十分缓慢，其深黄显褐的色泽，主要是在高温拉老火过程中形成的。

◇ 干燥

黄茶一般采用分次干燥。干燥方法有烘干和炒干两种。干燥时温度掌握比其他茶类偏低，且有先低后高之趋势。这实际上是使水分散失速度减慢，在湿热条件下，边干燥、边闷黄。沩山白毛尖的干燥技术与安化黑茶相似；霍山黄芽、皖西黄大茶的烘干温度先低后高，与六安瓜片的火功同出一辙。尤其是皖西黄大茶，拉足火过程温度高、时间长，色变现象十分显著，色泽由黄绿转变为黄褐，香气、滋味也发生明显变化，对其品质风味形成产生重要的作用。与闷黄相比，其黄变程度是有过之而无不及。

⊙ 黄茶审评

黄茶因品种和加工技术不同，形状有明显差别。如君山银针以形似针、芽头肥壮、满披毛的为好，芽瘦扁、毫少为差。蒙顶黄芽以条扁直、芽壮多毫为上，条弯曲、芽瘦少为差。鹿苑茶以条索紧结卷曲呈环形、显毫为佳，条松直、不显毫的为差。黄大茶以叶肥厚成条、梗长壮、梗叶相连为好，叶片状、梗细短、梗叶分离或梗断叶破为差。评色泽比黄色的枯润、暗鲜等，以金黄色鲜润为优，色枯暗为差，评净度比梗、片、末及非茶类夹杂物含量。黄大茶干嗅香气以火功足有锅巴香为好，火功不足为次，有青闷气或粗青气为差。评内质汤色以黄汤明亮为优，黄暗或黄浊为次。香气以清悦为优，有闷浊气为差。滋味以醇和鲜爽、回甘、收敛性弱为好；苦、涩、淡、闷为次。叶底以芽叶肥壮、匀整、黄色鲜亮的为好，芽叶瘦薄黄暗的为次。

⊙ 品茗指南

◇ 茶具选择

黄茶一般以盖碗或者是玻璃杯冲泡的味道是最佳的，尤其是君山银针以玻璃杯冲泡最好，这样可以观赏茶叶在水中冲泡的整个过程和整个形状的舒展，其"三起三落"的奇观尤为好看。冲泡黄茶，我们可以选择沐霖瓯杯等茶具。

◇ 茶叶量和水温

一般情况下，在茶具里置入 1/4 茶叶就可以了，冲泡的水温以 85℃为宜。这样可以让冲泡出来的茶汤不至于太浓或者太淡。

◇ 冲泡黄茶三阶段

冲泡黄茶分为三个阶段，第一个阶段是泡 30 秒，第二个阶段是泡 60 秒，第三个阶段是泡 2 分钟，泡好后就可以喝了。

白茶

白茶属轻微发酵茶，是我国茶类中的特殊珍品。因其成品茶多为芽头，满披白毫，如银似雪而得名。具有外形芽毫完整，满身披毫，毫香清鲜，汤色黄绿清澈，滋味清淡回甘的品质特点。

中医药理证明，白茶性清■，具有退热降火之功效，防癌、抗癌、防暑、解毒、治牙痛等，海外侨胞往往将银针茶视为不可多得的珍品。白茶的主要品种有银针、白牡丹、贡眉、寿眉等。

⊙ 白茶的品质

◇ 白茶的分类

根据白茶的采摘标准不同，白茶有芽茶和叶茶之分，单芽之称的茶成为"银针"，叶片制成的茶成为"寿眉"，芽叶不分离的茶称为"白牡丹"；又根据茶树种类同将白茶分为大、小白和水仙白之分，一般福鼎白茶都成为小白，采自大白茶茶树者称大白，采自水仙茶树者称水仙白；在大白茶茶树只采一芽者，其制成品称白毫银针；在大白茶或水仙茶树采一芽二三叶者，其制成品称白牡丹；在福鼎本地菜茶茶树采一芽二三叶者，制成品称贡眉、寿眉。以制茶种类说，先有白毫银针，后有白牡丹、贡眉、寿眉、新工艺白茶。

◇ 白茶的功效

白茶功效出众，历史悠久，早在《茶

经》和《本草纲目》中早有记载。中国茶道奠基人陆羽在《茶经》中记载："永嘉东三百里有白茶山"。据茶史专家陈橼考证，"永嘉东三百里是海，是南三百里之误。南三百里是福建福鼎（唐为长溪县辖区），系白茶原产地。"李时珍在《本草纲目》中记载："白茶性寒凉，功同犀角。"中医药理证明，白茶味温性凉，具有退热降火、祛湿败毒的功效。长期以来，在福鼎等白茶产区，白茶炖冰糖常用来降火去燥、治疗牙疼、便秘、水土不服等疾病，陈年白茶甚至用来治疗小儿麻疹、发烧。

◇ 白茶的种类

白茶因茶树品种、原料（鲜叶）采摘的标准不同，分为：芽茶（白毫银针）和叶茶（如白牡丹、新工艺白茶、寿眉）。白茶主要品种有白牡丹、白毫银针、贡眉、寿眉。

白毫银针，简称银针，又叫白毫，因其白毫密披、色白如银、外形似针而得名，其香气清新，汤色淡黄，滋味鲜爽，是白茶中的极品，素有茶中"美女"、"茶王"之美称。由于鲜叶原料全部采自大白茶树的肥芽，其成品茶，长3厘米许，整个茶芽为白毫覆被，银装素裹，熠熠闪光，令人赏心悦目。冲泡后，香气清鲜，滋味醇和，杯中的景观也使人情趣横生。

白牡丹因其绿叶夹银白色毫心，形似花朵，冲泡后绿叶托着嫩芽，宛如蓓蕾初放，故得美名。白牡丹是采自大白茶树或水仙种的短小芽叶新梢的一芽一二叶制成的，是白茶中的上乘佳品。

贡眉，有时又被称为寿眉，是白茶中产量最高的一个品种，其产量占到了白茶总产量的一半以上。优质的贡眉成品茶毫心明显，茸毫色白且多，干茶色泽翠绿，冲泡后汤色呈橙黄色或深黄色，叶底匀整、柔软、鲜亮，叶片迎光看去，可透视出主脉的红色，品饮时感觉滋味醇爽，香气鲜纯。

⊙ 白茶的制作

◇ 萎凋

萎凋技术是形成白茶品质的最关键工序，白茶初制过程中应根据不同的气候条件采取不同的萎凋技术，才可制得品质优良的白茶。现代中国白茶萎凋的主要方法有室内自然萎凋、加温萎凋、复式萎凋三种。

室内自然萎凋。在正常气候条件下，多采用室内自然萎凋。萎凋室要求四面通风，无日光直射，并要防止雨雾侵入，场所必须清洁卫生，且能控制在一定温湿度。春茶室温要求18～25℃，相对湿度67%～80%；夏秋茶室温要求30～32℃，相对湿度60%～75%。目前政和白茶产区用此方法制作的白牡丹较多。

加温萎凋。春茶如遇阴雨连绵，必须采用加温萎凋，加温萎凋可采用管道加温或萎凋槽加温萎凋。

复式萎凋。春季遇有晴天，可采用白茶复式萎凋，所谓的复式萎凋就是将日光萎凋与室内自然萎凋相结合，一般"大白"与"水仙白"在春茶谷雨前后采用此法，对加速水分蒸发和提高茶汤醇度有一定作用。

◇ 干燥

白茶干燥工艺具有传统与现代的方法。传统的方法就是完全利用太阳光干燥和焙笼炭火烘焙，现代的方法多用烘干机进行干燥。

最古老的白茶干燥工艺类似于中草药制作，直接利用太阳光照射进行干燥。萎凋后的白茶芽叶，利用特定的阳光干燥一定的时间，使茶叶内多余的水分气化。在福鼎太姥山麓的一些山民，至今还保留这种原始方法。这种干燥方法掌握不好，会使白茶含水率太高，存储时易产生霉味，有些山民还会在次年农历6月初六这天把白茶放在太阳光下晾晒。这种干燥方法正应了田艺蘅《煮泉小品》所述："芽茶以火作者为次，生晒者为上，亦更近自然，且断烟火气耳。"另一种传统的干燥工艺就是焙笼炭火烘焙，焙笼工具包括：焙盖、焙置、火锅、火锅架四部分，烘焙过程还用到特殊竹制工具—软笰。软笰可使茶师的手少接触到白茶，因为手上的汗渍会影响白茶的茸毛。炭火烘焙加工后的白茶炭香、毫香明显，这种干燥工艺的白茶广受消费者喜爱。此外，这种干燥方式的白茶耐储存。

现代白茶生产更多采用干燥机干燥。白茶萎凋叶达九成干时，采用机焙，掌握烘干机进风口温度70～80℃，摊叶厚度4厘米左右，历时20分钟至足干。七、八成干的萎凋叶分两次烘焙，初盘采用快盘，温度90～100℃，历时10分钟左右，摊叶厚度4厘米，初焙后须进行摊放，使水分分布均匀。复焙采用慢盘，温度80～90℃，历时20分钟至足干。现有一些厂家为了提高效率，保持白茶的绿色，减少青味，用120℃以上高温烘焙。

⊙ **品茗指南**

茶宜兼饮，不宜偏饮，白茶又宜常饮，不宜间断和太浓，白茶的品鉴和饮

用要做到随饮随泡。白茶的泡法用具，并无太多的讲究，可用透明玻璃杯、茶盅、茶壶、工夫茶具等。如果采用"工夫茶"的饮用茶具和冲泡办法，效果当然更好。白茶不炒不揉加工工艺决定了其耐泡特性，一杯白茶可冲泡六到八次。

◇ 冲泡方法

杯泡法：适合一人独饮，用200毫升透明玻璃杯，取茶3～5克，用约90℃开水，先洗茶温润闻香，再用开水直接冲泡白茶，冲泡时间根据个人口感自由掌握。

盖碗法：适合二人对饮，取3克白茶投入盖碗，用90℃开水洗茶温润闻香，然后似功夫茶的白茶泡法，第一泡30～45秒，以后每次递减，这样能品到茶的清新口感。

壶泡法：适合三五人雅聚，大肚紫砂壶茶具最佳或大容量飘逸杯，取5～6克白茶投入其中，用约90℃开水洗茶温润闻香，45秒后即可品饮，特点：毫香醇厚。

煮饮法：适合保健用途，用清水投入10克陈3年以上陈年老白茶，煮至3分钟至浓汁滤出茶水，待凉70℃添加大块冰糖或蜂蜜乘热饮用。常用于治疗嗓子发炎退烧、治疗水土不服，口感醇厚奇特。亦有夏天冰镇后饮用别有一番风味。

◇ 注意事项

白茶性寒凉，对于胃"热"者可在空腹时适量饮用，胃中性者，随时饮用都无妨，而胃"寒"者则要在饭后饮用，但白茶一般情况下是不会刺激胃壁的，老年人饮白茶用于保健每天茶叶用量不宜太多，其他茶也是如此，饮多了就会"物极必反"，反而起不到保健的作用。肾虚体弱者、心率过快的心脏病患者、严重高血压患者、严重便秘者、严重神经衰弱者、缺铁性贫血者都不宜喝浓茶，也不宜空腹喝茶，否则可能引起"茶醉"现象。

大壶法：适合家庭、群体共饮和长时间饮用，取10～15克白茶投入大瓶瓷壶中，用90～100℃开水直接冲泡，喝完蓄水，白茶具有耐泡，长时间搁置，口感依然淡雅醇香的特点，可从早喝到晚，非常适合家庭夏天消暑用茶和保健用茶。

白茶与女子

苏东坡大学士的一句"从来佳茗似佳人"的精妙譬喻,似乎一下子把女子与茶的关系写到了极致!的确,说女人如花,只是说出了女人的娇媚;说女人如水,只是说出了女子的温柔;说女人如瓷,只是说出了女人的清弱。女人如茶,茶是万木之心,只有茶这种生于青山,长于幽谷,承受了微雨清露,沐浴了山灵水秀的植物,才能体现女人的风情万种。白茶天生就具有高贵的品质和贵族的血统,她尊贵、稀有和纯净,她是天生的"尤物",是天赐的"灵物"。女人如茶,女人最似白茶。在福建福鼎,古往今来,女人与白茶总是有着某种关联。古有"兰姑女神与白茶始祖"的传说,今人又常常说好女人如白茶"。

黑茶

黑茶为中国特有的茶类。因茶叶颜色呈乌黑状,所以称作为黑茶。属全发酵茶,主产区为四川、云南、湖北、湖南、陕西等地。黑茶采用的原料较粗老,是压制紧压茶的主要原料。制茶工艺一般包括杀青、揉捻、渥堆和干燥四道工序。黑茶按地域分布,主要分类为湖南黑茶(茯茶)、四川藏茶(边茶)、云南黑茶(普洱茶)、广西六堡茶、湖北老黑茶及陕西黑茶(茯茶)(俗称黑五类)。黑茶功用具有抗氧化、延缓衰老、延年益寿;抗癌、抗突变;改善糖类代谢,降血糖,防治糖尿病;杀菌、消炎。

⊙ 黑茶的品质

黑茶因产区和工艺上的差别有湖南黑茶、湖北老青茶、藏茶和滇桂黑茶之分。

◇ 湖南黑茶

湖南安化黑茶主要集中在安化生产,最好的黑茶原料数高马二溪产茶叶,此外,益阳、桃江、宁乡、汉寿、沅江等县也生产一定数量。湖南黑茶是采割下来的鲜叶经过杀青、初揉、渥堆、复揉、干燥等五道工序制作而成。湖南黑茶条索卷折成泥鳅状,色泽油黑,汤色橙黄,叶底黄褐,香味醇厚,具有松烟香。黑毛茶经蒸压装篓后称天尖,蒸压成砖形的是黑砖、花砖或茯砖等。湖南安化黑茶是20世纪50年代绝产的传统工艺商品,主要由于海外市场的征购,这一原产地在安化山区的奇珍才得以在21世纪之初璧现,并风靡广东及东南亚市场。其声誉之盛,已不亚于当今大行其道的普洱,被权威的台湾茶书誉为"茶文化的经典,茶叶历史的浓缩,茶中的极品"。

◇ 湖北老青茶

老青茶又称青砖茶,又称"川字茶",产于湖北赤壁、咸宁,不过在湖南省的临湘县也有老青茶的种植和生产。老青茶分为三级:一级茶(洒面茶)以白梗为主,稍带红梗,即嫩茎基部呈红色(俗称乌巅白梗红脚);二级茶(二面茶)以红梗为主,顶部稍带白梗;三级茶(里茶)为当年生红梗,不带麻梗。采割的茶叶较老,含有较多的茶梗,经杀青、揉捻、初晒、复炒、复揉、渥堆、晒干而制成。以老青茶为原料，蒸压成砖形的成品称"老青砖"，国内主销区：内蒙古自治区、西藏自治区、青海省、甘肃省、四川省、陕西省、河北北部。国外主销区：俄罗斯、蒙古、格鲁吉亚、英国、德国等。青砖茶因其保健功效，亦为上海、江浙、广东等沿海地区人们喜爱。

◇ 四川边茶

四川边茶分南路边茶和西路边茶两类，四川雅安、天全、荥经等地生产的南路边茶，过去分为毛尖、芽细、康砖、金玉、金仓六个花色，简化为康砖、金尖两个花色，主销西藏，也销青海和四川甘孜藏族自治州。南路边茶制法是用割刀采割来的枝叶杀青后，经过多次的"扎堆"、"蒸、馏"后晒干。南路边茶（藏茶）为黑茶品种制法最复杂，经过32多道工序制成。四川灌县、崇庆、大邑等地生产的西路边茶，蒸后压装入篾包制成方包茶或圆包茶，主销四川阿坝藏族自治州及青海、甘肃、新疆等省（区）。西路边茶制法简单，将采割来的枝叶直接晒干即可。

◇ 滇桂黑茶

云南黑茶是用滇晒青毛茶经潮水沤堆发酵后干燥而制成，统称普洱茶。以这种普洱散茶为原料，可蒸压成不同形状的紧压茶——饼茶、紧茶、圆茶（即七子饼茶）。

普洱茶因产地旧属云南普洱府（今普洱市），故得名。现泛指普洱茶区生产的茶，是以公认普洱茶区的云南大叶种晒青毛茶为原料，经过后发酵加工成的散茶和紧压茶。外形色泽褐红，内质汤色红浓明亮，香气独特陈香，滋味醇厚回甘，叶底褐红。有生茶和熟茶之分，生茶自然发酵，熟茶人工催熟。"越陈越香"被公认为是普洱茶区别其他茶类的最大特点，"香陈九畹芳兰气，品尽

千年普洱情。"普洱茶是"可入口的古董"，不同于别的茶贵在新，普洱茶贵在"陈"，往往会随着时间逐渐升值。

◇ 广西梧州六堡茶

广西黑茶最著名的是梧州六堡茶，因产于广西梧州市苍梧县六堡乡而得名。已有上千年的生产历史。除苍梧县外，贺州、横县、岑溪、玉林、昭平、临桂、兴安等县也有一定数量的生产。六堡茶制造工艺流程是杀青、揉捻、沤堆、复揉、干燥，制成毛茶后再加工时仍需潮水沤堆，蒸压装篓，堆放陈化，最后使六堡茶汤味形成红、浓、醇、陈的特点。

梧州六堡茶是特种黑茶，品质独特，香味以陈为贵，在港、澳、东南亚和日本等地有广泛的市场。中国人一般不太热衷于陈茶。据说日本人更倾注于新茶；然而日本人开始对云南出产的黑茶中的代表"普洱茶"和广西梧州生产"六堡茶"青睐起来了。

⊙ 黑茶的制作

黑茶的基本工艺流程是杀青、初揉、

渥堆、复揉、烘焙。黑茶一般原料较粗老，加之制造过程中往往堆积发酵时间较长，因而叶色油黑或黑褐，故称黑茶。黑茶主要供边区少数民族饮用，所以又称边销茶。黑毛茶是压制各种紧压茶的主要原料，各种黑茶的紧压茶是藏族、蒙古族和维吾尔族等兄弟民族日常生活的必需品，有"宁可三日无食，不可一日无茶"之说。

◇ 杀青

由于黑茶原料比较粗老，为了避免黑茶水分不足杀不匀透，一般除雨水叶、露水叶和幼嫩芽叶外，都要按10:1的比例洒水（即10千克鲜叶1千克清水）。洒水要均匀，以便于黑茶杀青能杀匀杀透。

手工杀青：选用大口径锅（口径80～90厘米），炒锅斜嵌入灶中呈30°左右的倾斜面，灶高70～100厘米。备好草把和油桐树枝丫制成的三叉状炒茶叉，三叉各长16～24厘米，柄长约50厘米。一般采用高温快炒，锅温280～320℃，每锅投叶量4～5千克。鲜叶下锅后，立即以双手匀翻快炒，至烫手时改用炒茶叉抖抄，称为"亮叉"。当出现水蒸气时，则以右手持叉，左手握草把，将炒叶转滚闷炒，称为"渥叉"。亮叉与渥叉交替进行，历时2分钟左右。待黑茶茶叶软绵且带黏性，色转暗绿，无光泽，青草气消除，香气显出，折粗梗不易断，且均匀一致，即为杀青适度。

机械杀青：当锅温达到杀青要求，即投入鲜叶8～10千克，依鲜叶的老嫩，水分含量的多少，调节锅温进行闷炒或抖炒，待杀青适度即可出机。

◇ 初揉

黑茶原料粗老，揉捻要掌握轻压、短时、慢揉的原则。初揉中揉捻机转速以40转/分左右，揉捻时间15分钟左右为好。待黑茶嫩叶成条，粗老叶成皱叠时即可。

◇ 渥堆

渥堆是形成黑茶色香味的关键性工序。黑茶渥堆应有适宜的条件，黑茶渥堆要在背窗、洁净的地面，避免阳光直射，室温在25℃以上，相对湿度保持在85%左右。初揉后的茶坯，不经解块立即堆积起来，堆高约1米左右，上面加盖湿布、蓑衣等物，以保温保湿。渥堆过程中要进行一次翻堆，以利渥均匀。堆积24小时左右时，茶坯表面出现水珠，叶色由暗绿变为黄褐，带有酒糟气或酸辣气味，手伸入茶堆感觉发热，茶团黏性变小，一打即散，即为渥堆适度。

◇ 复揉

将渥堆适度的黑茶茶坯解块后，上机复揉，压力较初揉稍小，时间一般6～8分钟。下机解块，及时干燥。

◇ 烘焙

烘焙是黑茶初制中最后一道工序。通过烘焙形成黑茶特有的品质即油黑色和松烟香味。干燥方法采取松柴旺火烘焙，不忌烟味，分层累加湿坯和长时间的一次干燥，与其他茶类不同。

黑茶干燥在七星灶上进行。在灶口处的地面燃烧松柴，松柴采取横架方式，并保持火力均匀，借风力使火温均匀地透入七星孔内，要火温均匀地扩散到灶面焙帘上。当焙帘上温度达到70℃以上时，开始撒上第一层茶坯，厚度约2～3厘米，待第一层茶坯烘至六七成干时，再撒第二层，撒叶厚度稍薄，这样一层一层地加到5～7层，总的厚度不超过焙框的高度。待最上面的茶坯达七八成干时，即退火翻焙。翻焙用特制铁叉，将已干的底层翻到上面来，将尚未干的上层翻至下面去。继续升火烘焙，待上中下各层茶叶干燥到适度，即行下焙。

黑茶茶梗易折断，手捏叶可成粉末，黑茶干茶色泽油黑，松烟香气扑鼻时，即为适度。

⊙ **品茗指南**

◇ 冲泡方法

黑茶不比绿茶，没有限定不同茶品配以不同的泡法，五种黑茶的喝法，只要自己喜欢都可以用来冲泡。

传统的喝法：取茶10～15克，用壶或其他容器盛满500毫升的水，煮至一沸时，将茶放入其中，待至壶中水再沸腾时，改用文火煮1～2分钟，停火后，滤去茶渣，即可饮用。

工夫茶的喝法：用工夫茶具，按照工夫茶的泡饮方法饮用。

盖碗冲泡的喝法（南方最为常见）：可用盖的紫砂或陶瓷杯、碗，取茶5～8克，先用沸水冲洗一次，烫杯后倒掉，再冲入沸水，加盖闷1分钟左右，待到汤色红浓，即可饮用。

凉茶的喝法：用1∶60的比例，配好茶水，按照传统方法将茶水煮好，滤去茶渣，放凉后即可饮用，放入冰箱，风味更佳。

奶茶冲泡喝法：用传统的方法将茶汤煮好后，按照茶汤和牛奶1∶1的比例，调入牛奶，加少许盐，即成具西域特色的奶茶。

泡黑茶时不要搅拌黑茶、或压紧黑茶茶叶，这样会使茶水浑浊。好的黑茶茶汤是琥珀色，表面一圈金环，十分好看；滋味以枣香、樟香和陈香为上。

◇ 熬煮法

在藏区,因为恶劣的天然情况和人体必需的要求,千百年来一向有着独特的吃茶品茗风俗,即先把茶熬煮过再饮用,不但口感神韵更佳,熬煮后的黑茶,其对人体的各项保健功效就更佳。黑茶的熬煮其实很简略,待水温加热到开,放入适量黑茶(此时勿需加壶盖),沸腾熬煮2分钟关火,盖上壶盖焖泡3~5分钟,滤渣后即可饮用。

因为黑茶的陈、醇特点,将煮好的茶先倒入暖水瓶中焖1~2小时,其味更醇喷鼻,也可每晚睡前将煮好的茶放于暖水瓶中,第二天饮用,其茶的深度发酵历程更充实,口感更佳、更光滑,汤色也更美丽透红。

花茶

花茶,又名香片,利用茶善于吸收异味的特点,将有香味的鲜花和新茶一起闷,茶将香味吸收后再把干花筛除,制成的花茶香味浓郁,茶汤色深,深得偏好重口味的中国北方人喜爱。花茶又可细分为花草茶和花果茶。饮用叶或花的称之为花草茶,如荷叶、甜菊叶。饮用其果实的称之为花果茶,如:无花果、柠檬、山楂、罗汉果、有花果。其气味芬香并具有养生疗效,是当今主流的健康饮品,女人最经典的饮品是花,所以古人有"上品饮茶,极品饮花"之说。而现代亦有"男人品茶,女人饮花"之词。

⊙ 生产历史

中国花茶的生产,始于南宋,已有1000余年的历史。最早的加工中心是在福州,从12世纪起花茶的窨制已扩展到苏州、杭州一带。明代顾元庆(1564~1639)《茶谱》一书中较详细记载了窨制花茶的香花品种和制茶方法:"茉莉、玫瑰、蔷薇、兰蕙、桔花、栀子、木香、梅花,皆可作茶。诸花开时,摘其半含半放之香气全者,量茶叶多少,摘花为茶。花多则太香,而脱茶韵;花少则不香,而不尽美。三停茶叶,一停花始称。"但大规模窨制花茶则始于清代咸丰年间(1851~1861),到1890年花茶生产已较普遍。花茶是中国特有的茶类。主产区为福建、浙江、安徽、江苏等省,湖北、湖南、四川、广西、广东、贵州等省、自治区亦有发展,而非产茶的北京、天津等地,亦从产茶区采进大量花茶毛坯,在花香旺季进行窨制加工,其产量亦在逐年增加。花茶产品,以内销为主,从1955年起出口港澳和东南亚地区,以及东欧、西欧、非洲等地。

⊙ 花茶的制作

◇ 原料

普通花茶都是用绿茶制作,也有用红茶制作的。花茶主要以绿茶、红茶或者乌龙茶作为茶坯,配以能够吐香的鲜花作为原料,采用窨制工艺制作而成的茶叶。配合不同的鲜花制成的茶还有不同的保健功能:茉莉花茶具有减肥、润肠的功效;玫瑰花茶最明显的功效就是理气解郁、活血散淤和调经止痛。勿忘我花茶具有清热解毒、清心明目、滋阴

茶类制作

补肾、养颜美容、补血养血的功效，并能促进机体新陈代谢，延缓细胞衰老，提高免疫能力，是健康女性的的首选饮品。

◇ 窨制

花茶窨制过程主要是鲜花吐香和茶胚吸香的过程。鲜花的吐香是生物化学变化，成熟的鲜花在酶、温度、水分、氧气等作用下，分解出芬香物质，随着生理变化，花的开放，而不断地吐出香气来。茶胚吸香是在物理吸附作用下，随着吸香同时也吸收大量水分，由于水的渗透作用，产生了化学吸附，在湿热作用下，发生了复杂的化学变化，茶汤从绿逐渐变黄亮，滋味有淡涩转为浓醇，形成特有的花茶的香、色、味。

◇ 干燥

窨制花茶的茶胚一般要经过干燥处理。目的是高档茶胚在于散发水闷气、陈味；中低档茶胚在于降低粗老味、陈味等，显露出正常青茶香味，有利于花茶的鲜纯度提高。烘干机温度一般不宜太高，高档茶胚在 100～110℃，中低档茶胚可在 110～120℃。传统工艺要求烘后茶胚水分在 4%～4.5%，不能用高火烘，容易产生火焦味，影响花茶品质。

◇ 冷却

茶胚复火后一般堆温较高，在 60～80℃，必须通过摊凉、冷却，待茶叶堆温梢高室温 1～3℃时才能付窨，太高进行窨制，影响茉莉花生机和吐香，降低花茶品质，茶胚温度越低越好，这样窨制拼和后，使堆温上升慢些，相对的延长 32～37℃的堆温时间，有利于鲜花吐香和茶胚吸香，提高花茶质量。

◇ 鲜花处理

用来制作花茶的鲜花必须要进行养护才行。一般要经过：摊凉、养护、筛花及打底四道步骤而成。摊凉目的是使其散热降温，恢复生机，促进开放鲜花的吐香。养护目的在于控制花堆中的温度，使鲜花生机旺盛，促进开放猛烈吐香。筛花的目的既是分花大小，剔除青蕾花蒂，通过机械振动，又能促进鲜花开放。打底的目的在于"调香"，提高花茶香味的浓度，"衬托"花香的鲜灵度。打底掌握适度，能提高花茶质量。

◇ 拼和

窨花拼和是整个茉莉花茶窨制过程中的重点工序。目的是利用鲜花和茶拌和在一起，让鲜花吐香直接被茶叶所吸收。窨花拼和要掌握好六个因素：配花量、花开放度、温度、水分、厚度、时间。

⊙ 品茗指南

◇ 泡好茶从挑选开始

花茶是茶味与花香巧妙地融合，构成茶汤适口、芬芳的韵味。要想泡出一壶好茶，首先要做的就是选择优质的花草茶材料。要选择茶叶完整、果实颗粒较大，带有一点光泽的花草茶。此外，也可以用鼻子闻一闻，香味浓郁的泡起来味道自然较好，假如可以试喝的话，喝起来清爽甘甜的，也是优秀的花草茶。

◇ 品种不同要区别对待

由于水质与水温都是冲泡花茶色香味的重要因素，泡饮花茶，要以能维护香气不致无效散失和显示茶质美。对于冲泡特别细嫩的花茶，宜用透明茶杯，便于观赏。用90℃左右的开水冲泡，随即加上杯盖，以防香气散失。此时，可对着光线，透过观察茶在水中上下沉浮，以及茶叶徐徐开展、复原叶形、渗出茶汁汤色的变化过程。冲泡3分钟后，揭开杯盖一侧，顿觉芬芳扑鼻而来，也可凑着香气作深呼吸，充分领略愉悦香气。

花果茶

花果茶又被称为果粒茶，是一种类似茶的饮料，以各种不同的花朵与水果浓缩干燥而成，成分中含有各种不同的维生素、果酸与矿物质，但不含咖啡因与单宁酸。各种不同口味的花果茶在成分上略有不同，但仍以芙蓉花、蔷薇实、橙皮与苹果片为主要组成原素。在冲泡后仍能保持花果的原风味，浓郁的果香，加上冰糖饮用，可以舒缓情绪，另有美容养颜的效果。

热花果茶的泡法先取花朵或是花瓣置于花茶壶内（花茶壶建议用玻璃制的），加入略微没过花朵的热水，洗涤后倒去。再在经过取标准匙约一勺至一勺半（约10～15克），放入花茶壶，加入热水至8分满（约400～500克），温度约45℃（因花果茶含大量维他命及果酸，温度太高会破坏营养及影响口感），放置约2分钟便可饮用。

冰花果茶的泡法取花果茶15克～20克，温水（约45℃）泡5分钟后加入糖或蜂蜜搅拌，取杯子放入冰块后再慢慢倒入果茶。

老舍钟爱茉莉花茶

饮茶，可以说是老舍先生一生的嗜好。他认为"喝茶本身是一门艺术"。他在《多鼠斋杂谈》中写道："我是地道中国人，咖啡、可可、啤酒、皆非所喜，而独喜茶。""有一杯好茶，我便能万物静观皆自得。"

老舍生前有个习惯，就是边饮茶边写作。据老舍夫人胡絜青回忆，老舍无论是在重庆北碚还是在北京，写作时要饮茶的习惯都一直没有改变过。创作与饮茶成为老舍先生不可缺少的一种生活方式。茶与文人确有难解之缘，茶似乎又专为文人所生。茶助文人的诗兴笔思，有启迪文思的特殊功效。

茶区名茶

ZHONGGUO CHADIAN

江南名茶

江南茶区是历史最悠久的茶区之一，
也是中国名茶最多的茶区，
名茶有浙江省的龙井茶、安吉白茶；
湖南省的君山银针；
江西省的庐山云雾茶、婺源茗眉；
江苏省的碧螺春、南京雨花茶；
安徽省的黄山毛峰、太平猴魁。
福建省的武夷岩茶、正山小钟、白毫银针。

江南茗茶

江南茶区

⊙ 区域范围

江南茶区北起长江以南，南到南岭以北，东邻东海，西以云贵高原为界，包括广东省、广西壮族自治区北部，福建省中北部，安徽省、江苏省、湖北省南部以及湖南、江西、浙江等省等地，为中国茶叶主要产区，年产量大约占全国总产量的2/3。生产的主要茶类有绿茶、红茶、黑茶、花茶以及品质各异的特种名茶，诸如西湖龙井、黄山毛峰、

洞庭碧螺春、君山银针、庐山云雾等。

⊙ 地理特征

茶园主要分布在丘陵地带，少数在海拔较高的山区。这些地区气候四季分明，年平均气温为15℃～18℃，冬季气温一般在-8℃。年降水量1400～1600毫米，春夏季雨水最多，占全年降水量的60%～80%，秋季干旱。茶区土壤主要为红壤，部分为黄壤或棕壤，少数为冲积壤，种植的茶树基本为灌木型中叶种和小叶种，还有很少一部分的小乔木型中叶种和大叶种，适宜制作绿茶、花茶和乌龙茶等。

⊙ 茶树品种

本区茶树品种主要以灌木型品种为主，小乔木型品种也有一定的分布，如福鼎大白茶、祁门种、鸠坑种、上梅洲种、高桥早、龙井43、翠峰、福云六号、浙农12、政和大白茶、水仙、肉桂等。生产茶类有绿茶、乌龙茶、白茶、黑茶、花茶和名优茶等。

⊙ 特产名茶

绿茶类：浙江省的龙井、顾渚紫笋、惠明茶、天目青顶、雁荡毛峰、普陀佛茶等；湖南省的安化松针、高桥银峰、岳麓毛尖、南岳云雾茶、月芽茶、东岩茗翠等；江苏（苏南）的洞庭碧螺春、南京雨花茶、金坛雀舌等；安徽（皖南）的黄山毛峰、太平猴魁、九华毛峰、黄山翠竹、天山真香眉等；江西省的庐山云雾、婺源茗眉、狗牯脑、井冈翠绿等；湖北（鄂西南）的象牙茶、恩施玉露、峡州碧峰、金水翠峰、水仙茸勾茶、碧叶青等。

红茶类：浙江省的越红工夫茶、温红等；湖南省湖红工夫茶；江西省宁红工夫茶；湖北省宜红工夫茶；安徽省祁门工夫茶。

黄茶类：浙江省温州黄汤、莫干黄芽等；湖南省君山银针、伪山白毛尖、北港毛尖等。

黑茶类：湖南省的黑毛茶、黑砖茶、

花砖茶、茯砖茶等；湖北省的老青茶、青砖茶等。

西湖龙井

⊙ 天堂瑰宝

西湖龙井，是绿茶中最有特色的茶品之一，素有"天堂瑰宝"之称，居中国名茶之冠。产于浙江省杭州市西湖周围的群山之中。杭州不仅以美丽的西湖闻名于世界，也以西湖龙井茶誉满全球。西湖群山产茶已有千百年的历史，在唐代时就享有盛名，但形成扁形的龙井茶，大约还是近百年的事。相传，乾隆皇帝巡视杭州时，曾在龙井茶区的天竺作诗一首，诗名为《观采茶作歌》。

⊙ 孕育名茶的环境

龙井茶区分布在西湖湖畔的狮峰、翁家山、虎跑、梅家坞、云栖、灵隐一带的群山之中。这里气候温和，雨量充沛，光照漫射。土壤微酸，土层深厚，排水性好。林木茂盛，溪润常流。年平均气温16℃，年降水量在1500毫米左右，优越的自然条件，有利于茶树的生长发育，茶芽不停萌发，采摘时间长，全年可采30批左右，几乎是茶叶中采摘次数最多的。

⊙ 三大品类

西湖龙井中有两个有名的品类"狮峰龙井"和"梅坞龙井"。"狮峰龙井"产于龙井村、狮子峰、翁家山一带，香气高锐而持久，滋味鲜醇，色泽略黄，素称"糙米色"。"梅坞龙井"产于云栖、梅家坞一带，外形挺秀、扁平光滑，色泽翠绿。

⊙ 品质特征

西湖龙井茶，外形扁平挺秀，色泽绿翠，内质清香味醇，泡在杯中，芽叶色绿。素以"色绿、香郁、味甘、形美"四绝称著。

春茶中的特级西湖龙井、浙江龙井外形扁平光滑，苗锋尖削，芽长于叶，

色泽嫩绿,体表无茸毛;汤色嫩绿(黄)明亮;清香或嫩栗香,但有部分茶带高火香;滋味清爽或浓醇;叶底嫩绿,尚完整。其余各级龙井茶随着级别的下降,外形色泽由嫩绿→青绿→墨绿,茶身由小到大,茶条由光滑至粗糙;香味由嫩爽转向浓粗,四级茶开始有粗味;叶底由嫩芽转向对夹叶,色泽由嫩黄→青绿→黄褐。夏秋龙井茶,色泽暗绿或深绿,茶身较大,体表无茸毛,汤色黄亮,有清香但较粗糙,滋味浓略涩,叶底黄亮,总体品质比同级春茶差。

◇ 采摘

龙井茶的采摘有三大要求:一是早,二是嫩,三是勤。

以早为贵:历来龙井茶采摘时间很有讲究,以早为贵。茶农常说:茶叶是个时辰草,早采三天是个宝,迟采三天变成草。

细嫩著称:龙井茶的采摘还以采摘细嫩而著称,并以采摘嫩度的不同分为莲心、雀舌、旗枪,鲜叶嫩匀度构成龙井茶品质的基础。只采一个嫩芽的称莲心,采一芽一叶或一芽二叶初展,叶形如雀舌的称雀舌。

采摘次数多:采摘次数多,也是龙井茶的一大特色。长期以来,采大留小分批采摘,已经成了习惯。一般春茶前期天天采或隔天采,中后期隔几天采一次,全年采摘在30批左右。

◇ 晾晒

西湖龙井在采摘后要竹筛上进行晾晒，一般需要半天左右时间，这样可以减少茶叶中的青草味道，使水分达到炒制的要求，同时使新茶在炒制时不至于结团。然后再对晾好的新叶进行大致分类，根据叶子的品质档次来决定下一步炒制的锅温、力道等条件。所谓晾，就是刚采摘下来的茶叶要在阴凉处堆放上大半天，大约相当于机械加工的退火，也就是通过堆晾，去掉茶叶里残余的大部分刚性。

采回的鲜叶需在室内进行薄摊，厚度为3厘米左右，中下级原料可稍厚。经8～10小时摊放后，叶子失去一部分水分，减重15%～20%，鲜叶含水量达70%左右为适度。目的是散发青草气，增进茶香，减少苦涩味，增加氨基酸含量，提高鲜爽度。还可以使炒制的龙井茶外形光洁，色泽翠绿，不结团块，提高茶叶品质。

经过摊放的鲜叶需进行筛分，分成大、中、小三档，分别进行炒制，这样不同档次的原料，采用不同锅温、不同手势来炒制，才能恰到好处。

◇ 揉捻

揉也叫揉捻，是通过外力将茶叶的内部结构揉捻成人们希望的形状，但龙井茶的形状要求青叶保留一部分自然的刚性，以便茶叶成型后还能看到部分青叶的原状，因此就将揉捻工艺弱化了。即将炒分解成炒—晾—炒—晾—炒的过程，并在这个过程中完成部分揉的要求。

◇ 炒制

西湖龙井的炒制需要手工完成，通常的工艺包括"抖、带、挤、甩、挺、拓、扣、抓、压、磨"十大手法。龙井茶炒制手法复杂，依据不同鲜叶原料不同炒制阶段分别采取"抖、搭、捺、拓、甩、扣、挺、抓、压、磨"等十大手法。

整个炒茶过程分为青锅、回潮、辉锅三个阶段：

青锅：是在15分钟内将茶叶初步成型为扁平，茶叶被炒至七八成干。

回潮：是将经过了青锅步骤的茶叶起锅摊平在竹筛中回潮，大约需要一个小时时间。

辉锅：是将回潮后的茶叶加入锅中炒干，使水分小于5%，并且进一步定型。大约需要20分钟。

辉锅后的茶叶起锅晾凉就是成品的西湖龙井了。

⊙ **鉴别方法**

西湖龙井茶的感官品质主要通过"干看外形、湿看内质"来评定，具体从外形、香气、滋味、汤色和叶底等方面来品评。

外形特征：干看茶叶外形，以鉴别茶叶身骨的轻重和制工的优劣，内容包括嫩度、整碎、色泽、净度等。一般西湖龙井茶以扁平光滑、挺秀尖削、均匀整齐、色泽翠绿鲜活为佳品。反之，外形松散粗糙、身骨轻飘、筋脉显露、色泽枯黄，表明质量低次。

香气特征：香气是茶叶冲泡后随水蒸汽挥发出来的气味，由多种芳香物质综合组成的。高级西湖龙井茶带有鲜纯的嫩香，香气清醇持久。

滋味特征：西湖龙井茶滋味以鲜醇甘爽为好。滋味往往与香气关系密切，香气好的茶叶滋味通常较鲜爽，香气差的茶叶则通常有苦涩味或粗青感。

汤色特征：汤色是茶叶里的各种色素溶解于沸水中而显现出来的色泽，主要看色度、亮度和清浊度。西湖龙井茶的汤色以清澈明亮为好，汤色深黄为次。

叶底特征：叶底是冲泡后剩下的茶渣。主要以芽与嫩叶含量的比例和叶质的老嫩度来衡量。西湖龙井茶好的叶底要求芽叶细嫩成朵，均匀整齐、嫩绿明亮。差的叶底暗淡、粗老、单薄。

选购西湖龙井茶时，首先要根据自己的需要，比如用途、经济实力和喜好等，然后通过以下程序进行感官辨别。

一摸：判别茶叶的干燥程度。随意挑选一片干茶，放在拇指与食指之间用力捻，如即成粉末，则干燥度足够；若为小颗粒，则干燥度不足，或者茶叶已吸潮。干燥度不足的茶叶比较难储存，同时香气也不高。

二看：看干茶是否符合龙井茶的基本特征，包括外形、色泽、匀净度等。

三嗅：闻干茶香气的高低和香型，并辨别是否有烟、焦、酸、馊、霉等劣变气味和各种夹杂着的不良气味。

四尝：当干茶的含水量、外形、色泽、香气均符合要求后，进行开汤品尝。一般取3克龙井茶置于杯碗中，冲如沸水150毫升。5分钟后先嗅香气，再看汤色，细尝滋味，后评叶底。这个环节更为重要。

西湖龙井茶按其品质不同，分为精品、特级、一级、二级、三级五个级别。如下表：

西湖龙井的感官分级标准

项目		要 求				
		精品	特级	一级	二级	三级
外观	扁平	扁平光滑、挺秀尖削	扁平光润、挺直尖削	扁平光润、挺直	扁平挺直，尚光滑	扁平、尚光滑尚挺直
	色泽	嫩绿鲜润	嫩绿鲜润	嫩绿尚鲜润	绿 润	尚绿润
	整碎	匀整重实、芽峰显露	匀整重实	匀整有峰	匀整	尚匀整
	净度	匀齐洁净	匀净	洁净	尚洁净	尚洁净
内质	香气	嫩香馥郁	清香持久	清高尚持久	清 香	尚清香
	滋味	鲜醇甘爽	鲜醇甘爽	鲜醇爽口	尚鲜	尚醇
	汤色	嫩绿鲜亮、清澈	嫩绿明亮、清澈	嫩绿明亮	绿明亮	尚绿明亮
	叶底	幼嫩成朵、匀齐、嫩绿鲜亮	芽叶细嫩成朵，匀齐，嫩绿明亮	细嫩成朵，嫩绿明亮	尚细嫩成朵，绿明亮	尚成朵，有嫩单片，浅绿尚明亮
其他要求		无霉变，无劣变，无污染，无异味				
		产品洁净，不得着色，不得夹杂非茶类物质				

"御茶"逸事

传说乾隆皇帝下江南时，来到杭州龙井狮峰山下，看乡女采茶，以示体察民情。这天，乾隆皇帝看见几个乡女正在十多棵绿荫荫的茶蓬前采茶，心中一乐，也学着采了起来。刚采了一把，忽然太监来报："太后有病，请皇上急速回京。"乾隆皇帝听说太后娘娘有病，随手将一把茶叶向袋内一放，日夜兼程赶回京城。其实太后只因山珍海味吃多了，一时肝火上升，双眼红肿，胃里不适，并没有大病。此时见皇儿来到，只觉一股清香传来，便问带来什么好东西。皇帝也觉得奇怪，哪来的清香。他随手一摸，啊，原来是杭州狮峰山的一把茶叶，几天过后已经干了，浓郁的香气就是它散出来了。太后便想尝尝茶叶的味道，宫女将茶泡好，茶送到太后面前，果然清香扑鼻，太后喝了一口，双眼顿时舒适多了，喝完了茶，红肿消了，胃不胀了。

太后高兴地说："杭州龙井的茶叶，真是灵丹妙药。"乾隆皇帝见太后这么高兴，立即传令下去，将杭州龙井狮峰山下胡公庙前那十八棵茶树封为御茶，每年采摘新茶，专门进贡太后。至今，杭州龙井村胡公庙前还保存着这十八棵御茶。

黄山毛峰

⊙ 天地精华

黄山毛峰茶，中国十大名茶之一，属于绿茶。产于安徽省黄山（徽州）一带，所以又称徽茶。黄山毛峰茶园分布在黄山云谷寺、松谷庵、吊桥庵、慈光阁以及海拔1200米的半山寺周围，在高山的山坞深谷中，坡度达30°～50°。这里气候温和，雨量充沛，土壤肥沃，

上层深厚，空气湿度大，日照时间短。"晴时早晚遍地雾，阴雨成天满山云"，黄山常常云雾缥缈。在这样的自然条件里，茶树终日笼罩在云雾之中，很适合茶树生长，因而叶肥汁多，经久耐泡。加上黄山遍生兰花，采茶之际，正值山花烂漫，花香的熏染，使黄山茶叶格外清香，风味独具。

⊙ 采制工艺

黄山毛峰采摘细嫩，特级黄山毛峰的采摘标准为一芽一叶初展，1～3级黄山毛峰的采摘标准分别为一芽一叶、一芽二叶初展；一芽一二叶；一芽二三叶初展。特级黄山毛峰开采于清明前后，1～3级黄山毛峰在谷雨前后采制。鲜叶进厂后先进行拣剔，剔除冻伤叶和病虫危害叶，拣出不符合标准要求的叶、梗和茶果，以保证芽叶质量匀净。然后将不同嫩度的鲜叶分开摊放，散失部分水分。为了保质保鲜，要求上午采，下午制；下午采，当夜制。

经过剔拣和晾晒的嫩叶主要有三道工序：杀青、揉捻、烘焙，各级毛峰都采用手工制作。杀青的要求有：单手翻炒，手势要轻，翻炒要快（每分钟50～60次），扬得要高（叶子离开灶面20厘米左右），撒得要开，捞得要净。杀青程度要求适当偏老，即芽叶质地柔软，表面失去光泽，青气消失，茶香显露即可。特级和一级原料，在杀青达到适度时，继续在锅内抓带几下，起到轻揉和理条的作用。二、三级原料杀青起锅后，及时散失热气，轻揉1～2分钟，使之稍卷曲成条即可。揉捻时速度亦慢，压力宜轻，边揉边抖，以保持芽叶完整，白毫显露，色泽绿润。烘焙分初烘和足烘。初烘过程翻叶要勤，摊叶要匀，操作要轻，火温要稳。初烘结束后，茶叶放在簸箕中摊凉30分钟，以促进叶内水分重新分布均匀。待初烘叶有8～10烘时，并为一烘，进行足烘。足烘温度60℃左右，文火慢烘，至足干。拣剔去杂后，再复火一次，促进茶香透发，趁热装入铁筒，封口储存。

⊙ 等级划分

黄山毛峰分六个等级：黄山毛峰分特级一等、特级二等、特级三等和一、二、三级。

特级的黄山毛峰，以一芽一叶二叶初展的新梢的鲜叶制成品质优良，白毫显，分量重。一至三级黄山毛峰的鲜叶采摘标准为一芽一叶，一芽二叶初展和一芽二三叶初展。特级黄山毛峰形似雀舌，白毫显露，色似象牙，鱼叶金黄。冲泡后，汤色清澈、滋味鲜浓、醇厚、甘甜，叶底嫩黄、肥壮成朵。

高档茶的外形芽多且肥，呈全芽或者一芽二叶，色泽嫩黄绿带金黄；中档茶一芽二三叶，芽叶较肥，色泽黄绿，略带金黄片；低档茶细瘦的一芽三叶为主，色泽呈青绿或深绿色。高档茶清香带花香，滋味醇厚；中档茶清香或略鲜爽，滋味醇和；低档茶香气纯正。

黄山毛峰的感官分级标准

级别项目		特级一等	特级二等	特级三等	一级	二级	三级
外形	条索	芽头肥壮匀齐毫显鱼叶金黄	芽头紧偎叶中、峰显隐毫	芽叶嫩齐毫显	芽叶肥壮匀齐毫显形微卷	芽叶肥壮条微卷显芽毫	条卷显芽匀齐叶张肥大
	色泽	嫩绿似玉	嫩绿润	嫩绿明亮微黄	嫩绿微黄明亮	绿明亮	尚绿润
内质	汤色	嫩黄绿清澈明亮	嫩黄绿明亮	嫩绿明亮	嫩绿亮	绿明亮	黄绿亮
	香气	香馥郁持久	嫩鲜高长	嫩香	鲜嫩持久	清高	高香
	滋味	鲜爽回甘	鲜爽回甘	鲜醇回甘	鲜醇略甘	鲜醇味长爽口	醇厚
	叶底	嫩黄鲜活	嫩匀绿亮	嫩绿明亮	肥嫩成朵嫩绿明亮	嫩匀、嫩绿明亮	尚匀黄绿

⊙ 特级黄山毛峰鉴别

特级黄山毛峰堪称中国毛峰之极品，外形美观，每片茶叶约半寸，绿中略泛微黄，色泽油润光亮，尖芽紧偎叶中，酷似雀舌，全身白色细绒毫，匀齐壮实，峰显毫露，色如象牙，鱼叶金黄；清香高长，汤色清澈，滋味鲜浓、醇厚、甘甜，叶底嫩黄，肥壮成朵。其中"金黄片"和"象牙色"是特级黄山毛峰外形与其他毛峰不同的两大明显特征。

⊙ 品茗指南

取茶3～5克，以80～90℃水温冲泡，玻璃杯或者白瓷茶杯皆可。先投茶，然后注入1/3杯水，待3分钟左右，茶叶舒展之后再将水加足。一般可续水冲泡4～6次。品质佳的毛峰茶冲泡后，雾气凝顶，芽叶竖直悬浮于汤中，之后徐徐下沉，芽挺叶嫩，景象万千，茶汤清澈，叶底明亮，嫩匀成朵。更有趣的是，用黄山泉水冲泡黄山毛峰茶，茶汤经过一夜，第二天也不会在茶杯中留下痕迹。

洞庭碧螺春

⊙ 康熙赐名

碧螺春属于绿茶类。主产于江苏省苏州市吴县太湖的洞庭山，所以又称"洞庭碧螺春"。碧螺春茶始于明代，俗名"吓煞人香"，据清代王应奎《柳南随笔》记载：清圣祖康熙皇帝，于康熙三十八年（1699年）春，第三次南巡车驾幸太湖。巡抚宋荦从当地制茶高手朱正元处购得精制的"吓煞人香"进贡，帝以其名不雅驯，题之曰"碧螺春"。这即是碧螺春雅名由来的故事之一。后人评曰，此乃康熙帝取其色泽碧绿，卷曲似螺，春时采制，又得自洞庭碧螺峰等特点，钦赐其美名。从此碧螺春遂闻名于世，

成为清宫的贡茶了。

⊙ 得天独厚的自然环境

碧螺春产地太湖洞庭山（在江苏吴县）分东、西两山，是我国著名的茶、果间作区，茶吸果香，花窨茶味，陶冶着碧螺春花香果味的天然品质。洞庭两山气候温和，年平均气温15.5～16.5℃，年降雨量1200～1500毫米，太湖水面，水气升腾、雾气悠悠，空气湿润，土壤呈微酸性或酸性，加之质地疏松，极宜于茶树生长。

碧螺春产地东洞庭山，俗称东山，古称青母山。东山原系太湖中小岛，元、明后始与陆地相连而成，是宛如一个巨舟伸进太湖的半岛。主峰莫厘峰，海拔293米，与洞庭西山同为著名果园区，产枇杷、杨梅和碧螺春茶叶，名胜则有九龙山等。碧螺春产地西洞庭山，俗称西山，古称包山。西山是一个屹立在湖中的岛屿，且为太湖中最大的岛屿。主峰缥缈峰，海拔336米，为太湖名胜，其所产碧螺春的色泽与外形比较具有欣赏价值，同时也产枇杷、杨梅、红橘等。真是"入山无处不飞翠，碧螺春香百里醉。"

⊙ 采制工艺

碧螺春的采制非常严格，它每年春分前后开采，以春分至清明这段时间采摘的品质最好。通常采摘一芽一叶初展，形如雀舌。采回的芽叶须进行精细的拣剔，并做到当天采摘当天炒制。碧螺春条索纤细，卷曲如螺，白毫显露，银白隐翠，冲泡之时，恰似白云翻浪，香气浓郁，滋味鲜醇，汤色清绿，有"一嫩（芽叶）三鲜（色、香、味）"的赞誉。

采回的芽叶必须及时进行精心拣剔，剔去鱼叶和不符标准的芽叶，保持芽叶匀整一致。通常拣剔1公斤芽叶，需费工2～4小时。其实，芽叶拣剔过程也是鲜叶摊放过程，可促使内含物轻度氧化，有利于品质的形成。一般5～9时采，9～15时拣剔，15时至晚上炒制，做到当天采摘，当天炒制，不炒隔夜茶。

目前大多仍采用手工方法炒制，其工艺过程是：杀青—炒揉—搓团焙干。三个工序在同一锅内一气呵成。炒制特点是炒揉并举，关键在提毫，即搓团焙干工序。

杀青：在平锅内或斜锅内进行，当锅温190～200℃时，投叶500克左右，以抖为主，双手翻炒，做到捞净、抖散、杀匀、杀透、无红梗无红叶、无烟焦叶，历时3～5分钟。

揉捻：锅温70～75℃，采用抖、炒、揉三种手法交替进行，边抖、边炒、边揉，随着茶叶水分的减少，条索逐渐形成。炒时手握茶叶松紧应适度。太松不利紧条，太紧茶叶溢出，易在锅面上结"锅巴"，产生烟焦味，使茶叶色泽发黑，茶条断碎，茸毛脆落。当茶叶干度达六～七成干，时间10分钟左右，继续降低锅温转入搓团显毫过程。历时12～15分钟左右。

搓团显毫：是形成形状卷曲似螺、茸毫满披的关键过程。锅温50～60℃，边炒边用双手用力地将全部茶叶揉搓成数个小团，不时抖散，反复多次，搓至条形卷曲，茸毫显露，达八成干左右时，进入烘干过程。历时13～15分钟。

烘干：采用轻揉、轻炒手法，达到固定形状，继续显毫，蒸发水分的目的。当九成干左右时，起锅将茶叶摊放在桑皮纸上，连纸放在锅上文火烘至足干。锅温约30～40℃，足干叶含水量7%左右，历时6～8分钟。全程约为40分钟。

Chinese Tea

⊙ 等级的划分

洞庭碧螺春等级是根据国家标准确定的。国家标准对洞庭碧螺春茶按产品质量分为特一级、特二级、一级、二级、三级五个等级，其中特一级、特二级最为名贵。

特一级：条索纤细，卷曲成螺，满身披毫，银绿隐翠，色泽鲜润，香气嫩香清幽，滋味甘醇鲜爽，汤色嫩绿清澈明亮，叶底嫩匀多芽，在鲜叶挑拣上从碧螺春茶一芽一叶炒制，改为单芽，此茶是碧螺春当中的极品。

特二级：条索纤细，卷曲成螺，茸毛披覆，银绿隐翠，清香文雅，浓郁甘醇，鲜爽生津，回味绵长。叶底嫩匀多芽。

一级：条索尚纤细，卷曲成螺，白毫披覆匀整，嫩爽清香，滋味鲜醇爽口，汤色绿而明亮，叶底细嫩、绿、明亮，是挑拣一芽一叶而炒制有"一嫩（芽叶）三鲜"（色、香、味）之称。当地茶农对碧螺春描述为："铜丝条，螺旋形，浑身毛，花香果味，鲜爽生津。"

二级：卷曲如螺，白毫毕露，银绿隐翠，叶芽幼嫩，冲泡后茶味徐徐舒展，上下翻飞，茶水银澄碧绿，清香袭人，口味凉甜，鲜爽生津。

三级：条索纤细，卷曲成螺，茸毛披覆，银绿隐翠，清香文雅，浓郁甘醇，鲜爽生津，回味绵长。

⊙ 品相特征

碧螺春茶叶的特点是：条索均匀、造型优美、卷曲似螺、茸毛遍体、色如凝脂、香气馥郁、回味甘洌。

色泽：正宗洞庭碧螺春有光泽，色翠绿带黄，其他碧螺春暗淡，但青里带黄，主要无光泽。

香气：洞庭碧螺春香气浓烈，清香带花果香，主要它生长在果园之中和洞庭的特有水土有关。其他碧螺春香气不足，因为它是新茶也有一点香气，但没有清香和果香，外地碧螺春有奥土气，有青叶气。

口味：洞庭碧螺春喝到口中很顺口，有一种甘甜、清凉、味醇的感觉，有回味，主要是口味醇。其他碧螺春喝到口中有涩、凉、苦、淡的感觉，无回味，还有青叶味。

外形：条索纤细如蜂腿，卷曲成螺，茸毫满披但不很浓，银绿相间（或银白隐翠）。

冲泡：茶叶冲泡有上投、中投、下投三种，碧螺春是典型的上投即先注水后放茶，真正的碧螺春，投入杯中，茶入水即沉杯底，细芽慢慢展开，汤色微黄。

⊙ 品茗指南

品饮碧螺春宜采用细腻的白瓷杯或透明纯净的玻璃杯，先放入 70～80℃

的温开水，然后取少量茶杯投入水中，顿时出现"雪浪喷珠"的场面；其后芽叶全部沉入杯底，杯底一片碧绿，好似"春染海底"，但此时茶汤尚无茶味；只有将水倒掉2/3时，才闻茶香袭入，这时再冲入滚水，茶叶则完全展开，渐渐舒展成一芽一叶，水色淡绿如玉，呈现"绿满晶宫"的景象。此时茶色、香、味、形俱达到最佳状态，茶汤清洌,味道干爽。先观其形，而后细品之，可以发现头酌汤色清淡，味幽香鲜雅；二酌汤色翠绿，味道芬芳醇美;再酌汤色碧清,香郁回甘。

◇ 储藏要求

碧螺春储藏条件十分讲究。传统的储藏方法是纸包茶叶，袋装块状石灰，茶、灰间隔放置缸中，加盖密封吸湿储藏。随着科学的发展，往年亦有采用三层塑料保鲜袋包装，分层紧扎，隔绝空气，放在10℃以下冷藏箱或电冰箱内储藏，久储年余，其色、香、味犹如新茶，鲜醇爽口。

庐山云雾

⊙ "虎溪三笑"禅茶合一

庐山云雾茶，古称"闻林茶"，从明代起始称"庐山云雾"，是中国著名绿茶，被列为中国传统十大名茶之一。江西庐山，号称"匡庐秀甲天下"，北临长江，南傍鄱阳湖，气候温和，山水秀美，年平均180多天有雾，这种云雾景观，不但给庐山蒙上了一层神秘的面纱，更为茶树生长提供了好的条件。"庐山云雾"茶，也是因这一自然现象而得名。好茶多出在海拔高、温差大、空气湿润的环境中。庐山虽地处江南，但由于海拔高，冬季来临时经常产生"雨凇"和"雾凇"现象，这种季节温差的变化和强紫外线的照射，恰好利于茶树体内芳香物质的合成，从而奠定了高山出好茶的内在因素。所以，"庐山云雾"茶的芽头肥壮、茶中含有较多的单宁、芳香油类和多种维生素。

庐山自汉代就已经开始种茶。据《庐山志》记载，东汉时，庐山因为云雾奇景极富宗教想象力，一如太虚幻境，是佛教建立寺院的理想之地。当时庐山梵宫寺院多至三百余座，信徒如云，僧侣们攀危崖，冒飞泉，在白云深处，劈崖填峪，竞采野茶。这些野茶"初由鸟雀衔种而来，传播于岩隙石罅"，又称"钻林茶"。到东晋时，庐山已成为中国的佛教中心之一。庐山云雾茶最早是一种野生茶，佛教净土宗始祖慧远在山上聚徒学法住了三十余年，广结善缘，信客盈门，传法之余一门心思种茶树，将其脱离野生胚胎，改造为家生茶，开了江南僧人种茶和饮茶之先河。在慧远大师的影响下，云雾茶被宗教化了，禅茶合一，慧远以茶待客，坐而论道。庐山茶极耐冲泡，一壶茶喝上一天仍回味甘香绵绵。相传慧远在庐山东林寺以自种好茶款待诗人陶渊明和道长陆修静，"话茶吟诗，叙事谈经"，谈得投机，送客时也不知不觉越送越远。行过了慧远自设的禁足之界虎溪，慧远曾立言，"影不出户，迹不入俗，送客不过虎溪桥。"此时，溪旁猛虎怒吼，三人这才发现送过界，于是大笑而别。"虎溪三笑"成为后人值得纪念的佳话，代表着中华文化中佛、道、儒三家走向融和，共同构造中国人精神世界的趋势。今天的庐山东林寺三笑亭还有这样的对联："桥跨虎溪，三教三源流，三人三笑语；莲开僧舍，一花一世界，一叶一如来。"三教美谈，想象当时煮茶论道的场景，庐山好茶也有一份功劳。

⊙ 云雾"六绝"

通常用"六绝"来形容庐山云雾茶，即"条索粗壮、青翠多毫、汤色明亮、叶嫩匀齐、香凛持久、醇厚味甘"。俗话说"高山出好茶"，庐山海拔高，升温迟缓，候期迟，芽头肥壮，茶中含有较多的单宁、芳香油类和多种维生素。庐山终日不散的云雾滋润山上的茶树，茶树萌芽期正值山中的雾月，所谓"雾芽吸尽香龙脂"，促使芽叶中芳香油的积聚，使叶芽保持鲜嫩，可以长出色香味俱佳的好茶。还是因为雾的原因，庐山茶采摘的时间也比较晚，一般在谷雨至立夏之间。以一芽一叶初展为标准，长约3厘米的茶叶才会被摘下，茶叶外形饱满秀丽，色泽碧嫩光滑，茶芽隐露，泡出的茶汤幽香如兰。在庐山五老峰与汉阳峰之间，终日云雾不散，所产之茶又是庐山茶的极品。

⊙ 采制工艺

庐山云雾茶制茶的工艺很复杂，需要经过"杀青、抖散、揉捻、初干、理条、搓条、拣剔、做毫、再干燥"等多道工序。最传统也是最好的工艺是手工炒制的茶，由于是低温炒制，这样茶叶的条索比较松散，茶多酚在低温氧化后色泽变得深绿偏黑，泡开后深色会变淡，茶叶片舒展开看起来一片碧绿。

鲜叶采摘：4月底或5月初开采，以一芽一叶初展为标准，长度为3厘米，严格做到"三不采"，紫芽不采，病虫叶不采，雨水叶不采。采回鲜叶置阴凉

通风处，薄摊4~5小时，含水量降至70%左右开始炒制。

杀青：每锅投叶量为350~400克，锅温150~160℃。主要手法双手抛炒，先抖后闷，抖闷结合，每锅叶量较少，锅温不高，炒至青气散发，茶香透露，叶色由鲜绿转为暗绿，即为适度。时间6~7分钟。

抖散：为了及时散发水分、降低叶温、防止叶色黄变，刚起锅杀青叶置于簸盘内，双手迅速抖散或簸扬10余次，这样可以使香味鲜爽、叶色翠绿、净度提高。

揉捻：一般用双手回转滚揉或推拉滚揉，但用力不能过重，以保毫保尖，当80%成条即为适度。

初干：揉捻叶放在锅中经过初炒，使含水量降至30%~35%，锅温80℃左右，以抖炒为主。

搓条：是进一步紧结外形散发部分水分。初干叶置于手中，双手掌心相对，四指微曲，上下理条，用力适当，反复搓条，直到条索初步紧结、白毫略为显露、含水量减少到20%左右时即可。搓条温度应控制在60℃左右，时间10~15分钟。

做毫：通过做毫使茶条进一步紧结，白毫显露，茶叶握在的手中，两手压茶并搓茶团，利用掌力使茶索断碎。温度控制在40℃左右，时间约10分钟。

再干：锅温上升到75~80℃，茶叶在锅中不断收堆，不断翻散，至含水量减少到5%~6%，用手捻茶可成粉时即行起锅。再干手势要轻，尽量减少碎断。干茶起锅后经适当摊放，经过筛分割末即可。

鉴别技巧

干茶：看干茶的颜色、香味。优质的云雾茶颜色介于黄绿与青绿之间。而且香气选择高长的为佳。要是干茶颜色片深褐色，那就是说明此云雾茶很有可能是陈茶。

香气：云雾茶一般茶香都比较优雅清鲜。介于青花与兰花之间的浓郁香气为上品。

条形：外形紧而结实老嫩都比较均匀。颜色一致，整体比较整齐。

冲泡：云雾茶冲泡过后没有任何的焦气及陈气。茶味虽苦但不涩。味道醇和爽口。

储存方法

首先在包装上要用铝箔袋包装，其次，在温度上要控制在10℃以下，另外，不能和其他任何物品混放，我们应该还要注意一点，从冷库里拿出的茶叶不能立即打开，应在室内放置一下，使袋内的茶叶温度和外面温度一致再开，如袋内温度和袋外温度不一致那会加速茶叶变质。

品茗指南

泡庐山云雾茶的最高境界是能泡出庐山云雾茶的醇厚、清香、甘润等各种味道，喝到嘴里层次分明，醇厚甘香、只觉茅塞顿开、神清气爽。

茶与水的比例，大致掌握在1∶50即150毫升的水，用3克左右的干茶。不能用100℃的沸水冲泡，一般以85℃为宜（水烧开略为冷却），这样泡出的茶汤，才能汤色明亮，醇厚味甘。冲泡的次数不宜超过三次，一次可溶物质浸出50%左右；二次浸出30%左右；三次浸出10%左右。因庐山云雾茶外形"条索精壮"，冲泡时采用"上投法"较佳。即先将85℃开水冲入杯中，然后取茶投入。如果用的是玻璃杯，你将会看到：有的茶叶直线下沉，有的茶叶徘徊缓下，有的其叶上下沉浮，舒展游动，这种过程，人们称之为"茶舞"。不久，干茶吸足水分，逐渐展开叶片，现出一芽一叶，而汤面水气夹着茶香缕缕上升，这时你趁热嗅觉闻茶汤香气，必然将心旷神怡。

一般来说，庐山云雾茶的浓度高，选用腹大的壶冲泡，可避免茶汤过浓。尤以陶壶、紫砂壶为宜。冲泡时庐山云雾茶份量大约占壶身20%。

太平猴魁

⊙ 优越的地理环境

中国十大名茶之一的"太平猴魁"是名茶中的极品。这种茶产于黄山脚下、太平湖畔，尤以猴坑高山茶园所采制的尖茶品质最为出众，因此称为"猴魁"。

太平猴魁优越的产地自然条件，使其保持长盛不衰。茶园大多坐落在海拔500～700米及以上的山岭上，面积较大的有凤凰尖、九龙岗、五里培、狮形尖等。"猴岗"一带更是云海缥缈，翠峰叠嶂，登高远眺，依稀可见美丽的"黄山伴侣"——太平湖。这里山高林密，鸟语花香，肥沃的土质和湿润凉爽的气候，滋养着这里的茶树。在树香、花香的熏染下，使得"太平猴魁"的品质在众多茶类中独树一帜。

神奇的传说

当地传说，古时一位山民采茶，忽然闻到一股沁人心脾的清香。看看四周，什么也没有，再细细寻觅，原来在突■峻岭的石缝间，长着几丛嫩绿的野茶。可无藤可攀，无路可循，只得快快离去。但他始终忘不了那嫩叶和清香。后来，他训练了几只猴子，每到采茶季节，他就给猴子套上布套，让它代人去攀岩采摘。人们品尝了这种茶叶后称其为"茶中之魁"，因为这种茶叶是猴子采来的，后人便干脆给取名为"猴魁"。

⊙ 采摘特别讲究

太平猴魁的鲜叶采摘特别讲究。谷雨前后，当20%芽梢长到一芽三叶初展时，即可开园。其后3～4天采一批，采到立夏便停采，立夏后改制尖茶。采摘标准为一芽三叶初展，并严格做到"四拣"：一拣山，拣高山、阴山、云雾笼罩的茶山；二拣丛，拣树势茂盛的柿大茶品种的茶丛；三拣枝，拣粗壮、挺直的嫩枝；四拣尖，采回的鲜叶要进行"拣

尖"，即折下一芽带二叶的"尖头"，作为制猴魁的原料。"尖头"要求芽叶肥壮，匀齐整枝，老嫩适度，叶缘背卷，且芽尖和叶尖长度相齐，以保证成茶能形成"二叶抱一芽"的外形。"拣尖"时，芽叶过大、过小、瘦弱、弯曲、色淡、紫芽，对夹叶、病虫叶不要（即"八不要"）。"拣尖"时，剔除的芽叶、单片，均制"魁片"。一般上午采、中午拣，当天制完。

太平猴魁采摘要在晴天进行，雨天一般不采。"拣尖"过程，也是鲜叶摊放过程。短时间摊放，实际上是一种轻度萎凋，使少量失水，便于杀青，同时也有利于内含物的转化，对猴魁香气、滋味的形成起到一定的作用。

⊙ 制作工艺

太平猴魁制作分杀青、毛烘、足烘、复焙四道工序：

杀青：用直径70厘米的桶锅，锅壁要光滑清洁。以木炭为燃料，确保锅温稳定。锅温110℃左右，每锅投叶量75～100克。翻炒要求"带得轻、捞得净、抖得开"，历时2～3分钟。杀青结束前，要适当理条。杀青叶要求毫尖完整，梗叶相连，自然挺直，叶面舒展。

毛烘：按一口杀青锅配四只烘笼，火温依次为100℃、90℃、80℃、70℃。杀青叶摊在烘顶上后，要轻轻拍打烘顶，使叶子摊匀平伏。适当失水后翻到第二烘，先将芽叶摊匀，最后用手轻轻按压茶叶，使叶片平伏抱芽，外形挺直，需边烘边捺。第三烘温度略降。仍要边烘边捺。当翻到第四烘时，叶质已经干脆不能再捺。至六、七成干时，下烘摊凉。

足烘：投叶量250克左右，火温70℃左右，要用锦制软垫边烘边捺，固定茶叶外形。经过5～6次翻烘、约九成干，下烘摊放。

复焙：又叫打老火，投叶量约1900克。火温60℃左右，边烘边翻。切忌捺压。足干后趁热装筒，筒内垫箬叶，以提高猴魁香气，故有"茶是草、箬是宝"之说。待茶冷却后，加盖焊封。

⊙ 等级划分

其品质按传统分法：猴魁为上品，魁尖次之，再次为贡尖、天尖、地尖、人尖、和尖、元尖、弯尖等传统尖茶。

产品分为五个级：极品、特级、一级、二级、三级。

极品：外形扁展挺直，魁伟壮实，两叶抱一芽，匀齐，毫多不显，苍绿匀润，部分主脉暗红；汤色嫩绿明亮；香气鲜

灵高爽，有持久兰花香；滋味鲜爽醇厚，回味甘甜，独具"猴韵"，叶底嫩匀肥壮，成朵，嫩黄绿鲜亮。

特级：外形扁平壮实，两叶抱一芽，匀齐，毫多不显，苍绿匀润，部分主脉暗红；汤色嫩绿明亮，香气鲜嫩清高，兰花香较长；滋味鲜爽醇厚，回味甘甜，有"猴韵"；叶底嫩匀肥厚，成朵，嫩黄绿匀亮。

一级：外形扁平重实，两叶抱一芽，匀整，毫隐不显，苍绿较匀润，部分主脉暗红；汤色嫩黄绿明亮；香气清高，有兰花香；滋味鲜爽回甘，有"猴韵"；叶底嫩匀成朵，黄绿明亮。

二级：外形扁平，两叶抱一芽，少量单片，尚匀整，毫不显，绿润；汤色黄绿明亮；香气清香带兰花香；滋味醇厚甘甜；叶底尚嫩匀，成朵，少量单片，黄绿明亮。

三级：外形两叶抱一芽，少数翘散，少量断碎，有毫，欠匀整，尚绿润；汤色黄绿尚明亮；香气清香纯正；滋味醇厚；叶底尚嫩欠匀，成朵，少量断碎，黄绿亮。

⊙ 冲泡奇景

"太平猴魁"的色、香、味、形独具一格，有"刀枪云集，龙飞凤舞"的特色。每朵茶都是两叶抱一芽，平扁挺直，不散，不翘，不曲，俗称"两刀一枪"，素有"猴魁两头尖，不散不翘不卷边"之称。叶色苍绿匀润，叶脉绿中隐红，俗称"红丝线"。全身披白毫，含而不露，入杯冲泡，芽叶成朵，或悬或沉，在明澈嫩绿的茶汁之中，似乎有好些小猴子在对你搔首弄姿呢。品其味，则幽香扑鼻，醇厚爽口，回味无穷，可体会出"头泡香高，二泡味浓，三泡四泡幽香犹存"的意境，有独特的"猴韵"。

君山银针

⊙ 遍布茶园的君山岛

君山又名洞庭山，为湖南岳阳市君山区洞庭湖中岛屿。岛上土壤肥沃，多为砂质土壤，年平均温度16～17℃，年降雨量为1340毫米左右，相对湿度较大，3～9月间的相对湿度约为80%，气候非常湿润。春夏季湖水蒸发，云雾弥漫，岛上树木丛生，自然环境适宜茶树生长，山地遍布茶园。

◇ "白银盘里一青螺"

君山银针始于唐代，清朝时被列为"贡茶"。据《巴陵县志》记载："君

山产茶嫩绿似莲心。""君山贡茶自清始，每岁贡十八斤。""谷雨"前，知县邀山僧采制一旗一枪，白毛茸然，俗称"白毛茶"。又据《湖南省新通志》记载："君山茶色味似龙井，叶微宽而绿过之。"古人形容此茶如"白银盘里一青螺"。

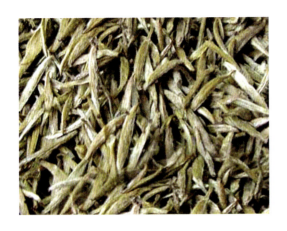

⊙ "三起三落"

清代，君山茶分为"尖茶"、"茸茶"两种。"尖茶"如茶剑，白毛茸然，纳为贡茶，素称"贡尖"。君山银针茶香气清高，味醇甘爽，汤黄澄高，芽壮多毫，条真匀齐，白毫如羽，芽身金黄发亮，着淡黄色茸毫，叶底肥厚匀亮，滋味甘醇甜爽，久置不变其味。冲泡初始，芽尖朝上、蒂头下垂而悬浮于水面，随后缓缓降落，竖立于杯底，忽升忽降，蔚为壮观，有"三起三落"之称。最后竖沉于杯底，如刀枪林立，似群笋破土，堆绿叠翠，令人心仪。

⊙ "九不采"

君山银针的采摘有严格要求，每年只能在"清明"前后7～10天采摘，采摘标准为春茶的首轮嫩芽。而且还规定："雨天不采"、"风伤不采"、"开口不采"、"发紫不采"、"空心不采"、"弯曲不采"、"虫伤不采"等九不采。叶片的长短、宽窄、厚薄均是以毫米计算，一斤银针茶，约需105000个茶芽。因此，就是采摘能手，一个人一天也只能采摘鲜茶200克。

⊙ 精工细作

君山银针制作工序分杀青、摊凉、初烘、复摊凉、初包、复烘、再包、焙干等8道工序，历时3～4天之久。

杀青是在20°的斜锅中进行，锅子在鲜叶杀青前磨光打蜡，火温掌握"先高（100～120℃）后低（80℃）"，每锅投叶量300克左右。茶叶下锅后，两手动作要灵活、轻巧，切忌重力摩擦，防止芽头弯曲、脱毫、茶色深暗。约经4～5分钟，芽蒂萎软青气消失，发出茶香，减重率达30%左右，即可出锅。

杀青叶出锅后，盛于小篾盘中，轻轻扬簸数次，散发热气，清除细末杂片。摊凉4～5分钟，即可初烘。初烘程度要掌握适当，过干，初包闷黄时转色困难，叶色仍青绿，达不到香高色黄的要求；过湿，香气低闷，色泽发暗。

初烘叶稍经摊凉，即用牛皮纸包好，每包1.5公斤左右，置于箱内，放置40～48小时，谓之初包闷黄，以促使君山银针特有色香味的形成，为君山银针制造的重要工序。初包对于分量、时间、温度、环境等很多要求，通过初包，银针品质风格基本形成。之后依次进行复烘、复包和足火等工序。

加工完毕，按芽头肥瘦、曲直、色泽亮暗进行分级。以壮实挺直亮黄为上。优质茶芽头肥壮，紧实挺直，芽身金黄，满披银毫；汤色橙黄明净，香气清纯，叶底嫩黄匀亮。实为黄茶之珍品。

⊙ 品茗指南

君山银针是一种较为特殊的黄茶，它有幽香、有醇味，具有茶的所有特性，但它更注重观赏性，因此冲泡技术和程序十分关键。

冲泡君山银针用的水以清澈的山泉为佳，茶具最好用透明的玻璃杯，并用玻璃片作盖。杯子高度10～15厘米，杯口直径4～6厘米，每杯用茶量为3克，其具体的冲泡程序如下：

用开水预热茶杯，清洁茶具，并擦干杯，以避免茶芽吸水而不宜竖立。用茶匙轻轻从茶罐中取出君山银针约3克，放入茶杯待泡。用水壶将70℃左右的开水，先快后慢冲入盛茶的杯子，至1/2处，使茶芽湿透。稍后，再冲至七八分满为止。约5分钟后，去掉玻璃盖片。君山银针经冲泡后，可看见茶芽渐次直立，上下沉浮，并且在芽尖上有晶莹的气泡。君山银针是一种以赏景为主的特种茶，讲究在欣赏中饮茶，在饮茶中欣赏。刚冲泡的君山银针是横卧水面的，加上玻璃片盖后，茶芽吸水下沉，芽尖产生气泡，犹如雀舌含珠，似春笋出土。接着，沉入杯底的直立茶芽在气泡的浮力作用下，再次浮升，如此上下沉浮，真是妙不可言。当启开玻璃盖片时，会有一缕白雾从杯中冉冉升起，然后缓缓消失。赏茶之后，可端杯闻香，闻香之后就可以品饮了。

祁门红茶

⊙ "由绿转红"

祁门茶叶，唐代就已出名。据史料记载，这里在清代光绪以前，并不生产红茶，而是盛产绿茶，制法与六安茶相仿，故曾有"安绿"之称。1875年，黟县人余干臣从福建罢官回籍经商，在东至县尧渡街设立红茶庄，仿效闽红制法，获得成功。次年就到祁门县的西路、闪里设立分茶庄，始制祁红成功。与此同时，当时祁门人胡元龙在祁门南乡平里镇贵溪进行"绿改红"，设立"日顺茶厂"试生产红茶也获成功。从此"祁红"不断扩大生产，形成了中国的重要红茶产区。胡元龙也成为了"祁红"鼻祖。

⊙ 祁门香——"春天的芬芳"

祁门红茶品质超群，被誉为"群芳最"，这与祁门地区的自然生态环境条件优越是分不开的。祁门地处安徽南端，黄山支脉由东向西环绕，茶园80%左右分布在海拔100～350米的峡谷地带，森林面积占80%以上，早晚温差大，雨量充沛,常有云雾缭绕,且日照时间较短，构成茶树生长的天然佳境，酿成"祁红"特殊的芳香厚味。祁红的这种特有的香味，被国外不少消费者称之为"祁门香"。祁红在国际市场上被称之为"高档红茶"，特别是在英国伦敦市场上，祁红被列为茶中"英豪"，每当祁红新茶上市，人人争相竞购,他们认为"在中国的茶香里，发现了春天的芬芳"。

⊙ 采制精细

祁红采制工艺精细，大致分为采摘、初制和精制三个主要过程。

祁红的采摘标准十分严格，高档茶以一芽一叶、一芽二叶原料为主，分批多次留叶采，春茶采摘6～7批，夏茶采6批，秋茶少采或不采。

初制包括萎凋、揉捻、发酵、烘干等工序。使芽叶由绿色变成紫铜红色，茶身成条，香气透发，文火烘焙至干。发酵是红茶制作的独特阶段，是决定祁红品质的关键，发酵室温控制在30℃以下，经过发酵叶色转红，形成祁红茶红叶红汤的品质特点。初制成品称为红毛茶。

红毛茶制成后，还须进行精制，分清长短、粗细、轻重，剔除杂质。祁红精制很费工夫，所以精制后的祁红茶又称为"工夫茶"。精制工序繁复，祁红茶成品经毛筛、抖筛、分筛、紧门、撩筛、切断、风选、拣剔、补火、清风、拼和、装箱而制成。

精制加工后的祁红茶，外形条索紧结细小如眉，苗秀显毫，色泽乌润；茶叶香气清香持久，似果香又似兰花香，国际茶市上把这种香气专门叫做"祁门香"；茶叶汤色和叶底颜色红艳明亮，口感鲜醇酣厚，即便与牛奶和糖调饮，其香不仅不减，反而更加馥郁。

⊙ 名扬天下

"祁门红茶"自诞生以来，一直以其优异的品质和独特的风味蜚声于国际市场，国外赞为"祁门香"，被列为世界三大高香茶之首，有"王子茶"、茶中英豪"、"群芳最"之美称。成品茶条索紧细苗秀、色泽乌润、金毫显露、汤色红艳明亮、滋味鲜醇酣厚、香气清香特久，似花、似果、似蜜的"祁门香"闻名于世。祁门红茶宜于清饮，但也适于加奶加糖调和饮用。祁红与斯里兰卡的乌伐、印度的大吉岭红茶，誉为世界

三大高香名茶。

⊙ 品茗指南

祁门红茶采用清饮最能品味其隽永香气，冲泡工夫红茶时一般要选用紫砂茶具、白瓷茶具和白底红花瓷茶具。茶和水的比例在1∶50左右，泡茶的水温在90～95℃。冲泡工夫红茶一般采用壶泡法，首先将茶叶按比例放入茶壶中，加水冲泡，冲泡时间在2～3分钟，然后按循环倒茶法将茶汤注入茶杯中并使茶汤浓度均匀一致。品饮时要细品慢饮，好的工夫红茶一般可以冲泡2～3次。

⊙ 祁红鉴别

鉴别祁门红茶是一项技术性的活，主要从以下几个方面来评定：

外形：条索紧细、匀齐的质量好，反之，条索粗松、匀齐度差的，质量次。

叶底：叶底明亮的，质量好，叶底花青的为次，叶底深暗多乌条的为劣。

色泽：色泽乌润，富有光泽，质量好，反之，色泽不一致，有死灰枯暗的茶叶，则质量次。

汤色：汤色红艳，在评茶杯内茶汤边缘形成金黄圈的为优，汤色欠明的为次，汤色深浊的为劣。

滋味：滋味醇厚的为优，滋味苦涩的为次，滋味粗淡的为劣。

香气：香气馥郁的质量好，香气不纯，带有青草气味的，质量次，香气低闷的为劣。

安吉白茶

⊙ 以白茶为名

安吉白茶，为浙江名茶的后起之秀。白茶为六大茶类之一。但安吉白茶，是用绿茶加工工艺制成，属绿茶类，其色白，是因为其加工原料采自一种嫩叶全为白色的茶树。1930年在孝丰镇的马铃冈发现野生白茶树数十棵，"枝头所抽之嫩叶色白如玉，焙后微黄，为当地金光寺庙产"（《县志》），后不知所终。安吉白茶树为茶树的变种，极为稀有，属于"低温敏感型"茶叶，其阈值约在23℃。茶树产"白茶"时间很短，通常仅一个月左右。春季发出的嫩叶纯白，在"春老"时变为白绿相间的花叶，至夏才呈全绿色。如此珍奇的茶树品种，孕育出品质超群绝伦、卓而不群的安吉白茶，使中国的茶类百花园更为多姿多彩。

⊙ 制作工艺

安吉白茶采制工艺精细，大致分为采摘、摊放、杀青、初烘和复烘等工序。

采摘应分批多次早采、嫩采、勤采、净采。明前茶要求一芽一叶。芽叶成朵，大小均匀，留柄要短，轻采轻放，竹篓盛装，竹筐储运。及时摊放，厚度均匀，不可翻动，避免阳光。摊放目的，一是提高安吉白茶品质；二是便于炒制，摊放时间手抓柔软为宜。

高温杀青，先高后低，通过高温250～300℃，破坏酶的活性。防止红梗、黑梗。茶叶下锅后听到炒芝麻似的爆声

即为杀青适温。杀青后，逐步提高转速，锅内温度降低，时间3分钟。初烘时烘干机温度100℃左右，时间大约10分钟。复烘时温度80～90℃，低温长烘。

⊙ "龙凤之姿"

安吉白茶外形挺直略扁，形如兰蕙；色泽翠绿，白毫显露；叶芽如金镶碧鞘，内裹银箭，十分可人。冲泡后，清香高扬且持久。滋味鲜爽，饮毕，唇齿留香，回味甘而生津。叶底嫩绿明亮，芽叶朵朵可辨。安吉白茶还有一种异于其他绿茶之独特韵味，即含有一丝清冷如"淡竹积雪"的奇逸之香。茶叶品级越高，此香越清纯，这或许是茶乡安吉的"风土韵"。"凤形"安吉白茶条直显芽，壮实匀整；色嫩绿，鲜活泛金边。"龙形"安吉白茶扁平光滑，挺直尖削；嫩绿显玉色，匀整。两种茶的汤色均嫩绿明亮，香气鲜嫩而持久；滋味或鲜醇、或馥郁，清润甘爽，叶白脉翠。根据品级不同，为一芽一叶初展至一芽三叶不等，高品级者芽长于叶。此外，精品安吉白茶其干茶色泽金黄隐翠（尤其是明前茶，不少绿茶也有这个特点）。

⊙ 品质鉴别

外形：嫩度以毫多而肥壮，叶张肥嫩的为上品；毫芽瘦小而稀少的，则品质次之；叶张老嫩不匀或杂有老叶、蜡叶的，则品质差。

叶态：叶子平伏舒展，叶缘重卷，叶面有隆起波纹，芽叶连枝稍为并拢，叶尖上翘不断碎的，品质最优；叶片摊开、折贴、弯曲的，品质次之。

色泽：毫色银白有光泽，叶面灰绿（叶背银白色）或墨绿、翠绿的，则为上品；铁板色的，品质次之；草绿黄、黑、红色及蜡质光泽的，品质最差。

净度：要求不得含有枳、老梗、老叶及蜡叶，如果茶叶中含有杂质，则品质差。

滋味：以鲜爽、醇厚、清甜的为上品；粗涩、淡薄的为差。

香气：以毫香浓显，清鲜纯正的为上品；有淡薄、青臭、失鲜、发酵感的为次。

汤色：以杏黄、杏绿、清澈明亮的为上品；泛红、暗浑的为差。

叶底：以匀整、肥软、毫芽壮多、叶色鲜亮的为上品；硬挺、破碎、暗杂、花红、黄张、焦叶红边的为差。

⊙ 品茗指南

安吉白茶色、香、味、形具佳，在冲泡过程中必须掌握一定的技巧，才能使品饮都充分领略到安吉白茶形似凤羽，叶片玉白，茎脉翠绿，鲜爽甘醇的视觉和味觉的享受。泡白茶最普通的是玻璃杯，最好的则用专门的瓷杯。茶圣陆羽在《茶经》四之器对茶器有专述。陆羽尊推越窑青瓷为茶器之首选，因为青瓷温润如玉，高雅素洁，最能益茶。由于安吉白茶原料细嫩，叶张较薄，所以冲泡时水温不宜太高，一般掌握在80～85℃为宜。品饮安吉白茶先闻香，再观汤色和杯中上下浮动玉白透明形似兰花的芽叶，然后小口品饮，茶味鲜爽，回味甘甜，口齿留香。欣赏安吉白茶优美的姿态，安吉白茶与其他茶不同，除其滋味鲜醇、香气清雅外，叶张的透明

和茎脉的翠绿是其独有的特征。观叶底可以看到冲泡后的茶叶在漂盘中的优美姿态。

武夷岩茶

⊙ 碧水丹山

武夷岩茶是汉族传统名茶，属于乌龙茶，产于福建闽北"秀甲东南"的武夷山一带。这里群峰相连，峡谷纵横，九曲溪萦回其间，气候温和，冬暖夏凉，雨量充沛。从地理学上来说，武夷山属于丹霞地形。远远望去，只见一座座雄峻挺拔、各具形态的巨大岩石山峰，在蓝天白云下如同一片片燃烧的红色火焰。令人吃惊的是，在这铺天盖地的红火间，还夹杂着一块块相互连接的苍翠树林，峰岩下，是宛若玉带般绵延的澄碧溪流。峰峦中，则飘浮着棉絮般的洁白云雾。气势雄伟，景色瑰丽，变化多端，惊心动魄。武夷山地表之所以呈现褚红色，是因为岩石中铁元素年长日久氧化的结果。武夷山岩石，主要是石英班岩、砾岩、红沙岩、页岩、凝灰岩等几种。表层的土壤，则是富含腐殖质的酸性红壤。这种土壤，正如古人所说的"上者生烂石，中者生砾壤，下者生黄土"，非常适合茶树生长。

⊙ 一岩一茶

茶农利用岩凹、石隙、石缝，沿边砌筑石岸种茶，有"盆栽式"茶园之称。形成了"岩岩有茶，非岩不茶"之说，岩茶因而得名。根据生长条件不同有正岩、半岩、洲茶之分。正岩品质最著名，产于海拔高的慧苑坑、牛栏坑、大坑口和流香涧、悟源涧等地，称"三坑两涧"品质香高味醇。半岩茶又称小岩茶，产于三大坑以下海拔低的青狮岩、碧石岩、马头岩、狮子口以及九山溪一带，略逊于正岩。而崇溪、黄柏溪，靠武夷岩两岸在砂土茶园中所产的茶叶，为洲茶。武夷岩茶具有绿茶之清香，红茶之甘醇，是中国乌龙茶中之极品。

◇ 采摘时间

开采的时间要恰到好处，春茶一般在谷雨后立夏前开采，夏茶在夏至前，秋茶在立秋后。采摘嫩度对岩茶质量影响颇大。采摘过嫩，无法满足焙制技术的要求，成茶香气偏低，味较苦涩；采摘太老则味淡香粗，成茶正品率低。采摘优质品种、名枞如肉桂等，有特殊要求：雨天不采，有露水不采，烈日不采。一天中最佳采摘时间在9~14时之中。采摘后的运送中要保持鲜叶的新鲜，特别是要保持原有鲜叶的完整性，尽量避免折断、破伤、散叶、热变等不利于保持品质的现象发生。

◇ "还阳"萎凋

萎凋是形成岩茶香味的基础。萎凋中变化显著的是水分的丧失，促进鲜叶内部发生理化变化。在日光下萎凋，用特制"水筛"干放在倾斜的以小竿组成的晒青架上，并用开筛的手法，根据日光（斜射）强度、风速、湿度等因素和各品种对萎凋的不同要求掌握。在萎凋过程中开筛结合翻拌。操作要轻，以不损伤梗叶为宜，翻后适当缩小摊叶面积，防止水分过多散发。萎凋原则是"宁轻勿过"，才能有利于恢复一部分弹性，俗称"还阳"。除日光外还可采用加温萎凋等方法。

◇ 做青

岩茶制作过程中的特有精巧工序，是形成其"三红七绿"即绿叶红镶边的独特风格和色、香、味的重要环节。费时长，要求高，操作细致，变化复杂。从"散水"、"退青"到"青水"、恢复弹性，时而摇动，时而静放，动静结合，反复相互交替的过程，既需摇动发热促进变化，又要静放散热抑制变化。做青的方法是以品种、萎凋程度和当时温湿度变化以及后续工序的要求而采取适当措施，俗称"看青做青"，没有完全相同刻板式的做法，青变即变，气候变即变，需要变则变，以此来塑造岩茶的特有风格和质量要求。

⊙ "岩骨花香"

武夷岩茶外形弯条型，色泽乌褐或带墨绿、或带沙绿、或带青褐、或带宝色。条索紧结，或细紧或壮结，汤色橙黄至金黄、清澈明亮。香气带花果香型，锐则浓长、清则幽远，或似水蜜桃香、兰花香、桂花香、乳香等等。滋味醇厚滑润甘爽，带特有的"岩韵"。叶底软亮、呈绿叶红镶边、或叶缘红点泛现。不同的茶树品种还带有不同的品种特征。优质武夷岩茶着重"岩韵"，亦就是岩茶品具"岩骨花香"之胜中所指的"岩骨"，通俗称"岩石味"，是一种味感特别醇而厚，而能长留舌本（口腔）回味持久深长的感觉。又称茶底硬亦是茶树立地条件好，一般都生长在砾质沙壤的茶园中更为突出。岩骨花香中的"花香"并不是像花茶一样，以其加花窨制而成的香，而是茶青在武夷岩茶特有的加工工艺中自然形成的花香，品种不同有各种特有的品种香，但香气要求锐则浓长、清则幽远、馥郁具幽兰之胜。

⊙ 品种繁多

历代对岩茶的分类严格，品种花色数以百计，茶名繁杂最为突出。其中最著名的有大红袍、白鸡冠、铁罗汉、水金龟等,还有普通名枞如瓜子金、金钥匙、半天夭等。武夷岩茶驰名世界，跟武夷名枞分不开。武夷岩茶分武夷极品若干号，水仙、奇种各分特级到四级，另加粗茶、细康、茶梗。

武夷岩茶经历代变迁，种类繁多，品质各异。采自正岩的称"奇种"，采自偏岩的称"名种"，在正岩中选择部分优良茶树单株采制的，品质在奇种之上的，称"单丛"。名岩专选一二株品

质特优的茶树单株采制的,称"名丛"。著名的四大名丛有大红袍、铁罗汉、白鸡冠、水金龟。

◇ 水仙

水仙茶树品种属无性系、大叶、晚生种型,叶片比普通小叶种大一倍以上,叶质肥厚。其条索肥壮,色泽绿褐油润而带宝色。香浓辛锐、清长,有独特的"兰花香"。

成品茶条索肥壮紧结匀整,叶端褶皱扭曲,好似蜻蜓头;叶片色泽青翠黄绿,油润而有光泽;内质香气浓郁清长,"岩韵"特征明显。冲泡后,汤色橙黄,深而鲜艳,滋味浓厚而醇,具有爽口回甘的特征,叶底肥嫩明净,绿叶红边,十分美观。

◇ 肉桂

武夷肉桂,由于它的香气滋味有似桂皮香,所以在习惯上称"肉桂"。为无性系品种,茶树为大灌木型,树势半披张,梢直立。树高与宽幅可达2米以上。自然生长者高,幅达3米以上,分枝尚密,节距尚长(3－6厘米)。叶片光滑椭圆,叶尖钝,整株叶片差异大。育芽能力强,持嫩性尚好,抗寒性好。

肉桂外形条索匀整卷曲;色泽褐禄,油润有光;干茶嗅之有甜香,冲泡后之茶汤,特具奶油、花果、桂皮般的香气;入口醇厚回甘,咽后齿颊留香,茶汤橙黄清澈,叶底匀亮,呈淡绿底红镶边,冲泡六七次仍有"岩韵"的肉桂香。

◇ 乌龙

乌龙属无性系灌木型、中叶类、中芽种,有高脚乌龙和矮脚乌龙之分。高脚乌龙别名大叶乌龙,植株树姿半开展,分枝较密,节间尚长;叶椭圆形或近倒卵形,尖端钝而略突,叶面略呈弧状内卷,叶色暗绿,叶厚质脆,锯齿较细明。开花结实率尚高。矮脚乌龙,别名小叶乌龙,叶形椭圆、内折。叶面平,叶尖渐尖而下垂,叶色绿而富光泽,锯齿细浅不明,花瓣7瓣,嫩芽叶细小,色绿带紫,少茸毛。

大叶乌龙成茶茶条瘦小,头尾尖,质轻,便头短小,梗皮不光亮,色泽褐,较不鲜润。汤色青黄、浅黄或橙黄,叶底叶张薄,叶脉浮现;锯齿较粗钝。味清纯稍薄,香带焦糖香。小叶乌龙成茶外形条索细紧重实、叶端扭曲，色泽褐绿润（乌润），内质香气清高幽长，似蜜桃香，滋味古朴醇厚，汤色清沏呈金黄色，泡十水以上。品质优良，为不可多得之精品。

◇ 佛手

佛手茶叶又名香橼种，别名雪梨，系乌龙茶中的名贵品种之一，常年不开花、不结果，属典型的无性繁殖茶种。据国内外专家鉴定，是乌龙茶中最为古老的茶种，其叶大如掌、形似香橼柑，始种于佛寺，故称佛手。佛手品种分为红芽佛手和绿芽佛手两种，红芽佛手树姿较披张，嫩芽紫红色；绿芽佛手树姿稍直立，嫩芽淡绿色。

成品茶外形条索肥壮、卷曲较重实或圆结重实，色泽乌润砂绿或乌绿润，稍带光泽；内质香气浓郁或馥郁幽长，优质品有似雪梨香，上品具有香橼香；滋味醇厚回甘，品种特征显；耐冲泡，汤色橙黄、明亮、清澈；叶底肥厚、软亮、红边显。饮之入口生津，落喉甘润。

◇ 奇种

奇种俗称"菜茶"，是武夷岩茶中历史最久的品种之一。奇种树具有独特的特征：树丛矮小，枝干柔软比较纤细，只能靠种子进行有性繁殖，而且很容易成活，开花也比较多，容易采种，方便繁殖。

成品茶外形紧结匀整，色泽铁青带微褐，较油润。有天然花香而不强烈，细而含蓄，滋味醇厚甘爽，喉韵较显，汤色橙黄清明，叶底欠匀净，与他茶适量拼配，能提高味感而不夺他茶之胜是其特点，耐久储。

⊙ **品茗指南**

正确的冲泡和品饮才能充分发挥出岩茶风韵和每泡茶的特征，领略茶中真谛，体会茶的无穷乐趣。准备乌龙茶专用茶具一套（冲泡壶宜选用 90 ~ 150 毫升的紫砂壶或三才杯）。投茶量一般为冲泡壶具容积的 1/2 左右。泡茶用水以山泉水为上，洁净的河水和纯净水为中，硬度大或氯气明显的自来水不可用；水温需现开现泡为宜；水温低于 95℃

或长时间连续烧开的水都略逊。最好配备"随手泡"。浸泡时间 1～3 泡浸泡 10～20 秒，以后每加冲一泡，浸泡时间增加 10～20 秒。浸泡时间的调整原则为 1～7 泡的汤色基本一致，且可冲泡 10 余泡。冲泡次数与浸泡时间有关。

岩茶滋味醇厚，内涵丰富，有特殊的"岩韵"。茶树品种特征能从滋味中体现；香气或高或长，高则浓郁，长则幽远，香型多样化，如花香、果香或带乳香、带蜜香等等；品茶时先嗅其香，再试其味，并反复几次。闻香有闻干茶香、盖香、水香、杯底香、叶底香等等；尝味时须将茶汤与口腔和舌头的各部位充分接触，并重复几次，细细感觉茶汤的醇厚度及各种特征，综合判断茶叶的特征和品位。

⊙ 密封储藏

武夷岩茶爱吸异味，更怕潮湿、高温和光照。烘烤加工的武夷岩茶成品茶极为干燥，用手指轻轻一捻即碎，是茶叶的最佳保存湿度。茶叶储存的最佳温度为 0～10℃。气温在 15℃左右保存期不能超过 4 个月，气温在 25℃以上，保存期不宜超过 2 个月，否则会出现较明显的变色和变味。

武夷山大红袍

⊙ 国宝茶王

大红袍产于福建"奇秀甲东南"的武夷山，茶树生长在岩缝之中，有"茶中之王"的美誉，是乌龙茶中的极品，堪称国宝。1385 年，明朝洪武十八年，举子丁显上京赴考，路过武夷山时突然得病，腹痛难忍，巧遇天心永乐禅寺一和尚，和尚取其所藏茶叶泡与他喝，病痛即止。考中状元之后，前来致谢和尚，

问及茶叶出处，得知后脱下大红袍绕茶丛三圈，将其披在茶树上，故得"大红袍"之名。状元回朝后，恰遇皇后得病，百医无效，便取出那罐茶叶献上，皇后饮后身体渐康，皇上大喜，赐红袍一件，命状元亲自前往九龙窠披在茶树上以示龙恩，同时派人看管，采制茶叶悉数进贡，不得私匿。从此，武夷岩茶大红袍就成为专供皇家享受的贡茶，大红袍的盛名也被世人传开。传说每年朝廷派来的官吏身穿大红袍，解袍挂在贡茶的树上，因此被称为大红袍。

⊙ 特殊的药效

大红袍生长在九龙窠内的一座陡峭的岩壁上。茶树所处的峭壁上，有一条狭长的岩罅，岩顶终年有泉水自罅滴落。泉水中附有苔藓之类的有机物，因而土壤较它处润泽肥沃。茶树两旁岩壁直立，日照短，气温变化不大，再加上平时茶农精心管理，采制加工时，一定要挑技术最好的茶师来主持，使用的也是特制的器具，因而大红袍的成茶具有独到的品质和特殊的药效。明目益思、轻身（减肥）耐老（延缓衰老），提神醒脑，健胃消食，利尿消毒，祛痰治喘，止渴解暑，抗辐射，抗癌防癌，抗衰老，降血脂，降血压，降胆固醇等等。

⊙ "禅茶一味"

当代书法家张燕生先生曾为武夷山大红袍吟赋题写:"绿叶镶边兮红袍罩身,善缘接善兮一泡心宁",这应该是对大红袍"禅茶一味"的品质特征的精炼概括。大红袍外形条索紧结,色泽绿褐鲜润,冲泡后汤色橙黄明亮,叶片红绿相间,典型的叶片有绿叶红镶边之美感。大红袍品质最突出之处是香气馥郁有兰花香,香高而持久,"岩韵"明显。大红袍很耐冲泡,冲泡七、八次仍有香味。品饮"大红袍"茶,必须按"工夫茶"小壶小杯细品慢饮的程式,才能真正品尝到岩茶之颠的禅茶韵味。注重活、甘、清、香。

⊙ 天价的"茶中之王"

大红袍具有绿茶之清香,红茶之甘醇,是中国乌龙茶中之极品,中国十大名茶之一。大红袍之所以特别引人关注,不仅因为神话有趣,更因为始终十分神秘。它的神秘,首先在于它的稀贵。历史上的大红袍,本来就少,而如今公认的大红袍,仅是九龙窠岩壁上的那几棵。满打满算,最好的年份,茶叶产量也不过几百克。自古物以稀为贵。这么少的东西,自然也就身价百倍。民国时一斤就值64块银元,折当时大米4000斤。曾经有人把九龙窠大红袍茶拿到市场拍卖,20克竟拍出15.68万元的天价,创造了茶叶单价的最高纪录。

⊙ 储藏方法

由于大红袍茶叶吸附性强,又易吸收异味,在加上茶叶的香味成分大都是经过在加工而形成的,所以较不稳定,极容易自然发散或氧化变质,因此保存拆封过的茶叶时最好使用干燥的罐子或冰箱保存。因为干燥箱温度稳定,也隔绝空气,将茶叶放在干燥箱中储存不会潮湿或氧化;要维持茶叶的新鲜与香味,最好低温储存,尤其是较细嫩的茶叶更要冷藏。必须注意的是,保存茶叶的冰箱必须卫生、清洁、无异味,更不能保存茶叶以外的东西。

白毫银针

⊙ 茶中"美女"

白毫银针,简称银针,又叫白毫,素有茶中"美女"、"茶王"之美称。

现今白毫银针的茶芽均采自福鼎大白茶或政和大白茶良种茶树。福鼎所产茶芽茸毛厚，色白富光泽，汤色浅杏黄，味清鲜爽口。政和所产，汤味醇厚，香气清芬。福鼎大白茶和政和大白茶，两个都是芽叶上茸毛特多的无性繁殖系品种，采取压条或扦插方法进行繁殖，性状整齐。在这两个品种集中栽培的茶园里，每当春天发出新芽，茸毛密被，曦阳照下，银光闪闪，远远望去好像霜覆，是其他茶园里所看不到的一番景观，分外诱人。

⊙ 北路银针

产于福建福鼎，茶树品种为福鼎大白茶（又名福鼎白毫）。外形优美，芽头壮实，毫毛厚密，富有光泽，汤色碧清，呈杏黄色，香气清淡，滋味醇和。福鼎大白茶原产于福鼎的太姥山，太姥山产茶历史悠久，有人分析，陆羽《茶经》中所载"永嘉县东三百里有白茶山"，就指的是福鼎太姥山。清代周亮工《闽小记》中曾提到福鼎太姥山古时有"绿雪芽"名茶，"今呼白毫"。白毫银针极为珍贵，具有降虚火，解邪毒的作用，常饮能防疫祛病。

⊙ 南路银针

产于福建政和，茶树品种为政和大白茶。外形粗壮，芽长，毫毛略薄，光泽不如北路银针，但香气清鲜，滋味浓厚。政和大白茶原产于政和县铁山高仓山头，于19世纪初选育出。政和白毫银针，则随政和大白茶的利用应运而生。据介绍，1910年，政和县城关经营银针的茶行，竟达数十家之多，畅销欧美，每担银针价值银元320元。当时政和大白茶产区铁山、稻香、东峰、林屯一带，家家户户制银针。当地流行着"女儿不

慕富豪家，只问茶叶和银针"的说法。

⊙ 形如其名

白毫银针，由于鲜叶原料全部是茶芽，制成成品茶后，形状似针，白毫密被，色白如银，因此命名为白毫银针。其针状成品茶，长3厘米许，整个茶芽为白毫覆披，银装素裹，熠熠闪光，令人赏心悦目。冲泡后，香气清鲜，滋味醇和，杯中的景观也使人情趣横生。茶在杯中冲泡，即出现白云疑光闪，满盏浮花乳，芽芽挺立，蔚为奇观。

⊙ 采制工艺

白毫银针的采摘十分细致，要求极其严格，规定雨天不采，露水未干不采，细瘦芽不采，紫色芽头不采，风伤芽不采，人为损伤芽不采，虫伤芽不采，开心芽不采，空心芽不采，病态芽不采，号称十不采。只采肥壮的单芽头，如果采回一芽一二叶的新梢，则只摘取芽心，俗称之为抽针（即将一芽一二叶上的芽掐下，抽出作银针的原料，剩下的茎叶作其他花色的白茶或其他茶）。白毫银针制作过程中，不炒不揉，只分萎凋和烘焙两道工序，其中主要是萎凋和晾干，使茶芽自然缓慢的变化，形成白茶特殊的品质风格。在萎凋、晾干过程中，要根据茶芽的失水程度进行调节，工序虽简单，要正确掌握亦不易，特别是要制出好茶，比其他茶类更为困难。

⊙ 品茗指南

白毫银针泡饮方法与绿茶基本相同，但因其未经揉捻，茶汁不易浸出，冲泡时间宜较长。一般每3克银针置沸水烫过的无色无花透明玻璃杯中，冲入200毫升70~75℃开水，开始时茶芽浮于水面，5~6分钟后茶芽部分沉落杯底，部分悬浮茶汤上部，此时茶芽条条挺立，

上下交错，望之有如石钟乳，蔚为奇观。约10分钟后茶汤泛黄即可取饮，此时边观赏边品饮，尘俗尽去，意趣盎然。

⊙ 储藏方法

储藏白毫银针的容器应以锡瓶、瓷坛、有色玻璃瓶为佳。其次宜用铁罐、木盒、竹盒等，塑料袋、纸盒最次。保存茶叶的容器要干燥、洁净、不得有异味。茶叶装进容器后，宜放在干燥通风处，而不能放在潮湿、高温、不洁、曝晒的地方。而且，储存的地方还不能有樟脑、药品、化妆品、香烟、洗涤用品等有强烈气味的物品。

白牡丹

⊙ 历史传说

白牡丹茶属白茶，为中国十大名茶之一。传说在西汉时期，有位名叫毛义的太守，清廉刚正，因看不惯贪官当道，于是弃官随母去深山老林归隐。母子俩骑白马来到一座青山前，只觉得异香扑鼻，于是便向路旁一位鹤发童颜、银须垂胸的老者探问香味来自何处。老人指着莲花池畔的十八棵白牡丹说，香味就来源于它。母子俩见此处似仙境一般，便留了下来，建庙修道，护花栽茶。一天，母亲因年老加之劳累，口吐鲜血病倒了。毛义四处寻药，正在万分焦急、非常疲劳睡倒在路旁时，毛义经仙人的指点须用鲤鱼配新茶，缺一不可。这时正值寒冬季节，毛义到池塘里破冰捉到了鲤鱼，但冬天到哪里去采新茶呢？正在为难之时，忽听得一声巨响，那18棵牡丹竟变成了18棵仙茶，树上长满嫩绿的新芽叶。毛义立即采下晒干，说也奇怪，白毛茸茸的茶叶竟像是朵朵白牡丹花，且香气扑鼻。毛义立即用新茶煮鲤鱼给母亲吃，

母亲的病果然好了，她嘱咐儿子好生看管这18棵茶树，说罢跨出门便飘然飞去，变成了掌管这一带青山的茶仙，帮助百姓种茶。后来为了纪念毛义弃官种茶，造福百姓的功绩，建起了白牡丹庙，把这一带产的名茶叫做"白牡丹茶"。常饮白牡丹茶，有退热、祛暑之功效，为夏日佳饮。令人精神愉悦、心旷神怡，是当今公认最安全又营养的绿色健康饮品。

⊙ "红装素裹"

白牡丹外形毫心肥壮，叶张肥嫩，呈波纹隆起，芽叶连枝，叶缘垂卷，叶态自然，叶色灰绿，夹以银白毫心，呈"抱心形"，叶背遍布洁白茸毛，叶缘向叶背微卷，芽叶连枝。汤色杏黄或橙黄清澈，叶底浅灰，叶脉微红，香味鲜醇。白牡丹冲泡后，碧绿的叶子衬托着嫩嫩的叶芽，形状优美，好似牡丹蓓蕾初放，十分恬淡高雅。冲泡后绿叶衬嫩芽，宛如蓓蕾初绽花朵，绚丽秀美；滋味清醇微甜，毫香鲜嫩持久，汤色杏黄明亮，叶底嫩匀完整，叶脉微红，布于绿叶之中，有"红装素裹"之誉。

⊙ 产地分布

白牡丹是多年生攀缘状亚灌木，1922年以前创制于福建省建阳县水吉乡。我国云南、四川、贵州、广西、广东、福建、台湾等地都有生产。目前产

区主要分布于福建的政和、建阳、松溪、福鼎等县。其原料采自政和大白茶、福鼎大白茶及水仙等优良茶树品种，选取毫芽肥壮，洁白的春茶加工而成。

⊙ 制作工艺

其制作工艺关键在于萎凋，要根据气候灵活掌握，以春秋晴天或夏季不闷热的晴朗天气，采取室内自然萎凋或复式萎凋为佳。采摘时期为春、夏、秋三季。其中采摘标准以春茶为主，一般为一芽二叶，并要求"三白"，即芽、一叶、二叶均要求有白色茸毛。白牡丹叶态自然，色泽呈暗青苔色，叶背遍布洁白茸毛，汤色杏黄或橙黄，汤味鲜醇。

精制工艺是在拣除梗、片、蜡叶、红张、暗张进行烘焙，只宜以火香衬托茶香，保持香毫显现，汤味鲜爽。待水分含量为4%～5%时，趁热装箱。成品毫心肥壮，叶张肥嫩，呈波纹隆起，叶缘向叶背卷曲，芽叶连枝，叶面色泽呈深灰绿，叶背遍布白茸毛；香毫显，味鲜醇，汤色杏黄或橙黄清澈；叶底浅灰，叶脉微红。其性清凉，有退热降火之功效，为夏季佳饮。

金骏眉

⊙ 名称由来

金骏眉是在武夷山正山小种红茶传统工艺基础上进行改良，采用创新工艺研发的高端红茶，其名寓意为希冀金贵之茶犹如骏马奔腾般发展。金骏眉的产地桐木关是武夷山脉断裂垭口，海拔高度1100米，闽赣古道贯穿其间，系古代交通与军事要地。手工采摘后由茶师精心制作，每500克金骏眉需6～8万颗芽尖。

⊙ 品质特征

正宗金骏眉外形条索紧秀，略显绒

毛、隽茂、重实；色泽为金、黄、黑相间，色润；开汤汤色为金黄色，清澈有金圈；其水、香、味似果、蜜、花等综合香型；啜一口入喉，甘甜感顿生，滋味鲜活甘爽，高山韵显，喉韵悠长，沁人心脾，仿佛使人置身于森林幽谷之中；杯底冷、热、温，不同时嗅之，底香持久，变幻令人遐想，连泡12次，口感仍然饱满甘甜；叶底舒展后，芽尖鲜活，秀挺亮丽，叶色呈古铜色。总之，金骏眉实属可遇不可求之茶中珍品，乃世界红茶之顶尖。

⊙ 真假鉴别

观外形：正宗的金骏眉条索匀称紧结，每一条茶芽条索的颜色都是黑色居多，略带金黄色，绒毛较少。外山仿制的金骏眉大多茶干颜色通体金黄，绒毛多，或者也是黑多黄少，但却是完全黑色的条索中夹杂完全金黄的其他条索，让人一看便知是拼配了不同地域不同品种的茶叶混合而成的。

冲泡：将冲泡用水加热到沸腾，直接冲泡金骏眉可以简易区分出真假金骏眉。正宗金骏眉可以连续冲泡12泡以上，并且品质稳定，汤色香气一直持续。仿制的金骏眉则颜色变化很大，并且在两三泡以后很快失去香气与水的厚度。

观汤色：正宗金骏眉用沸水冲泡后的汤色应该是金黄色，并且晶莹剔透，清澈度高。仿制的金骏眉用沸水冲泡后汤色发红发浑，接近于普通正山小种的颜色，并且不稳定，汤色变化差异很大。

闻茶香：正宗的金骏眉香气为天然的花香、果香、蜜香混合香型，持续悠远。仿制的金骏眉多为纯薯香或火工香，部分有蜜香的在三四泡以后香气荡然无存，多为添加非茶叶类物质。

⊙ 冲泡要领

冲泡金骏眉最好选用工夫茶白瓷杯组或者透明玻璃杯，这样在冲泡时既可享受金骏眉茶冲泡时清香飘逸的茶香，又可欣赏金骏眉芽尖在水中舒展的优美姿态与晶莹剔透的茶汤；适合的水温有利于金骏眉茶叶香气、滋味以及所富含的内含物的浸出。品质好、海拔高的金骏眉要用沸水直接冲泡，才能散发出内含物质。预先放入3克金骏眉进行温润洗茶后，为保护细嫩的茶芽表面的绒毛及避免茶叶在杯中激烈的翻滚，应沿着白瓷盖碗或玻璃杯的杯壁细细的注入水，

可保证茶汤的清澈亮丽；第一次注沸水后，金骏眉（银骏眉）在杯中大约静置5秒，以后每泡顺延5秒即可。后期十多泡时可将水重新加热至沸腾。

华南名茶

华南茶区的南部属热带季风气候，境内高温多雨，长夏无冬；北部属亚热带气候，温暖而湿润。此区中生长着野生乔木型大茶树，与一些常绿阔叶树种混合生长。此区栽培的茶树品种主要为乔木型大叶种，生产的茶类有红茶、普洱茶、乌龙茶、六堡茶，还有铁观音、凤凰单枞等名茶。

华南茶区

⊙ 区域范围

华南茶区又称岭南茶区，是我国最南的茶区，包括福建省大漳溪、雁石溪，广东省梅江、连江，广西壮族自治区浔江、红水河，云南省南盘江、无量山、保山、盈江以南，是中国最适宜茶树生长的地区。

⊙ 地理特征

除闽北、粤北和桂北等少数地区外，大部分地区的年平均气温为19～22℃，最低月（一月）平均气温为7～14℃，茶树年生长期10个月以上，年降水量是中国茶区之最，一般为1200～2000毫米。其中，台湾省雨量特别充沛，年降水量常超过2000毫米。茶区土壤以砖红壤为主，部分地区也有

茶类的代表。介于绿茶和红茶之间，属于半发酵茶类，铁观音独具"观音韵"，清香雅韵，"七泡余香溪月露，满心喜乐岭云涛"。除具有一般茶叶的保健功能外，还具有抗衰老、抗癌症、抗动脉硬化、防治糖尿病、减肥健美、防治龋齿、清热降火、敌烟醒酒等功效。

红壤和黄壤分布，土层深厚，有机质含量丰富。

⊙ 茶树品种

有乔木、小乔木、灌木等各种类型的茶树品种。该区以生产红茶、乌龙茶为主，还是生产乌龙茶、白茶、六堡茶、花茶等特种茶的重要生产基地。

台湾名茶

台湾茶源自中国福建，至今约有200年历史。台湾产茶地区比较多，著名的有七大产茶区。海拔高度，决定了台茶的口味。海拔越高，口味越佳、价格越贵。台湾有诸多名茶，且各有其特色，综合起来不外是绿茶、文山包种茶、东方美人茶、铁观音茶、日月潭红茶、白毫乌龙茶（碰风茶）、冻顶乌龙茶、高山茶（大禹岭茶、合欢山茶、梨山茶、杉林溪茶、阿里山茶）等等茶类，这些茶类各有其特色。

安溪铁观音

⊙ 乌龙茶类的代表

铁观音，又称红心观音、红样观音，既是茶叶名称，又是茶树品种名称。属于乌龙茶类，是中国十大名茶之一乌龙

⊙ 主要产地

安溪境内有不少古老的野生茶树。在兰田、剑斗等地发现的野生茶树，树高7米，冠达3.2米。据专家论证，已有1000多年的生长历史。此外，在西坪、福前等地也不断发现野生茶树，表明了

安溪具有丰富的茶树资源和悠久的产茶历史。安溪产茶历史悠久，自然条件得天独厚，茶叶品质优良，驰名中外。据《安溪县志》记载：安溪产茶始于唐末，兴于明清，盛于当代，至今已有1000多年的历史，自古就有"龙凤名区"、"闽南茶都"之美誉。安溪县境内多山，气候温暖，雨量充足，茶树生长茂盛，茶树品种繁多，姹紫嫣红，冠绝全国。

⊙ 历史传说

关于铁观音品种的由来，在安溪还留传着这样一个故事：相传，清乾隆年间，安溪西坪上尧茶农魏饮制得一手好茶，他每日晨昏泡茶三杯供奉观音菩萨，十年从不间断，可见礼佛之诚。一夜，魏饮梦见在山崖上有一株透发兰花香味的茶树，正想采摘时，一阵狗吠把好梦惊醒。第二天果然在崖石上发现了一株与梦中一模一样的茶树。于是采下一些芽叶，带回家中，精心制作。制成之后茶味甘醇鲜爽，精神为之一振。魏认为这是茶之王，就把这株茶挖回家进行繁殖。几年之后，茶树长得枝叶茂盛。因为此茶美如观音重如铁，又是观音托梦所获，就叫它"铁观音"。从此铁观音就名扬天下。

⊙ 品质特征

铁观音是乌龙茶的极品，其品质特征是：茶条卷曲，肥壮圆结，沉重匀整，色泽砂绿，整体形状似蜻蜓头、螺旋体、青蛙腿。冲泡后汤浓韵明不很香，其香气浓郁，入口甘甜，汤水色泽相对清淡，尤其头泡、二泡茶更是如此，三泡之后，其汤色呈黄绿色，汤水入口，细品可感其带微酸，口感特殊，而且酸中有香，香中含酸。酸中有甘，甘中带香，水香长流。其茶质特征主要有三方面："汤浓"指所泡茶汤呈金黄色，色泽亮丽，色度较深；"韵明"指安溪铁观音特有的"观音韵"明显，喝后口喉有爽朗感觉；"微香"则指比较而言，其汤味虽香但悠悠然不强烈。

⊙ 名扬四海

"铁观音"茶树，天性娇弱，产量不大，所以便有了"好喝不好栽"的说法，"铁观音"茶从而也更加名贵。铁观音因品质优异，香味独特，各地相互仿制，先后传遍闽南、闽北、广东、台湾等乌

龙茶区。20世纪70年代，日本刮起"乌龙茶热"，乌龙茶风靡全球。江西、浙江、安徽、湖南、湖北、广西等部分绿茶区纷纷引进乌龙茶制作技术，进行"绿改乌"（即绿茶改制乌龙茶）。目前我国乌龙茶有闽南、闽北、广东、台湾等四大产区，以福建产制历史最长，产量最多，品质最好，尤以安溪铁观音和武夷岩茶闻名于海内外。

⊙ 采制工艺

安溪铁观音茶，一年可采四期茶，分春茶、夏茶、暑茶、秋茶。制茶品质以春茶为最佳。采茶日之气候以晴天有北风天气为好，所采制茶的品质最好。因此，当地采茶多在晴天上午10时至下午3时前进行。铁观音的制作工序与一般乌龙茶的制法基本相同，其制作工序分为晒青、摇青、凉青、杀青、切揉、初烘、包揉、复烘、烘干9道工序。摇青是制作铁观音最重要的工序，通过摇笼旋转，叶片之间产生碰撞，叶片边缘形成擦伤，从而却激活了芽叶内部酶的分解，产生一种独特的香气。就这样转转停停、停停转转，直到茶香自然释放，香气浓郁时进行杀青、揉捻和包揉，茶叶卷缩成颗粒后再进行文火焙干，最后还要经过筛分、拣剔，制成成茶。

⊙ 品鉴指南

品饮铁观音的方法首先是观形，优质铁观音茶条卷曲、壮结、沉重，呈青蒂绿腹蜻蜓头状，色泽鲜润，砂绿显，红点明，叶表带白霜。其次是听声，精品茶叶较一般茶叶紧结，叶身沉重，取少量茶叶放入茶壶，可闻"当当"之声，其声清脆为上，声哑者为次。之后是察色，汤色金黄，浓艳清澈，茶叶冲泡展开后叶底肥厚明亮（铁观音茶叶特征之一叶背外曲），具绸面光泽，此为上，汤色暗红者次之。然后是闻香，精品铁观音茶汤香味鲜溢，启盖端杯轻闻，其独特香气即芬芳扑鼻，且馥郁持久，令人心醉神怡。有"七泡有余香"之誉。国内外的试验研究表明，安溪铁观音所含的香气成分种类最为丰富，而且中、低沸点香气组分所占比重明显大于用其他品种茶树鲜叶制成的乌龙茶。因而安溪铁观音独特的香气令人心怡神醉，一杯铁观音，杯盖开启立即芬芳扑鼻，满室生香。最后是品韵，古人有"未尝甘露味，先闻圣妙香"之妙说。细啜一口，舌根轻转，可感茶汤醇厚甘鲜；缓慢下咽，回甘带蜜，韵味无穷。

⊙ 安溪铁观音的感官分级标准

一、清香型安溪铁观音茶叶感官指标

清香型安溪铁观音茶叶按感官指标分为特级、一级、二级、三级，各级感官指标应符合以下的要求：

清香型：特级安溪铁观音茶叶

外形：条索：肥壮、圆结、重实

色泽：翠绿润、砂绿明显
整碎：匀整
净度：洁净
内质：香气：高香、持久
滋味：鲜醇高爽、音韵明显
汤色：金黄明亮
叶底：肥厚软亮，匀整、余香高长

清香型：一级安溪铁观音茶叶
外形：条索：壮实、紧结
色泽：绿油润、砂绿明
整碎：匀整
净度：净
内质：香气：清香、持久
滋味：清醇甘鲜、音韵明显
汤色：金黄明亮
叶底：软亮、尚匀整、有余香

清香型：二级安溪铁观音茶叶
外形：条索：卷曲、结实
色泽：绿油润、有砂绿
整碎：尚匀整
净度：尚净，稍有细嫩梗
内质：香气：清香
滋味：尚鲜醇爽口、音韵尚明
汤色：金黄
叶底：尚软亮、尚匀整、稍有余香

清香型：三级安溪铁观音茶叶
外形：条索：卷曲、尚结实
色泽：乌绿、稍带黄
整碎：尚匀整
净度：尚净，有细嫩梗
内质：香气：清纯
滋味：醇和回甘、音韵稍清
汤色：金黄
叶底：尚软亮、尚匀整、稍有余香

二、浓香型安溪铁观音茶叶感官指标

浓香型安溪铁观音茶叶按感官指标分为特级、一级、二级、三级、四级，各级感官指标应符合以下的要求：

浓香型：特级安溪铁观音茶叶
外形：条索：肥壮、圆结、重实
色泽：翠绿、乌润、砂绿明
整碎：匀整
净度：洁净
内质：香气：浓郁、持久
滋味：醇厚鲜爽回甘、音韵明显
汤色：金黄、清澈
叶底：肥厚、软亮匀整、红边明、有余香

浓香型：一级安溪铁观音茶叶
外形：条索：较肥壮、结实
色泽：乌润、砂绿较明
整碎：匀整
净度：净
内质：香气：浓郁、持久
滋味：醇厚、尚鲜爽、音韵明
汤色：深金黄、清澈
叶底：尚软亮、匀整、有红边、稍有余香

浓香型：二级安溪铁观音茶叶
外形：条索：略肥壮、略结实
色泽：乌绿、有砂绿
整碎：尚匀整
净度：洁净、稍有细嫩梗
内质：香气：尚清高
滋味：醇和鲜爽、音韵稍明
汤色：橙黄、深黄
叶底：稍软亮、略匀整

浓香型：三级安溪铁观音茶叶
外形：条索：卷曲、尚结实
色泽：乌绿、稍带褐红点
整碎：稍整齐
净度：稍净，有细嫩梗
内质：香气：清纯平正
滋味：醇和、音韵轻微
汤色：深橙黄、清黄
叶底：稍匀整、带褐红色

浓香型：四级安溪铁观音茶叶
外形：条索：卷曲、略粗松
色泽：暗绿、带褐红色
整碎：欠匀整

净度：欠净，有梗片
内质：香气：平淡、稍粗飘
滋味：稍粗味
汤色：橙红、清红
叶底：欠匀整、有粗叶和褐红叶

冻顶乌龙

⊙ "茶中圣品"

冻顶乌龙茶，俗称冻顶茶，产自台湾南投县鹿谷乡的冻顶山一带，在台湾乌龙茶最负盛名，被誉为"茶中圣品"。冻顶乌龙茶汤清爽怡人，汤色蜜绿带金黄，茶香清新典雅，香气清雅，喉韵回甘浓郁且持久，因为香气独特据说是帝王级泡澡茶浴的佳品。在日本、中国和东南亚，享有盛誉。

⊙ 冻顶山

冻顶山是凤凰山的支脉，居于海拔700米的高岗上，传说山上种茶，因雨多山高路滑，上山的茶农必须蹦紧脚尖（冻脚尖）才能上山顶，故称此山为"冻顶"。冻顶山上栽种了青心乌龙茶等茶树良种，山高林密土质好，茶树生长茂盛。主要种植区鹿谷乡，年均气温22℃，年降水量2200毫米，空气湿度较大，终年云雾笼罩。茶园为棕色高黏性土壤，杂有风化细软石，排、储水条件良好。

⊙ 采制工艺

冻顶乌龙茶的采制工艺十分讲究，采摘青心乌龙等良种芽叶，经晒青、凉青、摇青、炒青、揉捻、初烘，多次反复的团揉（包揉）、复烘、再焙火而制成。冻顶茶一年四季均可采摘，春茶采期从3月下旬至5月下旬；夏茶5月下旬至8月下旬；秋茶8月下旬至9月下旬；冬茶则在10月中旬至11月下旬。采摘未开展的一芽二三叶嫩梢。采摘时间每天上午10时至下午2时最佳，采后立即送工厂加工。其制作过程分初制与精制两大工序。初制中以做青为主要程序。做青经轻度发酵，将采下的茶芽在阳光下暴晒20～30分钟，使茶芽软化，水分适度蒸发，以利于揉捻时保护茶芽完整。萎凋时应经常翻动，使茶芽充分吸氧产生发酵作用，待发酵到产生清香味时，即进行高温杀青。随即进行整形，使条状定型为半球状，再经过风选机将粗、细、片完全分开，分别送入烘焙机高温烘焙，以减少茶叶中的咖啡因含量。

⊙ 外观内质

上等的冻顶乌龙茶外观条索紧结弯曲，色泽墨绿鲜艳，有灰白点状的斑，干茶有强劲的芳香。叶底底边缘有红边，中央部分呈淡绿色。冲泡后汤色橙黄偏琥珀色，有像桂花香一样的香气，味醇厚甘润，喉韵回甘十足，带明显焙火韵味。

⊙ 品级的评定

根据成茶品质和采制时间的不同，冻顶乌龙茶一般可以分为特选、春、冬、梅、兰、竹、菊共七个等级。评比的内容首先包括干茶的外形、条索是否紧结、颜色是否新鲜带有光泽、芽尖毫白、是否匀整无杂等。

开汤后，先闻香气的浓淡、高低、清浊、纯杂，以及是否带有焦、烟、腥、霉等异味；再观汤色及是否清澈光亮；待茶温降至40～45℃时，再品鉴茶汤滋味至浓淡、甘苦、纯杂以及刺激性、收敛性等；最后将茶汤倾倒，分辨叶底的色泽、老嫩、开展程度，完整程度等。

茉莉花茶

⊙ "人间第一香"

茉莉花茶，又叫茉莉香片，有"在中国的花茶里，可闻春天的气味"之美誉。茉莉花茶是将茶叶和茉莉鲜花进行拼和、窨制，使茶叶吸收花香而成的，茶香与茉莉花香交互融合，"窨得茉莉无上味，列作人间第一香。"其外形秀美，毫峰显露，香气浓郁，鲜灵持久，泡饮鲜醇爽口，汤色黄绿明亮，叶底匀嫩晶绿，经久耐泡。

世界名茶

主产于福建省福州市及闽东北地区，它选用优质的烘青绿茶，用茉莉花窨制而成。福建茉莉花茶的外形秀美，毫峰显露，香气浓郁，鲜灵持久，泡饮鲜醇爽口，汤色黄绿明亮，叶底匀嫩晶绿，经久耐泡。在福建茉莉花茶中，最为高档的要数茉莉大白毫，它采用多茸毛的茶树品种作为原料，使成品茶白毛覆盖。茉莉大白毫的制作工艺特别精细，生产出的成品外形毫多芽壮，色泽嫩黄，香气鲜浓，纯正持久，滋味醇厚爽口，是茉莉花茶中的精品。在日前召开的世界茉莉花茶文化鼓岭论坛上，福州茉莉花茶被授予"世界名茶"称号，成为唯一获国际茶业界公认的"世界名茶"。

⊙ 花茶窨制

窨制就是让茶坯吸收花香的过程。茉莉花茶的窨制是很讲究的。有"三窨一提，五窨一提，七窨一提"之说。就是说制作花茶之时，需要窨制三到七遍才能让毛茶充分吸收茉莉花花的香味。每次毛茶吸收完鲜花的香气之后，都需筛出废花，然后再次窨花，再筛，再窨花，如此往复数次。所以只要是按照正常步骤加工并无偷工减料之花茶，无论档次高低，其冲泡数回仍应香气犹存。

⊙ 冲泡方法

一般品饮茉莉花茶的茶具，选用的是白色的有盖瓷杯，或盖碗(配有茶碗、碗盖和茶托)，如冲泡特种工艺造型茉莉花茶和高级茉莉花茶，为提高艺术欣赏价值，应采用透明玻璃杯的。冲泡时先烫盏，就是将茶盏置于茶盘，用沸水高冲茶盏、茶托，再将盖浸入盛沸水的茶盏转动，尔后去水，这个过程的主要目的在于清洁茶具。再置茶用竹匙轻轻将茉莉花茶从储茶罐中取出，按需分别置入茶盏。用量结合各人的口味按需增减。冲泡茉莉花茶时，头泡应低注，冲泡壶口紧靠茶杯，直接注于茶叶上，使香味缓缓浸出；二泡采中斟，壶口稍离杯口注入沸水，使茶水交融；三泡采用高冲，

茶/区/名/茶

壶口离茶杯口稍远冲入沸水，使茶叶翻滚，茶汤回荡，花香飘溢……。一般冲水至八分满为止，冲后立即加盖，以保茶香。

⊙ 品饮欣赏

茉莉花茶经冲泡静置片刻后，即可提起茶盏，揭开杯盖一侧，用鼻闻香，顿觉芬芳扑鼻而来。有兴趣者，还可凑着香气作深呼吸状，以充分领略香气对人的愉悦之感，人称"鼻品"。经闻香后，待茶汤稍凉适口时，小口喝入，并将茶汤在口中稍时停留，以口吸气、鼻呼气相配合的动作，使茶汤在舌面上往返流动12次，充分与味蕾接触，品尝茶叶和香气后再咽下，这叫"口品"。所以民间对饮茉莉花茶有"一口为喝，三口为品"之说。特种工艺造型茉莉花茶和高级茉莉花茶泡在玻璃杯中，在品其香气和滋味的同时可欣赏其在杯中优美的舞姿。或上下沉浮、翩翩起舞；或如春笋出土、银枪林立；或如菊花绽放，令人心旷神怡。

⊙ 药用功效

茉莉花有"理气开郁、辟秽和中"的功效，并对痢疾、腹痛、结膜炎及疮毒等具有很好的消炎解毒的作用。常饮茉莉花茶，有清肝明目、生津止渴、祛痰治痢、通便利水、祛风解表、疗瘘、坚齿、益气力、降血压、强心、防龋防辐射损伤、抗癌、抗衰老之功效，使人延年益寿、身心健康。

⊙ 产品类型与品质特征

特种茉莉花茶选用特种绿茶和优质茉莉鲜花为原料，精工细作，窨制而成，属特种茉莉花茶。随着特种绿茶加工技术的发展，茉莉花茶的外形也得以丰富，有针芽形、松针形、扁形、珠圆形、卷曲形、圆环形、花朵形、束形，还有外形似荔枝球形、麻花形（长1~2厘米）等特种茉莉花茶。此类花茶的外形和叶底均具有艺术观赏价值。特种茉莉花茶的内质具有香气鲜灵浓郁、滋味鲜醇或浓醇鲜爽、汤色嫩黄或黄亮明净的特点。但不同花色因窨制过程的配花量和付窨

次数的不同而香味有所差异。

级型茶以烘青茶坯为主要原料加工成不同规格的级型茶坯，将此类茶坯和茉莉鲜花拼和窨制而成。外形为条形，可分为银毫、春毫、香毫、特级、一级、二级、三级、四级、五级、六级。含茅毫量以银毫为多。内质香味的鲜度和浓纯度因级别高低而异。

碎茶和片末茶此类产品外观形状较小，有颗粒状、片状、末状，大多作为袋泡茶原料；有的拼入深加工原料，制作成花茶水等。

特种茉莉花茶、级型茶和碎茶、片茶的感官品质要求

类型	外形	香气	滋味	汤色	叶底
特种茉莉花	造型独特，洁净匀整，黄绿	鲜灵浓郁	鲜浓醇厚	黄绿，清澈明亮	嫩匀绿亮
特级	细紧显毫，匀净，黄绿	鲜浓	鲜浓	淡黄明亮	嫩匀绿亮
一级	紧结有毫芽，匀整，净稍含嫩茎	浓较鲜	尚鲜爽	黄明亮	嫩匀尚绿亮
二级	尚紧结，有峰苗，匀整，尚净略含筋梗	尚浓纯	鲜醇	黄尚亮	柔软尚绿亮
三级	尚紧结，尚匀整，尚净稍含细梗	纯正	醇正	黄	尚绿稍软
碎茶	0.8～1.6毫米大小的颗粒茶，洁净重实	香平	味贫	深黄	粗暗
片茶	0.8～1.6毫米大小的轻质片状茶，尚匀，色黄，稍轻飘	粗	粗涩	黄	粗硬色

⊙ 储存方法

茉莉花茶是一种极易吸附水分和异味的花草茶，一旦保存不当，就会使茉莉花茶的品质下降甚至变质。陶罐储存，避光收藏。将茉莉花茶干品放置在陶瓷制的茶罐中，最能防潮防走味，而且也最能保持茉莉花茶的品质稳定。透明的玻璃茶罐虽然便于观察是否受潮发霉，但会受阳光的穿透照射而令茉莉花茶品质受损，所以，最好将玻璃罐放入储藏柜以避开光线。单品存放，防止串味。不同种类的茉莉花茶应单独储存，不可混合放置，以防止串味。如薰衣草、迷迭香等花草气味浓郁，极易盖过其他茉莉花茶的香气，以致冲泡时茉莉花茶的香味都变得不纯正。

西南名茶

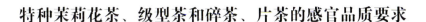

西南是中国最古老的茶区，是茶树原产地的中心，名茶很多。绿茶类有：云南省勐海的南糯白毫、大理的苍山雪绿、下关的翠花茶、昆明十里香茶、云海白毫、化佛茶、翠华茶、墨江云针、

绿春马玉茶等；四川省的竹叶青、文君嫩绿、峨眉毛峰、青城雪芽、宝顶绿茶等；贵州省的都匀毛尖、贵定云雾茶、泥江翠片、遵义毛峰等。红茶类有：云南省勐海的滇红工夫茶、大叶种红碎茶等；四川省的早白尖。黄茶类有：四川省的蒙顶黄芽、贵州省的海马宫茶。黑茶类有：四川省产的四川边茶。普洱茶类有：云南下关、西双版纳、普洱、临沧等地的圆茶、七子饼、砖茶、竹筒茶、方茶、紧茶、沱茶、回柱茶等紧茶及散茶。

西南茶区

⊙ 区域范围

西南茶区位于中国西南部，在米仓山、大巴山以南，红水河、南盘江、盈江以北神农架、巫山、方斗山、武陵山以西，大渡河以东的地区，包括云南、贵州、四川、重庆三省一市以及西藏自治区东南部等地，是中国最古老的茶区。

⊙ 地理特征

西南茶区各地气候变化大，但总的来说，水热条件较好，四川盆地和云贵高原气候暖和，无强风烈日，冬无严冷，夏无酷热，年平均气温15～19℃，年降雨量1000～1700毫米，土层深厚，排水良好，沿河密布高大的野生茶树，现已公认为世界茶树的原产地。这里土坡状况也较为适合茶树生长，在滇中北多为赤红壤、山地红壤和棕壤；在川、黔及藏东南则以黄壤为主，酸碱度一般在pH5.5～6.5，土壤质地黏重，有机质一般含量较低。

⊙ 茶树品种

西南茶区的茶树品种资源十分丰富，栽培的茶树也多，乔木型大叶种和小乔木型、灌木型中小叶品种全有，如南江大叶茶、崇庆枇杷茶、早白尖5号、十里香等。生产红茶、绿茶、沱茶、紧压茶和普洱茶等，是中国发展大叶种红碎茶的主要基地之一。

⊙ 江北六大茶山

六大茶山一般指盛产普洱茶的六大古茶山，古六大茶山为云南最古老的茶山，也是中国最古老的茶区之一。最早记载见于清乾隆进士檀萃《滇海虞衡志》："普茶名重于天下，出普洱所属六茶山，一曰攸乐、二曰革登、三曰倚邦、四曰莽枝、五曰蛮砖、六曰慢撒，周八百里。"这"周八百里"不仅指茶山的面积，而且也表明六大茶山是连成一片的。西面是攸乐茶山，中间是革登、

莽枝、倚邦、蛮砖茶山，东面是慢撒茶山。清光绪年间绘制的《思茅厅界图》表明，古"六大茶山"都在澜沧江北岸。攸乐茶山现属景洪市，其余五大茶山均在勐腊县，因位于澜沧江以北，史称"江北六大茶山"。

⊙ 江南六大茶山

一江之隔的江南也有六大茶山，即南糯、南峤、勐宋、景迈、布朗、巴达。

南糯山茶树属乔木大叶种，微苦涩，回甘、生津好，汤色桔黄、透亮。透着蜜香、兰香，谷花茶淡香如荷。历史上是闻名遐迩的古茶山，至今仍存活着一株已逾千年的栽培型的茶王树。

布朗山茶树属乔木大叶种，较苦涩，回甘快、生津强，汤色桔黄透亮。香气独特，有梅子香、花蜜香、兰香，是很多中外客商和普洱茶爱好者梦寐以求的收藏佳品。

巴达山茶树属乔木大叶种，这里生长着成片的栽培型茶树和野生茶树林。贺松村大黑山上就生长着一株1800年的野生型茶王树。此山茶叶味苦涩，回甘、生津快，汤色桔黄晶莹、透亮，条索墨绿油亮。香气好，有梅子香、蜜香。

南峤茶山茶树属乔木中叶种，乔木茶树不成林（片），灌木居多，口感薄甜，汤色深桔黄，香气一般，茶叶等级低。

勐宋茶山茶树属乔木中叶种，乔木茶树不成林（片），灌木居多，口感苦涩，微回甘、生津一般，汤色深黄，条索墨黑。

惠明景迈山茶树属乔木大叶种，十二大茶山中乔木树最大的一片集中在这里，号称万亩乔木古茶园。苦涩重、回甘生津强，汤色桔黄剔透。

滇红工夫茶

⊙ 大自然的恩赐

滇红工夫茶属大叶种类型的工夫茶，以外形肥硕紧实，叶身显露金毫，亦有浓郁的香气和滋味，沁人心脾。滇红功夫茶肥硕雄壮，条索紧结，色泽乌润，金毫特显，汤色鲜亮，为工夫茶之上品。滇红工夫茶产于云南省南部与西南部的临沧、保山、凤庆、西双版纳、

德宏等地。产地境内群峰起伏，平均海拔1000米以上。属亚热带气候，年均气温18～22℃，年积温6000℃以上，昼夜温差悬殊，年降水量1200～1700毫米，有"晴时早晚遍地雾，阴雨成天满山云"的气候特征。其地森林茂密，落叶枯草形成深厚的腐殖层，土壤肥沃，致使茶树高大，芽壮叶肥，着生茂密白毫，即使长至5～6片叶，仍质软而嫩，尤以茶叶的多酚类化合物、生物碱等成分含量，居中国茶叶之首。

⊙ 品质鉴别

滇红工夫茶因采制时期不同，其品质具有季节性变化，一般春茶比夏、秋茶好。春茶条索肥硕，身骨重实，净度好，叶底嫩匀。夏茶正值雨季，芽叶生长快，节间长，虽芽毫显露，但净度较低，叶底稍显硬、杂。秋茶正处干凉季节，茶树生长代谢作用转弱，成茶身骨轻，净度低，嫩度不及春、夏茶。滇红工夫茶茸毫显露为其品质特点之一。其毫色可分淡黄、菊黄、金黄等类。凤庆、云县、昌宁等地工夫茶，毫色多呈菊黄，勐海、双江、临沧、普文等地工夫茶，毫色多呈金黄。同一茶园春季采制的一般毫色较浅，多呈淡黄，夏茶毫色多呈菊黄，唯秋茶多呈金黄色。滇红工夫茶内质香郁味浓。香气以滇西茶区的云县、凤庆、昌宁为好，尤其是云县部分地区所产的工夫茶，香气高长，且带有花香。滇南茶区工夫茶滋味浓厚，刺激性较强、滇西茶区工夫茶滋味醇厚，刺激性稍弱，但回味鲜爽。

⊙ 滇红分级

特级特点：外形条索紧结，肥硕雄壮，干茶色泽乌润，金毫特显，内质汤色艳亮，香气鲜郁高长，滋味浓厚鲜爽，富有刺激性。叶底红匀嫩亮，中国国内独具一格，系举世欢迎的工夫红茶。

一级特点：外形条索紧结，肥硕雄壮，干茶色泽乌润，金毫特显，内质汤色艳亮，香气长，滋味浓厚鲜爽。叶底红匀嫩亮，国内独具一格，系举世欢迎的工夫红茶。

二级特点：外形条索紧结，肥硕雄壮，干茶色泽乌润，金毫少显，内质汤色明亮，香气鲜郁高长，滋味浓厚鲜爽，刺激性稍弱，但回味鲜爽。

三级特点：外形条索紧结，肥硕雄壮，干茶色泽乌润，金毫少显，内质汤色明亮，香气鲜郁高长，滋味浓厚鲜爽，有刺激性。香高似蜜糖香，又蕴藏有兰花香，叶底嫩饮红亮。

◎ 品鉴指南

滇红工夫茶身骨重实，色泽调匀，冲泡后汤色红鲜明亮，金圈突出，香气鲜爽，滋味浓强，富有刺激性，叶底红匀鲜亮，加牛奶仍有较强茶味，呈棕色、粉红或姜黄鲜亮，以浓、强、鲜为其特色。

当量茶入杯后，然后就冲入沸水。如果是高档红茶，那么，以选用白瓷杯为宜，以便观其色泽。通常冲水至八分满为止。如果用壶煮，那么，先应将水煮沸，而后放茶配料。红茶经冲泡后，通常经3分钟后，即可先闻其香，再观察红茶的汤色。这种做法，在品饮高档红茶时尤为时尚。待茶汤冷热适口时，即可举杯品味。尤其是饮高档红茶，饮

茶人需在品字上下功夫，缓缓啜饮，细细品味，在徐徐体察和欣赏之中，品出红茶的醇味，领会饮红茶的真趣，获得精神的升华。如果品饮的红茶属条形茶，一般可冲泡2～3次。如果是红碎茶，通常只冲泡一次；第二次再冲泡，滋味就显得淡薄了。

◎ 蜚声国际

滇红工夫茶和滇红碎茶外销俄罗斯、波兰等东欧各国和西欧、北美等30多个国家和地区，内销全国各大城市。滇红的品饮多以加糖加奶调和饮用为主，加奶后香气依然浓烈。冲泡后的滇红茶汤红艳明亮，高档滇红，茶汤与茶杯接

触处常显金圈，冷却后立即出现乳凝状的冷后浑现象，冷后浑早出现者是质优的表现。

云南普洱茶

⊙ 茶之祖

云南是世界茶树发源地，全国乃至全世界各种各样茶叶的根源大多在云南的普洱茶产区。普洱茶属于黑茶，以其集散地与原产地的普洱市命名，民间有"武侯遗种"（武侯指三国时期的诸葛亮）的说法，故普洱茶的种植利用，至少已有1700多年的历史。千百年来，普洱茶深受广大消费者青睐，皆因茶质优良。现在泛指普洱茶区生产的茶，是以公认普洱茶区的云南大叶种晒青毛茶为原料，经过后发酵加工成的散茶和紧压茶。外形色泽褐红，内质汤色红浓明亮，香气独特陈香，滋味醇厚回甘，叶底褐红。有生茶和熟茶之分，生茶自然发酵，熟茶人工催熟。"越陈越香"被公认为是普洱茶区别其他茶类的最大特点，"香陈九畹芳兰气，品尽千年普洱情。"普洱茶是"可入口的古董"，不同于别的茶贵在新，普洱茶贵在"陈"，往往会随着时间逐渐升值。

⊙ 主要产地

普洱主要产于云南勐海、勐腊、普洱市、耿马、沧源、双江、临沧、元江、景东、大理、屏边、河口、马关、麻栗坡、文山、西畴、广南。其中有树龄达1800多年的"茶树王"，为较大的植株，当地已采取措施进行保护。该地具有终年雨水充足、云雾弥漫、土层深厚、土地肥沃、无污染等优势，所产茶叶是纯绿色茶饮。

⊙ 产品分类

依制茶原料分为"人工种植型原料"和"原生态乔木大树型原料"。人工种植型，茶农称"台地茶"是从人工栽培的梯地茶园里采取茶青原料，经加工制成的普洱茶。原生态乔木大树型原料，又称"古树茶"纯料。一般以300年为限才可严格的成为"古树茶"，且都生长在深山老林中，普洱茶树经过时间的沉淀，其内质的表现力不同。

依制法分类可分为生茶和熟茶。生茶，是新鲜的茶叶采摘后以自然的方式陈放，未经过渥堆发酵处理。生茶茶性较烈、刺激。生茶适合长久储藏，年复一年看着生普洱叶子颜色的渐渐变深。香味越来越醇厚。熟茶，是经过渥堆发酵使茶性趋向温和，茶水丝滑柔顺，醇香浓郁，更适合日常饮用，质量上乘的熟普也是值得珍藏的，同样熟普的香味也仍会随着陈化的时间而变得越来越柔顺、浓郁。以1973年为分界点，1973年之前没有熟茶。

依存放方式分为干仓普洱和湿仓普洱。干仓普洱指存放于通风、干燥及清洁的仓库，使茶叶自然发酵，陈化10~20年为佳。湿仓普洱通常放置于

较潮湿的地方,如地下室、地窖,以加快其发酵速度。湿仓普洱陈化速度虽较干仓普洱快,但容易产生霉变,对人体健康不利,所以我们不主张销售及饮用湿仓普洱。

依外型分类可分为饼茶、沱茶、砖茶、金瓜贡茶、千两茶、散茶等。饼茶,扁平圆盘状,其中七子饼每块净重375克,每7个为1筒,每筒重2500克,故名七子饼。沱茶,形状跟饭碗一般大小,每个净重100克、250克,现在还有迷你小沱茶,每个净重2～5克。砖茶,长方形或正方形,250～1000克居多,制成这种形状主要是为了便于运送。金瓜贡茶,压制成大小不等的半瓜形,从100克到数百斤均有。千两茶,压制成大小不等的紧压条型,每条茶条重量都比较重(最小的条茶都有100斤左右),故名千两茶。散茶,制茶过程中未经过紧压成型,茶叶状为散条型的普洱茶为散茶,分为用整张茶叶制成的索条粗壮肥大的叶片茶,也有用芽尖部分制成的细小条状的芽尖茶。

普洱茶可按高、中、低档分等级。茶叶采摘时,叶和芽同时采,一般从茶树枝条的尖往下采摘到第三叶:一叶一芽的采一芽、二叶一芽的采一叶一芽、三叶一芽的采二叶一芽。分级时,级别高的芽多,级别低的叶多梗多。高档次茶如:金瓜贡茶、宫廷、礼茶、特级;中档次茶如:一级、三级砖茶、沱茶、一级到五级散茶;低档次茶:低等级是七到十级的散茶。

◇ 普洱茶的香气

好的普洱茶可以具有许多细腻微妙的香气物质,在香型上主要分为:兰香、枣香、荷香、樟香。

樟香:云南各地有高大的樟树林,这些樟树多数高达一二十余丈,在大樟树底下的空间,最适合普洱茶的种植生长,大樟树可以提供茶树适当的遮荫机会,在樟树环境下可以减少茶树的病虫害发生。更可贵的是普洱茶树的根,与樟树根在地底下交错生长,使茶叶有了

樟树香气。同时樟树枝叶也会散发樟香，茶树更直接吸收了樟香气，储存于叶片中。

荷香：采摘云南大叶种茶叶幼嫩的芽茶，经过适当度的陈化后发酵，好的幼嫩的芽茶去掉浓烈的青叶香，自然而留下淡淡的荷香，荷香属于飘汤茶香。

兰香：新鲜的普洱茶有股青叶香，经过长期陈化后，由青叶香而转为青香，那些种植在樟树林下的茶树，得到樟香的参化，樟香较弱者而融合青香成为兰香，兰香是普洱茶中最珍贵的茶香。

枣香：只有生长在植被非常茂盛，经常云雾缭绕而且有野生枣树的环境中的茶树才能产生这种香气，由于经常有落叶，久而久之形成了天然肥料，茶树根系吸收了这些肥料，加上茶叶吸收雾气，于是茶叶形成特殊的枣香气。

图解
中国茶经

中卷

主编／宋全林

中医古籍出版社

⊙ 品质鉴别

一般而言，优质普洱茶在七个方面都有突出的特征，即：质、形、色、香、味、气、韵七品俱佳。

质佳：即原料好，这是优质茶类的第一基本要素。优质普洱茶的原料首先必须是云南大叶种茶，其次最好是产自传统普洱茶产区（即云南的普洱市、西双版纳州、临沧市）；原料又有古树茶、台地茶、春茶、秋茶之分，而各产地由于气候、土壤、植被等不同，又各有特色，例如西双版纳的易武、勐海的布朗山、思茅澜沧的景迈山等所产的茶，应该都是普洱茶中之极品，但各自的特点却很鲜明。

形佳：形佳首先看茶叶的条形，条形是否完整，是否紧结和清晰。叶老或嫩，老叶较大，嫩叶较细；嗅干茶气味兼看干茶色泽和净度，无异、杂味，色泽棕褐或褐红（猪肝色），具油润光泽，褐中泛红（俗称红熟），条索肥壮，断碎茶少；质次的则稍有陈香或只有陈气，甚至带酸馊味或其他杂味，条索细紧不完整，色泽黑褐、枯暗无光泽。生普的外形匀称、条索紧结、色泽呈青棕或棕褐、油光润泽，用手轻敲茶饼，声音清脆利索。熟普的外形匀称、条索紧结、清晰，色泽褐红、油光润泽。

色佳：主要看汤色的深浅、明亮。优质的云南普洱散茶，泡出的茶汤红浓明亮，具"金圈"，汤上面看起来有油珠形的膜，优质的普洱茶熟普叶底呈现褐红色。质次的，茶汤红而不浓，欠明亮，往往还会有尘埃状物质悬浮其中，有的甚至发黑、发乌，俗称"酱油汤"。优质的生普，色泽橙黄、清亮透明，仿佛被一层油膜包裹，久泡其色不变。

香佳：主要采取热嗅和冷嗅，其方法与普洱散茶相同。优质的干茶陈香显露（有的会含有菌子干香、中药香、干桂圆香、樟香等），热嗅香气显著浓郁，且纯正，冷嗅香气悠长，有一种很甜爽的味道。质次的则香气低，有的夹杂酸、馊味、铁锈水味或其他杂味，也有的是"臭霉味"、"腐败味"。

味佳：主要是从滑口感、回甘感和润喉感来感觉。优质的滋味浓醇、滑口、润喉、回甘，舌根生津。清爽滑润，醇和、甘甜、生津而千变万化。

气佳：茶气浓韵，纯正有一种特别的陈香，香气悠长，茶气足。主要采取热嗅和冷嗅，其方法与普洱散茶相同，优质的热嗅香气显著浓郁，且纯正，冷嗅香气悠长，有一种很甜爽的味道。品质差的普洱茶则不具备这些特点。

喉韵佳：从滑口感、回甘感和润喉感来感觉。优质的滋味浓醇、滑口、润喉、回甘，舌根生津；质次的则滋味平淡，不滑口，不回甘，舌根两侧感觉不适，甚至产生"涩麻"感。

⊙ 普洱茶的功效

普洱茶茶性温和，暖胃不伤胃，这点对熟普洱茶尤为明显，普洱茶的后发

酵是一系列酶促氧化和微生物活动复杂的变化过程。具有降脂、减肥、降压、抗动脉硬化、防癌、抗癌、养胃、护胃、健牙护齿、消炎、杀菌、治痢、抗衰老等作用。除此之外，发酵的普洱熟茶中还含有丰富的益生菌，具有很高的营养价值。而普洱茶的益生菌群多是在熟茶发酵的过程形成的。通过发酵，在微生物的作用下，茶叶中的香气成分、茶多酚等化学物质发生了结构转化，会呈现出来别具韵味的茶品特质和养生效果。

⊙ 冲泡品饮

普洱茶冲泡宜选腹大的壶，因为普洱茶的浓度高，用腹大的壶可避免茶汤过浓，建议材质宜选陶壶、紫砂壶等。冲泡普洱时茶叶份量大约占壶身20%，将茶砖、茶饼拨开后暴露空气两星期再冲泡味道更好。

冲泡时，要先冲过一次热水，对于普洱茶来说这是不可缺少的程序。因为好的陈年普洱茶至少要储存10年左右，所以可能会带有部分的灰尘在里面。第一次冲泡茶叶的热水除了可以唤醒茶叶的味道之外，还具有将茶叶中的杂质一并洗净。第一次的冲泡速度要快，只要能将茶叶洗净即可，不须将它的味道浸泡出来；而第二次以后浓淡的选择就可依照个人喜好来决定。普洱茶即使变冷以后还是风味十足，所以夏天的时候可以弄得冷一些或者是冰过以后再喝。

品饮普洱茶必须趁热闻香，举杯鼻前，此时即可感受陈味芳香如泉涌般扑鼻而来，其高雅沁心之感，不在幽兰清菊之下。需用心品茗，啜饮入口，始能得其真韵，虽茶汤入口略感苦涩，但待茶汤于喉舌间略作停留时，即可感受茶汤穿透牙缝、沁渗齿龈，并由舌根产生

甘津送回舌面，此时满口芳香，甘露"生津"，令人神清气爽，而且津液四溢，持久不散不渴，此乃品茗之最佳感受"回韵"。

⊙ 普洱茶的收藏

普洱茶收藏界里有一句老话——"品老茶、喝熟茶、藏生茶"。因为老茶价格很高，收藏的门槛也就高了，同时也有收藏风险，有机会品一品足矣。而熟茶发酵充分，口味已经定型，存放再久也变化不大，收藏价值不高。生茶眼下虽然还是"丑小鸭"，口味苦涩，但是随着岁月流逝，其不断自然发酵，每过一阵子口味就不一样，富有收藏乐趣，最有收藏价值。收藏生茶，关键是要挑选好的茶料，这样才能"越陈越香"，升值空间才大。首先，得看保存是否完好，有没有受过潮；其次，看年限，越陈越香，越久越好；再者便是看汤色了，汤色接近干红葡萄酒，又红又透的为好。收藏最好选择野生茶、野放茶、乔木茶收藏。另外，以收藏茶饼为佳。因为普洱茶收藏的关键在于其与空气接触时会慢慢氧化，因而不断改变口味。氧化时，茶饼的变化是最为平均的（茶饼较薄，且圆面更利于均等地氧化）。

⊙ 普洱茶的储存

普洱茶的储存并不十分讲究，一般来说，只要不受阳光直射和雨淋，环境清洁卫生，通风无其他杂味、异味即可。如存放数量多，可设专门仓库保管；如数量少，个人在家中存放，可用陶瓷瓦缸存放，将普洱散茶拆去外包装直接放于缸内，封好缸口就行，饼茶、金瓜茶、沱茶要用木架陈放，以得用通风透气。藏茶每隔3个月左右要翻动一次检查是否有霉变或其他寄生虫侵入。普洱茶的品质形成需要一定的储存时间，储存时间的长短，决定着普洱茶的滋味和陈香。有关研究表明，自然储存10年的普洱茶，茶多酚减少为13.94%，储存20年的普洱茶，茶多酚减少更多，仅为8.98%。需要特别提醒的是，储存茶最须防的是异味和霉变，茶叶特别吸味，普洱茶的陈化过程一旦吸入异味，其本来的陈香本色就被破坏了。

蒙顶茶

⊙ 世界茶文明的发祥地

蒙顶茶，亦称"蒙顶甘露茶"，属于绿茶类，因产于四川名山县蒙山之顶，故名"蒙顶茶"。蒙顶山是世界茶文明的发祥地，世界茶文化的发源地，是我国历史上有文字记载人工种植茶叶最早的地方，中国最古老的名茶，被尊为茶中故旧，名茶先驱。蒙山跨名山、雅安两地，山势巍峨，峰峦挺秀，绝壑飞瀑，

重云积雾，景色与峨眉山、青城山齐名。古人说这里"仰则天风高畅，万象萧瑟；俯则羌水环流，众山罗绕，茶畦杉径，异石奇花，足称名胜"。蒙山有上清、菱角、毗罗、井泉、甘露等五顶，亦称五峰。

⊙ 茶史溯源

蒙顶甘露属历史名茶。相传2000多年前，僧人甘露普慧禅师吴理真，亲手种七株茶于上清峰，"灵茗之种，植于五峰之中，高不盈尺，不生不灭，迥异寻常"，"味甘而清，色黄而碧，酌杯中，香云罩覆，久凝不散"，久饮此茶，有益脾胃，能延年益寿，当时被人们称为仙茶，吴理真也在宋代被封为甘露普慧妙济大师。这是我国人工种茶最早的文字记载。唐代《国史补》中将蒙顶茶列为贡茶之首。唐朝诗人亦写了很多赞美蒙顶茶的诗篇。五代毛文锡《茶谱》记载："蒙山有五峰，环状如指掌曰上清，曰玉女，曰井泉，曰菱角，曰甘露，仙茶植于中心蟠根石上，每岁采仙茶七株为正贡"。蒙顶茶作为贡茶，一直延续到清朝，达千年之久。

⊙ 神秘的采制仪式

古时采制蒙顶茶极为隆重而神秘。每逢春至茶芽萌发，地方官即选择吉日，一般在"火前"，即清明节之前，焚香淋浴，穿起朝服，鸣锣击鼓，燃放鞭炮，率领僚属并全县寺院和尚，朝拜"仙茶"。礼拜后，"官亲督而摘之"。贡茶采摘由于只限于七株，数量甚微，一般每年采360叶，由寺僧中精制茶者炒制。炒茶时寺僧围绕诵经，制成后储入两银瓶内，再盛以木箱，用黄缣丹印封之。临发启运时，地方官又得卜择吉日，朝服叩阙。所经过的州县都要谨慎护送，至京城供皇帝祭祀之用，此谓"正贡"茶。在正贡茶之后采制的，是供宫廷成员饮用的，制法亦精，有雷鸣、雾钟、雀舌、白毫、鸟嘴等品目。

⊙ 独特的制作工艺

蒙顶甘露的制法工艺沿用明朝的"三炒三揉"制法。鲜叶采回后，经过摊放，然后杀青。杀青锅温为140～160℃，投叶量0.4公斤左右，炒到叶质柔软，叶色暗绿匀称，茶香显露，含水量减至60%左右时出锅。为使茶叶初步卷紧成条，给"做形"工序创造条件，杀青后需经过三次揉捻和三次炒青。"做形"工序是决定外形品质特征的重要环节，其操作法是将三揉叶投入锅中，用双手将锅中茶叶抓起，五指分开，两手心相对，将茶握住团揉4～5转，撒入锅中，如此反复数次，待茶叶含水量减至15%～20%时，略升锅温，双手加速团揉，直到满显白毫，再经过初烘、匀小堆和复烘达到足干，匀拼大堆后，入库收藏。蒙顶山茶，由于在加工过程中加入了揉捻工艺，和普通的绿茶相比，滋味更加鲜嫩醇爽。

⊙ 蒙顶茶的品质

蒙顶名茶种类繁多，有甘露、上清、菱角、蒙顶黄芽、石花、玉叶长春、万春银针等。其中"甘露"在蒙顶茶中品质最佳。甘露在梵语是"念祖"之意；二说是茶汤似甘露。甘露茶采摘细嫩，制工精湛，外形美观，内质优异。干茶紧凑多银毫、嫩绿色润，香气馥郁芬芳鲜嫩，外形美观，浅绿油润，香气高爽，味醇甘鲜，茶形状纤细，叶整芽泉，叶嫩芽壮；色泽嫩绿油润；茶汤似甘露，碧清微黄，滋味鲜爽，浓郁回甜。嫩绿色润，内质香高而爽，味醇而甘，汤色黄中透绿，透明清亮，叶底匀整，嫩绿鲜亮；香馨高爽，味醇甘鲜，沏二遍时，越发鲜醇，使人尺颊留香。

⊙ 蒙顶山茶艺——天风十二品

蒙顶茶艺"天风十二品"属典雅派，与"龙行十八式"被称为蒙山派茶道、茶技的"技"、"艺"双绝，蒙山派"双璧"，被誉为中国茶文化艺术的两座里程碑。相传是蒙顶茶开山祖师"吴理真"所创，本来用于祭祀女娲使蒙顶山独享天外风雨润泽的。历经两千年的风雨，演变成著名的蒙顶茶艺。讲的是如何泡茶、闻香、送茶、饮茶的奥妙。它包括天地氤氲、琴瑟和鸣、瑶池洗玉、紫玉生烟、仙茗出宫、雨涨秋池、漫天花雨、潮满春江、碧波春色、大风飘香、细品琼浆、神游大荒12道程序，表演者通常需要沐浴焚香后在山顶表演。茗烟与仙雾渐融渐逝，神思共天，且合且离，可谓将茶艺的雅致之美发挥得淋漓尽致。

⊙ 蒙顶山茶艺——龙行十八式

蒙顶山长嘴壶茶技"龙行十八式"是蒙顶山独有的掺茶技艺，表现出一种刚健向上的艺术风格，以阳刚之美独树一帜，成为古今茶文化中一道绝无仅有的独特景观。相传，蒙顶山"龙行十八式"茶技是北宋高僧禅惠大师在蒙顶山结庐清修时所创，融传统茶道、武术、舞蹈、禅学、易理于一炉，充满玄机妙理。掺茶师手持嘴长一米多的长嘴铜壶，翻转腾挪，提壶把盏，准确将水注入杯盏中。它包括蛟龙出海、白龙过江、乌龙摆尾、飞龙在天、青龙戏珠、惊龙回首、亢龙有悔、玉龙扣月、祥龙献瑞、潜龙腾渊、龙吟天外、战龙在野、金龙卸甲、龙兴雨施、见龙在田、龙卧高岗、吉龙进宝、龙行天下。每一式均模仿龙的动作，式式龙行云动，招招景驰浪奔，令人目不暇接，心动神驰。

江北名茶

江北茶区主要生产绿茶，其中著名的有安徽（皖北）六安瓜片、舒城兰花茶、天柱剑毫、岳西翠兰等；江苏（苏北）花果山云雾茶；湖北（鄂北）双桥毛尖、车云山毛尖、仙人掌茶、龟山岩绿、隆中茶、碧山松针等；山东省沂蒙碧芽、日照的雪青、冰绿等。河南省信阳毛尖、灵山剑峰、太白银毫、香山翠峰等；陕西省西乡的午子仙毫、紫阳的紫阳毛尖、紫阳翠峰、察巴雾毫、汉水银梭等。

江北茶区

⊙ 区域范围

江北茶区南起长江，北至秦岭、淮河，西起大巴山，东至山东半岛，包括甘南、陕西、鄂北、豫南、皖北、苏北、鲁东南等地，是我国最北的茶区。

⊙ 地理特征

江北茶区的地形比较复杂，土壤多为黄壤，也有少部分棕壤，还有不少土壤酸碱度偏高，种植的茶树多为灌木型中叶种和小叶种，主要适宜制作绿茶等。茶区年平均气温为15℃~16℃，冬季绝对最低气温一般为－10℃左右。年降水量较少，为700~1000毫米，且分布不匀，常使茶树受旱。茶区土壤多属黄棕壤或棕壤，是中国南北土壤的过渡类型。但少数山区，有良好的微域气候，故茶的质量亦不亚于其他茶区，如六安瓜片、信阳毛尖等。

信阳毛尖

⊙ "绿茶之王"

信阳毛尖，亦称"豫毛峰"，属绿茶类。中国十大名茶之一，河南省著名特产。主要产地在信阳市和新县，商城县及境内大别山一带。信阳毛尖具有"细、圆、光、直、多白毫、香高、味浓、汤色绿"的独特风格，具有生津解渴、清心明目、提神醒脑、去腻消食等多种营养价值。信阳毛尖品牌多年位居中国茶叶区域公用品牌价值第3位。1915年在巴拿马万国博览会上与贵州茅台同获金质奖，1990年信阳毛尖品牌参加国家评比，取得绿茶综合品质第一名。信阳毛尖被誉为"绿茶之王"。信阳毛尖不仅走俏国内，在国际上也享有盛誉，远销日本、美国、德国、马来西亚、新加坡、中国香港等10多个国家和地区。

⊙ 得天独厚的自然条件

信阳对茶树生长具有得天独厚的自然条件。这里土壤多为黄、黑砂壤土，深厚疏松，腐殖质含量较多，肥力较高，pH值在4~6.5之间。历来茶农多选择在海拔300~800米的高山区种茶。这里山势起伏多变，森林密布，植被丰富，雨量充沛，云雾弥漫，空气湿润。太阳迟来早去，光照不强，日夜温差较大。茶树芽叶生长缓慢，持嫩性强，肥厚多毫，有效物质积累较多。尤其是信阳处于北纬高纬度地区，年平均气温较低，很有利于氨基酸、咖啡碱等含氮化合物的合成与积累。信阳茶叶资源极为丰富，淮南丘陵和大山区皆有种植，荣获国家金

质奖信阳毛尖的原料则主要来自信阳西南山区，俗称"五云两潭一寨"，即车云山、连云山、集云山、天云山、云雾山、白龙潭、黑龙潭、何家寨。

⊙ 采制工艺

阳春三月，茶芽开始萌发，"清明节"过后开始采摘，"谷雨"前普遍开采。春茶采摘时间为40天左右，五月底以前采的为春茶，也叫做"头茶"，开采的头两天，数量很少，称之为"跑山尖"，多在"谷雨"前采制也称为"雨前毛尖"。五月底春茶结束停采5～7天，再采为夏茶，采摘时间为一个月左右。八、九月间，秋芽萌发，采之则称为"秋茶"。秋季萌芽多为养树而不摘，于是便有"头茶苦、二茶涩、秋茶好喝舍不得"之说。采茶时，不采老（叶），不采小，不采马蹄叶（鱼叶），不采茶果（花蕾、小茶果实），对夹叶则及时采尽。制作特级毛尖，只采摘一芽一叶初展；一级茶采摘一芽二叶初展，二级茶采摘一芽二叶至三叶初展为主，兼有二叶对夹叶。三级茶采摘一芽二至三叶，兼有较嫩的二叶对夹叶。

新鲜芽叶采摘后需及时炒制。炒制的工艺规程是：青叶入生锅—熟锅—初烘—摊凉—复烘—择拣—再复烘—包装入库。炒制"生锅"起杀青、初揉作用，叶片软绵，初步形成泡松条索，嫩茎折断不断，即全部转入"熟锅"。除继续起蒸发水份作用外，主要是进行做条、整形加工，并使之发挥香气。熟锅炒制后，及时进行初烘，彻底毁灭茶叶残余酶的活性，防止氧化劣变，并初步发挥其色香味和固定形状作用。初烘后摊凉2～4小时进行复烘，复烘之后择拣，再热烘一次即可密封。

⊙ 品质特点

信阳毛尖的色、香、味、形均有独特个性，其颜色鲜润、干净，不含杂质，香气高雅、清新，味道鲜爽、醇香、回甘，从外形上看则匀整、鲜绿有光泽。白毫明显。外形细、圆、光、直、多白毫，色泽翠绿，冲后香高持久，滋味浓醇，回甘生津，汤色明亮清澈。优质信阳毛尖汤色嫩绿、黄绿或明亮，味道清香扑鼻，劣质信阳毛尖则汤色深绿、混浊发暗，没有茶香味。

⊙ 品饮指南

信阳毛尖茶是绿茶的极品，正确的泡法，对决定茶叶的饮用品质有很大的作用。先烫壶，在泡信阳毛尖之前需用开水烫壶，一则可去除壶内异味；再则热壶有助挥发茶香。用壶里的热水采用回旋斟水法浸润茶杯，提高茶杯的温度。再置茶，一般泡茶所用茶壶壶口皆较小，需先将茶叶装入茶荷内，此时可将茶壶递给客人，鉴赏茶叶外观，再用茶匙将茶壶内的茶叶拨入壶中，茶量以壶之1/3为度。将烫壶的热水倒入茶盅内，再行温杯。冲泡茶叶时需高提水壶，水自高点下注，使茶叶在壶内翻滚、散开，以更充分泡出茶味，俗称"高冲"。水注到杯身的7/10满，注水时注意水的温度要达到90℃，水用山泉水为最佳。泡好的茶汤即可倒入茶盅，此时茶壶壶嘴与茶盅的距离，以低为佳，以免茶汤

茶/区/名/茶

内之香气无效散发,俗称"低泡"。将茶盅内的茶汤再行分入杯内,杯内之茶汤以七分满为度。等待茶叶吸水下沉慢慢展开。将茶杯连同杯托一并放置客人面前,是为敬茶。品茶前,需先观其色,闻其香,方可品其味。"品"字三个口,一杯茶需分三口品尝,且在品茶之前,目光需注视泡茶师1～2秒,稍带微笑,以示感谢。品信阳毛尖内质香气高鲜,有熟板栗香,汤色鲜绿,滋味鲜醇,叶底嫩绿匀整。

⊙ 等级标准

特级:一芽一叶初展,外形紧细圆匀称,细嫩多毫,色泽嫩绿油润,叶底嫩匀,芽叶成朵,叶底柔软,叶底嫩绿,香气高爽,鲜嫩持久,滋味鲜爽,汤色鲜明。

一级:一芽一叶或一芽二叶初展占85%以上,外形条索紧秀、圆、直、匀称多白毫,色泽翠绿,叶底匀称,芽叶成朵,叶色嫩绿而明亮,香气鲜浓,板栗香,纯浓,甘甜,汤色明亮。

二级:一芽一二叶不少于65%,条索紧结,圆直欠匀,白毫显露,色泽翠绿,稍有嫩茎,叶底嫩,芽叶成朵,叶底柔软,叶色绿亮,香气鲜嫩,有板栗香,滋味浓强,甘甜,汤色绿亮。

三级:一芽二三叶,不少于65%,条索紧实光圆,直芽头显露,色泽翠绿,有少量粗条,叶底嫩欠匀,稍有嫩单张和对夹叶,叶底较柔软,色嫩绿较明亮,香气清香,滋味醇厚,汤色明净。

四级:外形条索较粗实,圆,有少量朴青,色泽青黄,叶底嫩欠匀,香气纯正,醇和,汤色泛黄清亮。

五级:条索粗松,有少量朴片,色泽黄绿,叶底粗老,有弹性,香气纯正,滋味平和,汤色黄尚亮。

⊙ 鉴别技巧

信阳毛尖外形条索紧细、圆、光、直,银绿隐翠,内质香气新鲜,叶底嫩绿匀整,清黑色,一般一芽一叶或一芽二叶,假的为卷曲形,叶片发黄。

新茶外观色泽鲜亮,泛绿色光泽,香气浓爽而鲜活,白毫明显,给人有生鲜感觉;陈茶外观色泽较暗,光泽发暗甚至发乌,白毫损耗多,香气低闷,无新鲜口感。新茶汤色新鲜淡绿、明亮、香气鲜爽持久、滋味鲜浓、久长。叶底鲜绿清亮；陈茶汤色较淡，香气较低欠爽，滋味较淡，叶底不鲜绿而发乌，欠明亮，保管不好的，5分钟后泛黄。

真信阳毛尖汤色嫩绿、黄绿、明亮，香气高爽、清香，滋味鲜浓、醇香、回甘。芽叶着生部位为互生，嫩茎圆形，叶缘有细小锯齿，叶片肥厚绿亮。真毛尖无论陈茶，新茶，汤色俱偏黄绿，且口感因新陈而异，但都是清爽的口感。

假信阳毛尖汤色深绿、混暗，有苦臭气，并无茶香，且滋味苦涩、发酸，入口感觉如同在口内覆盖了一层苦涩薄膜，异味重或淡薄。茶叶泡开后，叶面宽大，芽叶着生部位一般为对生，嫩茎多为方型、叶缘一般无锯齿、叶片暗绿、薄亮。

⊙ 储存方法

信阳毛尖有五怕：一怕高温、二怕潮湿、三怕阳光、四怕异味、五怕氧气。所以信阳毛尖茶要储存到低温、干燥、避光、洁净、低氧的环境。其实传统的方法保存信阳毛尖都是用生石灰或活性炭密闭保存。冷藏是最好的保存方法，只要将干燥的新茶装入铁或木制的茶罐中，用胶布封好，放入冰箱里，长期冷藏都可以，但温度要保持在5℃。每次取完信阳毛尖要将茶叶密封后放于电冰箱的冷冻层里，尽量不要长时间暴露在空气中，尤其是南方高热的天气中。

六安瓜片

⊙ 独一无二的片茶

六安瓜片是国家级历史名茶，中国十大经典绿茶之一。六安瓜片（又称片茶），为绿茶特种茶类。采自当地特有品种，经扳片、剔去嫩芽及茶梗，是我国绿茶中唯一去梗夫芽的片茶。通过独特的传统加工工艺制成的形似瓜子的片形茶叶。六安瓜片具有悠久的历史底蕴和丰厚的文化内涵。早在唐代，《茶经》就有"庐州六安（茶）"之称；明代科学家徐光启在其著《农政全书》里称"六安州之片茶，为茶之极品"；明代李东阳、萧显、李士实三名士在《咏六安茶》中也多次提及，曰"七碗清风自六安""陆羽旧经遗上品"，予"六安瓜片"以很高的评价；"六安瓜片"在清朝被列为"贡品"；大文学家曹雪芹旷世之作《红楼梦》中也有提及，特别是"妙玉品茶（六安瓜片）"一段，读来令人荡气回肠。

六安瓜片的外形，似瓜子形的单片，自然平展，叶缘微翘，色泽宝绿，大小匀整，不含芽尖、茶梗，清香高爽，滋味鲜醇回甘，汤色清澈透亮，叶底绿嫩明亮。过去根据采制季节，分成两个品种：谷雨前提采的称"提片"，品质最优；其后采制的大宗产品称"梅片"。当前"齐山瓜片"分1~3等，内山瓜片和外山瓜片各分4级8等。

⊙ 产地环境

六安瓜片产区位于大别山东北麓，属淮河流域，年平均温度15℃，年平均降水量1200～1300毫米，土壤多为黄棕壤，质地疏松，土层深厚，茶园多在山坡冲谷之中，生态环境优越。分内山瓜片和外山瓜片两个产区。内山瓜片产地有金寨县的响洪甸、鲜花岭、龚店；六安市裕安区的黄涧河、双峰、龙门冲、独山；霍山县的诸佛庵一带。外山瓜片产地有六安市的石板冲、石婆店、狮子岗、骆家庵一带。产量以六安最多，品质以金寨最优。瓜片原产地齐头山一带，旧时为六安管辖，现属金寨县。齐头山所产"齐山名片"为六安瓜片之极品。齐头山是大别山的余脉，海拔804米，位

于大别山区的西北边缘，与江淮丘陵相连，几十里外就能看到她巍然兀立，如天然画屏。全山为花岗岩构成，林木葱翠，怪石峥嵘，溪流飞瀑，烟雾笼罩。山南坡上有一石洞，处于人迹罕到的悬崖峭壁之上，因大量蝙蝠栖居，故称为蝙蝠洞。在齐云瓜片中，又以齐云山蝙蝠洞所产瓜片为名品中的最佳，因蝙蝠洞的周围，整年有成千上万的蝙蝠云集在这里，排撒的粪便富含磷质，利于茶树生长，所以这里的瓜片最为清甜可口。

⊙ 名茶来历

六安瓜片的历史渊源，史料尚无考证，多年来许多茶叶工作者寻根溯源，略有所获。较为可信的传说是1905年前后，六安茶行一评茶师，从收购的绿大茶中拣取嫩叶，剔除梗枝，作为新产品应市，获得成功。消息不胫而走，金寨麻埠的茶行，闻风而动，雇用茶工，如法采制，并起名"蜂翅"。此举又启发了当地一家茶行，在齐头山的后冲，把采回的鲜叶剔除梗芽，并将嫩叶、老叶分开炒制，结果成茶的色、香、味、形均使"蜂翅"相形见绌。于是附近茶农竞相学习，纷纷仿制。这种片状茶叶形似葵花子，遂称"瓜子片"。以后即叫成了"瓜片"，其主要产地在六安一带，故称"六安瓜片"。

⊙ 采制工艺

六安瓜片在中国名茶中独树一帜，其采摘、扳片、炒制、烘焙技术皆有独到之处，品质也别具一格。六安瓜片的采制技术，与其他名茶不同。春茶于谷雨后开园，新梢已形成"开面"，采摘标准以一芽二三叶为主。鲜叶采回后及时扳片，将嫩叶（未开面）、老叶（已开面）分离出来炒制瓜片，芽、茎梗和粗老叶炒制"针把子"，作副产品处理。六安瓜片炒制分生锅、熟锅、毛火、小火、老火五个工序。毛火是用烘笼炭火，每笼投叶约1.5公斤，烘顶温度100℃左右，烘到八九成干即可。拣去黄片、漂叶、红筋、老叶后，将嫩叶、老片混匀。小火最迟在毛火后一天进行，每笼投叶2.5~3公斤，火温不宜太高，烘至接近足干即可。老火又叫拉老火，是最后一次烘焙，对形成特殊的色、香、味、形影响极大。老火要求火温高，火势猛。木炭窑先排齐挤紧，烧旺烧匀，火焰冲天。每笼投叶3~4公斤，由二人抬烘笼

在炭火上烘焙2~3秒钟，即抬下翻茶，依次抬上抬下，边烘边翻。为充分利用炭火，可2~3只烘笼轮流上烘。热浪滚滚，人流不息，实为我国茶叶烘焙技术中别具一格的"火功"。每烘笼茶叶要烘翻50~60次及以上，烘笼拉来拉去，一个烘焙工一天要走10多公里。直烘至叶片绿中带霜时即可下烘，趁热装入铁筒，分层踩紧，加盖后用焊锡封口储藏。

⊙ 品级划分

历史上六安瓜片是根据原料的不同，而区分等级，可分为"提片"、"瓜片"和"梅片"三级。"提片"是采摘最好的芽叶所制成，其质量最优；而"瓜片"排第二次之；"梅片"排第三，质量稍差些。现在的六安瓜片分为"名片"和"瓜片"四级，共五个级别。其中"名片"只限于齐云山附近的茶园出产，品质最佳。"瓜片"根据产地的海拔高度不同又可分为"内山瓜片"和"外山瓜片"，其中内山瓜片的质量要优于外山。六安瓜片的等级具体可以分为极品，精品，通品，而通品中由包括了一级，二级，三级，依此排序，六安瓜片的品质便依次下降。

不同品级六安瓜片的特征

品级		六安瓜片外形				六安瓜片内质			
		形状	色泽	嫩度	净度	香气	滋味	汤色	叶底
极品		瓜子形，平伏大小匀整	宝绿上霜	嫩度高显毫	无芽梗漂叶和茶果	清香高长持久	鲜醇回味甘甜	清沏晶亮	嫩绿鲜活
精品		瓜子形匀整	翠绿上霜	嫩度好显毫	无芽梗漂叶和茶果	清香高长	鲜爽醇厚	清沏晶亮	嫩绿鲜活
通品	一级	形似瓜子匀整	色绿上霜	嫩度好	无芽梗漂叶和茶果	清香持久	鲜爽醇和	黄绿明亮	黄绿匀整
	二级	瓜子形较匀整	色绿有霜	较嫩	稍有漂叶	香气较纯和	较鲜爽醇和	黄绿尚明	黄绿匀整
	三级	瓜子形	色绿	尚嫩	稍有漂叶	香气较纯和	尚鲜爽醇和	黄绿尚明	黄绿匀净

⊙ 品饮指南

六安瓜片的一般品尝有四个步骤：尝茶，从干茶的色泽、老嫩、形状，观察茶叶的品质。闻香，鉴赏茶叶冲泡后散发出清香。观汤，欣赏茶叶在冲泡时上下翻腾、舒展之过程，茶叶溶解情况及茶叶冲泡沉静后的姿态。品味，品赏茶汤的色泽和滋味。品饮前，先用"高冲、低斟、括沫、淋盖"等传统的方法冲泡。品饮时，用右手食指、拇指按住杯边沿，中指顶住杯底，戏称"三龙护鼎"，品茶工于煎，重在品茶汤的汤花。对茶汤的色、香、味，形以色为主。待茶汤凉至适口，品尝茶汤滋味，宜小口品啜，缓慢吞咽，让茶汤与舌头味蕾充分接触，细细领略名茶的风韵。此时舌与鼻并用，可从茶汤中品出嫩茶香气，顿觉沁人心脾，此谓一开茶。着重品尝茶的头开鲜味与茶香，饮至杯中茶汤尚余1/3水量时（不宜一开全部饮干），再续加开水，谓之二开茶。如若泡饮茶叶肥壮的名茶，二开茶汤正浓，饮后舌本回甘，余味无穷，齿颊留香，身心舒畅。饮至三开，一般茶味已淡，续水再饮就显得淡薄无味了。

崂山茶

⊙ 南茶北引

崂山绿茶，汤碧色青，品之回味无穷。但可能很少有人知道，崂山茶并不是"坐地户"，而是从千里之外"移民"而来。崂山茶树引种始于1959～1964年，崂山林场的工作人员从江南引进茶苗试种，经过精心培育和管理，在素有"小江南"之称的太清宫林区顺利越冬，这就是崂山茶的雏形。也有民间传说，崂山茶相传原由道教全真派创始之一的丘处机和明代太极创始人张三丰等崂山道士自江南移植，亲手培植而成，数百年为崂山道观之养生珍品。

崂山茶枝条粗壮，叶片肥厚，制出的茶十分耐冲泡，品饮时有豌豆和熟板栗的香气四溢飘散。崂山茶树的生长环境极佳，生长缓慢，因而内含大量的营养物质，有明显的保健功效，因而很快得到茶界的认同和欢迎，远销海外。

⊙ 山海相依

茶树是喜温喜湿的植物，在北方的适应能力差，多次引种培育，但是成功率很低，特别是冬天，冻害严重，培育出名优茶种是难以攻克的难题。众多的因素一直影响着北方茶树的生长、繁殖和推广工作。崂山绿茶的优异品质与产地环境有着密切的关系。

崂山风景区内，山海相依，空气纯净，云雾缭绕，名泉。道观隐于其内，奇峰异石，植物繁茂，别有洞天。其优越的气候环境，独特的地理条件，使这里成为江北绿茶第一个成功的发源地，培育出优秀的崂山茶。

⊙ 崂山茶的种类

传统的崂山茶系主要分三大类：崂

山绿茶，崂山石竹茶，崂山玉竹茶。

崂山绿茶：生长在崂山地区的茶树，因光照时长、霜期较长、昼夜温差大而生长缓慢，因此有更多的时间积累养分。崂山绿茶含有大量的茶多酚、咖啡因、维生素、蛋白质和芳香物质，不但清香醉人，还有益于人体健康，可以解除疲劳，清心明目，消毒止渴，促进血液循环，令饮用过的人赞不绝口。崂山绿茶在全国绿茶中享有极高的声誉，被誉为"江北第一名茶"。通常人们所说的崂山茶，即指崂山绿茶。

崂山石竹茶：崂山石竹为纯野生草本植物，多生长于崂山南面、太阳能够照到的山崖石缝中。它内含丰富的维生素和糖类，有清热、消炎、养气、通络的药用功能。崂山石竹茶即由崂山石竹烘炒加工制成，当地人称其为"崂山绿"，因其特殊的生长习性和崂山的气候环境，石竹生长期长，采摘次数少，使得崂山石竹茶品质自然纯正，色泽翠绿，香气浓郁持久，滋味醇爽，独具特色，饮后齿颊留香，甘爽生津，回味无穷，为茶中极品。

崂山玉竹茶：崂山玉竹与石竹正好相反，多生长于崂山北面、太阳照不到的背阴处，属性为阴，生长速度非常缓慢，每年只长出 1～3 厘米。每逢秋季采摘，经过摊晾使水分完全挥发后，即可制成饮品。冲泡后，口味甘甜，养阴润燥，生津止渴，对燥热咳嗽，内热消渴等具有一定的疗效。

⊙ 品饮指南

冲泡崂山茶时，取 2～3 克茶置入透明洁净的玻璃杯中，注意是无盖玻璃杯。首先用 80～90℃ 的崂山水（或矿泉水）洗茶，一般 10 秒左右，使其杂质洗出。将洗茶水倒出，冲水使杯中茶叶翻转，杯中茶汤上下浓度一致。注水量为杯量的七分左右。随水势盘旋而上翻腾着冲向杯口，有"银瓶乍破水将进"之势。此时，细嫩的茶叶舒展挺立，上下沉浮，云蒸雾腾，绰约多姿，这就是人们所津津乐道的"茶舞"，这番碧波蒸腾的景象，如同巍峨崂山雄奇幻变的云海，片片曼妙舞动的茶叶，写照着崂山无限的春色。这样的崂山茶清香可口、使人超凡脱俗，心情平静如水，让人觉得远离了喧嚣、烦躁的社会生活，使人更容易悟出一些珍贵的人生道理，可谓宁静致远，回味无穷。

⊙ 茶叶的审评技巧

茶叶的品质审评不是易事，要想得到好茶叶，需要掌握大量的知识，如各类茶叶的等级标准，价格与行情，以及茶叶的审评、检验方法等。茶叶的好坏，主要从色、香、味、形四个方面鉴别，但是对于普通饮茶之人，购买茶叶时，一般只能观看干茶的外形和色泽，闻干香，使得判断茶叶的品质更加不易。这里粗略介绍一下鉴别干茶的方法。干茶的外形，主要从五个方面来看，即嫩度、条索、色泽、整碎和净度。

◇ 嫩度

一般嫩度好的茶叶，符合外形要求（"光、扁、平、直"）。但是不能仅从茸毛多少来判别嫩度，因各种茶的具体要求不一样，如极好的狮峰龙井是体表无茸毛的。芽叶嫩度以多茸毛做判断依据，只适合于毛峰、毛尖、银针等"茸毛类"茶。这里需要提到的是，最嫩的鲜叶，也得一芽一叶初展，片面采摘芽心的做法是不恰当的。因为芽心是生长不完善的部分，内含成份不全面，特别是叶绿素含量很低。所以不应单纯为了追求嫩度而只用芽心制茶。

◇ 条索

条索是各类茶具有的一定外形规格，如炒青条形、珠茶圆形、龙井扁形、红碎茶颗粒形等等。一般长条形茶，看松紧、弯直、壮瘦、圆扁、轻重；圆形茶看颗粒的松紧、匀正、轻重、空实；扁形茶看平整光滑程度和是否符合规格。一般来说，条索紧、身骨重、圆（扁形茶除外）而挺直，说明原料嫩，做工好，品质优；如果外形松、扁（扁形茶除外）、碎，并有烟、焦味，说明原料老，做工差，品质劣。以杭州地区绿茶条索标准为例：可见以紧、实、有锋苗为上。

◇ 色泽

茶叶色泽与原料嫩度、加工技术有密切关系。各种茶均有一定的色泽要求，如红茶乌黑油润、绿茶翠绿、乌龙茶青褐色、黑茶黑油色等。但是无论何种茶类，好茶均要求色泽一致，光泽明亮，油润鲜活，如果色泽不一，深浅不同，暗而无光，说明原料老嫩不一，做工差，品质劣。

茶叶的色泽还和茶树的产地以及季节有很大关系。如高山绿茶，色泽绿而略带黄，鲜活明亮；低山茶或平地茶色泽深绿有光。制茶过程中，由于技术不当，也往往使色泽劣变。购茶时，应根据具体购买的茶类来判断。

◇ 整碎

整碎就是茶叶的外形和断碎程度，以匀整为好，断碎为次。比较标准的茶叶审评，是将茶叶放在盘中（一般为木质），使茶叶在旋转力的作用下，依形状大小、轻重、粗细、整碎形成有次序的分层。其中粗壮的在最上层，紧细重实的集中于中层，断碎细小的沉积在最下层。各茶类，都以中层茶多为好。上层一般是粗老叶子多，滋味较淡，汤色较浅；下层碎茶多，冲泡后往往滋味过浓，汤色较深。

◇ 净度

主要看茶叶中是否混有茶片、茶梗、茶末、茶籽和制作过程中混入的竹屑、木片、石灰、泥沙等夹杂物的多少。净度好的茶，不含任何夹杂物。此外，还可以通过茶的干香来鉴别。无论哪种茶都不能有异味。每种茶都有特定的香气，干香和湿香也有不同，需根据具体情况来定，青气、烟焦味和熟闷味均不可取。

一级	二级	三级	四级	五级	六级
细紧有锋苗	紧细尚有锋苗	尚紧实	尚紧	稍松	粗松

最易判别茶叶质量的，是冲泡之后的口感滋味、香气以及叶片茶汤色泽。所以如果允许，购茶时尽量冲泡后尝试一下。若是特别偏好某种茶，最好查找一些该茶的资料，准确了解其色香味形的特点，每次买到的茶都互相比较一下，这样次数多了，就容易很快掌握关键之所在了。国内茶叶品种车载斗量，非专业人士，不太可能每种茶都判断出好坏来，也只是取自己喜欢的几种罢了。产地的茶总的来说较纯正，但也由于制茶技艺的差别，使得茶叶质量有高低之分。

◇ 香气

茶叶经开水冲泡5分钟后，倾出茶汁于审评碗内，嗅其香气是否正常。以花香、果香、蜜糖香等令人喜爱的香气为佳。而烟、馊、霉、老火等气味，往往是由于制造处理不良或包装储藏不良所致。

◇ 滋味

通常称"茶口"。凡茶汤醇厚、鲜浓者表示水浸出物含量多而且成分好。茶汤苦涩，粗老表示水浸出物成分不好。茶汤软弱、淡薄表示水浸出物含量不足。

◇ 汤色

审评水色主要的区别在于品质的新鲜程度和鲜叶的老嫩程度。最理想的水色是绿茶要清碧浓鲜，红茶要求红艳而明亮。低级或变质的茶叶，则水色混浊而晦暗。

◇ 叶底

审评叶底主要是看它色泽及老嫩程度。芽尖及组织细密而柔软的叶片愈多，表示茶叶嫩度愈高。叶质粗糙而硬薄则表示茶叶粗老及生长情况不良。色泽明亮而调和且质地一致，表示制茶技术处理良好。

⊙ 审评术语

◇ 一、茶叶外形

细嫩：多为一心，一至二叶，鲜叶制成，条索细圆浑，毫尖或锋苗显露。

紧细：鲜叶嫩度好，条紧圆直，多芽毫，有锋苗。

紧秀：鲜叶嫩度好，条细而紧且秀长，锋苗显露。

紧结：鲜叶嫩度稍差，较多成熟茶，条索紧而圆直，身骨重实，有芽毫有锋苗。

紧实：鲜叶嫩度稍差，但揉捻技术良好，条索松紧适中，有重实感，少锋苗。

粗实：原料较老，已无嫩感，多为三四叶制成。

粗松：原料粗老，叶质老硬，不易卷紧，条空散，孔隙大，表面粗糙，身骨轻飘。

壮结：条索壮大而紧结。

壮实：条索卷紧，饱满而结实。

显毫：芽叶上的白色戎毛。

身骨：指叶质老嫩，叶肉厚薄，茶身轻重。一般芽叶嫩，叶肉厚，茶身重的，身骨好。

重实：指条索或颗粒紧结，以手权衡有重实感。

匀整（匀齐，匀称）：指茶叶形状，大小，粗细，长短，轻重相近，并配适当。

脱档：茶叶并配不当，形状粗细不整。

破口：茶叶精制，切断不当，茶条两端的断口，粗糙而不光滑。

团块（圆块，圆头）：指茶叶结成块状或圆块，因揉捻后，解块不完全所致。

短碎：条形短碎，由松散，缺乏整齐，匀称之感。

露筋：叶柄及叶脉因揉捻不当，叶肉脱落，露出木质部。

黄头：粗老叶，经揉捻成块状，色泽黄者。

碎片：茶叶破碎后，形成的轻薄片。

末：指茶叶被压碎后，形成的粉末。

块片：由单片粗老叶，揉成的粗松，轻飘的块状物。

单片：未揉捻成形的粗老单片叶子。
红梗：茶梗红变。

◇ 二、茶叶色泽

墨绿：深绿泛黑而匀称光润。
翠绿：翠玉色而带光泽。
灰绿：绿中带灰。
铁锈色：深红而暗无光泽。
草绿：叶质粗老，炒青控制不当，过干，呈现绿草之色泽。
砂绿：如蛙皮绿而油润，优质青茶类的色泽。
青褐：色泽青褐带灰光。
鳝皮色：砂绿蜜黄，似鳝鱼皮色，又称鳝皮黄。
蛤蟆背色：叶背起蛙皮状砂粒白点。
枯暗：叶质老，色泽枯燥且暗无光泽。
花杂：指叶色不一，老嫩不一，色泽杂乱

◇ 三、香气

清香：香气清纯不杂。
幽雅：香气文秀，类似淡雅花香。
纯：香气正常纯净，但不高扬。
甜香：带类似蜂蜜、糖浆，或龙眼干之香气。
甜和：香气不高，但有甜感。
炒米香：类似爆米花之香气。为茶叶经轻度烘焙或焙炒的香气。
火香：茶叶经适度烘焙，而产生的焙火香。
高火：干燥或烘焙温度过高，尚未烧焦而带焦糖香。
火味：炒青干燥或烘焙控制不当，使茶叶烧焦，带火味。
青味：似青草或青叶之气味。炒(蒸)青不足，或发酵不足，均带青味。

闷味：似青菜闷煮之气味，俗称(猪菜味)。
浊：茶叶夹有其他气味，沉浊不清之感。
杂味：非茶叶应有之气味。

◇ 四、滋味

浓烈：滋味强劲，刺激性及收敛性强。
鲜爽：鲜活爽口。
甜爽：具有甜的感觉而爽口。
醇厚：滋味甘醇浓稠。
醇和：滋味甘醇欠浓稠。
平淡：滋味正常，但清淡，浓稠感不足。
粗淡：滋味淡薄，粗糙不滑。
粗涩：涩味强，而粗糙不滑。
青涩：涩味强，而带青草味。
苦涩：滋味虽浓，但苦味，涩味强劲。茶汤入口，味觉有麻木感。
水味：茶叶受潮或干燥不足之茶叶，滋味软弱无力。

◇ 五、汤色

艳绿：水色翠绿微黄，清澈鲜艳。亮丽显油光，为质优绿茶之颜色。
绿黄：绿中显黄的汤色。
黄绿：黄中带绿的汤色。
浅黄：汤色黄而淡，亦称淡黄色。
金黄：汤色以黄为主，稍带橙黄色。清澈亮丽，犹如黄金之色泽。
红汤：烘焙过度或陈茶之汤色，浅红或暗红。
凝乳：茶汤冷却后，出现浅褐色或橙色乳状的浑汤现象。
明亮：水色清，显油光。
混浊：汤色不清，沉淀物或悬浮物多。
昏暗：汤色不明亮，但无悬浮物。

"世人若解茶之道，不羡仙人做茶人。"
茶道，就是品赏茶的美感之道。
茶道亦被视为一种烹茶饮茶的生活艺术，
一种以茶为媒的生活礼仪，一种以茶修身的生活方式。
它通过沏茶、赏茶、闻茶、饮茶，增进友谊，
美心修德，学习礼法，领略传统美德，
是很有益的一种和美仪式。
喝茶能静心、静神，有助于陶冶情操、去除杂念，
这与提倡"清静、恬淡"的东方哲学思想很合拍，
也符合儒道的"内省修行"思想。
茶道精神是茶文化的核心，是茶文化的灵魂，
以求味和心的最高享受。

Chinese Tea

茶道

"世人若解茶之道，不羡仙人做茶人。"茶道，就是品赏茶的美感之道。茶道亦被视为一种烹茶饮茶的生活艺术，一种以茶为媒的生活礼仪，一种以茶修身的生活方式。它通过沏茶、赏茶、闻茶、饮茶，增进友谊，美心修德，学习礼法，领略传统美德，是很有益的一种和美仪式。喝茶能静心、静神，有助于陶冶情操、去除杂念，这与提倡"清静、恬淡"的东方哲学思想很合拍，也符合儒道的"内省修行"思想。茶道精神是茶文化的核心，是茶文化的灵魂，以求味和心的最高享受。

⊙ 茶道是生命之美的延伸

《周易·系辞》从卦象的变化中提炼出"立象以尽意"的思想，强调"规范"之美。人体本就是规范之美的典型：其结构之稳定，使观者一眼便可辨清人与动物。人体规范之美即生命美，它是天生的，契合了天道自然。人体的这种"存在"，影响着人的生存意识，"道"便是众多生存意识的综合体现。所以，世"道"都力求最大限度地调节和利用自然力来服务于生命之美。成熟于唐代的中国茶道，究其实质，就是生命之美的一种延伸。中国茶道的义理有七，即"茶艺"、"茶德"、"茶理"、"茶情"、"茶礼"、"茶学说"和"茶导引"。中国茶道的核心是"和"，也可概括为"中国茶道之七义一心"。此"七义一心"便是中国茶道的规范之美，"立七义一心以尽道"。天道动，茶道也动。人类对和谐美好生活的追求永不停息,因而，个体内在心灵复归自然之求善愿望也永无止境。"立象以尽意"的延伸一定是"忘象以尽意"。那么，"立七义一心以尽道"，终归应为"忘七义一心以尽道"，这才算是中国茶道的"和"的最高境界。那时，茶道美与生命美合为一体，茶道规范成为行为规范,达到"百姓日用而不知"(《周易·系辞上》)的境界。这里所谓的"不知"，意思是茶道的实践处处契合自然，

没有勉强，恰似先天本能的流露。这种"天道自然"与"行为自然"的贯通一致，才是最高境界的"天人合一"，即最高境界的"和"，它是由国势鼎盛的活力孕育出来的具备中国早期恢宏气概之"和"。这才是中国茶道的真善美。

茶道的基本要素

中华茶道，就其构成要素来说，有环境、礼法、茶艺、修行四大要素。

◇ 雅静的环境

茶道是在一定的环境下所进行的茶事活动，茶道对环境的选择、营造尤其讲究，旨在通过环境来陶冶、净化人的心灵，因而需要一个与茶道活动要求相一致的环境。茶道活动的环境不是任意、随便的，而是经过精心的选择或营造。茶道环境有三类，一是自然环境，如松间竹下，泉边溪侧，林中石上。二是人造环境，如僧寮道院、亭台楼阁、画舫水榭、书房客厅。三是特设环境，即专门用来从事茶道活动的茶室。茶室包括室外环境和室内环境，茶室的室外环境是指茶室的庭院，茶室的庭院往往栽有青松翠竹等常绿植物及花木。室内环境则往往有挂画、插花、盆景、古玩、文房清供等。尤其是挂画、插花，必不可少。总之，茶道的环境要清雅幽静，使人进入到此环境中，忘却俗世，洗尽尘心，熏陶德化。

◇ 谨严的礼法

茶道活动是要遵照一定的礼法进行，礼即礼貌、礼节、礼仪，法即规范、法则。"夫珍鲜馥烈者，其碗数三，次之者，碗数五。若坐客数至五，行三碗。至七，行五碗。若六人以下，不约碗数，但阙一人，而已其隽永补所阙人。"（陆羽《茶经》"五之煮"）此为唐代煎茶道中的行茶规矩。

"童子捧献于前，主起举瓯奉客曰：为君以泻清臆。客起接，举瓯曰：非此不足以破孤闷。乃复坐。饮毕，童子接瓯而退。话久情长，礼陈再三。"（朱权《茶谱》序）此为宋明点茶道主、客间的端、接、饮、叙礼仪，颇为谨严。礼是约定俗成的行为规范，是表示友好和尊敬的仪容、态度、语言、动作。茶道之礼有主人与客人、客人与客人之间

的礼仪、礼节、礼貌。

茶道之法是整个茶事过程中的一系列规范与法度，涉及到人与人、人与物、物与物之间一些规定，如位置、顺序、动作、语言、姿态、仪表、仪容等。

茶道的礼法随着时代的变迁而有所损益，与时偕行。在不同的茶道流派中，礼法有不同，但有些基本的礼法内容却是相对固定不变的。

◇ 讲究的茶艺

茶艺即饮茶艺术，茶艺有备器、择水、取火、候汤、习茶五大环节，首先以习茶方式划分，古今茶艺可划分为煎茶茶艺、点茶茶艺、泡茶茶艺；其次以主茶具来划分，则可将泡茶茶艺分为壶泡茶艺、工夫茶艺、盖碗泡茶艺、玻璃杯泡茶艺、工夫法茶艺。再次则以所用茶叶来划分。工夫茶艺依发源地又可划分为武夷工夫茶艺、武夷变式工夫茶艺、台湾工夫茶艺、台湾变式工夫茶艺。

茶艺是茶道的基础和载体，是茶道的必要条件。茶道离不开茶艺，茶道依存于茶艺，舍茶艺则无茶道。茶艺的内涵小于茶道，但茶艺的外延大于茶道。

茶艺可以独立于茶道而存在，作为一门艺术，也可以进行舞台表演。因此说，表演茶艺或茶艺表演是可以的，但说茶道表演或表演茶道则是不妥的。因为，茶道是供人修行的，不是表演给别人看的，可表演的是茶艺而不是茶道。

◇ 根本在修行

修行是茶道的根本，是茶道的宗旨，茶人通过茶事活动怡情悦性、陶冶情操、修心悟道。中华茶道的修行为"性命双

修",修性即修心,修命即修身,性命双修亦即身心双修。修命、修身,也谓养生,在于祛病健体、延年益寿;修性、修心在于志道立德、怡情悦性、明心见性。性命双修最终落实于尽性至命。

中华茶道的理想就是养生、怡情、修性、证道。证道是修道的结果,是茶道的理想,是茶人的终极追求,是人生的最高境界。茶道的宗旨、目的在于修行,环境亦好,礼法亦好,茶艺亦好,都是为着一个目的——修行而设,服务于修行。修行是为了每个参加者自身素质和境界的提高,塑造完美的人格。

⊙ 茶道的思想理论

◇ 天人合一

中国茶道吸收了儒、佛、道三家的思想精华。佛教强调"禅茶一味"以茶助禅,以茶礼佛,在从茶中体味苦寂的同时,也在茶道中注入佛理禅机,这对茶人以茶道为修身养性的途径,借以达到明心见性的目的有好处。而道家的学说则为茶人的茶道注入了"天人合一"的哲学思想,树立了茶道的灵魂。同时,还提供了崇尚自然,崇尚朴素,崇尚真的美学理念和重生、贵生、养生的思想。

正因为道家"天人合一"的哲学思想融入了茶道精神之中,在中国茶人心里充满着对大自然的无比热爱,中国茶人有着回归自然、亲近自然的强烈渴望,所以中国茶人最能领略到"情来爽朗满天地"的激情以及"更觉鹤心杳冥"那种与大自然达到"物我玄会"的绝妙感受。

◇ 尊人

中国茶道中,尊人的思想在表现形式上常见于对茶具的命名以及对茶的认识上。茶人们习惯于把有托盘的盖杯称为"三才杯"。杯托为"地",杯盖为"天",杯子为"人"。意思是天大、地大、人更大。如果连杯子、托盘、杯盖一同端起来品茗,这种拿杯手法称为"三才合一"。

◇ 贵生

贵生是道家为茶道注入的功利主义思想。在道家贵生、养生、乐生思想的影响下,中国茶道特别注重"茶之功",即注重茶的保健养生以及怡情养性的功能。

道家品茶不讲究太多的规矩,而是从养生贵生的目的出发,以茶来助长功行内力。如马钰的一首《长思仁·茶》中写道:

一枪茶,二枪茶,休献机心名利家,无眠未作差。

无为茶,自然茶,天赐休心与道家,无眠功行加。

可见，道家饮茶与世俗热心于名利的人品茶不同，贪图功利名禄的人饮茶会失眠，这表明他们的精神境界太差。而茶是天赐给道家的琼浆仙露，饮了茶更有精神，不嗜睡就更能体道悟道，增添功力和道行。

更多的道家高人都把茶当作忘却红尘烦恼，逍遥享乐精神的一大乐事。对此，道教南宗五祖之一的白玉蟾在《水调歌头·咏茶》一词中写得很妙：

二月一番雨，昨夜一声雷。枪旗争展，建溪春色占先魁。采取枝头雀舌，带露和烟捣碎，炼作紫金堆。碾破春无限，飞起绿尘埃。

汲新泉，烹活火，试将来，放下兔毫瓯子，滋味舌头回。唤醒青州从事，战退睡魔百万，梦不到阳台。两腋清风起，我欲上蓬莱。

◇ 坐忘

"坐忘"是道家为了要在茶道达到"至虚极，守静笃"的境界而提出的致静法门。受老子思想的影响，中国茶道把"静"视为"四谛"之一。如何使自己在品茗时心境达到"一私不留、一尘不染、一妄不存"的空灵境界呢？道家也为茶道提供了入静的法门，这称之为"坐忘"，即忘掉自己的肉身，忘掉自己的聪明。茶道提倡人与自然的相互沟通，融化物我之间的界限，以及"涤除玄鉴""澄心味象"的审美观照，均可通过"坐忘"来实现。

◇ 无己

道家不拘名教，纯任自然，旷达逍遥的处世态度也是中国茶道的处世之道。道家所说的"无己"就是茶道中追求的"无我"。无我，并非是从肉体上消灭自我，而是从精神上泯灭物我的对立，达到契合自然、心纳万物。"无我"是中国茶道对心境的最高追求，近几年来台湾海峡两岸茶人频频联合举办国际"无我"茶会，日本、韩国茶人也积极参与，这正是对"无我"境界的一种有益尝试。

◇ 道法自然

中国茶道强调"道法自然"，包含了物质、行为、精神三个层次。

物质方面，中国茶道认为："茶是南方之嘉木"。是大自然恩赐的"珍木灵芽"，在种茶、采茶、制茶时必须顺应大自然的规律才能产出好茶。行为方面，中国茶道讲究在茶事活动中，一切要以自然为美，以朴实为美，动则行云流水，静如山岳磐石，笑则如春花自开，言则如山泉吟诉，一举手，一投足，一颦一笑都应发自自然，任由心性，绝无造作。精神方面，道法自然，返朴归真，表现为自己的性心得到完全解放，使自己的心境得到清静、恬淡、寂寞、无为，使自己的心灵随茶香弥漫，仿佛自己与宇宙融合，升华到"无我"的境界。

◇ 精行俭德

中国茶道将"精行俭德"作为道德观念的依归，最能突显人类个体的精神特征。

《茶经》有言："茶性俭"（《五之煮》），所以作为饮料，"最宜精行俭德之人"（《一之源》）。因此，即使是小到茶具的使用，也应符合节俭的美德。比如，"茶釜"以生铁做成则耐久且实用，倘若"用银为之，至洁，但涉于侈丽"（《四之器》）。

《茶经·七之事》中推崇的古代茶事的实例，也常与节俭美德有关：晏婴身居相位，三餐惟粗茶淡饭；扬州太守桓温性俭，每宴饮只设七个盘子的茶食；南齐世祖武皇帝，临终前曾立下"我灵床上慎勿以牲为祭，但设饼果、茶饮、干饭、酒脯而已"的遗诏。

陆羽之所以不断强调茶道的德与俭，实与其自身的情性息息相关。唐·赵璘《因话录·卷三》记载：陆羽作诗寄情："不羡黄金罍，不羡白玉杯。不羡朝入省，不羡暮入台。千羡万羡西江水，曾向竟陵城下来"。陆羽撰《游慧山寺记》（见《全唐文·卷433》）云：夫德行者，源也……苟无其源，流将安发"。陆羽个性之高洁，源也；是以下笔说德，非其流而何？

中国茶道所认定的"德博而化"（《周易·乾·文言》），正是人道思想的精髓。

唐代人饮茶法

唐代，茶的饮用方法是煮茶即烹茶或煎茶。根据陆羽的《茶经》记载，唐代茶叶的制作过程是"采之，蒸之，捣之，拍之，焙之，穿之，封之，茶之干矣。"饮用时，先将饼茶放在火上炙烤，再用茶碾将茶饼碾成粉末，然后用筛子筛成细末，再放到开水中去煮。煮的时候，水刚开，水面上会

出现细小的水珠,像鱼眼一样,并"微有声",称为一沸。此时加入一些盐到水中调味。当锅边的水泡如涌泉连珠时,为二沸,这时需用瓢舀出一瓢开水备用,再以竹夹在锅中心进行搅拌,然后将茶末从中心倒入。稍后锅中的茶水便会"腾波鼓浪","势若奔涛溅沫",称为三沸,这时要将刚刚舀出来的那瓢水再重新倒进锅里,一锅茶汤就算煮好了。陆羽认为"水老不可食也",不适宜再继续烹煮。最后,便是将煮好了的茶汤盛进碗里享用。"凡煮水一升,用末(茶末)方寸匕,若好薄者减,嗜浓者增","凡煮水一升,酌分五碗,乘热连饮之。"前三碗味道会比较好,而后两碗则较差。五碗之外,"非渴其莫之饮"。这便是当时社会上较流行的饮茶方法。《茶经》记载:"饮有粗茶、散茶、末茶、饼茶者",因茶叶种类的不同,所以还存在着另一种方法,"乃斫、乃熬、乃炀、乃舂,储于瓶缶之中,以汤沃焉,谓之庵茶。"也就是将饼茶捣成粉末,放在茶瓶中,再用开水冲泡,而不必烹煮,这是末茶的饮用方法。还有一种方法是"或用葱、姜、枣、橘皮、茱萸、薄荷等,煮之百沸,或扬令滑,或煮去沫,斯沟渠间弃水耳,而习俗不已。"这种饮茶法被陆羽视为沟间废水,也就是《广雅》所记述的荆巴地区的煮茗方法,从三国一直到唐代,数百年来一直在民间流传。这是古代将茶作为菜羹到将茶作为单纯的饮料之间的过渡形态。古代将茶作为菜羹时,可能也是和一些材料放在一起烹煮,而且既然作为菜食,一定也会加盐才好下饭。后来不再做菜食,而是煮成茶汤作为饮料,但仍是和一些材料一起熬煮,以降低茶叶的苦涩,保持其原有的口味。也许是

由于这个原因,尽管陆羽反对使用葱、姜、橘皮等来煮茶,但却保留了加盐的做法,因为自古以来茶汤的味道就是带有咸味的。由于不加其他作料,茶的真味更容易显现出来,而日益为饮茶者所追求,到了宋代,煮茶时便不再加盐了。

⊙ 茶道的修养方法

中国茶道的修养方法是"立于礼"(《论语·泰伯》)。整部《茶经》,几乎无处不在地突出茶艺礼仪对个体道德修养的功用。而饮茶个体接受某种伦理道德原则,并不是受法律的强制,而是通过个体"情"的感染而推广到行动的。换言之,茶礼已经成为人类所追求的推进某些行动的内在动力。在此,我们须弄清一个关键问题,那就是茶道的"礼"是依托什么原则形成的?《礼记·坊记》云:"礼者,因人之情而为之节文"。礼,即顺乎人情制定的节制的标准!借用《礼记》中的这句话来阐明茶道立礼的凭借,实属恰当。茶道顺应"人情"而立礼,个体凭借天生具有的"人情"产生共振效应而立于礼,"情"与"礼"的这种互动,时义远矣。

《茶经·七之事》引张君举《食檄》说：相见寒暄之后，先请饮用浮有白沫的三杯好茶。又引《桐君录》说：广州和交州很注重饮茶，客人来到，先用茶来接待。举凡作客，莫不悦于受人敬重而厌于遭人白眼。所以，见面之初，主人敬茶表礼，客人受茶致意，这也正是顺应了"人情"之需。

在茶饮的"礼尚往来"中，声、色和味一直起着中介作用，不停刺激人的感官，从而达成陶冶情性的目的。

茶饮工序的操作过程，必会产生似有似无、若隐若现的声响，从而形成节拍，强化了日常生活中的自然律动感，显得协调、和谐。《茶经·五之煮》说到煮水，"其沸如鱼目，微有声"。这些都是"声"的刺激。

《茶经·五之煮》对盛到碗里的茶汤的描述，可谓入木三分：茶汤颜色浅黄。茶汤的"沫饽"为茶汤的"华"。"华"中细轻的叫"花"，"如枣花漂漂然于环池之上，又如回潭曲渚青萍之始生，又如晴天爽朗，有浮云鳞然"；薄的叫做"沫"，"若绿钱浮于水湄，又如菊英堕于尊俎之中"；厚的叫做"饽"，"重

华累沫,皤皤然若积雪耳"。为了衬托茶汤的颜色,《茶经·四之器》十分注重茶碗的色调对于增进茶汤色感的效用:"越瓷类玉","越瓷类冰","越州瓷、岳瓷皆青,青则益茶,茶作白红之色"。这些是"色"的刺激。

"味"是茶饮活动的"主角",《茶经》中所有的举措,可以说全是为了维护它至高无上的尊贵地位,《八之出》详细论述了山南等八个茶叶产地所产茶叶味道的高下。《四之器》谈到(釜)的设计特点是"脐长"。由于脐长,水便在锅中心沸腾,在锅中心沸腾,水沫容易上升,水沫上升,水味就淳美,水味淳美,也就必然保证了茶味的淳正。"夹"用小青竹制成,用它夹取茶饼在火上烤,同时,竹夹本身也会被烤出洁净且带香气的水来,这样就能"假其香洁以益茶味"。茶饼烤好后,还须趁热用纸袋包装储存,从而使茶的"精华之气无所散越"(《五之煮》)。在陆羽笔下,茶香已经成了一种利用气味来影响人类追求的艺术。而怎样最大程度地调动茶香,则是一种客观知识和主观创造思维密切配合的产物,是科学。科学与艺术的协调,结果便是造香,使饮茶的人在芬芳的气氛之中获得精神的净化和解脱。人们对中国茶道产生的好感,是由茶道美引发出来的,而对茶道美的认知,是由于感官接受了"声"、"色"与"味"的刺激产生快感之后开始的。这类事象,我们可以将其理解为"立于礼"的另一种人情导引。

茶道之礼,人道也。

⊙ 茶道的养生思想

中国茶道的养生思想是"保生尽年"。

《茶经·六之饮》叹曰："呜呼！天育万物，皆有至妙"。是以"饮之时义远矣哉！"这个"远"，就"远"在对养生尽年的作用上。《茶经》中的相关论述，到处可见。举其要者，如："荡昏寐，饮之以茶"（《六之饮》）。

"茶茗久服，令人有力，悦志"（《七之事》）。

"体中愦闷，常仰真茶"（《七之事》）。

"苦荼久服，羽化"（《七之事》）。

"荼茶轻身换骨"（《七之事》）。

"茗有饽，饮之宜人"（《七之事》）。

茶还能作为粮食。《七之事》载：茗荈似大米般精良。南朝永嘉年间，有高僧饮茶当饭。储光羲则有专门吟咏吃茗粥的《吃茗粥作》诗。

茶能解愁。《七之事》记载，有怨妇思念夫君，"待君竟不归，收颜今就槚。"

茶能洗尘心、除俗念。陆龟蒙《煮茶》有"倾余精爽健，忽似氛埃灭"句，钱起《与赵莒茶宴》有"尘心洗尽兴难尽"句；温庭筠作《西陵道士茶歌》也有"疏香皓齿有余味，更觉鹤心通杳冥"句；卢仝《走笔谢孟谏议寄新茶》更是有口皆碑的佳作，诗中畅言连饮七碗，竟有七种不同感受："一碗喉吻润，二碗破孤闷。三碗搜枯肠，惟有文字五千卷。四碗发轻汗，平生不平事，尽向毛孔散。五碗肌骨清，六碗通仙灵。七碗吃不得也，惟觉两腋习习清风生。"卢诗不但强调了茶饮有益身体健康，而且还能解愁破闷、除俗洗心以及帮助写作。王子尚去八公山拜谒昙济道人，道人设茶接待。子尚尝了茶汤，竟脱口惊呼："此甘露也，何言茶茗？"（《茶经·七之事》）杜牧《题茶山》诗云："茶称瑞草魁"，盛赞茶乃瑞草之首领。古人用甘露来象征活命之源，也为天下太平之瑞兆。由茶汤念及甘露与身安，由此可见茶饮对于保持心理平衡和克服心理失衡所起的积极效用。此种作用，的确与《周易》阴阳五行中关于宇宙通过自行调节永远趋于相对平衡的理论息息相关。茶道之于"保生尽年"，意义至巨。

中国茶道对于"保生尽年"的作用，另有一条"茶导引"的渠道。"茶导引"即"茶气功"。《周易·系辞上》云："一阴一阳之谓道"。意思是天地万物皆由"气"所聚，且凭借阴阳二气对立统一之矛盾运动而生，这就是"道"。广义而论，人是物，天地也是物；"气"存在于天地，也存在于人。有"气"便有"场"；气场不论大小，都表现为能量的复杂运作过程和不同属性的感应关系。"茶导引"对于"保生尽年"的作用，便是根据如是认识而提出的。在这里，"气"已经成为茶道文化和审美意识的基因。

《周易》强调了天道循环往复的圆道运动，是万事万物运动的普遍规律。影响所及，遂形成气功学中的大、小周天的人体气机圆运动。"茶导引"过程中，"气"也作为中介，促成了个体发放之气的交感从而形成气场，使社会互动与自我调节得以同步实现，充分证实了大自然与人体都是一个密切联系的整体。可以这么说，"茶引导"直接地催发了天人沟通的人道追求。

综上所述，茶饮对于人类保生尽年的意义已明。随着人们对茶饮认识的不断深化，服务于养生的相对稳定的结构体系——中国茶道——便也形成。若想简括地掌握茶道养生的原理，则非借助"太极图"不可。

中国的太极图，源于《周易》。它以阴阳循环观念，体现出中国文化最具代表性的特点：圆道，以阴阳鱼表现了阴阳二气的不同交感状态。太极图中之"八卦"，则属万物八类归法系统，即所谓"八卦成列，象在其中"（《周易·系辞下》）。请莫忘记，《周易》之阴阳五行本来就是程式化的理论，再现天道规范之美。中国茶道包含医理，医含《易》

理；茶道乃效法天地之道而明养生保健之真谛，是天地之道规范美的投影，亦是人道精神之折光。

⊙ 茶道的人际关系内涵

中国茶道非常注重人际关系的"理解"与"沟通"。

《茶经》说茶事，颇突出"理解"与"沟通"的深远时义，《六之饮》所载最具典型性："夫珍鲜馥烈者，其碗数三。次之者，碗数五。若坐客数至五，行三碗；至七，行五碗。"用"珍鲜馥烈"者待客，寓"和"于香，动之以情，已经为彼此的"沟通"奠定基础。接着便是"行"茶汤。这里的"行"，有流动、传布的意思。《周易·乾·彖》载："云行雨施"。《左传·僖公十三年》载："行道有福"。其中之"行"，均属此义。

可知"行三碗",含"三碗传饮"的意思。"传饮",就是每碗茶都轮流着喝完,这应该说是一种强调"沟通"主题的非常特殊的饮茶法。颜真卿等《五言月夜啜茶联句》有"素瓷(指茶碗)传静夜"句可证。

与"传饮"有异曲同工之妙的,当数联句咏茶。唐代的颜真卿、陆士修(嘉兴县尉)、张荐(累官御史中丞)、李萼(历官庐州刺史)、崔万昼(即释皎然)等六人曾一起品茗,并联合撰成《五言月夜啜茶联句》:"泛花邀坐客,代饮引情言(士修)。醒酒宜华席,留僧想独园(荐)。不须攀月桂,何假树庭萱(萼)。御史秋风劲,尚书北斗尊(万)。流华净肌骨,疏瀹涤心原(真卿)。不似春醪醉,何辞绿菽繁(昼)。素瓷传静夜,芳气满闲轩(士修)。"联句之文字、意境,非得茶之真趣者不能言。这是得茶之真趣后的一种"理解"与"沟通",没有这种"理解"与"沟通"也不能言。

"传饮"、"联句"分别用"同品一碗茶"、"同吟一首诗"的流水作业方式,促进人与人之间的相互理解,成了茶事活动中名副其实的"灵犀"。

理解、沟通,是"人道"之重要内涵。

《周易·乾·彖》载:"乾道变化,各正性命,保合太和……万国咸宁"。反映出《周易》推天道以明人事的核心思想,是"炎黄子孙的幸福论"(邓球柏《白话易经·前言》)。

这是《易》理。若要概括中国茶道的《道》理,正可借用之:"茶道变化,各正性命,保合太和,万国咸宁"。这几句话,观照出茶道乃推人事以明天道的内涵,是"天道"的圆形回证,属"幸福论"转化而成的行动领域。世界上所有的"道",如果离开了使人活得更加美好和谐这个根本目标,它就失去了存在的意义。此诚所谓"道不远人"(《中庸》)也。中国茶道之所以越来越为全人类所乐意接受,正是因为它是以"各正性命"、"保合太和"、"万国咸宁"为终极目标的;它是《周易》哲学的重要组成部分,必定会给世界带来温馨与和平。

如果说,太极图是直观的《周易》,是宇宙万事万物变化发展规律的缩影;那么,"中国茶道太极图"则是形象化的中国茶道,是透过茶事反映以社会和谐为本位之天人合一观的图解,是有活力生命的象征,深具普遍性和客观性。诚如朱熹所言:"人人有太极,物物有太极"。毋庸置疑,《周易》的阴阳八卦体系,概括出宇宙万事万物(尤其是人)生成、运动、变化模式;其理法于自然,与人身相通,古人谓之"人道本于天道"。

何谓"人道"?《礼记·大传第十六》载:"是故人道亲亲也。"以"人道亲亲"为出发点,按序推及"尊祖"、"敬宗"、"收族"(团结同族的人)、"宗庙严"、"重社稷"、"爱百姓"、"刑罚中"(刑罚得当)、"庶民安"、"财用足"、"百志成"(各种愿望都能实现)、"礼俗刑"(礼俗成为法式典范)、"然后乐"。于此可见,"人道"所要实现的最终目标就是"然后乐"(人人安乐)。

茶/道/茶/艺

何谓"茶道"？通过以上分析，我们已能领悟到：中国茶道就是通过茶事过程引导个体走向完成品德修养以实现全人类和谐安乐之道，就是"人道"。换句话说，中国茶道乃"人道"之载体，显示了"系善成生，诚德大业"的人道原则，"各正性命，保合太和"的凝聚力，积德行善以养生的未来意识；它既具备中国传统文化的"个性"，又不乏为全人类所共同向往的"共性"。中国茶道，实质上已升华为一种全新的、全人类都能意会、理解、破译的语言。中国茶道辐射之所及，已渐次形成独特而又统一的文化意识体系——茶文化。

"大道之行也，天下为公"（《礼记·礼运第九》）。未来之世界文化，必然是东西方文化交融协调的未来文化。而中国茶道正是建构世界未来文化之催化剂，也是建构世界未来文化之超前意识大使。

对于中国茶道，仅用头脑去想是不够的，还得用"心"去感受。这样，我们便能得出如下的结论：茶道即人道。

宋代斗茶法

斗茶法始于晚唐，盛于宋元，是一种品评茶叶质量高低和比试点茶技艺高下的茶艺，这种以点茶方法进行评茶及比试茶技的比赛活动，也是盛行于宋元的一种游戏。斗茶实际上就是茶艺竞赛，通常是由二三或三五知己聚集在一起，煎水点茶，相互审评，看谁的点茶技艺更高明，点出的茶，色、香、味比别人更佳。另外还有两条具体的标准，一是斗色，即比较茶汤表面的色泽和均匀程度，鲜白者胜。二是斗水痕，看茶盏内的汤花与茶盏内壁的相接处有无水痕，水痕少者胜。斗茶时所用的是黑色的茶盏，所以更容易衬托出茶汤的鲜白，以及茶盏壁沿上是否附有水痕也更容易显现出来。正因为如此，当时最受欢迎的是福建生产的黑釉茶盏。

⊙ 各国茶道

◇ 日本茶道——和、敬、清、寂

从唐代开始，中国的饮茶习俗就传入日本，到了宋代，日本开始种植茶树，制造茶叶。但一直到明代，才真正形成独具特色的日本茶道。其中集大成者是千利休（1522～1592年）。他明确提出"和、敬、清、寂"为日本茶道的基本精神，要求人们通过茶室中的饮茶进行自我思想反省，彼此思想沟通，于清寂之中去掉自己内心的尘垢和彼此的芥蒂，以达到和敬的目的。"和、敬、清、寂"被称之为日本"茶道四规"。和、敬是处理人际关系的准则，通过饮茶做到和睦相处，以调节人际关系；清、寂是指

环境气氛,要以幽雅清静的环境和古朴的陈设,造成一种空灵静寂的意境,给人以熏陶。但日本茶道的宗教(特别是禅宗)色彩很浓,并形成严密的组织形式。它是通过非常严格、复杂甚至到了繁琐程度的表演程式来实现"茶道四规"的,较为缺乏一个宽松、自由的氛围。

◇ 朝鲜茶道——清、敬、和、乐

朝鲜与中国国土相连,自古关系密切,中国儒家的礼制思想对朝鲜影响很大。儒家的中庸思想被引入朝鲜茶礼之中,形成"中正"精神。创建"中正"精神的是草衣禅师张意恂(1786～1866年),他在《东茶颂》里提倡"中正"的茶礼精神,指的是茶人在凡事上不可过度也不可不及的意思。也就是劝要有自知之明,不可过度虚荣,知识浅薄却到处炫耀自己,什么也没有却假装拥有很多。人的性情暴躁或偏激也不合中正精神。所以中正精神应在一个人的人格形成中成为最重要的因素,从而使消极的生活方式变成积极的生活方式,使悲观的生活态度变成乐观的生活态度。这种人才能称得上是茶人,中正精神也应成为人效中的生活准则。后来韩国的茶礼归结为"清、敬、和、乐"或"和、敬、俭、真"四个字,也折射了朝鲜民族积极乐观的生活态度。由此亦可见,朝鲜的茶礼精神就是茶道精神。

◇ 韩国茶道——和、敬、俭、真

韩国的饮茶史也有数千年的历史。

公元7世纪时，饮茶之风已遍及全国，并流行于广大民间，因而韩国的茶文化也就成为韩国传统文化的一部分。在我国的宋朝、元朝时期，全面学习中国茶文化的韩国茶文化，以韩国"茶礼"为中心，普遍流传中国宋元时期的"点茶"。约在我国元代中叶后，中华茶文化进一步为韩国理解并接受，而众多"茶房"、"茶店"、茶食、茶席也更为时兴、普及。

20世纪80年代，韩国的茶文化又再度复兴、发展，并为此还专门成立了"韩国茶道大学院"，教授茶文化。现韩国每年5月25日为茶日，年年举行茶文化祝祭。其主要内容有韩国茶道协会的传统茶礼表演，韩国茶人联合会的成人茶礼和高丽五行茶礼以及国仙流行新罗茶礼，陆羽品茶汤法等。和日本茶道一样，源于中国的韩国茶道，其宗旨是"和、敬、俭、真"。"和"，即善良之心地；"敬"，即彼此间敬重、礼遇；"俭"，即生活俭朴、清廉；"真"，即心意、心地真诚，人与人之间以诚相待。韩国的茶礼种类繁多、各具特色。如按名茶类型区分，即有"末茶法"、"饼茶法"、"钱茶法"、"叶茶法"四种。

茶艺欣赏

茶艺是茶道的基础，是茶道的必要条件，茶艺可以独立于茶道而存在。茶道以茶艺为载体，依存于茶艺。茶艺重点在"艺"，重在习茶艺术，以获得审美享受；茶道的重点在"道"，旨在通过茶艺修心养性、参悟大道。茶艺的内涵小于茶道，茶道的内涵包容茶艺。茶艺的外延大于茶道，其外延介于茶道和茶文化之间。

茶之美

⊙ 名之美

庄子《庄子·逍遥游》曰："名者，

实之宾也。"所以名讳很重要。我国名茶的名称大多数都很美,这些茶名大体上可分为五大类。

第一类是地名加茶树的植物学名称。我们从这类茶名一眼便知其品种和产地,如西湖龙井、闽北水仙、安溪铁观音、武夷肉桂、永春佛手等。其中的西湖、武夷、闽北、安溪、永春是地名,龙井、肉桂、水仙、铁观音、佛手都是茶树的品种名称。

第二类是地名加茶叶的形状特征。如六安瓜片、君山银针、平水珠茶、古丈毛尖等。其中六安、平水、君山、古丈是地名,瓜片、珠茶、银针、毛尖是茶叶的外形。

第三类是地名加上富有有想象力的名称。如庐山云雾、敬亭绿雪、舒城兰花、恩施玉露、日铸雪芽、南京雨花、顾渚紫笋等。其中庐山、敬亭、舒城、恩施、日铸、南京、顾渚是地名,而云雾、绿雪、兰花、玉露、雪芽、雨花、紫笋等都是可引起人们美妙联想的词汇。

第四类是有着美妙动人的传说或典故。如碧螺春、水金龟、铁罗汉、大红袍、白鸡冠、绿牡丹、文君嫩绿等。例如碧螺春原名"吓煞人香"。相传康熙已卯年抚臣宋荦以"吓煞人香"进贡,康熙皇帝认为茶是极品,但名称不雅,便根

据该茶形状卷曲如螺，色泽碧绿，采制于早春而赐名"碧螺春"。

第五类即除开上述类型的其他类型。这些类型的茶名也多能引发茶人美好的联想，如寿眉、金佛、银毫、佛手、翠螺、奇兰、湘波绿、白牡丹、龙须茶等。

赏析茶名的美是赏析茶人心灵的美，也是赏析中国传统文化的美。我们赏析茶名之美，不仅可以增添茶文化知识，还可以看出我国茶人的艺术底蕴和美学素养，体会到茶人们爱茶的全面追求。

对于茶叶的外形美，审评师的专业术语有显毫、匀齐、细嫩、紧秀、紧结、浑圆、圆结、挺秀等。文士茶人们更是妙笔生花。宋代丞相晏殊形容茶的颜色之美为"稽山新茗绿如烟"；苏东坡形容当时龙凤团茶的形状之美为"天上小

⊙ 形之美

中国的茶一般分为绿茶、红茶、乌龙茶（青茶）、黄茶、白茶、黑茶六大类。

这六类茶的外观形状各有差别。绿茶、红茶、黄茶、白茶等多属于芽茶，一般都是由细嫩的茶芽精制而成。没有展开的绿茶茶芽，直的称之"针"或"枪"，弯曲的称为"眉"，卷曲的称为"螺"，圆的称为"珠"，一芽一叶的称为"旗枪"，一芽两叶的称为"雀舌"。

乌龙茶（青茶）属于叶茶，茶芽一般要到一芽三开片才采摘，所以制成的成品茶显得"粗枝大叶"。但是在茶人眼中，乌龙茶也自有乌龙茶的美。例如对于安溪"铁观音"即有"青蒂绿腹蜻蜓头"、"美如观音重如铁"之说。对于武夷岩茶则有："乞丐的外形、菩萨的心肠、皇帝的身价"之说。

团月";清代乾隆把茶芽形容为"润心莲",并说"眼想青芽鼻想香",足见这个爱茶皇帝很有审美的想象力。武夷山是茶的品种王国,仅清代咸丰年间(1851年～1861年)记载的名茶就有830多种,武夷山的茶人们爱茶爱得至深,他们根据茶叶的外观形状和色泽,为武夷岩茶起了不少形象而生动的茶名,如:"白瑞香、东篱菊、孔雀尾、素心兰、金丁香、金观音、醉西施、绿牡丹、瓶中梅、金蝴蝶、佛手莲、珍珠球、老君眉、瓜子金、绣花针、胭脂米、玉美人、金锁匙、岩中兰、迎春柳"等等(《武夷山市志》第272页)。听听这些茶名,闭上眼睛就可以想象到它们的外形有多美了。

○ **色之美**

茶的色之美包括茶色和汤色两个方面,在茶艺中主要是欣赏茶的汤色之美。

不同的茶类有不同的标准汤色。在茶叶审评中常用的术语有"清澈",表示茶汤清净透明而有光泽。"明亮",表示茶汤清净透明。"鲜明",表示汤色明亮略有光泽。"鲜艳",表示汤色鲜明而有活力。"乳凝",表示茶汤冷却后出现的乳状的浑浊现象。"混浊"则表示茶汤中有大量悬浮物,透明度差,是劣质茶的表现。

对于具体色泽,按审评专业术语有嫩绿、黄绿、浅黄、深黄、橙黄、黄亮、金黄、红艳、红亮、红明、浅红、深红、棕红、暗红、黑褐、棕褐、红褐、姜黄等等。鉴赏茶的汤色宜用内壁洁白的素瓷杯。在光的折射作用下,杯中茶汤的底层、中层和表面会幻出三种色彩不同的美丽光环,非常神奇,值得细细观赏。茶人们把色泽艳丽醉人的茶汤比作"流霞",把色泽清淡的茶汤比作"玉乳",把色彩变幻莫测的茶汤形容成"烟"。例如,唐代诗人李郢写道:"金饼拍成和雨露,玉尘煎出照烟霞。"乾隆皇帝写道:"竹鼎小试烹玉乳"。徐夤在《尚书惠蜡面茶》一诗中写道:"金槽和碾沉香末,冰碗轻涵翠缕烟。"茶香氤氲,茶气缭绕,茶汤似翠非翠,色泽似幻似真,意境美丽之极。

香之美

茶香变化无穷，飘渺不定。有的甜润馥郁，有的高爽持久，有的清幽淡雅，有的新鲜沁心。按照评茶专业术语，仅茶香的表现性质就有清香、幽香、纯香、浓香、毫香、高香、嫩香、甜香、火香、陈香等；按照茶香的香型可分为花香型和果香型，也可以细分为水蜜桃香、板栗香、木瓜香、兰花香、桂花香等等。

自古以来，越是捉摸不定的美，越能打动人心，越能引起文人墨客的争相赞美。唐代诗人李德裕描写茶香为："松花飘鼎泛，兰气入瓯轻。"温庭筠写道："疏香皓齿有余味，更觉鹤心通杳冥。"在他们的笔下茶的"兰气"、"疏香"使人飘飘欲仙。宋代苏东坡写道："仙山灵草湿行云，洗遍香肌粉末匀。"在苏东坡的笔下茶香透人肌骨，茶本身似乎就是一个遍体生香的美人。古代的文人特别爱用兰花之香来比喻茶香，因为兰花之香是世人公认的"王者之香"。王禹偁称茶香"香袭芝兰关窍气。"范仲淹称"斗茶味兮轻醍醐，斗茶香兮薄兰芷。"历史上最喜欢写茶香的诗人是元代的李德载，在流传下来的他的代表作《赠茶肆》十首中，有六首都明写茶香，例如：

"其一：茶烟一缕轻轻扬，搅动兰膏四座香。烹煎妙手赛维扬。非是谎，下马试来尝。

其二：黄金碾畔香尘细，碧玉瓯中白雪飞。扫醒破闷和脾胃。风韵美，唤醒睡希夷。

其四：龙团香满三江水，石鼎诗成七步才。襄王无梦到阳台。归去来，随处是蓬莱。

其五：木瓜香带千林杏，金桔寒生万壑冰，一瓯甘露更驰名，恰二更，梦断酒初醒。

其六：兔毫盏内新尝罢，留得余香在齿牙，一瓶雪水最清佳。风韵煞，到底属陶家。

其十：金芽嫩采枝头露，雪乳香浮塞上酥。我家奇品世上无。君听取，声价彻皇都。"

在描写茶香方面有两首诗最值得称道，其一是素有梅妻鹤子之称的宋代诗人林逋写的《茶》：

"石辗轻飞瑟瑟尘，乳花烹出建溪春。世间绝品人难识，闲对《茶经》忆古人。"

"乳花烹出建溪春"写得超凡脱俗，在诗人的眼里茶香就是春天之香，是天地之香，这种香充满活力，无所不在，任人想象，妙不可言。

其二是明代诗人陆容的《送茶僧》：

"江南风致说僧家，石上清泉竹里茶。法藏名僧知更好，香烟茶晕满袈裟。"

在陆容的诗里，茶香是禅香，也是心香。茶香可以陶醉人、陶冶人，还可以使人的袈裟染上茶香，还能渗透进人的肌骨，熏染人的灵魂，使人遍体生香。茶人欣赏茶香，一般至少要三闻。一是闻干茶的香气，二是闻开泡后充分显示出来的茶的本香，三是要闻茶香的余香。闻香的办法也有三种，一是从氤氲的水汽中闻香，二是闻杯盖上的留香，三是用闻香杯慢慢地细闻杯底留香。

茶香还有一个特点，就是会随着温度的变化而变化。据湖南农学院的《茶叶审评与检验》介绍，在红茶中有三百多种芳香物质，在绿茶中有一百多种芳香物质，这些物质有的在高温下才可以挥发，有的在较低的温度下就可以挥发，所以闻茶香既要热闻又要冷闻，只有这样才能全面地感受茶的香美。

⊙ 味之美

茶有很多味道，其中主要有苦、涩、甘、鲜、活。苦是指茶汤入口，舌根感到类似奎宁的一种不适味道。涩是指茶汤入口有一股不适的麻舌之感。甘是指茶汤入口回味甜美。鲜是指茶汤的滋味清爽宜人。活是指品茶时人的心理感受到舒适、美妙、有活力。

在这几种味道的基础上，审评师们对茶的滋味又有鲜爽、浓厚、浓醇、浓烈、醇爽、鲜醇、醇厚、回甘、醇正等赞言。品鉴茶的天然之味主要靠舌头，因为味蕾在舌头的各部位分布不均。一般而言，人的舌尖对咸味敏感，舌面对甜味敏感，舌侧对酸涩敏感，舌根对苦味敏感，所以在品茗时应小口细品，让茶汤在口腔内慢慢流动，使茶汤与舌头各部分的味蕾都充分接触，以便准确地判断茶味。

古人品茶最重视茶的"味外之味"。不同的人，不同的心境，不同的环境，不同的文化底蕴，不同的社会地位，都可以从茶中品出不同的"味"。"吾年向老世味薄，所好未衰惟饮茶。"历尽沧桑的文坛宗师欧阳修从茶中品出了人情如纸、世态炎凉的苦涩味；"蒙顶露芽春味美，湖头月馆夜吟清。"仕途得意的文彦博从茶中品出了春之味；"森然可爱不可慢，骨清肉腻和且正。雪花雨脚何足道，啜过始知真味永。"豪气干云、襟怀坦荡的苏东坡从茶中品出了君子味；"双鬟小婢，越显得那人清丽。临饮时须索先尝，添取樱桃味。"风流倜傥的明代文坛领袖王世贞从美人尝过的茶汤中品出了"樱桃味"；"一岭中分西与东，流泉泻涧昧甘同。吃茶虽不赵州学，楼上权披松下风。"统治全国达60年之久的清代盛世君王乾隆皇帝认为，在他的国家里不同泉水泡出的茶味都甘苦相同，他从茶中品出了天下大同之味。人生有百味，茶亦有百味，从一杯茶中我们可以有良多的感悟，正如人们常说的"茶味人生"。我们品茶也应当学习古人品茶，去感受茶的"味外之味"。

古人讲"爱茶人不俗"。只有爱茶，才能成为不俗的茶人。只有懂得茶之美，才能学好茶艺。茶"森然可爱不可慢，肉清骨腻和且正"，希望我们都能做一个"森然可爱不可慢"、满身茶香的茶人。

水之美

"从来名士能评水，自古高僧爱斗茶。"——这是郑板桥写的一幅茶联，这幅茶联极生动地说明了"评水"是茶艺的一项基本功。

唐代陆羽就已经在《茶经》中对宜茶用水就做了明确的规定。他说："其水用山水上、江水中、井水下。"明代的茶人张源在《茶录》中写道："茶者，水之神也；水者，茶之体也。

非真水莫显其神,非精茶曷窥其体。"许次纾在《茶疏》中提出:"精茗蕴香,借水而发,无水不可论茶也。"张大复在《梅花草堂笔谈》中认为:"茶性必发于水。八分之茶,遇十分之水,茶亦十分矣;八分之水,试十分之茶,茶只八分耳。"上述议论均说明了在我国茶艺中精茶必须配美水,才能给人完美的享受。

◎ 水之美的标准

宋徽宗赵佶最早提出了美水标准,他在《大观茶论》中写道:"水以清、轻、甘、冽为美。轻甘乃水之自然,独为难得。"这位精通百艺独不精于治国的亡国之君确是才子,他最先把"美"与"自然"的理念引入到鉴水之中,升华了品茗的文化内涵。后人在他提出的"清、轻、甘、冽"的基础上,又添加了一个"活"字。现在的茶人认为符合"清、轻、甘、冽、活"五项指标的水,才称的上宜茶美水。详细说来即:

水质要清水的清表现为:"朗也、静也、澄水貌也。"水清则无杂、无色、透明、无沉淀物,最能显出茶的本色。故清明不淆之水称为"宜茶灵水"。

水体要轻。在明朝末年无名氏著的《茗芨》中论证说:"各种水欲辨美恶,以一器更酌而称之,轻者为上。"清代乾隆皇帝很赏识这一理论,他无论到哪里出巡,都要命随从带上一个银斗,去称量各地名泉的比重,并以水的轻重,评出了名泉的次第。北京玉泉山的玉泉水比重最轻,故被御封为"天下第一泉"。现代科学也证明了这一理论是正确的。

水的比重越大,说明溶解的矿物质越多。有实验结果表明,当水中的低价铁超过0.1ppm时,茶汤发暗,滋味变淡;铝含量超过0.2ppm时,茶汤便有明显的苦涩味;钙离子达到2ppm时,茶汤带涩,而达到4ppm时,茶汤变苦;铅离子达到1ppm时,茶汤味涩而苦,且有毒性,所以水以轻为美。

水味要甘。田艺蘅在《煮泉小品》中写道:"甘,美也;香,芬也。""味美者曰甘泉,气氛者曰香泉。""泉惟甘香,故能养人。""凡水泉不甘,能损茶味。"所谓水甘,即水一入口,舌尖顷刻便会有甜滋滋的感觉。咽下去后,喉中也有甜爽的回味,用这样的水泡茶自然会增加茶的美味。

水温要冽。冽即冷寒之意。明代茶人认为:"泉不难于清,而难于寒。""冽则茶味独全。"因为寒冽之水多出于地层深处的泉脉之中,所受污染少,泡出的茶汤滋味纯正。

水源要活。"流水不腐,户枢不蠹。"现代科学证明了在流动的活水中细菌不易大量繁殖,同时活水有自然净化作用,在活水中氧气和二氧化碳等气体的含量较高,泡出的茶汤格外鲜爽可口。

今天的茶人择水除了有上述五项指标外,还有更科学的标准。目前,我国饮用水的水质标准主要有以下四项指标:

第一项为感观指标。色度不得超过15度,浑浊度不得超过5度,不得有异臭异味,不得含有肉眼可见物。

第二项为化学指标。pH值为6.5~8.5,总硬度不高于25度。

第三项为毒理学指标。氟化物不得超过1.0毫克/升;氰化物不超过0.05毫克/升;砷不超过0.04毫克/升;镉不超过0.01毫克/升;铅不超过0.1毫克/升。

第四项为细菌指标。细菌总数在一毫升水中不得超过100。大肠杆菌群在一升水中不得超过3个。

⊙ 水的分类

宜茶用水可以分为天水、地水、再加工水三类。再加工水即城市销售的"太空水"、"纯净水"、"蒸馏水"等等。

天水包括了雨、雪、霜、露、雹等等。

在雨水中最宜泡茶的是立春雨水。李时珍认为地气上升后成为云,天气使其下降便是雨。立春雨水中得到自然界春始生发万物之气,用于煎茶可补脾益气。在我国农历上芒种以后逢壬叫入梅,夏至以后逢庚叫出梅。这个时期下的雨统称为"梅雨"。李时珍认为梅雨是湿热气被熏蒸后酿成的霏雨,用于煎茶可涤清肠胃的积垢,使人饮食有滋味,精神更爽朗。立冬后十日叫入液,到小雪

时叫出液,这段时间所下的雨叫液雨,也叫药雨,用于煎茶能消除胸腹胀闷。我国中医认为露是阴气积聚而成的水液,是润泽的夜气。甘露更是"神灵之精、仁瑞之泽、其凝如脂、其甘如饴"(《本草纲目》),用草尖的露水煎茶可使人身体轻灵、皮肤润泽。用鲜花上的露水煎茶可美容养颜。

霜与雪也可煎茶,宜取冬霜和腊雪,用冬霜的水煎茶可解酒热,用腊雪水煎茶可解热止渴。李时珍认为冰雹味咸,性冷,有毒,故不宜饮用。在接收天水时一定要注意卫生,屋檐流水和不洁器皿上的天水皆不可用。

地水。地水包括了泉水、溪水、江水、

河水、湖水、池水、井水等等。茶圣陆羽认为山水优于江水,江水优于井水。对于山水,陆羽主张"拣乳泉石池漫流者上",即要取涓涓汩汩缓缓而流的泉水,而瀑布湍急的流水不可用于煎茶。对于江水,因为离人群远的地表水的污染程度较轻,陆羽主张"取去人远者"。对于井水,应该"取汲多者",因为众人经常取用的井水,实际上是活的地下泉水。

在地水类中,茶人们最钟爱的是泉水。这不仅因为多数泉水都符合"清、轻、甘、冽、活"的标准,宜于烹茶。

更主要的是泉水无论出自名山幽谷,还是平原城郊,都以其美丽的声响引人遐想。寻访名泉是中国茶道中的迷人乐章。泉水可为茶艺平添几分幽玄、几分野韵、几分神秘、几分美感,所以在中国茶艺中十分注重泉水之美。

⊙ 水之美的鉴赏

生命源于水,生命的延续一刻也离不开水,所以世人对水都有一种与生俱来的亲切感,而中国茶人爱水尤其最深沉。在刘向所著的《说苑·杂言》中有这样一段孔子与其学生子贡的对话:

子贡问曰:"君子见大水必观焉,何也?"孔子曰:"夫水者,君子比德焉。遍予而无私,似德;所及者生,似仁;其流卑下句倨皆循其理,似义;浅者流行,深者不测,似智;其赴万仞之谷不疑,似勇……是以君子见大水观焉尔也。"

这段话的大意是:子贡问他的老师孔子,君子看到大水为什么那么喜爱呢?孔子说:因为水是君子比德的对象。水无私地将自己奉献给天下万物,这好比是德;水能使万物生长,这似仁;水是流是停都按照自然的规律,这似义;水浅者周流不滞,深者深不可测,这似是智;水泄下万丈深谷而毫不迟疑,这似勇。所以有道德的君子见到水都爱莫能舍。

我们从这段话中可以看到,儒者的爱水是因为从水中看到了很多与儒家君子相似的人格之美。这种君子比德的审美观对茶艺审美有很大影响,它决定了中国茶人在对水的审美时,更注重其物外高意,而不是水的物质形态。

古代茶人欣赏水之美,首推泉之美。唐代诗僧灵一和尚写道:"野泉烟火白云间,坐饮香茶爱此山。"齐已写道:"且招邻院客,试煮落花泉。"宋代晏殊写道:"稽山新茗绿如烟,静挈都篮煮惠泉。"蔡襄写道:"兔毫紫瓯新,蟹眼青泉煮。"徐绩写道:"自汲香泉带落花,漫烧陌鼎试新茶。"元代诗人倪瓒写道:"水品茶经手自笺,夜烧绿竹煮山泉。"蔡廷秀写道:"仙人应爱武夷茶,旋汲

新泉煮嫩芽。"清代诗人纳兰性德写道："何处清凉堪沁骨，惠山泉试虎丘茶。"

那么，历代茶人为什么如此爱泉呢？宋代诗人王禹偁和清代的康熙皇帝的诗做了很好的回答。王禹偁在《陆羽泉茶》一诗中写道："甃石苔封百尺深，试茶尝味少知音。惟余半夜泉中月，留得先生一片心。"诗中的先生是指茶圣陆羽。有天上明月可以作证，在清清的泉水中至今仍寄托着陆羽的高洁之心，所以茶人们爱泉。康熙皇帝在《中泠泉》中写道："静饮中泠水，清寒味日新。顿令超象外，爽豁有天真。"饮泉能日日有新的体味已属难得，更难得的是通过清泉澡雪心灵，康熙能超然万物，领悟到泉中的天然真味和天然真趣。康熙的诗揭示了泉之美的根本。

我国茶人爱泉水，也爱露水、雪水、溪水、井水。清代乾隆皇帝就特别喜爱用雪水、露水烹茶。他在《坐千尺雪烹茶作》中写道："汲泉便拾松枝煮，收雪亦就竹炉烹。泉水终弗如雪水，以来天上洁且轻。高下品诚定乎此，惜未质之陆羽经。"乾隆在该诗中，认为用雪水烹茶更胜于泉水。

乾隆皇帝对用荷露烹茶也有特别爱

好，他写的有关荷露烹茶的诗至少有六首。其中讲到荷露最宜烹茶时，他写道："与茶投气味，煮鼎云成窠。清华沁心神，安藉金盘托。"乾隆喜用荷露烹茶，最根本的原因是他认为这是一大风流韵事。他写道："平湖几里风香荷，荷花叶上露珠多。瓶罍收取供煮茗，山庄韵事真无过。"

在历代茶人中对水之美理解得最透彻，爱水爱得最深沉，鉴水最富有情趣的当属苏东坡。苏东坡爱江水。他在《汲江煎茶》一诗中写道：

活水还须活火烹，自临钓石汲深清；
大瓢贮月归春瓮，小勺分江入夜瓶。
雪乳已翻煎处脚，松风忽作泻时声。
枯肠未易禁三碗，卧听山城长短更。

此诗描写了苏东坡在一个幽静的月夜亲自临江取水煎茶的生动场面。诗中的天上人间、明月清江、雪乳翻腾、松风作响，构成了一幅美丽的画面，而画中的主人如同仙翁，时而大瓢贮月，小勺分江，憨态可掬。时而静卧听更，神思难测，意境高远。更有风声、水声与荒城的打更声融为一体，使得整个画面动静结合，有声有色，妙不可言。南宋诗人杨万里对这首诗赞道："一篇之中句句皆奇，一句之中字字皆奇。"

苏东坡也爱雪水煮茶。在某年的十二月二十五日大雪始晴时，他梦见有人以雪水烹小团茶，使美人歌以饮，醒后写了两首回文诗。

其一，酡颜玉碗捧纤纤，乱点馀花唾碧衫。歌咽水云凝静院，梦惊松雪落空岩。

其二，空花落尽酒倾缸，日上山融雪涨江。红焙浅瓯新火活，龙团小碾斗晴窗。

这两道诗倒过来读则成为：

其一，岩空落雪松惊梦，院静凝云水咽歌。衫碧唾花馀点乱，纤纤捧碗玉颜酡。

其二，窗晴斗碾小团龙，活火新瓯浅焙红。江涨雪融山上日，缸倾酒尽落花空。

如果不是一个醉心于茶而且才华横溢的大诗人，一定写不出这等奇诗。

苏东坡更爱泉水。他常不辞辛劳，不畏艰险地去探访名泉。在《安平泉》一诗中他写道："策杖徐徐步此山，拨云寻径兴飘然。"在"惠山谒钱道人，烹小龙团，登绝顶，望太湖"一诗中他写道："踏遍江南南岸山，逢山未免更流连。独携天上小团月，来试人间第二泉。"从这些诗中苏学士的爱泉之心可

见一斑。苏东坡爱泉已达到了超然出尘的境界。在《虎跑泉》一诗中他写道："金沙泉涌雪涛香，洒作醍醐大地凉。"说到底茶人爱水又回到了"君子比德"。"洒作醍醐大地凉"即甘霖普降，恩泽遍施之意，这正是孔子所讲的"遍予而无私，似德"。苏东坡比孔子高明的地方在于他把泉水比作醍醐。醍醐若直译就是奶酥，但在佛教经典中时常把法味、禅味喻为醍醐。《大乘理趣大波罗蜜多经》中，曾以牛奶的五种制品来形容佛陀所说教法的深浅，醍醐是最深刻、最上乘的法味。只有勘破生死，彻悟大道的人，才能提升性灵的芬芳，才能品味到至香至醇的醍醐之味。通俗一点说："醍醐灌顶"的人，即豁然开悟的人。苏东坡不仅自己开悟了，而且在度化众生了，最后送茶友们一首足庵智鉴禅师写的偈：

世尊有密语，迦叶不覆藏，
一夜落花雨，满城流水香。

在茶人眼里地水是水，天水也是水，江水、井水、泉水、雪水、露水、雨水

都是水。但是谁能闻到"满城流水香"，谁就真正领会了水的美。

⊙ 茶与水的关系

常言道"水为茶之母，器为茶之父"，由此可见水对于茶的重要性。古人对水的品格历来十分推崇。历代茶人对于取水一事均有颇多讲究。有人取"初雪之水"、"朝露之水"或"清风细雨之中的无根水"；有人则于梅林中取花瓣上的积雪，融为水后以罐储之，深埋地下作为来年烹茶之用，被传为佳话。烹茶用水，古人将其作为专门的学问来研究，历代都有专门的著述。明人许次纾在《茶疏》中说到："精茗蕴香，借水而发，无水不可与论茶也。"张大复在《梅花草堂笔谈》中讲得更为透彻："茶性必发于水，八分之茶，遇水十分，茶亦十分矣；八分之水，试茶十分，茶只八分耳。"可见，水质直接影响到茶质，泡茶所取水质的好坏关乎茶的色、香和味的优劣。

古人认为，只有精茶与真水的融合，才是至高的享受，方为最高境界。

⊙ 陆羽品评天下水

根据张又新的记载，陆羽根据自己的亲身实践，将天下的宜茶水品，评品次第如下：庐山康王谷水帘水第一，无锡县惠山寺石泉水第二，蕲州兰溪石下水第三，峡州扇子山下蛤蟆口水第四，苏州虎丘寺石泉水第五，庐山招贤寺下方桥潭水第六，扬子江金山泉水第七，洪州西山西东瀑布水第八，唐州柏岩县淮水源第九，庐州龙池山岭水第十，丹阳县观音寺水第十一，扬州大明寺水第十二，汉江金州上游中零水第十三，归州玉虚洞下香溪水第十四，商州武关西洛水第十五，吴松江水第十六，天台山西南峰千丈瀑布水第十七，郴州圆泉水第十八，桐庐严陵滩水第十九，雪水第二十。

⊙ 乾隆品评天下水

清代陆以湉《冷庐杂识》中记载，乾隆每次出巡，通常喜欢带一只精制银斗，"精量各地泉水"，精心称重，依水的比重从轻到重排出优次，判定北京玉泉山水为"天下第一泉"，作为宫廷御用之水。先称北京玉泉山之水，斗重一两；济南珍珠泉水斗重一两二厘；扬子江金山泉水斗重一两三厘；无锡惠山泉与杭州虎跑泉水各重一两四厘；平山水重一两六厘；清凉山、白沙、虎丘及西山碧云寺诸泉水各重一两一分，都没有比玉泉山泉水更轻的。泉水是清轻好，或是厚重佳，古人的认识也不相同。然而宋徽宗有此说，"水以轻清甘洁为美。"乾隆故而判定玉泉山水为天下第一泉。同时，他还对雪水进行了测量，认为雪水最轻，可与玉泉水相媲美，但雪水不属泉水，因此未列入品位。用银斗测量之后，乾隆每次出行，都是携玉泉水随行。但是经过长途颠簸，随身携带的玉泉水的滋味总难免有所下降。乾隆于是用以水洗水的方法，来"再生"玉泉水。其方法是，用一个大器皿，放入玉泉水，做好刻度记号后再加入同量的其他泉水一起搅拌，等搅定之后，有些不洁之物沉淀下去，而上面的水则澄澈清明。由于其他泉水比玉泉水重些，因此，在上面的就是玉泉水，倒出之后仍有一种新鲜感，而下层之水则弃去。据说，用这个以水洗水的方法来使泉水"复活"，效果还挺不错。

⊙ 古人选水的诀窍

1. 择水选源

唐代陆羽在《茶经》中指出"其水，用山水上，江水中，井水下。"同样，明代陈眉公《试茶》诗中有句"泉从石出情更冽，茶自峰生味更圆。"他们都认为，试茶水品的优劣与水源的关系尤为密切。

2. 水品贵"活"

北宋苏东坡《汲江煎茶》诗中有句"活水还须活火煎，自临钓石取深清。"宋代唐庚《斗茶记》中的"水不问江井，要之贵活。"南宋胡仔《苕溪渔隐丛话》中的"茶非活水，则不能发其鲜馥。"明代顾元庆《茶谱》中的"山水乳泉漫流者为上。"凡此种种，均表明试茶水品，应以"活"为贵。

3. 水味要"甘"

北宋重臣蔡襄《茶录》中提到"水泉不甘，能损茶味。"明代田艺蘅在《煮泉小品》说到："味美者曰甘泉，气氛者曰香泉。"明代罗廪在《茶解》中认为"梅雨如膏，万物赖以滋养，其味独甘，梅后便不堪饮。"均强调宜茶水品应在于"甘"，只有"甘"才能出"味"。

4. 水质需"清"

唐代陆羽的《茶经·四之器》中所说的漉水囊，就是作为滤水之用，以使煎茶之水清净。宋代"斗茶"，主张茶汤应以"白"取胜，更是强调"山泉之清者"。明代熊明遇用石子来"养水"，其目的也在于滤水。

5. 水品应"轻"

清代乾隆皇帝终其一生，塞北江南，无所不至。于杭州品龙井茶，上峨眉尝蒙顶茶，赴武夷啜岩茶。他一生爱茶，是一位品泉评茶的行家。据清代陆以湉《冷庐杂识》中记载，乾隆每次出巡，都喜欢带一只精制银斗，"精量各地泉水"，精心称重，依水的比重从轻到重，排出优次，测定北京玉泉山水为"天下第一泉"，作为宫廷御用水。

以上各家，关于宜茶水品的主张，尽管都有一定的道理，但却不乏片面之

词。而评述比较全面的要数宋徽宗赵佶，他在《大观茶论》中认为，宜茶水品"以清轻甘洁为美"。清人梁章钜在《归田锁记》中指出，只有身处山中，才能真正品味到"清香甘活"的泉水。在我国饮茶史上，曾有"得佳茗不易，觅美泉尤难"之说。多少爱茶之人，为觅得一泓美泉，着实费过一番功夫。

器之美

⊙ 形之美

中国茶艺中的器之美，包括茶具本身的形之美和茶具搭配后的组合美两个方面。茶具的形之美是客观存在的美，要懂得欣赏；茶具经过搭配之后的组合美，则要靠茶人自己在茶事活动中去灵活创造。

在众多茶具中最有美学价值，最受人推崇褒爱的首推紫砂壶。按照壶的泥质，宜兴紫砂壶可以分为紫砂壶、朱砂壶、绿泥壶和调砂壶四类；按照造型可分为光货、花货、筋囊货三类。各类紫砂壶共同的特点是在壶上凝结着厚重的文化内容，体现了中国传统文化和民族艺术的精髓，折射出中国古典美学崇尚质朴、崇尚自然的欣赏倾向。

从造型艺术上看，紫砂壶"方不一式，圆不一相"，以方和圆这样简单的几何体创出无穷的变化，在变化中又恪守了中国古典美学"和而不同，违而不犯"的法则。方壶则壶体光洁，块面挺括，线条利落。圆壶则在"圆、稳、匀、正"的基础上变出种种花样，让人感到形、神、气、态兼备。紫砂壶的造型千姿百态，有的纤娇秀丽，有的圆肥墩厚，有的拙纳含蓄，有的古朴典雅，有的妙趣天成，有的小巧洒脱，有的灵巧妩媚，有的韵味怡人，有的甚至表现出古代青铜器的狞厉美。

日本人奥兰田著的《茗壶图录》一书对紫砂壶的形态美做了绝妙的人格化描述。该书写道："温润如君子者有之；豪迈如丈夫者有之；风流如词客，丽娴如佳人，葆光如隐士，潇洒如少年，短小如侏儒，朴纳如仁人，飘逸如仙子，廉洁如高士，脱尘如衲子者有之。赏鉴好事家，深爱笃好，然后始可与言斯趣。"也就是说，我们要想懂得壶的真趣，首先应当"深爱笃好"。除此之外，还应当掌握鉴壶的基本技巧。

我们在鉴赏壶时，无论它的造形怎样千变万化，始终要注意以下五个方面：

一是看壶的嘴、把、体三个部分是否均衡。美本身就是一种均衡，各部分不均衡的壶很难称得上美。

二是看有没有神韵。即仔细观察从形态上流露出的艺术感染力。好的壶能从文静雅致中显出高贵的气度，从朴实厚重中让人觉得大智若愚；从线条的简洁明快中生出返璞归真的遐思；从自然的造型中让人感到生命的气息。

三是看泥质。好的壶泥质光华凝重、色泽温润、亲切悦目、古雅亲人。用手平托起壶身，然后用壶盖的边沿轻轻敲击壶身或壶把，发音清亮悦耳甚至有钢声且余音悠扬者为上品。

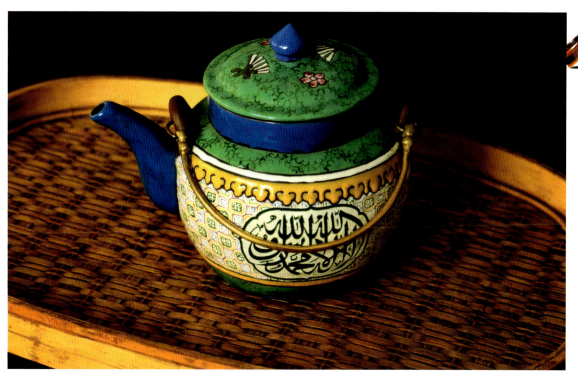

　　四是看实用性能。好的壶应拿起来感到舒服适手。从壶中倾出茶汤时应出水流畅，水柱光滑而不散乱，俗称"七寸注水不泛花"。也就是说在倒茶时茶壶离杯子七寸高而倒进杯子的茶水仍然呈圆柱型，不会水珠四溅。好的壶还要"收断水"利索自如，壶嘴不留余水。

　　五是看装饰。看装饰主要是看浮雕、堆雕、泥绘、彩绘、镶嵌、陶刻、铭文、印鉴等的款式和水平。例如好的铭文应文学内涵隽永，书法功力精深，镌刻用刀神韵精

Chinese Tea

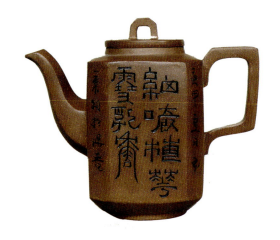

到，否则即是画蛇添足，不但不会使壶增色增价，相反会破坏了壶的美感。

古人讲"操千曲而后晓声，观十剑而后识器"，要想提高自己对紫砂壶的鉴赏能力，除了要提高自己的文化艺术素养外，最好的办法就是多看名壶。名壶是制壶大师心灵的产物，它往往可集哲学思想、自然韵律、茶人精神、书画艺术、造型艺术于一身。

⊙ 组合美

茶人将茶具进行搭配组合，是在茶艺活动中对美的创造。一般而言，茶人在茶具选用和搭配时要注意两个方面的问题。

首先是茶具的选用要与所要泡的茶叶相适应。例如冲泡龙井或君山银针等名茶就不宜选用紫砂壶或三才杯（小盖碗），最好选用晶莹剔透的玻璃杯，才能在冲泡过程中欣赏到细嫩的茶芽在温水的浸泡下，慢慢舒展开来的有趣情景。龙井茶在玻璃杯的温水中吐出她的芬芳的同时，使白水渐渐地现出生命的绿色，这会使人想到凤凰涅槃，感到杯子中茶芽的生命在复苏。而君山银针在冲泡过程中会在玻璃杯中"三浮三沉"，最终一根根茶芽沉到水下，但仍竖立在杯底，像一棵棵笋芽仍在渴望着向上生长。这会使人联想人生的坎坷，联想到仕途或商海的沉浮……而如果选用紫砂壶或白瓷杯来冲泡这种茶，就看不到这些美景。

所以，如果选择器具不合宜，无论选择的茶具多么精美，多么华贵，从审美的角度来看，都是失败的。因为在这次茶事过程中，无法欣赏茶叶在杯中吸收水分后所展现出的活生生的美。其次，茶具的搭配应注意各件茶具外形、质地、色泽等方面的协调，注意对称美与不均衡美的综合应用。而对于初学茶艺的人而言，最常见的毛病是只喜欢选用质地相同的、清一色的整套茶具，而不敢打破原有的配套，进行一些对比独特的颜色组合。比如用古朴的紫砂壶配精巧细致的白瓷杯，用石质茶盘配白瓷小盖碗等等。

境之美

⊙ 环境美

品茶环境包括外部环境和内部环境两个部分。

关于外部环境，中国茶艺讲究野幽清寂，渴望回归自然。唐代诗僧灵一的诗："野泉烟火白云间，坐饮香茶爱此山。岩下维舟不忍去，青溪流水暮潺潺。"钱起诗曰："竹下忘言对紫茶，全胜羽客醉流霞。尘心洗尽兴难尽，一树蝉声月影斜。"他们所描述的都是茶人对自然环境的追求。在第一首诗中"山泉潺潺，青烟袅袅、白云悠悠"，自有说不尽的野幽情趣，所以灵一和尚品茶品到暮色苍茫仍舍不得回寺。在第二首诗中"竹影婆娑，蝉鸣声声，夕阳西斜"是典型的清寂的环境，在这种环境中钱起和他的好友赵莒品饮着紫笋清茶感到俗念全消，尘心洗净，心灵空明，乐而忘返。中国茶艺讲究林泉逸趣，因为在这种环境中品茶才是真正意义上的品茶。在这种环境中品茶，茶人与自然最容易进行精神上的沟通，茶人的内心世界最容易与外部环境交融，使尘心洗净，达到精神上的升华。中国茶艺所追求的幽野清静的自然环境美，大体上可分为几种类型：

幽寂的寺院美，如"鸟声低唱禅林雨，茶烟轻扬落花风"，"曲径通幽处，禅房花木深"。

幽玄的道观美，"涧花入井水味香，山月当人松影直"，"云缥缈，石峥嵘，晚风清，断霞明"。

幽静的园林美，如"远眺城池山色里，俯聆弦管水声中。幽篁映沼新抽翠，芳槿低檐欲吐红"。

幽清的田园美，如"蝴蝶双双入菜花，日长无客到田家"，"黄土筑墙茅盖屋，门前一树紫荆花"等等。其实，只要有爱美之心和审美的素养，大自然的竹林中、松荫里、小溪旁、翠岩下，处处都是品茗佳境。

品茶的内部环境则要求窗明几净，装修简素，气氛温馨，格调高雅，使人有亲切感和舒适感。日本专门为茶道设计的茶室强调"美"与"用"相结合，讲究"美"源于"用"，已形成了多样、精巧、谦和、淡雅的风格。但是，我国对于内部茶境之美目前还处于探索之中。

⊙ 艺境美

古人认为"茶通六艺"，品茶时也讲究"六艺助茶"。"六艺"是指琴、棋、书、画、诗和金石古玩的收藏与鉴赏。一般情况下，以六艺助茶时，更加注重的是音乐和字画。

我国古代士大夫修身的"琴、棋、书、画"四课中，琴被摆放在了第一位，"琴"在古代指的是音乐的代称。儒家的观点认为：修习音乐可以培养情操，提高素养，使生命的过程更加快乐和美好，所以，在古代，音乐是每个文化人的必修课。纵观我国历史上的精英人物，

几乎都是精通音律、深谙琴艺的，例如：孔子、庄子、宋玉、司马相如、诸葛亮、王维、白居易、苏东坡等都是弹琴高手。荀子在《乐记》中说："德者，性之端也；乐者，德之华也。"把"乐"上升到"德之华"的高度去认识，足以证明：古代君子修身养性过程中音乐的重要性。

在茶艺过程中注重用音乐来营造艺境，这是因为音乐——特别是我国古典名曲重情味、重自娱、重生命的享受，有助于为我们的心接活生命之源，有助于陶冶情操。目前，大量背景音乐在宾馆、餐厅、茶室里被普遍应用，但这类场所的音乐大多数只是为了充当陪衬，处于无足轻重的地位，一般也没有鲜明的主题、没有针对性，完全是凭个人兴趣，任意播放。而中国茶道要求在茶艺过程中播放的音乐应是为了促进人的自然精神的再发现和人文精神的再创造而精心挑选的乐曲。

人境美

人境是指品茗时，品茗人数的多少及其人格所构成的人文环境。明代张源在《茶录》中讲道："饮茶以客少为贵，客众则喧，喧则雅趣会泛泛矣。独啜曰幽，二客曰胜，三四曰趣，五六曰泛，七八曰施。"近现代有不少爱茶人把张源的观点当作品茗的金科玉律。然而，在现代茶艺馆中，商家不可能限制品茗者的具体人数，只能依靠循循善诱，引导客人去感受不同的人境美。有研究人士认为品茶不忌人多，但忌人杂。人数不同，可以感受到不同的意境：独品得神，对啜得趣，众饮得慧。

独品得神一般情况下，一个人品茶时不会受到外界的干扰，更容易使内心平静，精神集中，情感随着飘然四溢的茶香而升华，思想达到物我两忘的境界。

一个人独自品茶时，实际上是品茶人的心在与茶对话、与大自然对话的境界，此时，容易做到心驰宏宇，神交自然，可尽得中国茶道之神髓，所以，称为"独品得神。"

对啜得趣品茶不但是人与自然的沟通，而且还是茶人之间心与心的沟通。品茶时，邀一知己相对品茗，毫无保留的倾述衷肠，可达到无需多言即能做到心有灵犀一点通，或松下品茗论弈，或幽窗啜茗谈诗，这些都是人生的应该享受的一大乐事，具有无穷的情趣，所以，称为"对啜得趣"。

众饮得慧孔子曾经说过："三人行，必有我师。"众人品茗时人多、议论的话题多、交流的信息也多。身处茶艺馆清静幽雅的环境中，品茶者最容易打开平时深藏心中的"话匣子"，彼此交流思想，启迪智慧，能够学到很多书本上学不到的东西，所以，称为"众饮得慧"。

心境美

品茗是心的歇息、心的"放牧"等，所以，品茗环境应当像一座风平浪静的港湾，让那些被生活风暴折磨得疲惫不堪的心能够得到充分的歇息。品茗场所应当：像芳草如茵的牧场，让平时被"我执"、"法执"所囚禁的心，在这里能无拘无束地漫步；像温暖宜人的清泉，让品茶者被世俗烟尘熏染了的心，在这里能彻彻底底、坦坦荡荡地洗个干净。

品茗时，好的心境十分重要，好的心境主要是指：闲适、虚静、空灵。然而，生活在现实社会生活中的个人，总不能不食人间烟火。工作上必然会遇到激烈的竞争，学习上不断要更新知识，仕途上难免会坎坷不平，感情上难免阴晴圆缺，生活上或许还会为柴米油盐发愁。

艺之美

内涵美

俗话说："外行看热闹，内行看门道"，在观赏茶艺时，不少茶艺爱好者往往只注重表演时的服装美、道具美、音乐美以及动作美，却忽视了最本质的东西——茶艺程序编排的内涵美。一套茶艺的程序到底美不美要看四个方面：

"顺茶性"也就是说按照这套程序来操作的话，能否把茶叶的内质发挥得淋漓尽致，从而泡出一壶可口的好茶来。从前面的介绍可以知道我国的茶叶可分为基本茶（自然茶）和再加工茶两大类。前者包括绿茶、红茶、白茶、黄茶、黑茶和乌龙茶（青茶）等六类，而后者中常用于茶艺表演的有花茶和紧压茶。每

类茶的茶性各有不同，比如：老嫩程度、粗细程度、火工水平、发酵程度等，所以，冲泡不同的茶时所选用的水温、器皿、冲泡时间、投茶方式等也应有所不同。茶艺是种生活艺术，它重在自娱、自享，重在实用，而非表演。如果按照某套茶艺去操作，结果却不能把茶的色、香、味充分地展示出来，泡不出一壶真正的好茶，那么表演得再好看也称不上是好茶艺。

"合茶道"也就是要看这套茶艺是否符合茶道所倡导的"和静怡真"的基本理念和"精行俭德"的人文精神。茶艺表演既要以艺示道又要以道驭艺。以艺示道，即通过茶艺表演来传达和弘扬茶道的精神。以道驭艺，就是茶艺的程序编排必须符合茶道的基本精神，以茶道的基本理论作为指导。某些地区的功夫茶茶艺中的"关公巡城"、"韩信点兵"，茶艺程序编排得很传统、很流行，也很形象，但由于其中刀光剑影、杀气太重，有违茶道的以"和"为哲学思想核心的基本精神，所以也不能称作是好的茶艺程序。

科学卫生

目前，我国流传较广的茶艺大多是在传统的民间茶艺的基础上发展而来的。按照现代眼光去看，有个别程序是不科学、不卫生的。例如有的地区的茶艺要求泡出的茶要烫嘴，觉得烫嘴的茶喝着才过瘾。但是，从现代医学卫生理论来看，过烫的食物会反复刺激口腔黏膜，容易导致口腔病变，从而诱发口腔癌。有些茶艺的洗杯程序，是把整个杯子放在一小碗水里洗，甚至有的是杯套杯滚着洗，这样会使杯外的脏物进入到杯内，而越洗越脏。对于祖国传统文化，继承是前提，创新和发展是责任。对于传统民俗茶艺中不够科学和卫生的程序，在整理发展时应当丢弃。

⊙ 文化品味

这个方面，主要是指茶艺程序的名称和解说词，要具有较高的文学水平，解说词的内容应当生动准确，具有知识性和趣味性，在介绍所冲泡的茶叶的特点和历史时，解说应当有一定的艺术水准。

⊙ 动作美和神韵美

茶艺是一门生活艺术而不是舞台艺术，和其他的表演艺术相比，茶艺更贴近生活，更直接地为生活服务，其动作不强调难度，而是强调生活实用性，以及在此基础上去表现流畅的自然美。这有点像韵律操和竞技体操的区别，茶艺是韵律操而不是竞技体操。

在表演风格方面，茶艺注重自娱自享和内省内修。这就像太极拳和气功，它们虽然也可以用来表演，但本质上还是作为个人修身养性的手段。正确认识了茶艺的艺术特点和表演风格，也就明白了茶艺之美从神韵上看，应当是"庖丁解牛"之美，而非"公孙大娘舞剑"之美。从外在形式上看，是自然之美，中和之美，出水芙蓉之美，而非惊险之美，夸张之美，镂金错彩之美。

"韵"是我国艺术美学的最高境界，可解释为动心、传神、有余意。古典美学中常说"气韵生动"，在茶艺表演中，要想达到这个境界须经过三个阶段的训练。第一阶段要求达到熟练，这是基础，因为只有熟才能生巧；第二阶段要求动作规范、到位、细腻；第三阶段才是要求传神达韵。在第三个阶段的练习中要特别留意"静"和"圆"。在茶艺表演中要达到气韵生动的境界，必须身心俱静，只有这样，才能全神贯注于茶艺表演，才能细微深入地去体会自己内心的感受，才能体态庄重，舒展自如，轻重缓急自然有序，使平凡的泡茶过程有意境，见韵味。"圆"是指整套动作要一气呵成，成为一个生命的有机体，让看的人感受到有一股元气在其中流转，感受到甚生命力的充实与弥漫。

人之美

⊙ 仪表美

人们从一开始，就特别注意茶艺演示者的仪表美。仪表美是形体美、服饰美与发型美有机结合起来的综合美。

形体美关于形体美，王柯平教授概括总结了十条具体的标准（《旅游美学纲要》旅游教育出版社出版）：

（1）骨骼发育正常，关节不显粗大。

（2）肌肉均匀，胖瘦适当。

（3）五官端正，与头部配合协调。

（4）双肩对称，男性要求宽阔，女性要求圆润。

（5）脊柱正视垂直，侧视曲度正常。

（6）胸部隆起，男性正面与反面看上去略呈V形。女性胸部丰满而不下垂，侧视应有明显的曲线。通常半球或圆锥状乳房容易唤起形式美感。

（7）腰细而结实，微呈圆柱形，腹部扁平，男性有腹肌垒起块隐显。

（8）臀部圆满适度，富有弹性。

（9）腿部要长，大腿线条柔和，小腿腓部突出，足弓要高，脚位要正。

（10）双手视性别而定。男性的手

以浑厚有力见称，女性的手以纤巧结实为宜。

王柯平教授概括总结的这十个条件是构成人形体美的基本条件，在茶艺馆和茶艺学校招工、招生时可以作为参考。不过，从事茶艺工作对于手和牙齿有较高的要求，需要格外注意。手是人的第二张脸。在茶艺表演过程中最引人注目的就是脸和手。因此，招工时对从业人员的手形、手相、皮肤、指甲等都要认真观察，一个人形体美的有些条件是先天形成不可改变的，而有些则可以通过后天训练来改善。所以坚持科学的形体训练就很重要，是保持形体美、改善形体美的有效途径。

服饰美俗话说："人靠衣装，佛要金装"、"三分长相，七分打扮"，服饰反映出一个人的性格与审美趣味，自然会影响到茶艺表演的效果。首先，茶艺表演中的服饰应与所要表演的茶艺内容相配套；其次，要注意服饰的式样、做工、质地和色泽。当然，宫廷茶艺有宫廷茶艺的格调，民俗茶艺有民俗茶艺的要求。一般而言，茶艺表演者最好穿着具有民族特色的服装,而不穿着"西化"服饰。在正式的表演场合，表演者不宜佩戴过多的装饰品，尤其不可戴手表，不可涂抹有香味的化妆品，不可浓妆艳抹，不可涂有色指甲油。如果女性表演者戴一个玉手镯，能平添不少风韵。

发型美是构成仪表美的三要素之一，也是比较容易被忽视的一个要素。近年来各式各样的烫发、染色、先锋派、前卫派、抽象派，"个性化"的发型已屡见不鲜，这是社会开放的结果。但是仅就茶艺表演而言，发型的"个性化"不可与所表演的内容相冲突。发型设计必须结合茶艺的内容，服装的款式，表演者的年龄、身材、脸型、头型、发质等因素,尽可能取得整体和谐美的效果。

仪表美给人的印象很直观，在一定程度上反映了茶艺表演者个人精神面貌和审美修养，也可以反映出企业总体素质和管理水平，所以必须加以重视。

⊙ 风度美

风度美是指人的仪态美和神韵美。人的风度是在长期的社会生活实践和一定的文化氛围中逐渐形成的，是个人性格、气质、素养、情趣、精神世界和生活习惯的外在表现，是社交活动中的无声语言。一般而言，不同阶层、不同职业的人会有不同的风度。例如，军人有军人的风度，政治家有政治家的风度，演员有演员的风度,学者有学者的风度，茶人也自有茶人的风度。

仪态美，茶艺表演者的仪态美主要表现为举止端庄、礼仪周全。中国为礼仪之邦，茶艺更是讲究礼节。在茶事活动中，常用的礼节有五种：

鞠躬礼：鞠躬即弯腰行礼，是中国的传统礼仪。一般用在茶艺表演者迎宾、送客或开始表演时。鞠躬礼有全礼与半礼之分。行半礼弯腰45°即可，行全礼则需两手在身体两侧自然下垂弯腰90°。

伸手礼：伸手礼是在茶事活动中常用的礼节。行伸手礼时五指自然并拢，手心向上，左手或右手从胸前自然向左或向右前伸。伸手礼主要在请客人帮助传递茶杯或其他物品时用，一般应同时讲"谢谢"或"请"。

注目礼和点头礼：注目礼即眼睛庄重而专注地看着对方。点头礼即点头致意。这两个礼节一般在向客人敬茶或奉上某物品时一起使用。

叩手礼：叩手礼即用手指轻轻叩击茶桌来行礼。相传有一次清代乾隆皇帝微服私访江南时装扮成仆人，太监周日清装扮成主人到茶馆去喝茶。乾隆为周日清斟茶、奉茶，周日清诚惶诚恐，想跪下谢主龙恩又怕暴露身份引起不测，周日清急中生智，马上将右手的食指与中指并拢，指关节弯曲，在桌面上作跪拜状轻轻叩击，随后这一礼节便在民间广为流传。目前，按照不成文的习俗，长辈或上级给晚辈或下级斟茶时，下级和晚辈必须用双手指作跪拜状叩击桌面二三下；晚辈或下级为长辈或上级斟茶时，长辈或上级只需单指叩击桌面一下表示谢意。也有的地方在平辈之间敬茶或斟茶时，单指叩击表示"我谢谢你"；双指叩击表示"我和我先生（太太）谢谢你"；三指叩击表示"我们全家人都谢谢你"。

茶桌上还有其他一些礼节，例如斟茶时只能斟到七分满，谓之"酒满敬人，茶满欺人"；当茶杯排为一个圆圈放置时，斟茶一定要反时针方向巡壶，不可顺时针方向巡壶。因为反时针巡壶的姿势表示欢迎客人"来！来！来！"，巡时针方向则好像是赶客人"去！去！去！"。

另外，不同民族还有不同的茶礼忌讳。例如土族人最忌讳用有裂缝或有缺口的茶碗上茶；蒙古族敬茶时，客人应躬身双手接茶而不可单手接茶；藏族同胞最忌讳把茶具倒扣放置，因为只有逝者用过的茶碗才倒扣着放置；生活在西北地区的少数民族一般都忌讳高斟茶，特别是忌讳在斟茶时冲起满杯的泡沫，因为这会使他们联想到沙漠、草原上牲口尿尿，认为高斟茶是对他们人格的污辱；在广东，客人用盖碗（三才杯）品茶时，如果不是客人自己揭开杯盖要求续水，茶艺馆的工作人员不可以主动去为客人揭盖添水。各地都有不同的茶礼、茶俗，所以应当尽可能多学习一些，以免犯忌讳。

另外，仪态美还包括站姿美、坐姿美、步态美和其他动作（如手势、表情）美等。这些动作都必须经过严格的专业训练，才能做到规范优美、自然大方。

⊙ 神韵美

神韵美主要表现在眼睛和脸部表情，是人的神情和风韵的综合反映。

很多文学作品中都有对人神韵的描写，例如眉目传神、顾盼生辉、"一笑百媚生"、"倾国倾城"等。《诗经·卫风》中有一章是描写硕人（即美人）的诗："手如柔荑，肤如凝脂；领如蝤蛴，齿如瓠犀；螓首蛾眉，巧笑倩兮，美目盼兮！"这首诗前五句是比喻，美学家朱光潜先生说："前五句罗列头上各部分，用许多不伦不类的比喻，也没有烘托出一个美人来。最后两句突然化静为动，着墨虽少，却把一个美人的姿态神情完全描绘出来了。"

由此可见，如果一个人仅有形象美，而没有神韵美，这个人的美仍然会显得

呆板，没有活力，没有感染力，只有"巧笑倩兮，美目盼兮"才能真正动人。茶人的神韵美应特别注意"巧笑倩兮，美目盼兮"，以"巧笑"使人感到亲切、温暖、愉悦，通过眉目传神、顾盼生辉打动人心，给人以美的享受。有了神韵美的配合，便可化仪表美为"媚"。一个人仪表美是静态的美，是外观形象的美。而"媚"则是动态的美，是妩媚可爱动人的美。

正如宋玉在《登徒子好色赋》中所写的佳人那样："东家之子，增之一分则太长，减之一分则太短，著粉则太白，施朱则太赤，眉如翠羽，肌如白雪，腰如束素，齿如含贝，嫣然一笑，惑阳城，迷下蔡。"前边的描述从身材适中、肌如白雪到齿如含贝都只是美，而"嫣然一笑，惑阳城，迷下蔡"才是"媚"。古代文学中描写佳人，樱桃小口，唇如点朱，脸如桃花，都只是美，而"和羞走，倚门回首，却把青梅嗅"（《点绛唇》李清照）的动人神情才是"媚"。古代美学家李渔说："媚态之在人身，犹火之有焰，灯之有光，珠贝金银之有宝色。是无形之物，非有形之物也。唯其是物非物，无形似有形；是以名为尤物。"（《笠翁偶集》卷十三）李渔所说的虽然有点玄乎其玄，但却值得每一个追求神韵美的茶人去思考。

语言美

俗话说："好话一句三春暖，恶语一句三伏寒。"这句话生动地概括了语言美在社交中的作用。茶室是现代文明社会中高雅的社交场所，要求人们谈吐文雅，语调轻柔，语气亲切，态度诚恳，要讲究语言艺术。一般而言，茶艺的语言美包含语言规范和语言艺术两个层次。

⊙ 语言规范

语言规范是语言美的基本要求。在茶室中的语言规范可归纳为：

待客有"五声"，即指宾客到来时有问候声，落座后有招呼声，得到协助和表扬时有致谢声，麻烦宾客或工作中有失误时有致歉声，宾客离开时有道别声。

待客时宜用"敬语"，"敬语"包含尊敬语、谦让语和郑重语。说话者直接表示自己对听者的敬意的语言称为尊敬语。说话者通过自谦，间接地表示自己对听者的敬意的语言称为谦让语。说话者使用客气礼貌的语言向听者间接地表示敬意则称做郑重语。敬语是旅游服务行业的行业用语之一，其最大特点是彬彬有礼、热情庄重，使听者消除生疏感，产生亲切感。

杜绝"四语"。即杜绝不尊重宾客的蔑视语，缺乏耐心的烦躁语，不文明的口头语，自以为是或刁难他人的斗气语。

⊙ 语言艺术

"话有三说，巧说为妙"。美学家朱光潜先生也曾经说："话说的好就会如实地达意，使听者感受到舒适，发生美的感受。这样的说话就成了艺术。"可见，语言艺术首先要"达意"，然后才是"舒适"。

"达意"即语言要准确,吐音清晰,用词得当,不可"含糊其辞",也不可"夸大其辞"。"舒适"即要求说话的声音柔和悦耳,节奏抑扬顿挫,吐字娓娓动听,风格诙谐幽默,表情诚挚,表达流畅自然。

另外,要切忌说教式或背诵式的讲话,应当如挚友谈心,用真情来交流和沟通,引发对美的共鸣。

还有就是口头语言辅以如手势、眼神、脸部表情等身体语言,口头语言和体态语言相互配合更能让人感受到情真实意。古人讲"传神写照,正在阿堵中","阿堵"即这个的意思,是六朝时的口语。在本文中是指传神写照就在你的眼睛中。我们在追求语言美时千万别忘了眼睛,因为眼睛是心灵的窗户,最富有传神或表现的能力。

⊙ 心灵美

心灵美是人的思想、情操、意志、道德和行为美的综合体现,是人的内在美。这种"深层"的美与仪表美、神韵美、语言美等表层的美相和谐,才可造就出茶人完整的美。

心灵美的核心是善。儒家认为"人之初,性本善"。人生来就有善心,而善心是心灵美的基础。什么是善心?孟子认为善心包括仁、义、礼、智等四个方面。他说:"恻隐之心,仁之端也;羞恶之心,义之端也;辞让之心,礼之端也;是非之心,智之端也。人之有四端也,尤其有四体也。"(《孟子·公孙丑上》)也就是说恻隐之心、羞恶之心、辞让之心、是非之心,是人与生俱来的善心。心灵美其实就是上述"四心"的表露。

关于什么是"仁",儒家的典籍《荀子》中记载了这样一个小故事:有一天,孔子问他的三个得意门生,什么是智者,什么是仁者。子路的回答是:"智者能使别人了解他,仁者能使别人爱他。"孔子认为子路只达到了士的境界,即只是一个有胆识有能力的人。另一名学生子贡的回答是:"智者能了解别人,仁者能普爱别人。"孔子认为子贡达到了士君子的境界,即可以算是一个人格高尚的人。颜渊的回答是:"智者能深刻地了解自己。仁者能做到自爱。"孔子认为颜渊达到了智和仁的最高境界,可以称得上为"明君子"。这个故事生动地告诉了我们儒家对仁的理解有三个层次。"人爱"、"爱人"、"爱己"。孔子之所以认为"爱己"是仁的最高境界,"爱己"之人可称得上"明君子",这是因为颜渊的境界达到了不事外求、不假人为、不立事功而自然地表现自爱之心,显然这种"爱己"不是自私地、狭隘地只爱自己,而是对自己人格的自信、自尊、自爱。有这种胸怀的人必然旷达自若,能以爱己之心爱人,以天地胸怀来处理人间事务。儒家这种"明君子"的思想境界实际上也就是道家所追求的"天地境界",也正是我们茶人所追求的心灵美的最高境界。

一个人在人格上做到自尊、自爱、自强、自立,才可能在行动中表现出无私、无畏、无怨、无悔。茶人们从"爱己"之心出发,表现出的"爱人"之行,才是最感人的心灵美。在这方面日本茶人很值得我们学习。

据滕军博士介绍,日本茶道要求很周到:"主人要千方百计设法使客人感到舒适。比如,主人要在客人到来之前将茶庭洒上一层水,然后将飞石上的存水用毛巾搌干。若是下雪天,要提前用草垫把飞石盖上,在客人到来之前将草垫撤去。这样既可让客人欣赏到美丽的雪景,又便于客人行走。主人要根据客人的个别情况制定菜谱。如果客人是老年人,菜就要做得软一些,少一些;若

是年轻人，菜就要做得多一些，含蛋白质的材料可多用一些；若是外国人，就要考虑到那个国家的饮食习惯，还要尊重他们的宗教信仰等等。点茶时，茶和水的比例也要因人而异。若客人是老茶人，就要多放一些茶粉，点得浓些；若客人是初次品茶，就要点得淡一些，以免客人感到太苦；天气冷时，多加一点热水，天气热时用少量温水。主人还要在客人面前反复擦拭本来已经清洗过的茶具，以此表示对客人的尊重。点茶完毕将污水罐撤下去时，要左转身，这样可使污水罐在客人视线里停留的时间减少。另外，夏天要用风炉，其位置放在离客人最远的地方，炉口要竖一块瓦片，以挡住炭火，减少客人的炎热感。冬天要用地炉，要开在茶室的中央，这样可使客人离火近一些。总而言之，主人时时处处要站在客人的立场上考虑问题，细微之处也不放过。"（《日本茶道文化概论》第264页）。

对于很多细节，滕军博士也有说明。例如：对于茶点，日本茶人提出要达到五种感官满足。"第一是视觉。当点心端出后，点心的外形、色彩以及容器的艺术风格要给人以美感。人们从点心外形上可以感觉到季节的变换。第二是触觉。人们通过手拿、口嚼、舌头的触动，可能感觉到茶点心的柔软、易化，使人感到亲切和陶醉。第三是味觉。茶点心要求尊重原材料本身的味道，不主张加过多的配料，主要原料为江米粉、米粉、小豆、砂糖、山芋等。要选用新鲜的原料，使客人们感受到每一种原料的香味。第四是嗅觉。随着季节的变换，茶点心有时还用树叶之类做外皮，如樱花开放时，将樱树叶用于点心；端午节时将榆树叶用于点心等等，都可以使人们嗅到一种大自然的清新气息。第五是听觉。人们在吃完茶点之后，要向主人提问：'请问今日茶点名称？''初雁'。"人们听了主人的介绍，对自己吃的点心会产生一种美妙的回味（《日本茶道文化概论》第122页）。

对于茶室的茶花，滕军博士介绍说："在茶道艺术中，茶花也是体现主人艺术造诣的重要一环。与日本插花艺术不同，茶道用花，更加尊崇花木的本来面目。在花材的选择上，茶花要求选用时令花木，要求茶人们亲自走向原野，爬上高山去采来野花，或用自己院子里养植的花。温室里栽培的花即使再漂亮也不用。花的数量要少，通常只一朵或两朵，加上一些枝叶。花形要小，体现出谦美的风格。不用已经盛开的花，而是用马上就开放的花苞，这样可以让客人在参加茶会期间观察到茶花的变化，使人们去领悟人生的无常。在日本，花材的来源十分丰富，但有一些花是禁止用作茶花的，比如像丁香花那样香气很浓的花，以防花香冲淡茶香的香气。颜色大红的鸡冠花也不采用，过于强调茶花的话会破坏整个茶室的艺术气氛。另外，四季不分或一年四季都有的花也不采用。"（《日本茶道文化概论》第132页至133页）。

另外，就连烧火、添炭这样看似粗笨的脏活儿，日本茶人也会做的尽善尽美。"因为附在炭上的炭屑在点燃时有迸溅的现象，所以在茶事举办之前，主人要将炭逐一洗去炭屑晾干。为使炉中干燥的底灰不致在添炭时飞起，在添炭之前要压上一层湿润的灰。这种湿润的灰是夏季三伏天制作的。据说三伏的土有特别的力量。这些灰是用茶水搅拌的，之后反复用手揉，使之成为一颗颗不大不小的颗粒。""装饰用的灰是藤条烧成的，呈雪白色，用于夏天的风炉。在夏天，人们看到炭火一定很难受，在其周围点缀上白色的装饰灰，令人想起雪

茶/道/茶/艺

景，给人一种精神上的凉意。"（《日本茶道文化概论》第86页）。

总之，关于日本茶道，上述的例子不胜枚举。我们之所以用了大量篇幅来摘引，是因为目前我国几乎还没有一家茶艺馆能做得这么好。我们只有虚心学习日本茶文化的长处，在茶事活动过程和日常生活中讲求细节完美，并时时处处事事尊重别人，无微不至地关心别人，才能真正达到天地境界的心灵美。

古希腊哲人柏拉图曾说："身体美与心灵美的和谐一致是最美的境界。"学习茶道，修习茶艺可以使茶人达到仪表美、神韵美、语言美和心灵美的高度和谐，能达到这种境界的茶人可谓是至善至美。

⊙ **姿态美**

在进行茶艺活动的过程中，要走有走姿，站有站姿，坐有坐姿。

◇ 走姿

如果是女性，行走的时候脚步须成一条直线，上身须保持平衡，不可摇摆扭动。同时，下颌微收，两眼平视，双肩放松。也可将右手搭在左手上，双手虎口交叉，提放于胸前，以免行走时摆幅过大。如果是男士，双臂可随两腿的移动，作小幅度的自由摆动。当到达客人面前时应稍微倾身，面对客人，然后上前完成各种冲泡程序。结束后，面对客人，后退两步倾身后转弯离去，以表示对客人的恭敬。

◇ 站姿

在泡茶过程中，有时由于茶桌较高，坐着冲泡不方便，也可以站着泡茶。即使是坐着冲泡，从行走到下坐之间，也有一个站立的过程。这个过程，是泡茶者给客人的"第一印象"，因此格外重要。站立时须做到身体挺直，双腿并拢，双肩放松，两眼平视。女性应将右手贴

在左手上,两手虎口交叉,并置于身前。男士同样也应将两手虎口交叉,但要将左手贴在右手上,置于身前,但是双脚可呈外八字稍作分开。上述动作应自然随和,避免呆滞生硬,而令人有面对机器人的感觉。

◇ 坐姿

冲泡者坐在椅子上,要放松全身,端坐中间,使身体的重心居中,保持平衡。同时,上身挺直,双腿并拢,切忌两腿分开,或一腿搁在另一腿上不断抖动。另外,头部应上顶,下颌微收,鼻尖冲向腹部。如果是女性,可将两手手掌上下相叠,平放于两腿之间;而男士则可将双手手心平放于两大腿的前方。

品茶艺术

⊙ 品饮要义

品茶,是一门综合性的艺术。茶叶本身并没有绝对的好坏之分,完全要看个人喜欢哪种口味而定。此外,每种茶叶都有高级品和劣等货之分,茶叶中有高级的乌龙茶,也有劣等的乌龙茶;有上等的绿茶,也有下等的绿茶。因此,所谓的好茶和坏茶是都是相对于主观的喜恶和品质的等级来讲的。

目前,品茶用茶主要集中在两类:一是乌龙茶中的高级茶及其名丛,如黄金桂、铁观音、冻顶乌龙及武夷名丛、凤凰单枞等;二是以绿茶中的细嫩名茶为主,加上白茶、红茶、黄茶中的部分高档名茶。这些高档名茶,或色、香、味、形兼而有之,或只在于一两个因子,或在某一个方面有独特之处。不好的茶不是指已经坏了的茶,而是就品质优劣来说的。一般来说,判断茶叶的好坏可以从察看茶叶、嗅闻茶香、品尝茶味和分辨茶渣这四个方面入手。

◇ 观茶

察看茶叶就是要观看干茶和茶叶开汤后的形状。所谓干茶就是用水冲泡之前的茶叶;所谓开汤就是用开水冲泡出茶叶的内质。茶叶的形状随种类不同而有各种不同的形态,例如有片形茶叶、曲形茶叶、扁形茶叶、螺形茶叶、眉形茶叶、珠形茶叶、针形茶叶、球形茶叶、半球形茶叶、兰花形茶叶、雀舌形茶叶、菊花形茶叶和自然弯曲形茶叶等,各具优美姿态。开汤后的茶叶,形态会产生各种各样的变化,或快或慢,宛如曼妙的舞姿,一直到展露原本的形态,赏心悦目。

观察干茶，首先要看茶叶的干燥程度，如果有点回软，最好不要购买。另外，要看茶叶的叶片是否整洁，如果有太多的黄片、叶梗、渣末、杂质，那就并非上等茶叶。最后，要看干茶的条索外形。条索是茶叶被揉成的形态，每种茶都有它固定的形态规格，比如冻顶茶是半球形，龙井茶是剑片状，铁观音茶紧结成球状，香片则切成细条或者碎条。不过，只看干茶的话，最多只能看出30%，并不能立即分辨出是好茶还是坏茶。

茶叶由于制作方法的不同，茶树品种的差别以及采摘标准的差异，所以形状各种各样，尤其是一些细嫩名茶，大多数属于手工制作，形态更是千姿百态，五彩缤纷。

针形，外形圆直如针，如君山银针、安化松针、白毫银针、南京雨花茶等。

扁形，外形扁平挺直，如安吉白片、茅山青峰、西湖龙井等。

条索形，外形呈条状，稍弯曲，如径山茶、庐山云雾、婺源茗眉、桂平西山茶等。

螺形，外形卷曲如螺，如普陀佛茶、井冈翠绿、临海蟠毫、洞庭碧螺春等。

兰花形，外形如兰，如兰花茶、太平猴魁等。

片形，外形呈片状，如齐山名片、六安瓜片等。

束形，外形成束，如婺源墨菊、江山绿牡丹等。

圆珠形，外形如珠，如涌溪火青、泉岗辉白等。

此外，还有卷曲形、单芽形、半月形等。

◇ 察色

品茶观色，即观察茶色、汤色和底色。

茶色茶叶按照颜色分成红茶、绿茶、青茶、黄茶、白茶、黑茶六大类（指干茶）。由于茶的制作方法有别，其色泽各有不同，有红与绿、青与黄、白与黑之分。即便是同一种茶叶，采用同样的制作工艺，也会因生态环境、茶树品种、采摘季节的不同，而在色泽上存有一定的差异。比如细嫩的高档绿茶，色泽有翠绿、嫩绿、润绿之分；高档红茶，色泽也有乌润显红、红艳明亮之别。而闽南铁观音的砂绿油润，闽北武夷岩茶的青褐油润，台湾冻顶乌龙的深绿油润，广东凤凰水仙的黄褐油润，均为高级乌龙茶中具有代表性的色泽，也是鉴别乌龙茶品质优劣的重要标志。

汤色茶叶被开水冲泡之后，其内含成分溶解在沸水中，形成的溶液所呈现的色彩，称为汤色。因此，不同类别的茶叶汤色会有明显区别，而且同一茶类中的不同级别、不同花色品种的茶叶，也具有一定差异。一般来说，凡属上乘的茶品，都汤色鲜亮、富有光泽。具体来说，乌龙茶以青褐光润为好；白茶，

汤色微黄，黄中显绿，并有光亮；绿茶汤色浅绿或黄绿，明亮澄澈，清而不浊；红茶汤色乌黑油润，若在茶汤周边形成一圈金黄色的油环，俗称"金圈"，便更属上品。把适量的茶叶放进玻璃杯或者透明的容器中，用热水一冲，茶叶就会慢慢舒展开来。可以同时冲泡几杯来比较不同茶叶的好坏，其中茶汁分泌最旺盛、茶叶舒展最顺利、身段最为柔软飘逸的茶叶才是最好的。

观察茶汤要及时，因为茶多酚类溶解在热水中，与空气接触后很容易氧化变色，例如绿茶的汤色氧化后即变黄。红茶的汤色氧化后变暗，时间久了之后，会使茶汤浑汤而沉淀，在茶汤温度降至20℃以下后，常会出现凝乳浑汤现象，俗称"冷后浑"，这是红茶色素和咖啡碱结合后产生黄浆状不溶物的缘故。冷后浑出现早且呈粉红色者，属茶味浓、汤色艳的红茶，若冷后浑呈暗褐色，则是茶味钝，汤色暗的表征。一般情况下，随着茶汤温度的下降，汤色会逐渐加深。在相同的温度和时间内，嫩茶汤色变化大于老茶，新茶大于陈茶，红茶大于绿茶，大叶种大于小叶种。在冲泡滤出后10分钟以内来观察茶汤的颜色，较能代表茶的原有汤色。不过要切记，在作比较时，一定要用同一种类的茶叶作比较。茶叶的汤色也会因为焙火轻重的差别，以及发酵程度的不同而呈现出深浅不一的颜色。但是，一个基本的标准是，不

管颜色深浅，一定不能浑浊、灰暗，清澈透明才是好茶的汤色理应具备的条件。

底色观看，底色就是欣赏茶叶经冲泡去汤后的叶底色泽。这包括细看叶底显现的色彩，还包括叶底的老嫩、光糙和匀净等。

◇ 赏姿

在冲泡过程中，干茶经吸水浸润而舒展，或如雀舌，或若兰花，或似春笋，或像墨菊。而且茶在吸水浸润过程中，由于重力的作用，还会产生一种动感。茶叶在水中舒展时，其动态因种类的不同而不同，西湖龙井活像春兰怒放；君山银针好似翠竹争阳，针针挺立；太平猴魁犹如在水中上下翻动的机灵的小猴。如此美景，掩映在杯水之中，真是茶不醉人人自醉。

◇ 闻香

鉴赏茶香一般要三闻。一是干闻，即闻干茶的香气，二是热闻，即闻开泡后显示出来的茶的本香，三是冷闻，即闻茶香的持久性。闻干茶是在冲泡前进行，干茶中有的清香，有的甜香，有的焦香，比如红茶应浓烈纯正，绿茶应清新鲜爽，乌龙茶应馥郁清幽，花茶应芬芳扑鼻。如果茶香闻起来低沉，带有焦、烟、霉、陈、酸或其他异味者为次品。直接抓一把茶叶放在手中，或将少许干茶放在器皿中，闻一闻干茶的清香、糖香、浓香，判断一下有无异味或杂味等。

花茶以有清纯芬芳者为优；乌龙茶以有浓郁的熟桃香者为好；绿茶一般以闻起来清香鲜爽，甚至有花香、果香者为佳；而红茶则以有花香、清香为上，尤以香气浓烈、持久者为上乘。

闻香多采用湿闻的方式，也就是冲泡过的茶叶，经1～3分钟后，将杯送至鼻端，闻茶汤面发出的茶香；如果用有盖的杯泡茶，则可闻盖香和面香；倘若像台湾人冲泡乌龙茶时用闻香杯作过

渡盛器的话，还可闻杯香和面香。另外，随着茶汤温度的变化，品闻茶香还有热闻、温闻和冷闻之分。热闻重在辨别香气正常与否，香气的类型，以及香气高低；温闻重点在鉴别茶香的雅与俗，即优与次；而冷闻则在于判断茶叶香气的持久程度。

透过玻璃杯观茶，只能看出茶叶表面的好坏，而对茶叶的香气和滋味并不能够切身体会，所以有必要开汤泡一壶茶来进行仔细的品味。茶泡好，在茶汤倒出来之后，可以趁热端起茶杯或打开壶盖闻一闻茶汤的热香，判断一下茶汤的香气类型，有菜香、花香、果香、麦芽糖香之分，同时也要判断香气中有无焦味、烟味、油臭味或其他的异味，从而可以判断出茶叶的新旧、发酵的程度以及焙火的轻重。茶汤温度稍微降低之后，即可品尝茶汤。这时便可以仔细辨别茶汤香味的清浊浓淡，并闻一闻中温茶的香气，更能进一步认识其香气的特质。等喝完茶汤，在茶渣冷却之后，还可以回过头来品闻茶渣的冷香，嗅闻茶杯的杯底香。如果是劣等的茶叶，其香气到这个时候已经消失殆尽了。嗅香气的技巧非常重要。茶汤浸泡5分钟左右就应该开始闻香气，45～55℃是最适合嗅茶叶香气的叶底温度，超过此温度便会感到烫鼻，低于30℃时的茶香低而沉，特别是染有烟味、木味等异味的茶叶，茶香很容易随热气挥发而变得难以辨别。

嗅香气时应以左手握杯，靠近杯沿用鼻趁热深嗅或轻嗅杯中叶底发出的香气，或者将整个鼻部深入杯内，接近叶底以扩大接触的香气面积，以此来增加嗅感。为了准确判断出茶叶香气的强弱、高低、长短、清浊以及纯杂等，嗅时应有一两次的重复，每次一般是3秒左右，嗅时不宜过久，以免因嗅觉疲劳而失去灵敏度。嗅茶香的过程是：一吸（1秒）一停（0.5秒）一吸（1秒），依照这样的方法嗅出茶的香气是"高温香"。另外，在品味的过程中，嗅出的是"中温香"。而在品味之后，更可嗅茶的"低温香"或者"冷香"。好的茶叶，具有持久的香气。而只有香气较高且持久的茶叶，才会有余香、冷香，也才会是好茶。

热闻有三种方式，一是闻杯盖上的留香，二是从氤氲的水汽中闻香，三是用闻香杯慢慢地细闻杯底留下的香气。例如红茶具有甜香和果味香，绿茶则有清香，安溪铁观音冲泡后有一股浓郁的天然花香，花茶除了茶香外，还有不同的天然花香。茶叶的香气与制作技术的高低以及所用原料的鲜嫩程度有关，原料越细嫩，所蕴含的芳香物质越多，香气也就越高。冷闻则在茶汤冷却后进行，这时一些原来被茶中芳香物掩盖着的其他气味也可以闻到。

◇ 尝味

尝味是指品尝茶汤的滋味。茶汤滋味是茶叶的苦、辣、酸、甜、涩、腥、鲜等多种口味的物质综合反应的结果，如果它们的数量和比例合适，茶汤的味道就会变得鲜醇可口，回味无穷。茶汤的滋味以微苦中带甘为最佳。好茶有活性，喝起来甘醇浓厚，喝后喉头甘润，这种感觉能够持续很久。

一般认为，乌龙茶滋味酽醇回甘，绿茶滋味鲜醇爽口，红茶滋味鲜爽、浓厚、强烈，才是上乘茶的重要标志。由于舌的不同部位对同种滋味的感觉也有所不同，所以，在尝味时要使茶汤在舌头上来回滚动，才能准确而全面地分辨出茶味。品尝茶汤的滋味时，舌头的姿势要正确，即把茶汤吸入口后，舌尖要抵住上齿根，嘴唇微微张开，舌稍向上抬，使茶汤摊在舌的中部，再用腹部呼吸从口缓缓吸入空气，使茶汤在舌上微微滚动，连吸两次气之后，辨出茶汤的滋味。对于初感有苦味的茶汤，应抬高舌位，把茶汤压入舌根，进一步判断苦的程度。而对于有烟味的茶汤，应在把茶汤送入口之后，闭合嘴巴，舌尖顶住上颚板，用鼻孔吸气，把口腔鼓大，使空气与茶汤得到充分的接触之后，再由鼻孔把气放出。这样重复两三次后，就会明确对烟味的判断。40～50℃是品味茶汤最适合的温度。如果温度高于70℃，味觉器官容易被烫伤，影响正常的品味；而

低于30℃时，味觉品评茶汤的灵敏度较差，而且溶解于茶汤中的有关物质的滋味，在汤温下降时，逐步被析出，汤味由协调变为不协调。在尝味时，每次品尝茶汤的量以5毫升左右最适宜。过多时，会感觉满口茶汤，难以在口中回旋辨味；过少时觉得嘴空，同样不利于辨别。在3～4秒内，将5毫升的茶汤在舌中回旋2次，品味3次即可，也就是一杯15毫升的茶汤分3次喝，这就是"品"的过程。品味的过程要自然，速度不能太快，也不宜大力吸，以免茶汤从齿间隙进入口腔，而使齿间的食物残渣进入口腔与茶汤混合，增加异味。品味主要是品味茶的强弱、浓淡、鲜滞、爽涩、纯异等。为了真正品出茶的本味，在品茶前不宜吸烟，以保持味觉与嗅觉的灵敏度；最好不要吃强烈刺激味觉的食物，如辣椒、葱蒜、糖果等。喝下茶汤后，喉咙感觉应是甘滑、软甜、齿颊留香，韵味十足，回味无穷。

各类茶的品饮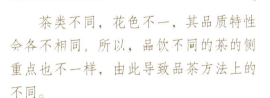

茶类不同，花色不一，其品质特性会各不相同，所以，品饮不同的茶的侧重点也不一样，由此导致品茶方法上的不同。

⊙ 高级细嫩绿茶的品饮

高级细嫩绿茶，色、香、味与形都别具一格，令人喜爱。品茶时，可先透过晶莹清亮的茶汤，观赏茶的姿态、沉浮和舒展，再观察茶汁的浸出、渗透和汤色的变化，然后，端起茶杯，先闻茶香，

再呷上一口，含在口中，慢慢在口舌间来回滚动，如此回环往复地品赏。

⊙ 乌龙茶的品饮

乌龙茶的品尝，重在嗅香和品味，不注重品形。在实践过程中，像台湾是闻香重于尝味的，东南亚一带是尝味重于闻香。潮汕一带注重热品，即洒茶叶入杯，用食指和拇指按住杯沿，中指抵住杯底，慢慢地由远及近，使杯沿触唇，杯面迎鼻，先嗅其香，尔后将茶汤含在口中回旋，缓缓品饮其味，通常是三小口即见杯底，再闻嗅留存于杯中的茶香。台湾采用的是温品，更侧重于闻香。品饮时先将壶中茶汤趁热倒进公道杯，然后分注于闻香杯中，再一一倒入对应的小杯之内，而此时闻香杯内壁留存的茶香，正是人们品饮乌龙茶的精髓所在。在品饮时，先将闻香杯置于双手手心间，将闻香杯口对准鼻孔，再用双手慢慢来回搓动闻香杯，使杯中香气尽可能得到最大程度的享用。至于啜茶的方式，与潮汕地区并无多大区别。

⊙ 红茶品饮

红茶，被人称作迷人之茶，这不仅仅是因为其色泽红艳油润，滋味甘甜可口，还由于品饮红茶，除清饮外，还可以调饮，外加柠檬酸、肉桂辛、砂糖甜或奶酪润。品饮红茶在于领略它的香气、汤色和滋味，所以，通常多是采用壶泡之后再分洒入杯。品饮时，先闻茶香，再观茶色，然后品味。饮红茶须在"品"字上下功夫，缓缓斟饮，细细品味，才能够获得品饮红茶的真情趣。

⊙ 花茶品饮

花茶，融花之香与茶之味为一体，茶的滋味为茶汤的本味，花香为花茶之精髓，茶中味道与花之香味巧妙地融合在一起，形成茶汤适口、香气芬芳的特殊韵味，故而人称花茶是诗一般的茶叶。花茶常用有盖的白瓷杯或盖碗冲泡，高级细嫩的花茶，也可用玻璃杯进行冲泡。高级花茶一经冲泡之后，可立即观赏茶叶在水中的沉浮、飘舞、展姿，以及茶

茶/道/茶/艺

汁的渗出和茶水色泽的变化。在冲泡2～3分钟后，即可以鼻闻香。于茶汤稍凉适口之时，含少许茶汤在口中停留，以口吸气和鼻呼气相结合的方法使茶汤在舌面来回旋动，口尝茶味和嗅闻余香。

⊙ 细嫩白茶与黄茶品饮

白茶是轻微发酵茶，制作的时候，通常是在鲜叶萎凋后，直接烘干而成，因此，汤色和滋味均较为清淡。黄茶的形态特点是黄汤黄叶，通常在制作时未经揉捻，所以，茶汁很难渗出。由于白茶和黄茶，尤其是白茶中的白毫银针，黄茶中的君山银针，都具有极高的欣赏价值，因而是以观赏为主的茶品。当然，其淡淡的澄黄茶色，悠悠的清雅茶香，微微的甘醇滋味，也是品赏的重要内容。所以在品尝之前，可先观干茶，它如松针铺地，似银针落盘，用直筒无花纹的玻璃杯以70℃的开水冲泡后，再欣赏茶芽在杯水中上下浮动，最终个个林立的过程，接着，观色闻香，但通常要在冲泡后10分钟左右才开始品味。这些茶特别重欣赏，所以，其品饮的方法均带有一定的特殊性。

名茶茶艺

⊙ 祁门工夫红茶

祁门工夫红茶茶艺主要用具：瓷质茶壶、茶杯（以青花瓷、白瓷茶具为好），茶荷或赏茶盘，茶匙、茶巾，奉茶盘，热水壶及风炉（电炉或酒精炉皆可）。茶具在表演台上摆放好后，即可进行祁门工夫红茶茶艺表演，程序如下。

◇ 赏茶："宝光"初现

祁门工夫红茶条索紧秀，锋苗好，

色泽乌黑润泽,并非人们常说的红色。这个程序请来宾欣赏其色被称为"宝光"的祁门工夫红茶。

◇ 煮水:清泉初沸

热水壶中用来冲泡的泉水经加热,微沸,壶中上浮的水泡,仿佛"蟹眼"已生,这个过程称为清泉初沸。

◇ 温具:温热壶盏

指用初沸之水,注入瓷壶及杯中,为壶、杯升温。

◇ 投茶:"王子"入宫

指用茶匙将赏茶盘或茶荷中的红茶叶轻轻拨入壶中。祁门工夫红茶也因此有了"王子茶"之称。

◇ 冲泡:悬壶高冲

这是冲泡红茶的关键。冲泡红茶的水温要在100℃,刚才初沸的水,此时已是"蟹眼已过鱼眼生",正好用于冲泡。而高冲可以让茶叶在水的激荡下,充分浸润,以利于色、香、味的充分发挥。

◇ 分茶:分杯敬客

分杯敬客用循环斟茶法,将壶中之茶均匀地分入每一杯中,使杯中之茶的色、味一致。

◇ 闻香:喜闻幽香

一杯茶到手,先要闻香。祁门工夫红茶香浓郁高长,香气甜润中蕴藏着一股兰花之香,是世界公认的三大高香茶之一,有"群芳最"、"茶中英豪"之誉。

◇ 赏汤:观赏汤色

红茶的红色,表现在茶汤中。祁门工夫红茶的汤色红艳,杯沿有一道明显的"金圈"。茶汤的明亮度和颜色,表明红茶的发酵程度和茶汤的鲜爽度。再观叶底,嫩软红亮。

◇ 品茶:品味鲜爽

闻香观色后即可缓啜品饮。祁门工夫红茶以鲜爽、浓醇为主,与红碎茶浓强的刺激性口感有所不同。滋味醇厚,回味绵长。

◇ 再品：再赏余韵

一泡之后，可再冲泡第二泡茶。

◇ 三品：三品得趣

红茶一般可冲泡三次，三次的口感各不相同，细饮慢品，徐徐体味茶之真味，方得茶之真趣。

◇ 谢客：收杯谢客

红茶性情温和，收敛性差，易于交融，因此通常用之调饮。祁门工夫红茶同样适于调饮。然清饮更能领略祁门工夫红茶特殊的"祁门香"香气，领略其独特的内质、隽永的回味、明艳的汤色。感谢来宾的光临，愿所有的爱茶人都像这红茶一样，相互交融，相得益彰。

⊙ 台式乌龙茶

台式茶艺侧重于对茶叶本身、用茶氛围的营造，以及与茶相关事物的关注，欣赏茶叶的色、香及外形，是茶艺中不可缺少的环节；冲泡过程的艺术化与技艺的高超，使泡茶成为一种美的享受；此外对茶具使用与欣赏，对饮茶与自悟修身、与人相处的思索，对品茗环境的设计都包容在茶艺之中。将艺术与生活紧密相连，将品饮与人性修养相融合，形成了亲切自然的品茗形式，这种形式也越来越为人们所接受。

台式茶艺的主要茶具有紫砂茶壶、闻香杯、品茗杯、茶盅、杯托、茶盘、电茶壶、置茶用具、茶巾等。茶艺表演程序如下。

备具候用。将所用的茶具按正确顺序摆放好。

恭请上坐。请客人依次坐下。

焚香静气。通过点燃这支香来营造一个祥和肃穆、无比温馨的气氛，希望这沁人心脾的幽香能使大家心旷神怡，并随着这悠悠袅袅的香烟升华到悟道的境界。

活煮甘泉。宋代苏东坡是一位精通茶道的茶人，他总结泡茶的经验说"活水还须活水煮"，活煮甘泉，即用旺火煮沸壶中的泉水。

孔雀开屏。孔雀通过开屏向同伴展示自己美丽的羽毛，我们借助孔雀这道程序向各位嘉宾介绍有关泡茶用的精美茶具。

叶嘉酬宾。叶嘉是茶叶的代称，请客人观赏茶叶，并向客人介绍该茶叶的外形、香气、色泽特点。

孟臣沐霖。用烧沸的开水冲入紫砂壶内，再一一地倒入公道杯、品茗杯和闻香杯内，其目的是提升茶具的温度，使茶叶在里面能更好地发挥色、香、味、型的特点。

高山流水。即温杯洁具，用紫砂壶里的水烫洗品茗杯，动作舒缓起伏，保持水流不断。

乌龙入宫。将乌龙茶拨入紫砂壶内，"宫"是形容紫砂壶的重要性。

百丈飞瀑。用高长而细的水流使茶叶翻滚，达到清洗茶叶和温润的目的。

春风拂面。用壶盖刮去茶壶表面泛起的泡沫及茶叶，使壶内茶汤更加清澈洁净。

玉液移壶。把紫砂壶中的初泡茶汤倒入公道杯中，提高温度。

分盛甘露。再把公道杯中的茶汤均匀分到闻香杯中。

凤凰三点头。采用三起三落的手法向紫砂壶注水至满。

重洗仙颜。"重洗仙颜"是武夷九曲溪畔的焉得虎子，摩崖石刻的喻意，

茶/道/茶/艺

在这里喻出。第二次冲泡完时加上壶盖后，还要用开水洗烫壶的表面，内外加温，有利于茶香的散发。

内外养身。将闻香杯中的茶汤淋在紫砂壶表面，养壶作用的同时可保持壶表的温度。

游山玩水。紫砂壶泡好茶后，在茶巾上沾干壶底的残水，并把茶水注入公道杯内，此过程就叫"游山玩水，慈母哺子"。

自有公道。把泡好的茶倒入公道杯中均匀。

关公巡城。将公道杯中的茶汤快速巡回均匀地分到闻香杯中至七分满。

韩信点兵。将最后的茶汤用点斟的手式均匀地分到闻香杯中。

若琛听泉。把品茗杯中的水倒入茶船。

乾坤倒转。将品茗杯倒扣到闻香杯上。

翻江倒海。将品茗杯及闻香杯倒置，使闻香杯中的茶汤倒入品茗杯中，放在茶托上。

敬奉香茗。双手拿起茶托，齐眉奉给客人，向客人行注目礼。然后重复若琛听泉至敬奉香茗程序，最后一杯留给自己。

空谷幽兰。示意用左手旋转拿出闻香杯热闻茶香，双手搓闻杯底香。

三龙护鼎。示意用拇指和食指扶杯，中指托杯底拿品茗杯。

鉴赏汤色。观赏茶汤的颜色及光泽。

初品奇茗。在观汤色、闻汤面香后，开始品茶味。

二探兰芷。即冲泡第二道茶。

再品甘露。细品茶汤滋味。

三斟石乳。即冲泡第三道茶。

领略茶韵。通过介绍体会乌龙茶的真韵。

自斟漫饮。让客人自己动手，添茶续水，从而体会冲泡茶的乐趣。

敬奉茶点。根据客人需要奉上茶点，增添茶趣。

游龙戏水。即鉴赏叶底，把泡开的茶叶放入白瓷碗中，让客人观赏乌龙茶"绿叶红镶边"的品质特征。

尽杯谢茶。宾主起立，共干杯中茶，相互祝福、道别。

绿茶茶艺

绿茶茶艺用具包括白瓷茶壶一把，玻璃茶杯，香炉一个，香一支，脱胎漆器茶盘一个，锡茶叶罐一个，开水壶两个，茶道器一套，茶巾一条，绿茶每人2～3克。

⊙ 程序解说

◇ 点香：焚香除妄念

俗话说："泡茶可修身养性，品茶如品味人生。"古往今来，品茶都讲究要平心静气。"焚香除妄念"就是通过点燃一支香，来营造一种祥和肃穆的氛围。

◇ 洗杯：冰心去凡尘

茶至清至洁，是天涵地育的灵物，泡茶所需要的器皿也必须至清至洁。"冰心去凡尘"就是用开水把本来就干净的玻璃杯再烫一遍，做到茶杯冰清玉洁，一尘不染。

◇ 凉汤：玉壶养太和

就是把开水壶中的水预先倒入瓷壶中养一会儿，使水温降至约80℃。绿茶属于芽茶类，茶叶比较细嫩，如果用滚烫的开水直接冲泡，不仅会破坏茶芽中的维生素，还会烫熟茶叶，使茶汤失味。因此只宜用80℃左右的开水。

◇ 投茶：清宫迎佳人

苏东坡有诗云："戏作小诗君勿笑，从来佳茗似佳人。""清宫迎佳人"就是用茶匙把茶叶投放到冰清玉洁的玻璃杯中。

◇ 润茶：甘露润莲心

好的绿茶看上去如莲心，乾隆皇帝把茶叶称为"润心莲"。"甘露润莲心"就是在开始泡茶前，先向杯中注入少许热水，润茶的作用。

◇ 冲水：凤凰三点头

冲泡绿茶时也讲究高冲水，在冲水时水壶有节奏地三起三落，好比是凤凰向客人点头致意。

◇ 泡茶：碧玉沉清江

冲入热水以后，茶浮在水面上，过一会才缓慢沉入杯底，我们称之为"碧玉沉清江"。

◇ 奉茶：观音捧玉瓶

是指茶艺小姐把泡好的茶敬奉给客人。我们都知道，在佛教故事中，观世音菩萨常捧着一个白玉净瓶，瓶中的甘露可祛病消灾，救苦救难。这里的"观音捧玉瓶"，意在祝福好人一生平安。

◇ 赏茶：春波展旗枪

该程序是绿茶茶艺的特色程序。杯中的热水如春波荡漾，在热水的浸泡下，茶芽缓慢地舒展开来，叶芽尖尖如枪，叶片展开如旗。一芽一叶的称为"旗枪"，一芽两叶的称为"雀舌"。在品绿茶之前，先观赏在清碧澄净的茶水中，千姿百态的茶芽在杯中随波晃动，犹如生命的绿精灵在舞蹈，非常生动有趣。

◇ 闻茶：慧心悟茶香

品绿茶要一看、二闻、三品味，在欣赏"春波展旗枪"之后，要闻茶香。绿茶与乌龙茶、花茶不同，它的茶香更加清幽淡雅，只有用心灵去感悟，才能闻到那春天的气息，以及难以言传、清醇悠远的生命之香。

◇ 品茶：淡中品致味

绿茶的茶汤清纯甘鲜，淡而有味，它虽然没有红茶的浓艳醇厚，也没有乌龙茶的岩韵醉人，但只要用心去品，就一定能从淡淡的茶香中品出天地间至醇、至清、至美、至真的韵味来。

谢茶：自斟乐无穷

品茶有三乐，一个人面对高雅的茶室或青山绿水，通过品茗，心驰宏宇，神交自然，物我两忘，独品得神，此一乐也；两个知心朋友相对品茗，或推心置腹述衷肠，对品得趣，或无须多言即

心有灵犀一点通，此亦一乐也；孔子曰："三人行有我师。"众人相聚品茶，相互沟通，相互启迪，可以学到很多书本上学不到的知识，众品得慧，这同样是一大乐事。在品了头道茶后，请嘉宾自己泡茶，以便通过实践，从茶事活动中去感受修身养性、品味人生的无穷乐趣。

禅茶茶艺

⊙ 用具

禅茶茶艺需要用的工具有根雕茶桌一张，炭炉一个，陶制烧水壶一把，兔毫盏若干个，有把手的泡壶一把，茶洗一个，香一支，香炉一个，磬一个，木鱼一个，茶道一套，铁观音茶 10～15 克，佛乐磁带一盒。

⊙ 程序解说

◇ 礼佛：焚香合掌

自古有"茶禅一味"之说，禅茶中有禅机，禅茶的每道程序都源自佛典，启迪佛性，昭示佛理。最适合用于修身养性、强身健体的茶艺就是禅茶茶艺，这套禅茶茶艺共 18 道程序，希望茶人能抛弃功利之心，放下世俗的烦恼，以平和虚静之心，领略"茶禅一味"的真谛。

同时播放《赞佛曲》、《三皈依》、《戒定真香》、《心经》等梵乐或梵唱，

让幽雅、平和的佛乐声，把茶人的心带到虚无缥缈的境界，让烦躁不安的心，慢慢平静下来。

◇ 调息：达摩面壁

达摩面壁是指禅宗初祖菩提达摩在嵩山少林寺面壁坐禅的故事。面壁时助手可伴随着佛乐，有节奏地敲打磬和木鱼，进一步营造祥和肃穆的气氛。主泡者则指导客人随着佛乐静坐调息。静坐时应配有约两三寸厚的坐垫，如果配有椅子，亦可正襟危坐。静坐的姿势最好是佛门七支坐，在佛乐中静坐 10～15 分钟。

◇ 煮水：丹霞烧佛

在调息静坐的过程中，助手开始生火烧水，这称为丹霞烧佛。丹霞烧佛典出于《祖堂集》卷四。据记载丹霞天然禅师于惠林寺遇到天寒，就劈了佛像，用来烧火取暖。寺中主人讥讽他，禅师说："我焚佛尸寻求舍利子（即佛骨）。"主人说："这是木头的，哪有什么舍利子？"禅师说："既然是这样，我烧的是木头，为什么还要责怪我呢？"于是寺主无言以对。"丹霞烧佛"时要注意观察火相，从燃烧的火焰中，感悟人生的短暂以及生命的辉煌。

◇ 候汤：法海听潮

佛教认为"一粒粟中藏世界，半升铛内煮山川"。小中能见大，从煮水候汤听水的初沸、鼎沸声中，我们会有"法海潮音，随机普应"的感悟。

◇ 洗杯：法轮常转

法轮常转典出于《五灯会元》卷二十。径山宝印禅师云："世尊初成正觉于鹿野苑中，转四谛法轮，陈如比丘最初悟道。"法轮喻指佛法，而佛法就在日常平凡的生活琐事之中。洗杯的时候，眼前转的是杯子，心中动的却是佛法；洗杯是为了使茶杯洁净无尘，礼修身是为了使心中洁净无尘。在用转动杯子的

手法洗杯时，或许可看到杯转而心动悟道。

◇ 烫壶：香汤浴佛

四月初八的佛诞日和七月十五的自恣日，是佛教最大的节日，这两天都叫"佛欢喜日"。佛诞日要举行"浴佛法会"，僧侣及信徒们要用香汤沐浴太子像（即释迦牟尼佛像）。我们用开水烫洗茶壶称之为"香汤浴佛"，表示佛无处不在，亦表明"即心即佛"。

◇ 赏茶：佛祖拈花

佛祖拈花微笑典出于《五灯会元》卷一。据载：世尊在灵山会上，拈花示众，是时众皆默然，惟迦叶尊者破颜微笑。世尊曰："吾有正法眼藏，涅槃妙心，实相无相，微妙法门，不立文字，教外别传，付嘱摩柯迦叶。"我们借助"佛祖拈花"这道程序，向客人展示茶叶。

◇ 投茶：菩萨入狱

地藏王是佛教四大菩萨之一。据佛典记载，为了救度众生，救度鬼魂，地藏王菩萨表示："我不下地狱，谁下地狱？""地狱中只要有一个鬼，我永不成佛。"投茶入壶，如菩萨入狱，赴汤蹈火，泡出的茶水可振奋茶人的精神，如菩萨救度众生，在这里茶性与佛理有异曲同工之妙。

◇ 冲水：漫天法雨

佛法无边，润泽众生，泡茶冲水如漫天法雨普降，使人如"醍醐灌顶"，由迷达悟。壶中升起的热气如慈云氤氲，使人如沐春风，心生善念。

◇ 洗茶：万流归宗

著名的五台山金阁寺有一副对联：一尘不染清静地，万善同归般若门。茶本洁净但仍然要洗，追求的是一尘不染。佛教传到中国以后，一花开五叶，千佛万神各门各派追求的都是大悟大彻，"万流归宗"，归的都是般若之门。般若是梵语音译词，即无量智能，具此智能便可成佛。

◇ 泡茶：涵盖乾坤

涵盖乾坤典出于《五灯会元》卷十八。惠泉禅师曰："昔日云门有三句，谓涵盖乾坤句，截断众流句，随波逐流句。"这三句是云门宗的三要义，"涵盖乾坤"意思是真如佛性无处不在，包容一切，万事万物皆真如妙体，在小小的茶壶中也蕴藏着博大精深的佛理和禅机。

◇ 分茶：偃溪水声

偃溪水声典出于《景德传灯录》卷十八。据载有人问师备禅师："学人初入禅林，请大师指点门径。"师备禅师说："你听到偃溪水声了？"来人答："听到。"师备便告诉他："这就是你悟道的入门途径。"禅茶茶艺讲究：壶中尽是三千功德水，分茶细听偃溪水声。斟茶之声亦如偃溪水声可启人心智，警醒心性，助人悟道。

◇ 敬茶：普渡众生

禅宗六祖慧能有偈云："佛法在世间，不离世间觉，离世求菩提，恰似觅兔角。"菩萨是梵语的略称，全称应为菩提萨埵，菩提是觉悟，萨埵是有情。所以菩萨是上求大悟大觉——成佛，下求有情——普度众生。敬茶意在以茶为媒体，使客人从茶的苦涩中品出人生百味，达到大彻大悟，得到大智大慧，故称之为"普度众生"。

◇ 闻香：五气朝元

佛教修身养性的最高境界是"三花聚顶，五气朝元"，五气朝元即做深呼吸，尽可能多的吸入茶的香气，并使茶香直达颅门，反复数次，这样对健康有好处。

◇ 观色：曹溪观水

曹溪是广东曲江县双峰山下的一个地名，唐仪凤元年（公元676年），六祖慧能住持曹溪宝林寺，此后曹溪被历代禅者视为禅宗祖庭。曹溪水喻指禅法。

《密庵语录》载："凭听一滴曹溪水，散作皇都内苑春。"观赏茶汤色泽称之为"曹溪观水"，暗喻要从深层次去看是色是空；同时也提示："曹溪一滴，源深流长"（《塔铭·九卷》）。

◇ 品茶：随波逐浪

"随波逐浪"典出于《五灯会元》卷十五，是"云门三句"中的第三句。云门宗接引学人的一个原则，即随缘接物，自由自在地体悟茶中百味，不厌憎苦涩，不偏爱甘爽，只有这样才能心性闲适，旷达洒脱的品茶，才能从茶水中悟出禅机佛理。

◇ 回味：圆通妙觉

圆通妙觉即大悟大彻、圆满之灵觉。品茶以后，细细回味前边的 16 道程序，便会："有感即通，千杯茶映千杯月；圆通妙觉，万里云托万里天。"乾隆皇帝登上五台山菩萨顶时，曾写下一联："性相真如华海水，圆通妙觉法轮铃。"这是他登山的体会，把该联稍作改动"性相真如杯中水；圆通妙觉烹茶声。"这便是品禅茶的绝妙感受。佛法佛理就在日常最平凡的生活琐事之中，佛性真如就在我们的心底。

◇ 谢茶：再吃茶去

谢茶是为了相约再品茶。"茶禅一味"，茶要常饮，禅要常参，性要常养，身要常修。原中国佛教协会会长赵朴初先生讲得好："七碗受至味，一壶得真趣，空持百千偈，不如吃茶去！"让茶人相约再吃茶去。

花茶茶艺

花茶是诗一般的茶，它融茶之韵与花香于一体，通过"引花香，增茶味"，使花香茶味珠联璧合，相得益彰。从花茶中，我们可以品出春天的气息。所以在冲泡和品饮花茶时也要求有诗一样的程序。

◇ 第一道：烫杯

我们称之为"竹外桃花三两枝，春江水暖鸭先知"，是苏东坡的一句名诗，苏东坡不仅是一个多才多艺的大文豪，而且是一个至情至性的茶人。借助苏东坡的这句诗描述烫杯，请各位充分发挥自己的想像力，看一看在茶盘中经过开水烫洗之后，冒着热气的、洁白如玉的茶杯，像不像一只只在春江中游泳的小鸭子？

◇ 第二道：赏茶

我们称之为"香花绿叶相扶持"。赏茶也称为"目品"。"目品"是花茶三品（目品、鼻品、口品）中的头一品，目的即观察鉴赏花茶茶坯的质量，主要观察茶坯的品种、工艺、细嫩程度及保管质量。

如特极茉莉花茶：这种花茶的茶坯多为优质绿茶，茶坯色绿质嫩，在茶中还混有少量的茉莉花干花，干的色泽应白净明亮，这称之为"锦上添花"。在用肉眼观察了茶坯之后，还要干闻花茶的香气。通过上述鉴赏，我们一定会感到好的花茶确实是"香花绿叶相扶持"，极富诗意，令人心醉。

◇ 第三道：投茶

我们称之为"落英缤纷玉杯里"。"落英缤纷"是晋代文学家陶渊明先生在《桃花源记》一文中描述的美景。当我们用茶导把花茶从茶荷中拨进洁白如玉的茶杯时，花干和茶叶飘然而下，恰似"落英缤纷"。

◇ 第四道：冲水

我们称之为"春潮带雨晚来急"。冲泡花茶也讲究"高冲水"。冲泡特级茉莉花时，要用90℃左右的开水。热水从壶中直泄而下，注入杯中，杯中的花茶随水浪上下翻滚，恰似"春潮带雨晚来急"。

◇ 第五道：闷茶

我们称之为"三才化育甘露美"。冲泡花茶一般要用"三才杯"，茶杯的盖代表"天"，杯托代表"地"，茶杯代表"人"。人们认为茶是"天涵之，地载之，人育之"的灵物。

◇ 第六道：敬茶

我们称之为"一盏香茗奉知己"。敬茶时应双手捧杯，举杯齐眉，注目嘉宾并行点头礼，然后从右到左，依次一杯一杯地把沏好的茶敬奉给客人，最后一杯留给自己。

◇ 第七道：闻香

我们称之为"杯里清香浮清趣"。闻香也称为"鼻品"，这是三品花茶中的第二品。品花茶讲究"未尝甘露味，先闻圣妙香"。闻香时"三才杯"的天、地、人不可分离，应用左手端起杯托，右手轻轻地将杯盖揭开一条缝，从缝隙中去闻香。闻香时主要看三项指标：一闻香气的鲜灵度，二闻香气的浓郁度，三闻香气的纯度。细心地闻优质花茶的茶香，是一种精神享受，一定会感悟到在"天、地、人"之间，有一股新鲜、浓郁、纯正、清和的花香伴随着清悠高雅的花香，沁入心脾，使人陶醉。

◇ 第八道：品茶

我们称之为"舌端甘苦入心底"。品茶是指三品花茶的最后一品：口品。在品茶时依然是天、地、人三才杯不分离，依然是用左手托杯，右手将杯盖的前沿下压，后沿翘起，然后从开缝中品茶，品茶时应小口喝入茶汤。

◇ 第九道：回味

我们称之为"茶味人生细品悟"。人们认为一杯茶中有人生百味，无论茶是苦涩、甘鲜还是平和、醇厚，从一杯茶中人们都会有良好的感悟和联想，所以品茶重在回味。

◇ 第十道：谢茶

我们称之为"饮罢两腋清风起"。

唐代诗人卢仝的诗中写出了品茶的绝妙感觉。他写到：一碗喉吻润；二碗破孤闷；三碗搜咕肠，惟有文字五千卷；四碗发轻汗，平生不平事，尽向毛孔散；五碗肌骨轻；六碗通仙灵；七碗吃不得，唯觉两腋习习清风生。

普洱茶茶艺

◇ 备具候用

茶盘一只；紫砂壶(公道壶)1只，若琛杯(小茶杯)4只；茶叶罐1只；赏茶碟(闻香碟)1只；盖碗1套；茶巾1块；水盂1只；茶匙组合1副；开水壶1只；沸水。

◇ 高山流水

用开水烫杯。洗壶，借此提高器皿的温度，便于茶的香气更好的透发。

◇ 普洱入宫

将茶叶放入紫砂壶或盖碗（泡普洱茶用两种器具之一都可以）。置茶时先放拆散的茶，再放成块的茶。如此可以使散茶泡出味之后，块状的伸展松开才出味(使每泡的茶汤均匀而且耐泡)。置茶量的多少可视壶的容积大小和个人口味而定（一般来说，七子饼茶，茶砖的置茶量约为壶容量的1/5；沱茶的置茶量比饼茶少一点；普洱散茶约为壶的1/4或1/3。）。

◇ 孔雀开屏

向品茶者介绍冲泡普洱茶的茶具，又名"孔雀开屏"。一般用盖碗冲泡，用紫砂壶作公道壶，用透明玻璃若琛杯饮茶。用盖碗能产生高温宽壶的效果。用紫砂壶作公道壶，可去异味，得其真香真味。用透明玻璃杯品茶，可观赏普洱茶的汤色。

◇ 游龙戏水

即是洗茶，在热水的浸泡下，普洱茶慢慢舒展开来，不正如一条游龙在嬉戏吗？

◇ 玉液移壶

将泡好的茶汤倒入茶盅，又称出汤入壶。倒时宜低斟，可避免茶香味过多的散发。

◇ 孟臣沐浴

正式冲泡之前，先用开水淋壶，借此提高壶身温度。普洱茶所要求冲泡的温度比较高，以100℃为宜，以免温度过低而影响茶汤的质量。

◇ 凤凰行礼

即把盖碗中的剩余茶汤，全部沥入公道壶中，以凤凰三点头的姿势，向客人行礼致意。

◇ 行云流水

即要用新鲜洁净的水来泡茶，用悬壶高冲将水缓缓注入紫砂壶或盖碗中。

◇ 普降甘露

用关公巡城的手法，取其精华，均分之意，即将茶汤均匀分到每个杯中。

◇ 点水流香

用韩信点兵的手法，将茶汤慢慢点到每个品茗杯中，使每杯中的茶汤量一致。

◇ 敬奉香茗

请细品茶香真味，人生如茶，起起落落，沉沉浮浮，最重要是我们珍惜过，拥有过，品味过！

⊙ 蒙古阿巴嘎奶茶

阿巴嘎奶茶是风情迷人的内蒙古锡林郭勒草原牧民们最爱喝的奶茶，同时也是他们招待贵宾时必不可少的饮品。奶茶的馥郁和魅力都缘于原料和制作。熬制阿巴嘎奶茶要有超群的煮茶技艺，并按如下程序操作：

◇ 捣茶

煮优质奶茶，要有优质茶砖，在煮茶前，应把茶砖研碎备用。

◇ 洗锅

煮奶茶最好备两个锅，锅一定要清洗干净，并要用新打来的清水熬茶，否则茶会褪色变质。两口锅都洗净后，一口专门用于烧开水，另一口用于煮茶。

◇ 熬茶

熬茶时应先把水烧开，然后倒入研碎的砖茶熬3分钟左右即可。熬茶时火候和时间都要掌握好，要用硬火熬。时间太短，茶不出味，时间太长则会破坏维生素并使茶香散失。

◇ 过滤

即把熬好的茶汁滤去茶渣备用。

◇ 再烧茶

把锅烧热后，用切碎的羊尾巴油焓锅，倒入少量茶汁，再放入一勺小米，将其煮到开花，然后倒入全部茶汁并放入炒米、黄油和盐巴。

◇ 搅拌配料

把牛奶、稀奶油、奶皮子、黄油渣、黄油等配料按比例混合后放入一个专门的搅茶桶中不断搅拌，直到混合物中分离出一层油为止。

◇ 加料

待到锅中的茶汁烧到浓开时，加入搅拌好的配料，并再搅拌片刻，这样一锅热香四溢、美味可口的阿巴嘎奶茶就算熬好了。

◇ 敬茶

奶茶是蒙古族饮食文化中动人的诗

篇，奶茶养育了体魄强健的蒙古族人民。在内蒙古喝奶茶是一日不可或缺的生活小事，但同时又是十分注重礼节的大事。在敬奶茶时应根据蒙古人"崇老尚德"的优良传统，把第一碗奶茶先奉给在场年纪最大的人，然后再依次敬茶。敬茶时每碗茶都不可倒得太满（不应超过八分碗），敬茶要躬身双手托举茶碗举过头顶，再献给客人。客人也应双手接碗，接过碗后即在嘴边呷一口，以示回敬。头一碗礼过，客人落座后即可自由喝茶了。

正所谓："水为茶之母，器为茶之父"。茶因水而生，茶水依附器而得以润泽，器则因茶水而备受青睐。明代许次纾在《茶疏》中说："茶滋于水，水借乎器。"优雅的茶具可提高品茶的色香味，更重要的是提升雅趣茶兴。古人品茶颇为讲究，陆羽《茶经》中提出了煮茶二十四器，诸如风炉、夹、碾瓢、碗、畚、巾等。发展至今，泡茶用具已大为简化，但要真正泡好茶还得配置一定的茶具。现代茶具种类很多，按材料质地不同有陶土茶具、瓷器茶具、玻璃茶具、漆器茶具、搪瓷茶具、竹木茶具、金属与玉石茶具等，它们各有其特点。

茶具有助于我们更深刻地感受茶之韵味，也增加了品茶时的感官享受。让眼、口、心，得到温馨的统一。制作优良精致的茶具，古人们还给它们取上颇有意蕴的名字。例如：煮茶罐称为"鸣泉"；茶壶称为"注春"；茶匙称为"撩云"；茶碗称为"啜香"；竹扫帚称为"归洁"，甚至抹布也被冠以"受污"的雅称等等。茶具的雅名或指代、或相关、或拟人、或喻物，使得单纯实用的普通器物被赋予灵动悠远的非凡气质，散发出浓重的茶文化气息，增进了品饮香茗的雅和闲情。

品茗听壶

ZHONGGUO CHADIAN

茶具的分类

我国地域辽阔,茶类繁多,又因民族众多,民俗也有差异,饮茶习惯便各有特点,所用器具更是异彩纷呈,很难作出一个模式的规定。茶具的分类主要有以下几类:

⊙ 主茶具

泡茶、饮茶主要的用具。

◇ 茶壶

茶壶,用以泡茶的器具。壶由壶盖、壶身、壶底和圈足四部分组成。壶盖有孔、钮、座、盖等细部。壶身有口、延(唇墙)、嘴、流、腹、肩、把(柄、板)等细部。因为壶的把、盖、底、形的细微部分的不同,壶的基本形态就有近200种。

以把划分:

侧提壶 壶把为耳状,在壶嘴的对面。
提梁壶 壶把在盖上方为虹状者。
飞天壶 壶把在壶身一侧上方为彩带习舞状。
握把壶 壶把圆直形与壶身呈90°状。
无把壶 壶把省略,手持壶身头部倒茶。

以盖划分:

压盖 盖平压在壶口之上,壶口不外露。
嵌盖 盖嵌入壶内,盖沿与壶口平。
截盖 盖与壶身浑然一体,只显截缝。

以底划分:

捺底 将壶底心捺成内凹状,不另加足。
钉足 在壶底上加上三颗外突的足。

加底 在壶底四周加一圈足。

以有无滤胆分:

普通壶 上述的各种茶壶,无滤胆。
滤壶 在上述的各种茶壶中,壶口安

放一只直桶形的滤胆或滤网，使茶渣与茶汤分开。

以形状分：

筋纹形犹如植物中弧形叶脉状筋纹，在壶的外壁上有凹形的纹线，称之为筋，而筋与筋之间的壁隆起，有圆泽感。

几何形即以几何图形为造型，如正方形、长方形、菱形、球形、椭圆形、圆柱形、梯形等。

仿生形又称自然形，仿各种动、植物造型、如南瓜壶、梅桩壶、松干壶、桃子壶、花瓣形壶等等。

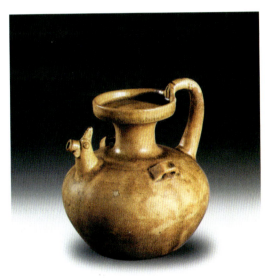

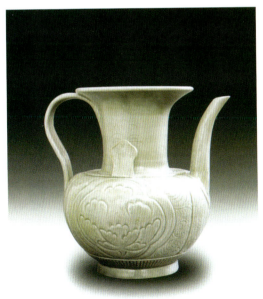

书画形在制成的壶上，刻凿出文字诗句或人物、山水、花鸟等。

◇ 茶船

放茶壶的垫底茶具。既可增加美观，又可防止茶壶烫伤桌面。

盘状：船沿矮小，整体如盘状，侧平视茶壶形态完全展现出来。

碗状：船沿高耸，侧平视只见茶壶上半部。

夹层状：茶船制成双层，上层有许多排水小孔，使冲泡溢出之水流入下层，并有出水口，使夹层中的积聚之水容易倒出。

◇ 茶海

又称茶盅或公道杯。盛放泡好的茶汤之分茶器具。茶壶内之茶汤浸泡至适当浓度后，茶汤倒至茶海，再分倒于各小茶杯内，以求茶汤浓度之均匀。亦可于茶海上覆一滤网，以滤去茶渣、茶末。没有专用的茶海时，也可以用茶壶充当。其大致功用为：一是盛放泡好之茶汤，再分倒各杯，使各杯茶汤浓度相若。二是沉淀茶渣。

壶形盅：以茶壶代替用之。

无把盅：将壶把省略为无把壶，常将壶口向外延拉成一翻边，以代替把手提着倒水。式盅：无盖，从盅身拉出一个简单的倒水口，有把或无。

◇ 小茶杯

盛放泡好的茶汤并饮用的器具，分为以下几种：

翻口杯：杯口向外翻出似喇叭状。

敞口杯：杯口大于杯底，也称盏形杯。

直口杯：杯口与杯底同大，也称桶形杯。

收口杯：杯口小于杯底，也称鼓形杯。

把杯：附加把手的茶杯。

盖杯：附加盖子的茶杯，有把或无把。

◇ 闻香杯

盛放泡好的茶汤，倒入品茗杯后，闻嗅留在杯底余香之器具。

◇ 杯托

放置茶杯的垫底器具。

盘形：托沿矮小呈盘状。

碗形：托沿高耸，茶杯下部被托包围。

高脚形：杯托下有一圆柱脚。

圈形：杯托中心留一空洞，洞沿上下有竖边，上固定杯底，下为托足。

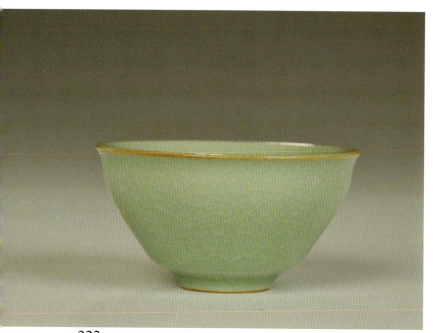

◇ 盖置

放置壶盖、盅盖、杯盖的器物，既保持盖子清洁，又避免沾湿桌面。

托垫式：形似盘式杯托。

支撑式：圆柱状物，从盖子中心点支撑住盖；或筒状物，从盖子四周支撑。

◇ 大茶杯

泡饮合用器具。多为长桶形，有把或无把，有盖或无盖。

◇ 茶碗

泡茶器具，或盛放茶汤作饮用工具。

圆底：碗底呈圆形。

尖底：碗底呈圆锥形，常称为茶盏。

◇ 盖碗

由盖、碗、托三部件组成，泡饮合用器具或可单用。

品/茗/听/壶

◇ 同心杯

大茶杯中有一只滤胆，将茶渣分离出来。

◇ 冲泡盅

用以冲泡茶叶的杯状物，盅口留一缺口为出水口，或杯盖连接一滤网，中轴可以上下提压如活塞状，既可使冲泡的茶汤均匀，又可以使渣与茶汤分开。

⊙ 辅助用具

泡茶、饮茶时所需的各种器具，以增加美感，方便操作。

◇ 桌布

铺在桌面并向四周下垂的饰物，可用各种纤维织物制成。

◇ 泡茶巾

铺于个人泡茶席上的织物或覆盖于洁具、干燥后的壶杯等茶具上。常用棉、丝织物制成。

◇ 茶盘

摆置茶具，用以泡茶的基底。用竹、木、金属、陶瓷、石等制成，有规则形、自然形、排水形等多种。

◇ 茶巾

用以擦洗、抹拭茶具的棉织物；或用作抹干泡茶、分茶时溅出的水滴；托垫壶底；吸干壶底、杯底之残水。

◇ 茶巾盘

放置茶巾的用具。竹、木、金属、搪瓷等均可制作。

◇ 奉茶盘

以之盛放茶杯、茶碗、茶具、茶食等，恭敬端送给品茶者，显得洁净而高雅。

◇ 茶匙

从储茶器中取干茶之工具，或在饮用添加茶叶时作搅拌用，常与茶荷搭配使用。

◇ 茶荷

古时称茶则，是控制置茶量的器皿，用竹、木、陶、瓷、锡等制成。同时可作观看干茶样和置茶分样用。

◇ 茶针

由壶嘴伸入流中防止茶叶阻塞，使出水流畅的工具，以竹木制成。

◇ 茶箸

泡头一道茶时，刮去壶口泡沫之具，形同筷子，也用于夹出茶渣，在配合泡茶时亦可用于搅拌茶汤。

◇ 渣匙

从泡茶器具中取出茶渣的用具，常与茶针相连，即一端为茶针，另一端为渣匙，用竹、木制成。

◇ 箸匙筒

插放箸、匙、茶针等用的有底筒状物。

◇ 茶拂

用以刷除茶荷上所沾茶末之具。

◇ 计时器

用以计算泡茶时间的工具，有定时钟和电子秒表，以可计秒的为佳。

◇ 茶食盘

置放茶食的用具，用瓷、竹、金属等制成。

◇ 茶叉

取食茶食用具，金属、竹、木制。

◇ 餐巾纸

垫取茶食、擦手、抹拭杯沿用。

◇ 消毒柜

用以烘干茶具和消毒灭菌。

⊙ 备水器具

◇ 净水器

安装在取水管道口用于纯净水质，应按泡茶用水量和水质要求选择相应的净水器，可配备一至数只。

◇ 储水缸

利用天然水源或无净水设备时储放泡茶用水，起澄清和挥发氯气作用。应特别注意保持清洁。

◇ 煮水器

由烧水壶和热源两部分组成，热源可用电炉、酒精炉、炭炉等。

◇ 保温瓶

储放开水用。一般用居家使用的热水瓶即可，如去野外郊游或举行无我茶会时，需配备旅行热水瓶，以不锈钢双层胆者为佳。

◇ 水方

置于泡茶席上储放清洁的泡茶用水的器皿。

◇ 水注

将水注入煮水器内加热，或将开水注入壶（杯）中温器、调节冲泡水温的用具。形状近似壶，口较一般壶小，而水流特别细长。

◇ 水盂

盛放弃水、茶渣等物的器皿，亦称"滓盂"。

⊙ 备茶器具

◇ 茶样罐

泡茶时用于盛放茶样的容器，体积较小，装干茶30～50克即可。

◇ 储茶罐（瓶）

储藏茶叶用，可储茶250～500克。为密封起见，应用双层盖或防潮盖，金属或瓷质均可。

品/茗/听/壶

◇ 茶瓮（箱）

涂釉陶瓷容器，小口鼓腹，储茶防潮用具，也可用马口铁制成双层箱，下层放干燥剂（通常用生石灰），上层用于储茶，双层间以带孔搁板隔开。

⊙ 盛运器具

◇ 提柜

用以放置泡茶用具及茶样罐的木柜，门为抽屉式，内分格或安放小抽屉。可携带外出泡茶用。

◇ 都篮

竹编的有盖提篮，放置泡茶用具及茶样罐等，可携带外出泡茶。

◇ 提袋

携带泡茶用具及茶样罐、泡茶巾、坐垫等物的多用袋，用人造革、帆布等制成的背带式袋子。

◇ 包壶巾

用以保护壶、盅、杯等的包装布，以厚实而柔软的织物制成，四角缝有雌雄搭扣。

◇ 杯套

用柔软的织物制成，套于杯外。

⊙ 泡茶席

◇ 茶车

可以移动的泡茶桌子，不泡茶时可将两侧台面放下，搁架向对关闭，桌身即成一柜，柜内分格，放置必备泡茶器具及用品。

◇ 茶桌

用于泡茶的桌子。长约150厘米，宽约60～80厘米。

◇ 茶席

用以泡茶的地面。

◇ 茶凳

泡茶时的坐凳，高低应与茶车或茶桌相配。

◇ 坐垫

在炕桌上或地上泡茶时，用于坐、跪的柔软垫物。大小为60厘米×60厘米的方形物，或60厘米×45厘米的长方形物，为方便携带，可制成折叠式。

⊙ 茶室用具

◇ 屏风

遮挡非泡茶区域或作装饰用。

◇ 茶挂

挂在墙上营造气氛的书画艺术作品。

◇ 花器

插花用的瓶、篓、篮、盆等物。

茶具的发展

⊙ 茶具的起源

"茶具"一词最早出现在汉代辞赋家王褒《僮约》里，这是在中国茶具发展史上，最早谈及饮茶用器具的史料。因为茶的饮用方式是不一样的，这样使

得茶具随时代的发展而发生了相应的变化。唐及唐以前，人们饮的主要是饼茶，习惯用煎茶法饮茶，茶具包括储茶、炙茶、碾茶、罗茶、煮茶、饮茶等器具；宋代，随着"斗茶"的兴起，人们以用点茶法饮茶为时尚，与此相应的有碾茶、罗茶、候汤、点茶、品茶等器具；元代以后，特别是从明代开始，人们普遍饮用散茶，采用直接冲泡法饮茶，这样碾茶、罗茶等器具就成了多余之物，因而这些器具也就随之淘汰，制茶器具也就渐趋演变成饮茶器具而且变得越来越简便，一把烧水的壶，一个储茶的罐，一只沏茶的盏，就是饮茶的全部用具了。

至于茶具的品质和种类，造型和样式等，还与传统文化、时代习俗、审美情趣等休戚相关，特别是与当时、当地的民俗有关。这种情况，现代如此，古代也同样如此。如湘、鄂、黔交界处土家族兄弟喝擂茶所需的擂钵，西北回民喝罐罐茶所需的小陶罐，西藏藏族同胞喝酥油茶所需的打茶筒，还有广东潮汕地区及闽南一带啜工夫茶所需的"烹茶四宝"：潮汕风炉、玉书碾（烧水壶）、孟臣罐（沏茶壶）和若琛瓯（啜茶杯），等等，都具有明显的民俗和区域特征。

另外，茶具在一定程度上，也反映了一种时代精神，留下了历史的烙印。如辽代茶具，它在造型上深受中原宋代茶具的影响，但在式样上又蕴含了北方游牧民族豪放粗犷的个性。又如唐代北方使用以邢窑产品为代表的白瓷茶具，南方使用以越窑产品为代表的青瓷茶具，它们形成了陶瓷茶具制作史上的"南青北白"的格局。这里有人为的因素，南方与唐代茶圣陆羽的"尚青"有关，认为青瓷能益茶汤之色，但也有地域性审美差异造成的差别。这些都对茶具产生了影响。

时代发展到今天，人们素常所说的"茶具"，主要指茶壶、茶杯、茶勺等这类饮茶的器具。事实上现代茶具的种类是屈指可数的。没有古代"茶具"那样包含有更深的意境和更大的范围。按唐文学家皮日休《茶具十咏》中所列出所言，茶具种类应该有"茶坞、茶人、茶笋、茶籯、茶舍、茶灶、茶焙、茶鼎、茶瓯、煮茶。"其中"茶坞"是指种茶的凹地。"茶人"指采茶者，如《茶经》说："茶人负以（茶具）采茶也。""茶籯"是箱笼一类器具。唐陆龟蒙写有一首《茶籯诗》"金刀劈翠筠，织似波纹斜。"可见"茶籯"是一种竹制、编织有斜纹的茶具。"茶舍"多指茶人居住的小茅屋，皮日休《茶舍诗》曰"阳崖忱自屋，几日嬉嬉活，棚上汲红泉，焙前煎柴蕨，乃翁研茶后，中妇拍茶歇，相向掩柴扉，清香满山月。"诗词描写出茶舍人家焙茶、研（碾）茶、煎茶、拍茶辛劳的制茶过程。

古人煮茶要用火炉（即炭炉），唐以来煮茶的炉通称"茶灶"。《唐书·陆龟蒙传》说他居住松江甫里，不喜与流俗交往，虽有人登门造访也不肯见，不乘马，不坐船，整天只是"设蓬席斋。束书茶灶。"往来于江湖，自称"散人"。唐诗人陈陶在《题紫竹诗》中写道："幽香入茶灶，静翠直棋局"；宋南渡后曾誉为"南宋四大家"之一的杨万里，在

《压波堂赋》里有"笔床茶灶,瓦盆藤尊"之句……可见,唐宋文人墨客无论是读书,还是下棋,都与"茶灶"相傍,又见茶灶与笔床、瓦盆并例,说明至唐代开始,"茶灶"就是日常必备之物了。

古时人们把烘焙茶叶的器具叫"茶焙"。据《宋史·地理志》提到"建安有北苑茶焙。"是有名的,又依《茶录》记载说,茶焙是一种竹编,外包裹箬叶(箬竹的叶子),因箬叶有收火的作用,可以避免把茶叶烘黄,茶放在茶焙上,要求温度小火烘制,就不会损坏茶色和茶香了。

此外,在各种古籍中还可以见到的茶具有:茶鼎、茶瓯、茶磨、茶碾、茶臼、茶柜、茶榨、茶槽、茶宪、茶笼、茶筐、茶板、茶挟、茶罗、茶囊、茶瓢、茶匙等。究竟有多少种茶具呢?据《云溪友议》说:"陆羽造茶具二十四事。"如果按照唐代文学家皮日休《茶具十咏》和范摅《云溪友议》之言,古代茶具至少有24种。这段史料所言的"茶具"概念与当今是有很大不同之处的。

一部茶具发展史,在某种意义上说,

就是一部缩小了的茶业发展史,也是社会发展的一个反映。

⊙ 专用茶具的确立

自茶成为人们的日常生活饮料后,烹茶必须要有相应器具。也就是说,有茶、有水,还得有茶具。尽管我国早在汉代开始已可找到专用茶具的踪迹,但作为

专用茶具在民间普遍使用和确立,尚需有一个相当长的过渡时期。在这一时期内,既有与食具共用的,也有作为茶具专用的,两者并存,可称之为过渡期。这种情况的出现,同时在很大程度上,还与人类当时对茶的饮用方式有关。

自秦汉以来,茶已日渐成为人们日常生活所需的饮料,但当时的饮茶方法还很粗放。唐·陆羽《茶经·七之事》引三国魏(220～265年)张揖所撰的《广雅》说:"荆、巴间采叶作饼,叶老者,饼成,以米膏出之。欲煮茗饮,先炙令赤色,捣末置瓷器中,以汤浇覆之,用葱、姜、橘子笔之。其饮醒酒,令人不眠。"这里的"荆"是指今湖北巴陵一带。"巴"是指川东、汉中、鄂西北一带。说当时这些地区饮的茶叶,叶老者就和米粥一起搅和制成饼茶。煮饮前,先将饼茶炙烤成赤色,再碾成末,加上葱、姜、橘皮,"汤浇"后饮用。

唐代大中年间(847～859年),美食家杨晔撰《膳夫经手录》一书,称:"茶古不闻食之,近晋宋以降,吴人采其叶煮,是为茗煮。"说"晋宋以降",即两晋南北朝以后,是用"采叶"煮粥而食的。唐代诗人皮日休写了十首咏茶诗,诗前还写了一篇"序"。序文说,陆羽以前,人们饮茶,叫做"茗饮",其法"与夫瀹蔬而啜者无异也"。这就是说,与煮蔬菜食汤无什么区别,或用来解渴,或用来作食,如此饮茶,当然不一定需要专用茶具,自可用食具或其他饮具代之。

据考证,明确表示有茶具意义,并为茶学界所公认的有关茶具的最早文字记载,则是西晋左思(250～305年)的《娇女诗》,其内有"心为荼荈剧,吹嘘对鼎"。这"鼎"当属茶具。差不多与左思处同一时代的杜毓,他写的《荈赋》谈到:"器泽陶简,出自东隅","酌之以匏,取式公刘"。"东隅"一词,

有人认为是指东方,指浙东的宁(波)绍(兴)地区;也有人认为"东隅"即"东瓯",是指浙东南的温州一带。而其中提到的当时饮茶用器具"匏",又称"瓠",原本是酒具,其式似古代公刘使用的葫芦状的壶。唐·陆羽在《茶经·七之事》中引《广陵耆老传》载:晋元帝(317～323年)时,"有姥姥每旦独提一器茗,往市鬻之。市人竞买,自旦至夕,其器不减"。接着,《茶经》又引述了西晋八王之乱时,晋惠帝司马衷(290～306年)蒙难,从河南许昌回洛阳,侍从"持瓦盂承茶"敬奉之事。所有这些,都说明我国在隋唐以前,汉代以后,尽管已有出土的专用茶具出现,但食具和包括茶具、酒具在内的饮具之间,区分也并不十分严格,在很长一段时间内,两者是共用的。这种情况,以后一直被沿用下来。

北宋诗人苏东坡诗曰:"道人不惜阶前水,借与匏尊自在尝。"这里说的饮茶器具匏和尊,其实也是古代的酒具。清代曹雪芹的名著《红楼梦》中,妙玉在栊翠庵拥有的许多古玩茶具中,就有"爬斝"、"点犀",这些原本都是酒具,当然也可用来盛茶。即使在今日,这种酒具、食具、茶具互用的情况,也时有所见,如果选配得当,还有"返璞归真"之感。

作为茶具发展历史而言,应该说自汉开始,经六朝,至隋唐以前,在这一相当长的历史时期内,茶具已经法相初具。唐时,随着饮茶之风在全国兴起,并讲究饮茶情趣,茶具已成为品茶和茶文化的主要内容之一。为此,唐代陆羽在总结前人饮茶使用的各种器具后,开列出28种茶具的名称,并描绘其式样,阐述其结构,指出其用途(《茶经·四之器》),这是中国茶具发展史上,对茶具的最明确、最系统、最完整的记录。它使后人能清晰地看到,唐代时我国茶

具不但配套齐全，而且已是形制完备。

唐代茶具——陶盛瓷兴

⊙ 饮茶风靡全国

唐代，饮茶之风已在全国兴起，而且时人饮茶已由粗放煮茶进入精工煎茶的阶段，讲究技艺，意在情趣。唐·杜甫《重过何氏五首》中的："落日平台上，春风啜茗时。石阑斜点笔，桐叶坐题诗。""大历十才子"之一钱起《与赵莒茶宴》中的"竹下忘言对紫茶，全胜羽客醉流霞。尘心洗尽兴难尽，一树蝉声片影斜。"以及李白、颜真卿、刘禹锡、柳宗元、白居易、卢仝、温庭筠、陆龟蒙、皮日休等众多爱茶名士，在他们的品茗赋茶诗中，都记载了品茶时的感慨和欢乐之情。

按陆羽《茶经》所述，当时我国的茶叶产区已遍及相当于现今的四川、湖北、湖南、安徽、江西、江苏、浙江、福建、广西、广东、贵州、陕西、河南、重庆等14个省（区）。云南因当时分裂为南昭等国，而未列入。我国当时饮茶风尚进一步由南向北推移，还远及边陲地区。唐·封演的《封氏闻见记》指出："南人好饮茶，北人初不多饮。开元（713～744年）中，……自邹（今山东滋阳）、齐（今山东临淄）、沧（今河北沧县）、棣（今山东惠民），渐至京邑城市，多开店铺，煮茶卖之，不问道俗，投钱取饮。"又说："按此古人亦饮茶耳，但不如今人溺之甚，穷日尽夜，殆成风俗，始于中地，流于塞外。"唐时茶已不再是士大夫和贵族阶层的专有品，而成为普通老百姓的日常饮料。饮茶之风，已遍及大江南北以及塞外边疆地区，特别是新疆、西藏、内蒙等地的兄弟民族，在领略了饮茶对食用奶、肉后可帮助消化的特殊作用，也视茶为珍品，看作是最好的饮料。

因为唐时茶已成为人们的日常饮料，更加讲究饮茶情趣，因此，茶具不仅是饮茶过程中不可缺少的器具，并有助于提高茶的色、香、味，具有实用性，而且，一件高雅精致的茶具，本身又富含欣赏价值，具有很高的艺术性。所以，我国的茶具，自唐代开始发展很快。中唐时，不但茶具门类齐全，而且讲究茶具质地，注意因茶择具，这在唐·陆羽《茶经·四之器》中有详尽记述。

⊙ 茶具门类齐全

在中国饮茶史上，对饮茶器具的称呼先后并不一样。唐·陆羽在《茶经》中，按当时饮茶全过程的实际需要，开列出饮茶所需器具有28种，并称之为"茶器"；而将采制茶叶所需的器具，称之为"茶具"。这种称呼一直沿袭到北宋，蔡襄在写《茶录》时仍然称饮茶所需器具为"茶器"。到了南宋，审安老人写《茶具图赞》时，才将以往饮茶时所需的茶器改称为茶具，并一直沿用至今。现将陆羽开列的28种饮茶器具的名称、规格、造型和用途，分别简述如下。

⊙ 烧水和煮茶器具

风炉：陆羽亲自设计，形如古鼎，有三足两耳。"厚三分，缘阔九分，令六分虚中"，炉内有床放置炭火。炉身下腹有三个窗孔，用于通风。上有三个支架（格），用来承接煎茶的鍑。炉底有一个洞口，用以通风出灰，其下有一只铁制的灰承，用于承接炭灰。风炉的三个足上，均铸有古文字注脚：一足上铸有"圣唐灭胡明年铸"。一般认为"圣唐灭胡"，是指唐代宗广德元年，即763年讨灭"安史之乱"之际，而这一年的"明年"，当指764年，这里说的是制造该风炉的年代。一足上铸有"坎上巽下离于中"。按《杂卦》之解，说的是风在下，以兴火；火在上，以助烹，也就是说，煮茶的水放在上面鍑内，风从炉底洞口吹入，火在炉腔中燃烧，说的是煎水烹茶的基本原理。一足上铸有"体均五行去百疾"。五行指的是金、木、水、火、土，此句结合人的腑脏器官，运用生克乘侮理论，说饮茶能使五脏调和，百病消散，指明了茶的药理功能。而炉腹三个窗孔之上，又分别铸有"伊公"、"羹陆"和"氏茶"字样，连起来读成"伊公羹，陆氏茶"。"伊公"指的是商朝初期贤相伊尹，"陆氏"当指陆羽本人。《辞海》引《韩诗外传》曰："伊尹……负鼎操俎调五味而立为相。"这是用鼎作为烹饪器具的最早记录，而陆羽是历史上用鼎煮茶的首创者，所以，长期以来，有"伊尹用鼎煮羹，陆羽用鼎煮茶"之说，一羹一茶，两人都是首创者。由此可见，陆羽首创铁铸风炉，在中国茶具史上，也可算是一大创造。

灰承：是一个有三只脚的铁盘，放置在风炉底部洞口下，供承灰用。

筥：用竹或藤编制而成的箱，高一尺二寸，直径七寸，供盛炭用。

炭檛：是六角形的铁棒，长一尺，

上头尖，中间粗，供敲炭用。

火策：又名筋，是用铁或铜制的火箸，圆而直，长一尺三寸，顶端扁平，供取炭用。

鍑：又名釜或釜，以生铁制成，内层以土作模可使内部光滑而易摩擦刷洗，外层以沙作范则表面粗糙易于吸取火焰，鍑耳呈方形，用以煮水，相当于今之烧器。据陆羽《茶经》载：唐时，其他质地的鍑也不少，主要的有江西洪州（今江西的修水、锦江流域和南昌、丰城、进贤等县市）烧制的瓷鍑，山东莱州（今山东的掖县、即墨、莱阳、平度、莱西、海阳等县市）凿磨的石鍑。陆羽认为这些鍑，虽属"雅器"，但"性非坚实，难可持久"。此外，还有银鍑，陆羽说它"雅则雅矣，洁亦洁矣"，但一般人用不起，近于奢侈。从美观、清洁、实用出发，陆羽最终认为还是以铁制为好。

交床：十字形交叉作架，上置剜去中部的木板，供置鍑用。

夹：用小青竹制成，长一尺二寸，供炙烤茶时翻茶用。陆羽认为小青竹遇火能生津液，可提高茶的清香味。另外，夹也可用精铁或熟铜制造。

⊙ 烤茶、煮茶或量茶的器具

纸囊：用剡藤纸（产于剡溪。剡溪在今浙江嵊州市境内）双层缝制。用来储茶，可以"不泄其香"。

碾：用桔木制作，也可用梨、桑、桐、柘木制作。内圆外方，既便于运转，又可稳固不倒。内有一车轮状带轴的堕。堕的直径三寸八分，中间厚一寸，边厚半寸。轴长九寸，中间方，两头圆，能在圆槽内来回转动，用它将炙烤过的饼茶碾成碎末，便于煮茶。唐代许多史料中都谈到过茶碾。秦韬玉诗中"山童碾破团圆月"，说的就是用茶碾碾茶的情景。不过，唐代茶碾，除有用质地坚硬细密而又无异味的木制茶碾外，还有用石质凿磨而成的茶碾，这在陆羽的《茶经》中已有提及。

拂末：用鸟羽毛做成，碾茶后，用来清掸茶末。

罗合：罗为筛，合即盒，经罗筛下的茶末盛在盒子内。罗用竹制成，弯曲成圆形，绷上细纱或绢。盒用竹或薄杉木板制成，亦呈圆形，高三寸，盖一寸，底二寸，口径四寸。罗茶末时，得加盖，

品／茗／听／壶

以防茶末飘散。此外，在唐代的史料中，除记有罗合用竹或杉木经烘烤弯曲，并加油漆制作成茶罗外，还有用柘木制成的柘罗。唐代的品茗者，不少习惯于自碾、自罗，在此过程中获取"口不能言，心下快活自省"的超脱心境。

则：用海贝、蛎蛤的壳充当，或铜、铁、竹制作的匙、小箕之类，供量茶用。

⊙ 盛水或取水的器具

水方：用稠木，或槐、楸、梓木锯板制成，板缝用漆涂封，可盛水一斗，用来盛煎茶的水。

漉水囊：骨架可用不会生苔秽和腥涩味的生铜制作。此外，也可用竹、木制作，但不耐久，不便携带。惟用铁制作是不适宜的。囊可用青竹丝编织，或缀上绿色的绢。囊径五寸，并有柄，柄长一寸五分，便于握手。此外，还需做一个绿油布袋，平时用来储放漉水囊。漉水囊实是一个滤水器，供清洁净水用。

瓢：又名牺杓。用葫芦削开制成，或用木头雕凿而成，作舀水用。

竹筴：用桃、柳、蒲葵木或柿心木制成，长一尺，两头包银，用来煎茶激汤。

熟盂：用陶或瓷制成，可盛水二升。供盛放茶汤，"育汤花"用。

盛盐或取盐的器具

鹾簋：用瓷制成，圆口，呈盆形、瓶形或壶形。鹾即盐，唐代煎茶加盐，鹾簋即盛盐用的器具。

揭：用竹制成，用来取盐。

盛茶和饮茶的器具

碗：用瓷制成，供盛茶饮用。在唐代文人的诗文中，更多的称茶碗为"瓯"。此前，也有称其为"盏"的。陆羽在《茶经》中列出当时制造茶碗的地区有浙江的越州、婺州，湖南的岳州、鼎州，安徽的寿州，江西的洪州，河北的邢州等。因为瓷碗烧制工艺流程和传统风格的不同，有淡青、黄、白、褐等釉色之分。陆羽认为越州窑烧制的淡青色茶碗能与绿色的茶汤相映生辉，"半瓯青泛绿"，从而达到"益茶"的效果。其他如邢瓷之白，寿瓷之黄，洪瓷之褐，都是掩茶汤之色，"悉不宜茶"。同时，越瓷的外观造型，也特别适宜饮茶。它"口唇不卷，底卷而浅"，即沿不外翻，稍有内敛，使茶汤不易外溢；而底稍翻，易于端持；碗"浅"则与唐时饮用末茶有关，这样可在喝茶时连茶末一齐喝掉。

札：选取棕榈皮，用茱萸木夹住缚紧，呈笔状，用来刷洗茶器，为洁器。供饮茶时调清茶用。

⊙ 装盛茶具的器具

畚：即储存茶碗之器。以白蒲卷编织而成，并衬以双幅剡纸，呈方形，可储放碗十枚。

具列：用木或竹制成，呈床状或架状，能关闭，漆成黄黑色。长三尺，宽二尺，高六寸。用来收藏和陈列茶具。

都篮：用竹篾制成。里用竹篾编成三角方眼；外用双篾作经编成方眼。高一尺五寸，长二尺四寸，篮底宽二尺，高二寸。用来盛放烹茶后的全部器物。

洗涤和清洁的器具

涤方：由楸木板制成，制法与水方相同，可容水八升。用来盛放洗涤后的水。

滓方：制法似涤方，容量五升，用来盛放茶滓。

品／茗／听／壶

巾：用粗绸制成，长二尺，做两块可交替拭用。用来擦干各种茶具。

这28种器具，是唐时饮茶全过程所需的全部器具，并非是饮茶时上述器具均必须一一具备，这在陆羽《茶经·九之略》中说得很清楚，在一定条件下，有的器具可以省略，如在"松间石上"饮茶，其地可以，放置茶具，就无需用"具列"；用"槁薪、鼎"煮茶，"则风炉、灰承、炭挝、火䇲、交床等废"；在"瞰泉临涧"旁煎茶，"则水方、涤方、漉水囊废"；"若五人已下，茶可味而精者，则罗合废"；倘若"援藟跻岩，引絙入洞"，即登山岩入洞穴时，已在山口将茶炙干研末，或者茶末已用纸包好封装在盒里，也就用不着"碾"和"拂末"了。省去了这些器具，只需把碗、瓢、札、竹夹、熟盂、鹾簋都放在一只"筥"里就行，无须用"都篮"了。这就是说，茶具的选用，应按照客观的实际条件进行，不必机械地照搬照用。当然，在"城邑之中，王公之门"，陆羽认为，最好还是配备全套饮茶器具，否则，会使"茶废矣"！

⊙ **金银为优**

大约到南北朝时，我国出现了包括饮茶器皿在内的金银器具。到隋唐时，金银器具的制作达到高峰。唐代《十六汤品》说：用金银为茶具，此茶名为"富贵汤"。1987年5月我国在陕西省扶风县皇家佛教寺院法门寺的地宫中，发掘出大批唐朝宫廷文物，内有银质鎏金烹茶用具，计有11种12件。其中有炙茶用的鎏金镂空鸿雁球路纹银笼子、金银丝结条笼子，碾茶用的鎏金壸门座茶碾子，罗茶用的鎏金仙人驾鹤纹壸门座茶罗子，储茶用的鎏金银龟盒，放调料用的摩羯纹蕾纽三足盐台、鎏金人物画银坛子，煮茶用的壸门高圈足座银风炉、系链银火筋、鎏金飞鸿纹银匙子，以及调茶、饮茶用的鎏金伎乐纹调达子等。这是迄今为止世界上最高等级的茶具，堪称国宝，它反映了唐代皇室饮茶十分豪华。

⊙ 南青北白

国力强盛的唐代是我国陶瓷工艺蓬勃发展的时期，瓷器制作达到了成熟的境界。唐代陶瓷在隋代青、白瓷成熟的基础上进一步发展，出现了"南青北白"的局面，并以此引领后世中国瓷器的基本风貌。当然，饮茶的兴盛也进一步推动了唐代陶瓷业的发展。

南青指的南方浙江的越窑青瓷。以慈溪县上林湖、上虞县窑寺前的产品最具代表性，被称为"诸窑之冠"。它的特点是：胎骨较薄、施釉均匀、一色青翠莹润。越窑青瓷的这些特色得到了诗人的许多赞美。陆龟蒙形容青瓷釉色的意境是："九秋风露越窑开，夺得千峰翠色来"。顾况将青瓷形容成玉："舒铁如金之鼎，越泥似玉之瓯"。徐夤则形容秘色瓷是"捩翠融青瑞色新，陶成先得贡吾君。巧剜明月染春水，软旋薄水盛绿云。"孟郊的诗更令人想象无穷："蒙茗玉花尽，越瓯荷叶空"，茶品完后的青瓷如荷叶。1987年4月陕西省考古工作者在扶风县法门寺塔唐代地宫，发掘出16件越窑青瓷器，作为贡品，这批瓷器的确是越窑青瓷精品。这批被称为"秘色瓷"的青瓷除两件为青黄色外，其余釉面青碧，晶莹润泽，有如湖面一般清澈碧绿，器形规范周正，口沿常做五曲花瓣形，为使瓷釉尽可能多地覆盖胎体，装烧则每用支烧法。黄釉不及青釉美丽，故又用银片包镶口沿和底足，还有金银平脱的花鸟团花出现在腹壁，是装饰，也是遮盖。

北白指的是北方河北的邢窑白瓷，以内丘城为中心发展起来。邢窑以素面白瓷驰名，釉白而微闪黄或淡青。胎质厚而细节，瓷质坚硬。器内满釉，外釉往往不到足，器表往往光素大方，不施纹饰。瓶多广口短颈，壶为短嘴，此外也有白瓷烛台、葵形盒等。器底多如璧形的宽环，被称为"玉璧底"。白瓷的种类并不很多，产品分粗、细两种。粗白瓷均施护胎釉，即化妆土，釉色灰白或乳白，通常施釉不满。细白瓷器形规整周正，胎质坚实细腻而透明，釉色纯白光亮，器物每施满釉，部分还带有印花、刻花等装饰。白瓷的优点特别是造型规整、器体莹薄很为诗家倾倒。元稹曾有诗说邢窑："雕镌荆玉盏，烘透内邱瓶。"杜甫也有诗赞白瓷"大邑烧瓷轻且坚，扣如哀玉锦城传。君家白碗胜霜雪，急送茅斋也可怜。"

南青北白瓷质极佳，晚唐时代，击瓯作乐风靡，用一些越瓯、邢瓯注以多寡不同的水，击以成乐，声音极其美妙。

品／茗／听／壶

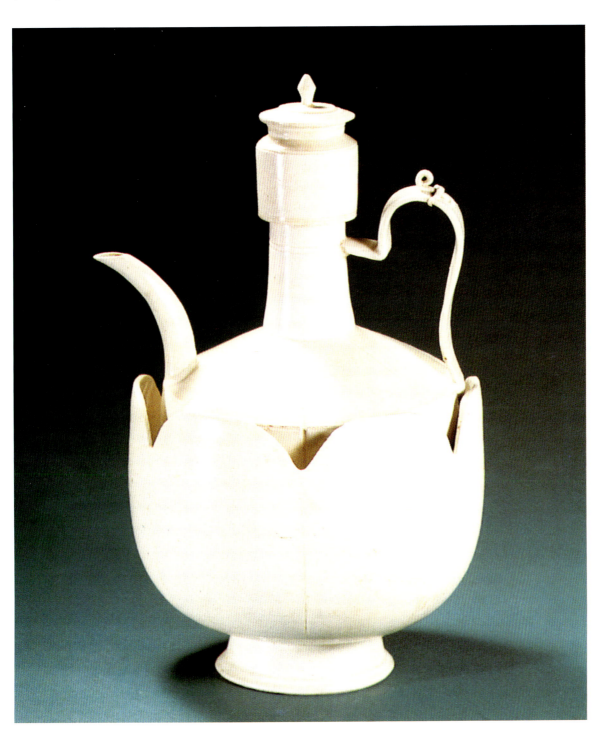

⊙ 琉璃茶具出现

中国的琉璃制作技术虽然起步较早，但直到唐代，随着中外文化交流的增多，西方琉璃器的不断传入，中国才开始烧制琉璃茶具。法门寺地宫出土的素面淡黄色琉璃茶盏、茶托，在同时出土的《物账碑》有明确记载。它虽然造型简朴，质地微显混浊，却给人以执著追求之感，是地道的中国式茶具制品，表明中国的琉璃茶具至迟在唐代已经起步。唐代元稹曾写诗赞誉琉璃，说它是"有色同寒冰，无物隔纤尘。象筵看不见，堪将对玉人"。同时从琉璃茶器的造型也不难看出，在使用这些茶器时为免于烫手，唐代或在唐代以前，我国已经创造了高圈足的茶托，这在陆羽的《茶经》中是未曾提及的。

成瓷质碗托。实际上，早在周朝时期就已经出现了与碗托相似的茶具，《周礼》中将这种放置杯樽一类器具的碟子称为"舟"。唐代时，直接用来饮茶的器皿是盏（陆羽在《茶经》里称做碗），其器型比碗小，腹浅口敞，壁斜直，玉璧形底，外表大多呈荷叶形、花瓣形、葵瓣形及海棠形等。此外，唐代还出现了用来随身携带少量零碎茶叶的小盖罐，以及专门用做储存茶叶的器具——茶笼（注：茶叶罐）。

⊙ 茶具器形的变化

在唐代的茶具中，茶壶非常有特色。茶壶，也叫"茶注"，壶嘴叫做"流子"，器型矮小，取代了晋代的鸡首汤瓶。这一时期，还出现了碗托（注：茶盘）。据说，碗托是由唐代西川节度使崔宁之女发明的。她用蜡做成圈，以固定茶碗在盘子里的位置。后来，蜡质碗托发展

两宋茶具——精益求精

⊙ 形制愈来愈精

我国饮茶之风兴于唐，盛于宋。自唐及宋，饮茶风气日渐高涨，特别是宋代宫廷禁苑和地方官吏、文人学士的尚茶、崇茶，以品茶为雅的做法，进一步推动了饮茶之风的蔓延。宋代端明殿学士蔡襄著《茶录》、宋徽宗赵佶撰《大观茶论》，一个官居宰相，一个贵为皇帝，他们也参与茶事，撰写茶书，这在中国饮茶史上是仅见的。在这种氛围下，终使茶叶成了举国之饮。不过，宋人饮的仍然是饼茶，茶叶加工方法无多大变化，所以饮茶方法及所用器具，与唐代相差无几。因此，人们所见到的宋代茶具与唐代相比，并无明显差异。史料表明，北宋初，人们饮茶时，还要把饼茶碾碎，过箩成末，再经煎茶或点茶，方可饮用。只是碾茶之前的炙茶，已不如唐代那么强调，主张视茶而行。只有经年陈茶才用"钤"炙茶；若新茶，则不再炙茶。以后，用煎茶法饮茶逐渐为宋人摒弃，点茶法成了当时的主要方法。

到了南宋，点茶法更是大行其道。罗大经有诗曰："松风桧雨到来初，急引铜瓶离竹炉。待得声闻俱寂后，一瓯春雪胜醍醐。"这是对当时盛行点茶法的生动描绘，用瓶煮水，难以候视，"汤就茶瓯瀹之"。鉴于宋人饮茶之法，无论是前期的煎茶法与点茶法并存，还是后期的以点茶法为主，其法都来自唐代，因此，饮茶器具与唐代相比大致一样。北宋蔡襄在他的《茶录》中，专门写了"论茶器"一篇，写到当时饮茶所需的"茶器"，现摘录如下。

茶焙：茶焙编竹为之，裹以箬叶，盖其上，以收火也。隔其中，以有容也。纳火其下，去茶尺许，常温温然，所以养茶色、香、味也。

茶笼：茶不入焙者，宜密封裹，以篛笼盛之。置高处，不近湿气。

砧椎：砧椎盖以砧茶。砧以木为之，椎或金或铁，取于便用。

茶钤：茶钤屈金铁为之，用以炙茶。

茶碾：茶碾以银或铁为之，黄金性柔，铜及喻石皆能生锉，不入用。

茶罗：茶罗以极细为佳，罗底用蜀东川鹅溪画绢之密者，投汤中揉洗以幂之。

茶盏：茶色白，宜黑盏。建安所造者绀黑，纹如兔毫，其坯微厚，之久热难冷，最为要用。出他处者，或薄或色紫，皆不及也。其青白盏，斗试家自不用。

茶匙：茶匙要重，击拂有力，黄金为上，人间以银铁为之。竹者轻，建茶不取。

汤瓶：瓶要小者易候汤，又点茶注汤有准，黄金为上，人间以银铁或瓷石为之。

宋徽宗的《大观茶论》列出的茶器有碾、罗、盏、筅、杓等，这些茶具的内容，与蔡襄《茶录》中提及的大致相同。值得一提的是南宋审安老人的《茶具图赞》。审安老人真实姓名不详，他于宋咸淳五年（1269年）集宋代点茶用具之大成，以传统的白描画法画了十二件茶具图形，称之为"十二先生"，并按宋时官制冠以职称，赐以名、字、号，足见当时上层社会对茶具钟爱之情。"图"中的"十二先生"，作者还批注"赞"誉。

现将"十二先生"的职称和名、字、号，以及批注的"赞"和相应的质地、形制、作用等简述如下。

韦鸿胪：名文鼎，字景旸，号四窗闲叟。此具姓"韦"，表明由坚韧的竹制成。"鸿胪"乃是掌握朝廷礼仪的赞导。而"胪"又是"炉"的谐音，隐喻"竹炉"之意。而"火鼎"和"景旸"，说明它是生火

品/茗/听/壶

Chinese Tea

的茶炉;"四窗间叟"是说这种茶炉开有四个窗,可用来通风。"赞"中所说的"祝融",为火神,含祈祷上苍保佑之意。

木待制:名利济,字忘机,号隔竹居人。此具姓"木",表明是木制的。"待制"是一种官职。按"赞"所述,它的作用是"摧折强梗,使随方逐圆之徒不能保其身"。可见它是木制的茶臼,是用来捣茶的。

金法曹:名研古、轹古,字无锴、仲铿,号雍之旧民、和琴先生。此具姓"金",当由金属制作。"法曹"为当时地方司法机关。在"赞"中,借其职能:"使强梗者不得殊轨,乱辙岂不韪与",形象地告诉人们,它是茶碾。

石转运:名凿齿,号香屋隐居。此具姓"石",表明是用石凿成,而名、字、号十分形象地表明此具的形状及运作功能。至于"转运",乃是官名。宋初曾设"转运使",负责一路或数路财赋,有监察地方官吏的职责,用来比喻茶磨的功能。

胡员外:名惟一,字宗许,号储月仙翁。此具姓胡,与"葫"谐音,暗指由葫芦制作而成。员外为官名,统称郎官;同时,"员"与"圆"谐音,表示此具为圆形。"赞"语表明它主要用来舀水,还可临时用来研小块之茶。

罗枢密:名若药,字傅师,号思隐寮长。此具姓"罗",表明它是筛子,筛网用罗绢敷成。"枢密"为官名,掌握军国要政,说明茶罗至关重要,有分兵把守,道道把关之意。

宗从事:名子弗,字不遗,号扫云溪友。此具姓"宗",是"棕"的谐音,表明为棕丝制成。"从事"为官名,是州郡长官僚属,管一些琐碎杂事。其名"子弗","弗"与"拂"谐音,喻其作用是"拂"。号"扫云",即掸茶之意。

漆雕密阁:名承之,字易持,名古台老人。此具复姓"漆雕",表明外形甚美,而"秘阁"本是藏书之地,宋时有直秘阁官职。再其名为"承之",乃属盛茶之茶盏;而字"易持",暗指"茶托",便于端持。至于号"古台",指的是外形。总起来说就是用茶托承持茶盏,"而亲近君子"之意。

陶宝文:名去越,字自厚,号兔园上客。此具姓"陶",表明由陶瓷制作而成。"陶宝文"中的"文"通"纹",表示此物通体有纹。其名"去越",意思是并非"越窑"所产;字"自厚",指壁厚;号"兔园上客",联系起来,就是指"建窑"所制的兔毫茶盏了。至于"赞"中说的"出河滨而无苦窳(指粗糙)",是誉其外表虽朴拙,却无粗劣之感,而有质朴之美,拙中见秀。

汤提点:名发新,字一鸣,号温谷遗老。此具姓"汤",即热水。"提点"为官名,有"提举点检"之意,联系起来,是说可用它提而点茶,实指此具是汤瓶。其名"发新",表明可显茶色。字"一鸣",谓沸水之声。"赞"中说它能"养浩然之气,发沸腾之声,以执中之能,辅成汤之德,斟酌宾主间,功迈仲叔圉",夸它功德无量。

竺副帅:名善调,字希点,号雪涛公子。此具姓"竺",表明用竹制成,其功能是"善调",用它可为"汤提点"服务,故字"希点"。"雪涛"者乃经点茶调制后的沫,可见此具为茶筅无疑。对此,"赞"中誉其为"方金鼎扬汤"的公子。

司职方:名成式,字如素,号洁斋居士。此具姓"司",与"丝"谐音,当为丝织物。"职方"是掌握地图与四方的官名。此处是指用丝织的方形器物,即清洁茶具用的茶巾。字"如素",号"洁斋",其意也在于此。"赞"中以孔子待人之道，说它"端方质素"不会改变。

其实，《茶具图赞》所列附图表明：韦鸿胪指的是炙茶用的烘茶炉，木待制指的是捣茶用的茶臼，金法曹指的是碾茶用的茶碾，石转运指的是磨茶用的茶磨，胡员外指的是量水用的水杓（枸），罗枢密指的是筛茶用的茶罗，宗从事指的是清茶用的茶帚，漆雕密阁指的是盛茶末用的盏托，陶宝文指的是茶杯，汤提点指的是注汤用的汤瓶，竺副师指的是调沸茶汤用的茶筅，司职方指的是清洁茶具用的茶巾。

⊙ 五大名窑

宋代是我国陶瓷发展史上的第二个高潮，这一时期的名窑层出不穷，首推五大名窑，即钧窑、汝窑、官窑、定窑、哥窑。中国五大名窑是正式开创了烧制的实用器皿与观赏器皿的"瓷器"时代，事实上，在宋朝以前我国的烧制实用器皿与观赏器皿绝大多数都是陶器，是不同的种类，所以说，五大名窑的到来是真正意义上的瓷器时代的到来。简单介绍如下：

汝窑：为冠绝古今之中国瓷器名窑，五大名窑之首，当时被钦定为宫廷御用瓷。汝瓷造型古朴大方，其釉如"雨过天晴云破处"，"千峰碧波翠色来"，土质细润，坯体如侗体其釉厚而声如罄，明亮而不刺目，具有"梨皮、蟹爪、芝麻花"之特点，被世人称为"似玉、非玉、而胜玉"。

钧窑：钧窑典型特征就是"蚯蚓走泥纹"，它的形成是因钧瓷的釉厚且黏稠，所以在冷却的时候，有些介于开片和非开片之间的被釉填平的地方，会形成像雨过天晴以后，蚯蚓在湿地爬过的痕迹。

官窑：主要为素面，既无华美的雕饰，又无艳彩涂绘，最多使用凹凸直棱和弦纹为饰。其胎色铁黑、釉色粉青，"紫口铁足"增添古朴典雅之美。

哥窑：釉面大开片纹路呈铁黑色，称"铁线"，小开片纹路呈金黄色，称"金丝"。"金丝铁线"使平静的釉面产生韵律美。

定窑：色调上属于暖白色，细薄润滑的釉面白中微闪黄，给人以湿润恬静的美感，另其善于运用印花、刻花、划花等装饰技法，将白瓷从素白装饰推向了一个新阶段。

⊙ 斗茶崇尚黑釉

唐人推崇越窑青瓷茶盏，宋人则崇尚建盏黑釉，其理有三：一是用黑釉盏盛茶，茶盏与斗茶所需的"雪白汤花"正好黑白分明，出现对比美。宋祝穆《方舆胜览》载："斗茶之法，以水痕先退者为负，耐久者为胜"，"茶色白，入

黑盏，其痕易验"。可见，黑釉瓷最适合斗茶之需。二是建盏烧制时，可使盏上出现美丽的异形花纹，例如最珍贵的纹如细密兔毛的兔毫盏，这种兔毫盏苏东坡曾作有"忽惊午盏兔毛斑，打作春瓮鹅儿酒"的诗句加以赞美。茶汤注入茶盏中，使黑釉表面结晶五彩缤纷，从而平添了品茶的艺术美。三是建盏大口小底，盏壁外撇，好似一只翻转的斗笠。它盏口面积大，可容纳更多的"汤花"；盏壁斜直，饮茶时更易吸尽茶汤和茶末；而盏沿下内折的折线，还能起到注汤时标准线的作用。因为建盏适宜斗茶，理所当然地受到斗茶者的珍视。

⊙ 茶瓶讲究形制

唐时为敞口式的釜。宋代，人们改用较小的茶瓶来煎水，称之为汤瓶，也有称执壶、茶吹、茶吊子的。其质地更为广泛，有用金、银、铜、铁、铅、锡的；也有用陶、瓷、石的。宋徽宗赵佶在《大观茶论》中按自己的标准，提出"宜用金银"，而北宋蔡襄在《茶录》中则说："黄金为上，人间以银、铁或瓷、石为之。"因茶瓶不但用来煮水，更重要的是用来注汤，所以，讲究形制。《大观茶论》说："注汤害利，独瓶之口嘴而已。嘴之口差大而宛直，则注汤力紧而不散。嘴之末欲圆小而峻削，则用汤有节而不滴沥。盖汤力紧则发速有节，不滴沥，则茶面不破。"其意是说，茶瓶之嘴最为重要：嘴不能歪斜，要呈抛物线形，嘴与瓶身的接口要大，瓶嘴的出水口要圆而小，用这样的茶瓶注汤，才不会破坏茶面的汤花。

⊙ 茶具质地更广

唐代用的是木质或石质的茶碾。宋人虽然也用茶碾，但形制不同。据宋徽宗《大观茶论》载："凡碾为制，槽欲深而峻，轮欲锐而薄。"说明当时的茶碾由碾槽和碾轮组成，碾槽深凹，但壁直，使茶能聚槽底；碾轮薄，边缘锐利，正好与槽底楔合，容易用力。茶碾的质地，有银、铜、熟铁等金属，也有用石雕琢的。苏轼诗曰："石碾破新绿"，"石碾清飞瑟瑟尘"，说的就是用石碾碾茶的情景。

宋代与唐代用的多是呈古鼎形的炉，只是宋时质地更为广泛。如苏轼诗"且学公家作茗饮，砖炉石铫行相随"，说的是用砖制的茶炉；杨万里诗："束涧底之散薪，燃折脚之石鼎"，指的是用石雕的鼎形茶炉；罗愿诗："岩下才经昨夜雷，风炉瓦鼎一时来"指的是用陶制的鼎式茶炉。此外，也有与唐代一样，用铁、泥制成的茶炉的。

与此同时，与唐代相比，特别是上层人士饮茶，对茶具的质地更为讲究，制作更加精细。宋·周密在《癸辛杂识》中说："长沙茶具，精妙甲天下，每副用白金三百星，或五百星，凡茶之具悉备，外则以大缕银合储之。"范仲淹诗云："黄金碾畔绿尘飞，碧玉瓯中翠涛起。"陆游诗云："银瓶铜碾俱官样，恨欠纤纤为捧瓯。"都是写当时地方官吏、文人学士使用的是金银制茶具。宋·吴自牧《梦粱录》说宋代皇帝使用的茶、酒器都是金棱漆碗碟。宋徽宗在他的《大观茶论》中也提倡茶器或金或银或瓷为之。宋代饮茶之风的大盛，推动了制瓷工业的发展，其时五大名窑都曾生产茶具，它们是浙江杭州的官窑和浙江龙泉的哥窑、河南临汝的汝窑、河北曲阳的定窑和河南禹县的钧窑。它们都先后专门为皇宫烧制茶具和其他生活用具，均讲究至极。当然，民间百姓饮茶对茶具的要求，自然无须讲究到这般地步，只要做到"择器"用茶也就可以了。

另外，宋代茶具还影响和流传到了日本及朝鲜半岛等地。宋·徐竞曾出使高丽，回国后写了《宣和奉使高丽图经》一书，说到"迩来颇喜饮茶，益制茶具，金花乌盏，翠色小瓯，银炉汤鼎"之类。至于日本，今日茶道中用的"茶筅"一词，还保持着我国北宋以来的字形和字音。宋代流入日本的建盏，在今日本的茶道中，同样也能见到它的痕迹。如日本叫作"乐烧"的茶盏，其外观造型与建盏基本相似。建窑烧制的兔毫盏、鹧鸪盏等，当时也流入日本，经仿制后称为"濑户烧"。宋代茶具对推动世界茶具的发展起到了不可低估的作用。

元代茶具——承上启下

⊙ 唐宋茶具的孑遗

到了元代，从茶叶加工到饮茶方法都出现了新的变化，茶叶蒸后经捣、拍、焙、穿、封加工而成的饼茶开始衰退，经揉、炒、焙加工而成的条形散茶（即芽茶和叶茶）开始兴起，因此直接将散茶用沸水冲泡饮用的方法，逐渐替代了将饼茶研末而饮的点茶法和煎茶法。与此相应的是一些茶具开始消亡，另一些茶具开始出现。所以，从某种意义上说，无论是茶叶加工，还是饮茶方法，抑或是使用的茶具，元代是上承唐、宋，下启明、清的一个过渡时期。诚然，元代统治中国不足百年，因为历史较短，在茶叶发展史上，找不到一本茶事专著，但人们仍可在有关茶的诗文、书画等零星史料中找到有关元代茶具的踪影。元代大臣耶律楚材诗《西域从王君玉乞茶因其韵七首》云："碧玉瓯中思雪浪，黄金碾畔忆雷芽"，"玉杵和云春素月，金刀带雨煎黄芽"，"红炉石鼎烹团月，一碗和香汲碧霞"。诗中表达了作者对建溪茶（武夷产饼茶）的无限思慕之情以及对昔日烹点新茶场景的美好回忆。诗中出现的"碧玉瓯"、"黄金碾"、"玉杵"、"红炉"、"石鼎"等均是烹点末茶的茶具。元人李德载的《赠茶肆》散曲十首，也保留了上承唐宋茶俗、使用兔毫盏茶具的珍贵史料："兔毫盏内新尝罢。留得余香在齿牙，一瓶雪水最清佳。"诚然，在元人遗作中，记述末茶茶事的诗文已属凤毛麟角，所记碾、杵、罗、煮等茶具，在出土文物中也罕有发现，但都是元人饮用饼茶的生动写照。

⊙ 去繁从简

元代，风靡于民间的饮茶习俗是用沸水直接冲泡芽茶的散茶法。喝散茶，节省了备茶过程的许多繁文缛节，也大大简约了所需茶具。元人已开始将采摘和加工茶叶的器具排除在茶具之外，此时常用的茶具仅有执壶（储汤冲泡）、高足杯（碗）、盏、盏托、碗（饮具）、盖罐（储茶具）等。在元人的诗文中，描写用冲泡法饮散茶的情景比比皆是，如李谦亨的《土锉茶烟》云："荧荧石火新，湛湛山泉冽。汲水煮春芽，清烟半如灭。"蔡廷秀的《茶灶石》："仙人应爱武夷茶，旋汲新泉煮嫩芽。啜罢骖鸾归洞府，空余石灶锁烟霞。"杨维桢的《煮茶梦记》："命小芸童汲白莲泉，燃槁湘竹，授以凌霄芽为饮供。"这里说的春芽、嫩芽和凌霄芽，都不是饼茶，而是散茶。山西大同西郊，元代道士冯道真壁画墓中出土的《童子侍茶图》壁画。是反映元代民间饮茶习俗的重要文物证据。壁画描绘一个头梳双髻、身着袍服的童子在庭院中奉盏（带盏托）侍茶的场景。童子身后左侧的桌上是备茶的一应茶具，有成叠扣放的瓷盏、叠放的盏托、冲泡茶汤的大碗、储放散茶的盖罐等。这一场景与宋、辽壁画墓中的备茶图明显有别，往日习见于宋、辽人茶室中的加工、烹点饼茶的器具如碾、罗、风炉、汤瓶

等均不见踪迹。

⊙ 异军突起的元青花

考古发掘资料显示，随着末茶法的式微，元代瓷茶具中黑釉盏明显减少，而各地方名窑烧制的青瓷和青白釉茶盏、高足杯数量明显增加。在北方，有各地窑口继续大量仿制宋定、钧、汝等名窑的白瓷、青白瓷茶具。在南方，烧制茶具的则有景德镇、龙泉、德化等窑口。其中，以景德镇窑烧制的元青花瓷器以其硕大、敦朴、美轮美奂的造型和装饰工艺，被誉为中国瓷器又一划时代的杰作，深受世人喜爱。元代青花瓷器在造型方面具有胎骨厚重，形制巨大的特点。在制作工艺上，元代青花瓷器的足部上下多有竹节状凸起的弦纹，器身与器足的接合部位，多采用胎接方式。在装饰上，元青花一般多装饰莲瓣纹，器物肩部绘有垂云纹，中间主题部分填以各种花卉，纹饰繁密，层次较多。这种繁密饰纹的手法，不仅表现在青花瓷器上，也表现在元代织锦和石雕工艺上，成为当时的独特风格。

明代茶具——重大变革

明代茶具，对唐、宋而言，可谓是一次大的变革，因为唐、宋时人们以饮饼茶为主，采用的是煎茶法或点茶法和与此相应的茶具。元代时，条形散茶已在全国范围内兴起，饮茶改为直接用沸水冲泡，这样，唐、宋时的炙茶、碾茶、罗茶、煮茶器具成了多余之物，而一些新的茶具品种脱颖而出。明代对这些新的茶具品种是一次定型，因为从明至今，人们使用的茶具品种基本上已无多大变化。仅仅在茶具式样或质地上有所变化。

明代文震亨《长物志》载："吾朝所尚（指条形散茶）又不同，其烹试之法，亦与前人异，然简便异常，天趣备悉，可谓尽茶之真味矣。至于洗茶、候汤、择器，皆各有法。"明·许次纾《茶疏》也载道："未曾汲水，先备茶具，必洁必燥，开口以待。盖或仰放，或置瓷盂，勿竟覆之案上，漆气食气，皆能败茶。先握茶手中，俟汤既入壶，随手投茶汤，以盖覆定。三呼吸时，次满倾盂内，重投壶内，用以动荡，香韵兼色不沉滞。更三呼吸顷，以定其浮薄，然后泻以供客。"以上记述，将如何泡茶沏茗以及所需的茶具，描绘得一清二楚。此外，明·冯可宾的《岕茶笺》、陈师的《茶考》等著作中，也有相似的描述。可见，按照明人的冲泡饮茶法，最普遍使用的是烧水沏茶和盛茶饮茶两种器具。另外，因为明人饮的是条形散茶，储茶、焙茶器具比唐、宋时显得更为重要。而饮茶之前，用水淋洗茶具，又是明人饮茶所特有的，因此就饮茶全过程而言，当时所需的茶具，明·高濂《遵生八笺》中列了16件，另加总储茶器具7件，合计23件。这些器具，名称显得古雅奇特。属茶具的有：商象，即古石鼎，用以煎茶烧水；归结，即竹扫帚，用以涤壶；分盈，即杓子，用以量水；递火，即火斗，用以搬火；降红，即铜火筯，用以簇火；执权，即茶秤，用以秤茶；团风，即竹扇，用以发火；漉尘，即茶洗，用以淋洗茶；静沸，即竹架，用以支䥶；注春，即瓦壶，用以注茶汤；运锋，即果刀，用以切果；甘钝，即木砧墩，用以搁具；啜香，即瓷瓦瓯，用以品茶；撩云，即竹茶匙，用以取果；纳敬，即竹茶橐，用以放盏；受污，即拭抹布，用以洁瓯。属总储茶器的有：苦节君，即竹炉，用以生火烧水；建城，即箬制的笼，用以高阁储茶；云屯，即瓷瓶，用以舀水烧水；乌府，即竹制的篮，用以盛炭；水曹，即瓷缸瓦缶，用以储水；器局，即竹编方箱，用以收

放茶具；另有品司，即竹编圆撞提盒，用以收储各品茶叶。

其实，与唐、宋茶具相比，明代茶具要简便得多，特别是茶具品种数量大为减少。高濂开列的23件茶具，很多与烧水、泡茶、饮茶无关，似有牵强凑数之感，这在明·文震亨的《长物志》中已说得很明白："吾朝"茶的"烹试之法"，"简便异常"，"宁特侈言乌府、云屯、苦节君、建城等目而已哉！"明·张谦德《茶经》专门写有一篇"论器"，提到当时的茶具也只有茶焙、茶笼、汤瓶、茶壶、茶盏、纸囊、茶洗、茶瓶、茶炉8件。

不过，明代茶具虽然简便，但也有特定要求，同样讲究制法、规格，注重质地，特别是新茶具的问世，以及茶具制作工艺的改进，比唐、宋时又有大的发展。

⊙ 弃黑从白

明代茶盏，仍用瓷烧制，但由于茶类改变，宋时盛行的茶开始消衰，饮茶方式改变，此时所用的茶盏已由黑釉盏（碗）变为白瓷或青花瓷茶盏。明代的白瓷有非常高的艺术价值，史称"甜白"。白瓷茶盏造型美观，比例匀称，料精式雅，在茶具发展史上占有重要的位置。文震亨《长物志》中记载："宣（指明宣德）庙有尖足茶盏，料精式雅，质厚难冷，洁白如玉，可试茶色，盏中第一。世（指明世宗）庙有坛盏，中有茶汤果酒，后有'金䤪大醮坛用'等字样，亦佳。"张谦德《茶经》曰："今烹点之法，与君谟不同，取色莫如宣（即宣德窑）、定（即定窑），取久热难冷，莫如官（即官窑）、哥（即哥窑）。"从中可以看出，明代以后，一些有名的烧制茶具瓷窑，继续得到发展。

⊙ 储茶器具受到重视

明时，因为人们饮的条形散茶比早先的团饼茶更易受潮，因此，储茶就显得更为重要，选择储存性能好的储茶器具，就成了茶人普遍关注的问题。一般说来，明代储茶，采用的是既储又焙，储焙结合的方法。当时的储茶器具多是由瓷或陶制作而成的罂，也有用竹叶等编制而成的篓（笼），雅称建城。明·屠隆的《考槃余事》就写了储茶、焙茶之法，也讲了储茶、焙茶之器，说"先于清明时收买箬叶，拣其最青者"，经烘干备用。再将买回的茶叶放入茶焙，其下放置盛有炭火的大盆将茶叶烘干。储茶的器具为宜兴紫砂大陶罂，将其烘干后，在底部填上若干层箬叶片，尔后把烘干冷却的茶叶放入陶罂，其上再放箬叶片。最后，取折叠成六七层的宣纸，用文火烘干，扎封罂口，上面再"压以方厚柏木板一块，亦取焙燥者"。至于平日取用，"以新燥宜兴小瓶取之，约可受四五两，取后随即包整"。对此，明·闻龙在《茶笺》中也有类似之说。以上储茶之法，以及所用的储茶器具，至今仍有借鉴价值。

⊙ 洗茶器具兴起

在中国饮茶史上，"洗茶"一说，始见于明代。在明·顾元庆的《茶谱》中，写有"煎茶四要"，其中之一就是茶在品饮前先要"洗茶"，即用热水涤茶，目的是去"尘垢"和去"冷气"，前者是指洗去混在茶中的灰尘和杂质，后者是指淋去渗入茶中的阴湿之气。

对如何洗茶，冯可宾的《齐茶笺》有详细记载：在烹茶之前，用"热水涤茶叶"，水"不可太滚"，否则会冲淡茶味。洗时，用竹筷夹住茶叶"反复涤荡，去其尘土、黄叶、老梗使净"，然后撮茶放入盏或壶中，"少顷开视，色青香烈"，

品／茗／听／壶

随即用烧好的水冲泡饮用。

至于洗茶的工具，一般称之为茶洗。按照文震亨《长物志》所载：茶洗用砂土烧制而成，形如碗，分上下两层，上层底有如箅子似的圆眼，洗茶时使"沙垢皆从孔中流出"。明·周高起在《阳羡茗壶系》中也谈到：当时宜兴有紫砂陶茶洗，形若扁壶，中有隔层，其上有箅子似的孔眼。可见，茶洗实是烹茶之前用水淋洗茶叶的器具。这种器具，只在明代的茶书中有记载，表明从清代开始，茶洗已不再列入茶具之内了。

⊙ 烧水器具更为讲究

明代的烧水器具主要有炉和汤瓶，其中，炉以铜炉和竹炉最为时尚。文震亨《长物志》称：茶炉汤瓶"有姜铸铜饕餮兽面火炉及纯素者，有铜铸如鼎彝者，皆可用"。这里说的是用铜铸的火炉。另外，还有许多文人学士写到竹炉，如明·谢应芳的《寄题无锡钱仲毅煮茗轩》曰："午梦觉来汤欲沸，松风吹响竹炉边"；明·周履靖的《茶德颂》云："竹炉列牖，兽炭陈庐"，说的都是用竹炉烧水烹茶的情景。对于候汤的汤瓶，按明·张谦德《茶经》所述："瓶要小者易候汤，又点茶注汤有准，瓷器为上。"而文震亨的《长物志》却认为："汤瓶铅者为上，锡者次之，铜者不可用。形如竹筒者，既不漏火，又易点注，瓷瓶虽不夺汤气，然不通用，亦不雅观。"可见，自明开始，因为沏茶之法已由唐、宋时的煎茶、点茶改变为冲泡，因此，时人对烧水候汤及其相应的器具给予了更多的注意，对其形制也比以前更为讲究。

⊙ 崇尚小茶壶和紫砂

明代中期以后，瓷器茶壶和紫砂茶

具兴起，茶汤与茶具色泽不再有直接的对比与衬托关系。人们饮茶注意力转移到茶汤的韵味上来了，对茶叶色、香、味、形的要求，主要侧重在"香"和"味"。这样，人们对茶具特别是对壶的色泽，并不给予较多的注意，而是追求壶的"雅趣"。明代冯可宾在《茶录》中写道"茶壶以小为贵，每客小壶一把，任其自斟自饮方为得趣。何也？壶小则香不涣散，味不耽阁。"强调茶具选配得体，才能尝到真正的茶香味。张谦德《茶经》说："茶性狭，壶过大则香不聚，容一两升足矣。""官（窑）、哥（窑）、宣（宣德窑）、定（窑）为上，黄金、白银次，铜、锡者斗试家自不用。"因紫砂土质细腻，含铁量高，具有良好的透气性和吸水性，用紫砂壶来冲泡散茶，能把茶叶的真香发挥出来，无怪乎文震亨在《长物志》中提到："茶壶以砂者为上，盖既不夺香，又无熟汤气。"因此紫砂壶一直是明代及以后茶壶的主流。在这一时期，江西景德镇的白瓷茶具和青花瓷茶具、江苏宜兴的紫砂茶具获得了极大的发展，无论是色泽和造型，品种和式样，都进入了穷极精巧的新时期。

清代茶具——异彩缤纷

⊙ 陶瓷争艳

清代，饮茶方式仍然沿用明代的直接冲泡法。因此，清代的茶具也基本上沿袭了明代茶具的模式。但是清代的陶瓷茶具有了进一步发展，形成了景德镇瓷器和宜兴紫砂陶器两大系列，即闻名世界、影响至今的"景瓷宜陶"。"景瓷宜陶"的开发制作，使清代茶具异彩纷呈，琳琅满目。清代特别是"康乾盛世"是中国封建文化、工艺的集大成时期，也是中国古代茶具制作的黄金时期，留下了大量的茶具珍品。清代瓷茶具精品，多由江西景德镇生产，其时，除继续生产青花瓷、五彩瓷茶具外，还创制了粉彩、珐琅两种釉上彩茶具。宜兴紫砂陶茶具，在继承传统的同时，又有新的发展。康熙年间宜陶名家陈鸣远制作的梅干壶、束柴三友壶、包袱壶、南瓜壶等，集雕塑装饰于一体，情韵生动，匠心独运。制作工艺，穷工极巧。嘉庆年间的杨彭年和道光、咸丰年间的邵大亨制作的紫砂茶壶，当时也名噪一时，前者以精巧取胜，后者以浑朴见长。

盖碗兴起

清时的茶盏,康熙、雍正、乾隆时盛行的盖碗,最负盛名。盖碗由盖、碗、托三部分组成。盖呈碟形,有高圈足作提手;碗为大口小底,有低圈足;托实为中心下陷的一个浅盘,其下陷部位正好与碗底相吻。喝茶时盖不易滑落,有茶船为托又免烫手之苦。且只需端着茶船就可稳定重心,喝茶时又不必揭盖,只需半张半合,茶叶既不入口,茶汤又可徐徐沁出,甚是惬意,避免了壶堵杯吐之烦。盖碗茶的茶盖放在碗内,若要茶汤浓些,可用茶盖在水面轻轻刮一刮,使整碗茶水上下翻转,轻刮则淡,重刮则浓,是其妙也。康熙时期的盖碗,带托者较少;雍正以后,托才普遍使用。北京故宫博物院所藏一个乾隆雾蓝轴描金银图案盖茶碗,造型规整秀美,金银图案富丽堂皇,绘画严谨细致,盛世特征鲜明,给人以华贵、奢靡的感觉。

茶具异彩纷呈

自清代开始,福州的脱胎漆茶具、四川的竹编茶具、海南的生物(如椰子、贝壳等)茶具也开始出现,自成一格,逗人喜爱,终使清代茶具异彩纷呈,形成了这一时期茶具新的重要特色。

漆器茶具较有名的有北京雕漆茶具、福州脱胎茶具、江西鄱阳等地生产的脱胎漆器等,均具有独特的艺术魅力。其中,尤为福建生产的漆器茶具多姿多彩,如有"宝砂闪光"、"金丝玛瑙"、"仿古瓷"、"雕填"等均为脱胎漆茶具。它具有轻巧美观,色泽光亮,能耐温、耐酸的特点,这种茶器具更具有艺术品的功用。

竹编茶具,它既是一种工艺品,又富有实用价值,主要品种有茶杯、茶盅、茶托、茶壶、茶盘等,多为成套制作。竹编茶具由内胎和外套组成,内胎多为陶瓷类饮茶器具,外套用精选慈竹,经劈、启、揉、匀等多道工序,制成粗细如发的柔软竹丝,经烤色、染色,再按茶具内胎形状、大小编织嵌合,使之成为整体如一的茶具。这种茶具,不但色调和谐,美观大方,而且能保护内胎,减少损坏;同时,泡茶后不易烫手,并富含艺术欣赏价值。

茶壶丰富多彩

至于茶壶,不但造型丰富多彩,而且品种琳琅满目,著名的有康熙五彩竹花壶、青花松竹梅壶、青花竹节壶;乾隆粉彩菊花壶、马蹄式壶;以及道光青花嘴壶、小方壶等。特别值得一提的是当时任溧阳县令、"西泠八家"之一的陈曼生,传说他设计了新颖别致的"十八壶式"，由杨彭年、杨凤年兄妹制作，待泥坯半干时，再由陈曼生用竹刀在壶上镌刻诗文或书画，这种工匠制作、文人设计的"曼生壶"，为宜兴紫砂茶壶开创了新风，增添了文化氛围。清·寂圆叟在《陶雅》中称："陈曼生壶，式样较为小巧，所刻书画亦精，壶嘴不淋茶叶，一美也；壶盖转之而紧闭，抬盖而壶不脱落，二美也。"因为曼生壶十分精到，又颇具文化品味，故为收藏家所珍视。除陈曼生外，郑板桥、吴大澂、任伯年等也都曾为紫砂壶题诗刻字，不但为紫砂壶平增诗情画意，而且还为品茶增添了兴致雅趣。据《砂壶图考》载，清代著名书画家郑板桥，还在定制的紫砂茶壶上，亲笔书诗一首："嘴尖肚大耳偏高，才免饥寒便自豪；量小不堪容大物，两三寸水起波涛。"诗中，作者不但借壶讽讥时局，而且使品茶趣味横生。这种文人与陶匠合作制壶的结果，使壶的工艺水平提高，文化品位大增，以致创作出了一件件精美的工艺品。乾隆、嘉庆年间，宜兴紫砂还推出了以红、绿、白等不同石质粉末施釉烧制的粉彩茶壶，使传统紫砂壶制作工艺又有新的突破。

近现代茶具——百花齐放

⊙ 因茶择器

茶具发展到近现代，材料多种多样，造型千姿百态，纹饰百花齐放。讲究的茶人根据个人的审美情趣，以及品饮的茶类和环境来选择茶具。一般来说，现在通行的各类茶具中以瓷器茶具、陶器茶具最好，玻璃茶具次之，搪瓷茶具再次之。如饮绿茶，首选透明玻璃杯，应无色、无花、无盖，或用白瓷、青瓷、青花瓷无盖杯；饮花茶用青瓷、青花瓷等盖碗、盖杯；饮黄茶用奶白或黄釉瓷及黄橙色壶杯具、盖碗、盖杯；饮红茶用内挂白釉紫砂、白瓷、红釉瓷、暖色瓷的壶杯具、盖杯、盖碗或咖啡壶具；饮白茶用白瓷或黄泥炻器壶杯及内壁有色黑瓷。饮乌龙茶则用紫砂壶杯具，或白瓷壶杯具、盖碗、盖杯为佳。

⊙ 因地制宜

中国疆域辽阔，从南到北，从东到西，不同年龄、不同民族、不同地区、不同教养、不同阶层的人有不同的爱好。

在不影响展示茶的色、香、味、形的前提下，茶具的选择和搭配要充分考虑到人的因素。例如同样是冲泡乌龙茶，若是广东潮汕人，宜选用"工夫茶四宝"（潮汕风炉、玉书碨、孟臣罐、若琛瓯）进行搭配组合；若是台湾的朋友，则可选用紫砂壶、公道杯、闻香杯、品茗杯等进行搭配组合；若是青年情侣，则可选用同心杯进行组合。不同的茶艺表现形式，对茶具的组合有不同的要求。例如宫廷茶艺要求茶具华贵；文士茶艺要求茶具雅致；民俗茶艺要求茶具朴实；宗教茶艺要求茶具端庄；企业营销型茶艺，则要求所使用的茶具便于最直观地介绍茶叶的商品特性。总之，茶具的组合是为茶艺表演服务的，它必须充分考虑茶艺所要表现的时代背景和思想内容。选择茶具还应当充分注意泡茶的场所和环境，注意环境的装修格调与基本色调，力求做到茶具美与环境美相互照应、相得益彰。

紫砂热潮

紫砂壶长久以来，即被人们推崇为理想的注茶器。它优良的实用功能，在明清两代的文献中即有所记载。明清两代人们认为茶壶之所以"黜银锡及闽豫瓷，而尚宜陶"，是由于紫砂壶能发出茶之色、香、味，并且既不夺香，又煮熟汤气。关于"越宿不馊"的说法也有其一定的道理。紫砂壶以宜兴紫砂壶最为出名,宜兴紫砂壶泡茶既不夺茶真香，又无熟汤气,能较长时间保持茶叶的色、香、味。紫砂茶具还因其造型古朴别致、气质特佳，经茶水泡、手摩挲，会变为古玉色而倍受人们青睐。紫砂壶大体上属于文人艺术，所追求的古朴雅趣也基本上是以往文人所追求的。就像中国画中的文人画一样，将诗、书、画、印融为一体。如果带着文人艺术的眼光看紫砂壶，则体现了文人画的另一种形态。紫砂壶具有收藏的功能，历史上许多著名制壶匠人，如供春、时大彬、董翰、陈鸿寿的作品已经成为不可多得的珍品，是收藏家争相追逐的宝物。现代也出现许多制作紫砂茶壶的高手工艺大师如台湾的林靖嵩，其作品更具艺术性。

功夫茶茶具

功夫茶茶具有盖碗，茶海（也就是公道杯），闻香杯，茶杯，茶滤，茶夹，茶托，茶盘，茶巾。功夫茶具是最讲究的一种泡茶茶具，之所以叫功夫茶，是因为这种泡茶的方式极为讲究。操作起来需要一定的功夫，此功夫，乃为沏泡的学问，品饮的功夫。功夫茶具流传至今已有几百年的历史,最早的功夫茶具流行与广东等地，随着后来慢慢传播到各地区。

潮州工夫茶所用的茶具最少也需要

十种。分别是：第一件茶壶，潮州土话叫做冲罐，也有叫做苏罐的，因为它出自江苏宜兴，是宜兴紫砂壶中最小的一种。不管款式、色泽如何，最重要的是"宜小不宜大，宜浅不宜深"。第二件茶杯，茶杯的选择也有个四字诀：小、浅、薄、白。小则一啜而尽；浅则水不留底；色白如玉用以衬托茶的颜色；质薄如纸以使其能以起香。第三件茶洗，形如大碗，深浅色样很多，烹功夫茶必备三个，一正二副，正洗用以浸茶杯，副洗一个用以浸冲罐，一个用以盛洗杯的水和已泡过的茶叶。第四件茶盘，讲究宽、平、浅、白。就是盘面要宽，以便就客人人数多寡，可以放多几个杯；盘底要平，才不会使茶杯不稳，易于摇晃；边要浅，色要白，这都是为了衬托茶杯、茶壶，使之美观。第五件茶垫，比茶盘小，是用来置冲罐的，也有各种式样，但总之要注意到"夏浅冬深"。第六件水瓶，是用以储水烹茶的，素瓷青花者最好。第七件龙缸，类用以储存大量的泉水，密盖，下托以木几，形质多古色古香。第八件红泥小火炉，以炭为燃料，置炭的炉心深而小，这样使火势均匀，省炭。第九件砂铫，俗称"茶锅"，是用砂泥制成的，很轻巧，水一开，小盖子会自动掀动，发出一阵阵的声响。第十件是用以煽火的羽扇、钳炭和挑火用的钢筷，特制的羽扇用洁白鹅翎编成，钢筷可以使主人双手保持清洁。工夫茶独成一格，如果烹茶没有工夫，那也是不能叫做工夫茶了。所以功夫茶之收功全在烹茶，冲茶之法。

缤彩纷呈的茶具

中国的茶具，种类繁多，造型优美，除实用价值外，也有颇高的艺术价值，因而驰名中外，为历代茶爱好者青睐。中国自古就有"器为茶之父"之说，茶

具的材质对茶汤的香气和味道有重要影响，由于制作材料和产地不同而分为陶土茶具、瓷器茶具、漆器茶具、玻璃茶具、金属茶具、竹木茶具和玉石茶具等几大类。

⊙ 紫泥清韵的紫砂茶具

◇ 紫砂传说

传说很久以前，位于太湖之滨的美丽小镇宜兴丁蜀镇，一个奇怪的僧人出现在他们的镇上。他边走边大声叫唤："富有的皇家土，富有的皇家土"，村民们都很好奇地看着这个奇怪的僧人。僧人发现了村民眼中的疑惑，便又说"不是皇家，就不能富有吗？"，人们就更加疑惑了，直直地看着他走来走去。奇怪的僧人提高了嗓门，快步走了起来，就好像周围没有人一样。有一些有见识的长者，觉得他奇怪就跟着一起走，走着走着到了黄龙山和青龙山。突然间，僧人消失了。长者四处寻找，看到好几处新开口的洞穴，洞穴中有各种颜色的陶土。长者搬了一些彩色的陶土回家，敲打铸烧，神奇般的烧出了和以前不同颜色的陶器。一传十，十传百。就这样，紫砂陶艺慢慢形成了。

◇ 紫砂陶艺

人类最早使用的是陶器，是一种由泥土为材料而制成。陶器有许多种，如江苏的紫砂陶瓷、广东的石湾陶、山东

的博山陶、安徽的阜阳陶等。但最负盛名的紫砂茶具是江苏宜兴丁蜀镇的紫砂陶，它非常适合茶性，色泽丰富，是世界公认质地最好的茶具原料。至宋代开始，紫砂陶随着饮茶方法的改变，登上了茶具的领头地位，至明代大盛，清代又进一步发展。

目前，紫砂茶具的艺术价值远远超过了它的实用价值。紫砂壶是从煎煮茶饼的大砂罐演化而成，其色泽由土黄发展到以紫色为主，形状也从大到小。它的美，在于壶泥、壶色、壶形、壶款、壶章、题铭、绘画、书法、雕塑、篆刻等方面。

◇ 紫砂陶的特性

宜兴陶土分布于南郊丘陵地带，种类繁多。当地一般把陶土分为白泥（灰白色粉砂质铝土质黏土）、甲泥（紫色为主的杂色粉砂质黏土）、嫩泥（是土黄、灰白色为主的杂色黏土）三大类。在浙北长兴的鼎甲桥、顾渚、新槐一带也有这三种泥，系同一矿脉，只是有山阳、山阴之分。紫砂制品的色泽及肌理效果，充分显示了紫砂陶土的美感潜质。历代紫砂艺人高超的炼泥技巧达到出神入化的境地，根据作品的要求不同，炼制出的泥料也不一样。紫砂陶艺之美是任何陶瓷材料无可比拟的，朱砂泥的细腻柔滑，像婴儿肌肤，紫砂泥的栗色很像古铜，调砂泥质粒子若隐若现星星点点灿若星辰。如采用绞泥手法可以产生大理石纹、雨花石纹和树木年轮的效果，还可加工成各种树皮褶皱。

紫砂色泽属于暖色系统，古朴沉稳，色相变化微妙，需人们慢慢寻味比较。因为矿土分布及调配方法的不同，烧成时温度的不同。因此，产品颜色也不同，古人所描述的天青、海棠红、黯肝、水碧、梨皮、朱砂紫、墨绿、葵黄、黛黑等多种色泽，种种变异，全靠艺匠的妙出心裁。

因为紫砂陶的结构和成分优于瓷器，茶汁在其容器内pH值从7下降到5.5，是4～6天，而一般瓷器是1～2天。茶汁因发酵由香变馊，在15℃的室温中实验，紫砂陶5天以后仍有余香，而瓷壶最多2天。茶汤色泽在紫砂陶内，无论红茶、绿茶，茶色都逐步变为红褐色或棕色，而瓷壶都变为黑褐色。这样的实验说明，紫砂陶是一种双重气孔结构的多孔性材质，气孔微细，密度高，具有较强的吸附力。在造型上，瓷壶嘴流向上，壶盖与壶身衔接宽松，紫砂壶嘴有斜度，大多采用嵌式盖，这比瓷壶有更好的条件减少黄曲霉菌流向壶内。再就是紫砂壶内壁有双重的气孔，比瓷土壶的玻璃相、结晶相少得多，这就使得紫砂陶制成的茶具，具有如下优点：

造型古朴别致，气质特佳。

经茶水泡、手摩挲，石英子的变化，壶会变为古玉色。

严实，留得住茶的色、香、味。有双重气孔，夏天隔热不易馊，冬天不易冷，还可以边饮茶边焐手。泥色丰富，在不施釉的情况下，创作题材宽。

造型采用"打身筒"与"镶身筒"方法，工具简单，一般家庭中都能随意制作。可随意与书画、篆刻结合。

可与其他工艺结合，不断推陈出新。

因此，古今中外对紫砂陶壶的评价非常高，如"贵重如珩璜"，"明制一壶抵中人一家产"等。

因为宜兴紫砂陶艺历史上多次被列为贡品，除了在器皿上书画装饰外，还有琢、捏、绞、堆、喷、嵌、雕、贴、镂、釉、漆、镶、包、抛光等技法，并吸取瓷器上各种装饰工艺。

因为很多装饰方法既费时，又削弱了紫砂器原有的自然质朴等美感素质，因而遭到淘汰，而文人书画家的积极参与和提倡的刻画装饰，便成为紫砂装饰的主流。这种装饰因为将文学、书法、绘画、篆刻诸艺融入进去，从而使紫砂陶艺成为内涵深远的综合艺术作品。于是，文人们深深迷恋紫砂壶，在他们的诗文中以紫瓯、砂罂、注春等各种名字称呼它，说它"寸柄之壶，贵如金玉"、"世间茶具称为首"等。

⊙ 千姿百态的紫砂造型

今天紫砂茶具是用江苏宜兴南部及其毗邻的浙江长兴北部埋藏的一种特殊陶土，即紫金泥烧制而成的。这种陶土，含铁量大，有良好的可塑性，烧制温度以1150℃左右为宜。紫砂茶壶的造型，千姿百态，富于变化，大致可以归纳为如下几种类型。

仿生型：此类茶具做工精巧，结构严谨，仿照树木、花卉的枝干、叶片、果实，以及动物形体制作。它以仿真见长，富有质朴、亲切之感。作品如扁竹壶、龙团壶、樱花壶、玉兰壶、鱼化龙壶、南瓜壶等。

几何型：此类茶具外型简朴无华，表面平滑，富有光泽，根据球形、圆柱形、正方形、菱形等立体几何图形制作，常见的有圆壶、八角壶、六方壶、直腹壶、潘壶等。

艺术型：此类茶具造型多变，富有想像，或集书画、雕塑、诗文于一体，通体给人以一种艺术的享受。一般由文人设计、陶匠制作的作品，多属此例，"曼生壶"是其代表作。此外，还有玲珑梅芳壶、加彩人物壶、春风如意壶、什锦壶、浮绘山水茗具（包括壶和杯）等。

特种型：此类茶具专为特种茶类的烹饮或特殊饮茶方法而制作，如福建、台湾、广东人啜乌龙茶用的茶具，它始于清代，古色古香，人称"烹茶四宝"：汕头风炉，娇小玲珑，用来生火烧水；玉书碨，实是一把烧水壶，呈扁形，为赭褐色，显得朴素淡雅；孟臣罐，本是一把容量为50～100毫升的茶壶，小的如早橘，大的若香瓜；若琛瓯，是一种小得出奇的杯子，只有半个乒乓球大小，仅能容纳4毫升茶水。通常将四只若琛瓯（杯）与一个孟臣罐（壶）一起放在一只茶盘中。这套茶具，既能用来啜乌龙茶，又是艺术品，往往成为收藏家追逐的目标。

此外，古代紫砂茶具中，还有许多是混合型的。其实，对历代茶人而言，只要具有实用和审美价值，又不乏文化品位的紫砂茶具，都是好作品。

⊙ 变化多端的色泽

宜兴紫砂陶所用的原料，包括紫泥、绿泥及红泥三种，统称紫砂泥。紫砂色泽属于暖色系统，古朴沉稳，色相变化微妙，需人们慢慢寻味比较。因为矿土分布及调配方法的不同，烧成时温度的不同，紫砂茶具的色泽，可利用紫泥色泽和质地的差别，经过"澄"、"洗"，使之出现不同的色彩，如可使天青泥呈暗肝色，蜜泥呈淡赭石色，石黄泥呈朱砂色，梨皮泥呈冻梨色等；另外，还可通过不同质地紫泥的调配，使之呈现古铜、淡墨等色。优质的原料，天然的色泽，为烧制优良紫砂茶具奠定了物质基础。

⊙ 艺术之美

满足紫砂壶艺术之美则要将形、神、气、态这四个要素融为一体，集于一身。形，即形式的美，是指作品的外轮廓，也就是具象的面相；神即神韵，一种能令人意会体验出精神美的韵味；气，即气质，壶艺所内涵的本质的美；态，即形态，作品的高、低、肥、瘦、刚、柔、方、圆的各种姿态。从这几个方面贯通一气，才是一件真正的完美的好作品。

⊙ 紫砂茶具的保养

数百年的收藏历史，紫砂壶已经深深融入中国的文化。在中国，紫砂壶是有灵性的。因此，收藏紫砂壶不仅仅是买一把好的壶，养壶也是紫砂壶收藏的一个很重要的组成部分。而养壶的过程更是散发着浓浓的中华文化的气息。如果注意对其进行必要的日常保养，方能经久耐用，紫砂壶也会更加有光泽。

彻底将紫砂壶内外清洗干净。无论是新壶还是旧壶，使用之前要把壶身上的蜡、油迹、污渍和茶垢清洗干净。

泡茶之前先冲淋热水。泡茶之前，宜先用热水冲淋茶壶内外，可兼具去霉、消毒与暖壶三种功效。

切忌沾到油污。紫砂壶一旦沾上油污，必须马上清洗，否则油渍不仅会渗到紫砂壶的土胎上留有油痕，而且不利于土胎吸收水分。

趁热擦拭壶身。泡茶时，因水温极高，茶壶本身的毛细孔会略微扩张，水气会呈现在茶壶表面。此时，可用一条干净的细棉巾，分别在第一泡、第二泡……的浸泡时间内，分几次把整个壶身拭遍，即可利用热水的温度，使壶身变得更加亮润。

泡茶时，勿将茶壶浸水中。有些人在泡茶时，习惯在茶船内倒入沸水，以达保温的功效，然而这对养壶则无正面的功效，反而会在壶身留下不均匀的色泽。

泡完茶后，倒掉茶渣。每次泡完茶后，应倒掉茶渣，用热水冲去残留在壶身的茶汤，以保持壶里壶外的清洁、干爽，绝对不可积存湿气，如此养出来的陶壶，才能发出自然的光泽。

擦拭与刷洗要适度。紫砂壶表面如有茶垢，应用软毛小刷子轻轻刷洗，然后用开水冲净后，再用清洁的毛巾擦干，然后打开壶盖，放在通风之处完全阴干。

经常用来泡茶。使用紫砂壶泡茶的次数越多，茶壶的土胎就能充分地吸收水分，久而久之，紫砂壶表面就会出现润泽如玉的光泽。同时也要注意间隔使用紫砂壶。使用一段时间后，茶壶需要放置数日，使其土胎能彻底地干燥，再使用时才能更好地吸收水分。

避免放在灰尘多之处。存放茶壶时，避免放在油烟、灰尘过多的地方，以免影响壶面的润泽感。

避免用化学洗洁剂清洗。绝对不能用洗碗精或化学洗洁剂刷洗陶壶，不仅会将壶内已吸收的茶味洗掉，甚至会刷掉茶壶外表的光泽，所以，应绝对避免。

张扬风格的瓷器茶具

瓷器无吸水性，音清而韵长，瓷器以白为贵，约1300℃左右烧成，能反映出茶汤色泽，传热、保温性适中，对茶不会发生化学反应，泡茶能获得较好的色香味，且造型美观精巧，适合用来冲泡轻发酵、重香气的茶。

⊙ 中华瑰宝

瓷器是中国的发明之一，是中国古代汉族劳动人民的智慧和力量的结晶。茶文化，是品茶饮茶活动中所体现的一种文化现象。茶具在其中有着重要的作用。瓷器之美，让品茶者享受到整个品茶活动的意境之美。瓷器本身就是一种艺术，火与泥的艺术，这种艺术在品茶的意境之中给欣赏者更有效地欣赏空间和欣赏心情。所以瓷器茶器和茶配合，乃天作之合，锦上绣花。瓷器茶具的品种很多，其中主要的有：青瓷茶具、白瓷茶具、黑瓷茶具和彩瓷茶具。这些茶具在中国茶文化发展史上，都曾有过辉煌的一页。

⊙ 青瓷茶具

在瓷器茶具中，青瓷茶具是最早出现的一个品种。早在东汉时，浙江的上虞就开始烧制青瓷器具。近年来，浙江的上虞、余姚、慈溪等地陆续发掘了唐以前，包括汉代在内的古代烧制青瓷的窑址多处，出土了碗、壶、盘等不少饮茶器具。

唐时，烧制青瓷茶具的窑场很多，著名的有浙江的越窑、瓯窑、婺州窑，湖南的岳州窑、长沙窑，江西的洪州窑，安徽的寿州窑，四川的邛窑等。但最著名的是越窑，陆羽在《茶经·四之器》中说"碗，越州上"，"越瓷类玉"，"越窑类冰"，"越瓷青而茶色绿"，认为越窑青瓷茶具质量好，更能显现茶的汤色。唐代至德进士顾况（725～814年）在《茶赋》中说："舒铁如金之鼎，越泥似玉之瓯。"越窑青瓷茶具一时间名声远播，产品不但为其他生产青瓷茶具的窑场所模仿，而且生产规模迅速扩大。其时，在浙东南、浙东北均有烧制越器的窑场，范围已超出越州，相当于现今的绍兴、宁波、台州三地市，甚至更广。许多唐代诗人纷纷作诗，对越窑青瓷茶具加以赞美，如孟郊的"蒙茗玉花尽，越瓯荷叶空"，施肩吾的"越瓯初盛蜀茗新，薄烟轻处搅来匀；山僧问我将何比，欲道琼浆却思嗔"，韩"的"蜀纸麝煤沾笔兴，越瓯犀液发茶香"等都反映了越窑青瓷茶具在唐代的兴盛和受人喜爱的情景。从已经出土的越窑青瓷茶具来看，当时主要的青瓷茶具有茶碗、执壶、茶瓯（盏）等。在烧制技术上，特别重视造型和釉色，不重纹饰，多为素面。初唐时茶碗为盅形，直口深腹，圆饼足；中晚唐时通行撇口碗，口腹向外斜出，为壁形足直至圈足。碗口多成荷叶状、葵式、海棠式，使碗腹曲折起伏。

唐代的执壶（又称注子），初期为鸡头壶，中唐开始，执壶器型为喇叭口，短嘴，嘴外壁为六边形，腹肥大，有宽扁形把。五代时，嘴延长成曲流。唐代的茶瓯（即托盏），直口或葵口，浅腹，圈足。其下的托呈盘状，中心部位有一托圈，前期矮后期升高，这种茶瓯，实是茶碗的一种，很受当时文人学士的喜爱。在唐和五代时，还有一种被称为"秘色瓷"的茶具，长期以来，人们一直只闻其名，不见其物。唐·徐夤有一首《贡余秘色茶盏》诗称："捩翠融青瑞色新，陶成先得贡吾君；巧剜明月染春水，轻旋薄冰盛绿云。古镜破苔当席上，嫩荷涵露别江喷；中山竹叶醅竹发，多病那堪中十分。"它明白无误地告诉人们，在唐代生产的青瓷茶具中，还有一种不同凡俗的秘色瓷茶具存在。20世纪80年代中期，陕西扶风法门寺塔地宫中出土了唐懿宗供奉的16件秘色瓷器，揭开了秘色瓷之谜。

宋代，因为斗茶的兴起，当时推崇用"绀黑"色的茶盏饮茶，用青瓷茶具饮茶虽不及唐时兴盛，但青瓷茶具仍负有盛名，在宋代五大名窑"官、哥、汝、定、钧"窑中，除定窑外，仍均有青瓷茶具烧制。此外，临汝窑、耀州窑等，也有青瓷茶具生产。宋时众多生产青瓷茶具的名窑中，浙江临安（即今杭州）的官窑、龙泉窑已发展到鼎盛时期，生产的大小片纹"碎瓷"茶具造型端庄，釉色青莹，纹样雅丽，被誉为稀世珍品。其中的茶具产品，主要有炉、壶（瓶）、盒、盏等。

青瓷茶具自唐开始兴盛，历经宋、元的繁荣，到明、清时，其重要性开始下降。但此落彼起，特别是龙泉窑生产的茶具，既继承了越窑青瓷的特色，又有新的发展。青瓷茶具胎薄质坚，釉层饱满，有玉质感，造型优美。在南宋至元代，龙泉窑已发展到鼎盛时期，名声远扬。到明代中期，龙泉青瓷在法国市场出现时，轰动了整个法兰西。他们认为无论怎样比拟，也找不到适当的词汇去称呼它。后来，只好用欧洲名剧《牧羊女》中的主角雪拉同的美丽青袍来比喻，从此以后，雪拉同便成了龙泉青瓷的代名词。现今，世界上有许多著名的博物馆中，藏有龙泉青瓷茶具，它们多是明、清时期从中国传到海外去的。

⊙ 白瓷茶具

在古代瓷器茶具中，白瓷茶具出现较早，大约始于北朝晚期。在河南安阳出土的北齐武平六年（575年）范粹墓中，就有当时可作饮茶盛具的碗、杯等器件。到隋、唐时，白瓷发展已趋成熟，广为时人使用。唐·李肇《唐国史补》中说：当时白瓷器具"天下无贵贱通用之"，讲的就是这个意思。唐·白居易曾作诗《于韦处乞大邑瓷碗》，盛赞四川大邑生产的白瓷茶碗是："大邑烧瓷轻且坚，扣如哀玉锦城传。君家白碗胜霜雪，急送茅斋也可怜。"唐乾宁（894～897年）进士徐寅《谢尚书惠蜡面茶》诗曰："金槽（指铜碾）和碾沉香末，冰（指白色）碗轻涵翠缕烟。"说明其时白瓷茶具很受人喜爱，并视作珍品。因为白瓷茶具质料"轻且坚"，扣声"如哀玉"，颜色"胜霜雪"，所以当时在全国形成了一批包括烧制白瓷茶具在内的窑场，其中著名的有河北内丘的邢窑、河北曲阳的定窑、河南巩县的巩县窑等。这些窑场的产品最负盛名的要数邢窑烧制的白瓷茶具，陆羽称它"类银"、"似玉"、"类雪"。宋时，饮茶转而时尚"白"色茶汤，而多用黑色茶盏，但白瓷茶具的生产从未中断，如定窑烧制的白釉印花瓷茶具，阳城（今属山西）窑烧制的仿定窑白瓷茶具，彭县（今属四川）窑烧制的仿定窑白釉印花、刻花茶具，磁州（今属河北）窑和吉州窑白釉彩瓷茶具等，都受到时人的青睐。当时生产的茶具有壶、瓶、盏、碗等，至今仍有留存于世的。从明代开始，人们普遍饮用与现代炒青绿茶相类似的芽茶和叶茶，时尚用冲泡法饮茶，汤色以"黄白"为佳，在这种情况下，白瓷茶具再次兴起，普遍受人欢迎。明·屠隆《考槃余事》载："宣庙（指明宣宗）时有茶盏，料精式雅，质厚难冷，莹白如玉，可试茶式，最为要用。蔡君谟（即北宋蔡襄）取建盏，其色绀黑，似不宜用。"说的就是这个意思。所以，明·许次纾在《茶疏》中明确指出："其在今日，纯白为佳。"明·张源在《茶录》中也说："茶瓯（即碗或盏）以白瓷为上，蓝者次之。"因而江西景德镇窑身价倍增，成了烧制包括白瓷茶具在内的全国制瓷中心。

景德镇烧制的白瓷茶具，相传唐时已负盛名。清·兰浦《景德镇陶录》载：唐武德（618～626）年间，镇民陶玉载瓷入关中，就被称为"假白玉，且贡于朝"，终使当时被称为昌南镇的景德镇，"瓷名天下"。宋时，时人彭器资作《送许屯田》称，"浮梁（景德镇古名）巧烧瓷，颜色比琼玖。"明代以后，景德镇除生产白瓷茶具：茶壶、茶盅、茶盏、茶杯外，花色品种越来越多。江苏南京出土的明永乐（1403～1424年）白瓷暗花小壶，造型圆浑，釉色明润，刻有牡丹纹饰，是当时白瓷茶壶的代表作。明宣德（1426～1435年）烧制的白釉茶盏，光莹如玉，内有绝细暗花，有"一代绝品"之誉。清代，景德镇白瓷茶具，无论是外观抑或内质，都达到历史的最高水平，特别是与宋、元相比，品位大大提高，其胎白洁又坚致细密，釉白且润泽有光。

从明代中期开始，随着各种陶瓷茶壶的崛起，使得茶壶和茶的汤色不再有直接的烘托和对比关系，因此，人们对

饮茶、盛茶器具色泽的要求日显淡漠，而将更多的追求转向茶具的"雅趣"上来。明代晚期冯可宾撰的《岕茶笺》（成书于1642年前后）称："茶壶以小为贵，每一客，壶一把，任其自斟自饮，方为得趣。何也，壶小则香不涣散，味不耽搁（耽误之意）。"这就是说，自明代中期开始，古人对饮茶器具色泽的要求，并不像唐、宋、元，乃至明代前期那么重视，更多的是将注意力移情到"壶趣"上来了。但因为受外销的刺激，白瓷器件仍然受到应有的重视。

⊙ 黑瓷茶具

古代黑瓷茶具，始于晚唐，鼎盛于宋，延续于元，衰微于明，没落于清，这是因为自宋代开始，饮茶方法已由唐时煎茶法逐渐改变为点茶法，而宋代流行的斗茶，又为黑瓷茶具的崛起创造了条件。

古人的斗茶，又称茗战。即以战斗的姿态互比茶叶的优劣。宋时连皇帝、宫廷大臣也以此为乐，这是今人难以想像的。斗茶，可能在五代时已经出现。宋时，最先在建安一带（今福建建安、建阳、蒲城等地）流行起来。宋·苏辙《和子瞻煎茶》诗曰："君不见，闽中品茶天下高，倾身事茶不知劳。"说的就是当时闽（福建）中饮茶斗品的盛景。北宋中期，斗茶迅速向北方传播开来，以致风靡全国。北宋末年，宋徽宗也乐于此道，他在所著《大观茶论》中说，斗茶是"天下之士，励志清白"，是"盛世之清尚"之举。上有所好，下有所效，从宫廷到民间，从皇帝至百姓，都以斗茶为乐。南宋·刘松年的《茗园赌市》图，画的就是平民百姓斗茶的情景。从图中可以看到，每人手提茶瓶，有人点茶，有人啜茶，有人瞪目注视，正在互相品评，以决出优劣。宋人衡量斗茶的效果，一看茶面汤花色泽和均匀度，以"鲜白"为先；二看汤花与茶盏相接处水痕的有无和出现的迟早，以"盏无水痕"为上。时任三司使给事中的蔡襄，在他的《茶录》中就说得很明白："视其面色鲜白，著盏无水痕为绝佳；建安斗试，以水痕先者为负，耐久者为胜。"而黑瓷茶具，正如宋·祝穆在《方舆胜览》中说的"茶色白，入黑盏，其痕易验"。所以，宋代的黑瓷茶盏，成了瓷器茶具中的最大品种，福建建窑、江西吉州窑、山西榆次窑等都大量生产黑瓷茶具，成为黑瓷茶具的主要产地，而且像定窑之类原先以烧白瓷茶具为主的名窑，也开始生产黑瓷茶具。在众多生产黑瓷茶具的窑场中，建窑生产的"建盏"最为人称道。蔡襄在《茶录》中称："建安所造者……最为要用。出他处者，或薄或色紫，皆不及也。"建盏配方独特，在烧制过程中使釉面呈现兔毫条纹、鹧鸪斑点、日曜斑点，一旦茶汤入盏，能放射出五彩纷呈的点点光辉，增加了斗茶的情趣。北宋梅尧臣诗《次韵和永叔尝新茶杂言》："兔毛紫盏白相称，清泉不必求蛤蟆（泉）"。宋诗僧惠洪《与客啜茶戏成》载："金鼎浪翻螃蟹眼，玉瓯绞刷鹧鸪斑。津津白乳冲眉上，拂拂清风产腋间。"南宋诗人杨万里《送新茶李圣俞郎中》道："鹧鸪碗面云萦字，兔褐瓯心雪作泓。"称颂的都是建安茶盏。元代开始，黑釉建盏仍受到品茗者的青睐，元中书令耶律楚材在他的《西域从王君玉乞茶因其韵七首》中，其中就有五首是称赞"建郡瓯"的。特别值得一提的是，宋、元期间，黑瓷茶具还大量销往日本、朝鲜，以及东南亚及欧洲各国，这在宋·赵汝适的《诸蕃志》、元·汪大渊的《岛夷志略》中都有详细记载。从明代中后期开始，兴盛了600余年的黑瓷茶具建盏，从"名冠天下"的顶峰跌落下来，而为其他茶具品种所取代。明·张谦德的《茶经》说："今烹点之法，与君谟（蔡襄）不同，取色莫如宣定。取久热难冷，莫如哥窑。向之建安黑盏，收一两枚以备一种略可。"表明自明代开始，因为"烹点"之法与宋代不同，黑瓷建盏已"似不宜用"，仅是作为"以备一种"而已。

⊙ 青花瓷茶具

青花瓷茶具属彩瓷茶具之列，是彩瓷茶具中的一个最重要的花色品种。它始于唐代，元代开始兴盛，特别是明、清时期，在茶具中独占魁首，成了彩色茶具的主流。

古代的青花瓷茶具，其实是指以氧化钴为呈色剂，在瓷胎上直接描绘图案纹饰，再涂上一层透明釉，尔后在窑内经1300℃左右高温还原烧制而成的器具。然而，对"青花"色泽中"青"的理解，古今亦有所不同。古人将黑、蓝、青、绿等诸色统称为"青"，故"青花"的含义比今人的要广。它的特点是：花纹蓝白相映成趣，有赏心悦目之感；色彩淡雅幽菁可人，有华而不艳之力。加之彩料之上涂釉，显得滋润明亮，更平添了青花茶具的魅力。

直到元代中后期，青花瓷茶具才开始成批生产，特别是景德镇，成了我国青花瓷茶具的主要生产地。生产的茶具品种有茶罐、茶瓶、茶瓯等。因为青花瓷茶具绘画工艺水平高，特别是将中国传统绘画技法运用在瓷器上，因此这也可以说是元代绘画的一大成就。元代以后，除景德镇生产青花茶具外，云南的玉溪、建水，浙江的江山等地也有少量青花瓷茶具生产，但无论是釉色、胎质，还是纹饰、画技，都不能与同时期景德镇生产的青花瓷茶具相比。明代，景德镇生产的青花瓷茶具，诸如茶壶、茶盅、茶盏，花色品种越来越多，质量愈来愈精，无论是器形、造型、纹饰等都冠绝全国，成为其他生产青花茶具窑场模仿的对象。史称当时景德镇生产的瓷器，"诸料悉

精，青花最贵"。特别是（明）永乐、宣德、成化时期的青花茶具清新秀丽，达到了无与伦比的境地。如宣德时期生产的青花茶杯，形似汉玉斗，釉色莹白，青花翠光，胜如羊脂美玉。还有一种"轻罗小扇扑流萤"茶盏，人物毫发可鉴，诗意清雅脱俗，人谓"无声诗入瓷之始"。明成化年间烧制的娇黄葵花茶杯，《历代名瓷图谱》称它"杯制不知何仿，釉色嫩黄，如初放葵花之色，外黄内白，宜乎酌茗，余弘治（明孝宗年号）一窑器皿多矣，要之无过于此杯佳者"。成化年间，青花瓷茶具堪称"一代风格"：胎体轻薄，透视能见淡肉红色；图案纹饰，线条勾画，层次分明；青花色泽，淡雅清丽，素静明快；造型精灵秀美。明·刘侗、于奕正《帝京景物略》称："成（成化年间）杯一双，值十万钱。"足见青花瓷之珍贵。清代，特别是康熙、雍正、乾隆时期，青花瓷茶具在古陶瓷发展史上，又进入了一个历史高峰，它超越前朝，影响后代。康熙年间烧制的青花瓷器具，更是史称"清代之最"。清·陈浏在《陶雅》中说："雍（正）、乾（隆）之青，盖远不逮康（熙）窑。""康（熙）青虽不及明青之浓美者，亦可独步本朝矣。"康熙年间烧制的青花茶具，不像明代那样以官窑烧制为主，而是以民窑烧制居多，所以数量庞大。这一时期的青花茶具，胎质细腻洁白，纯净无瑕，人称"糯米胎"；釉面肥润透色，釉层适中；纹饰图案多样，亦有全篇诗文或大段书写；青花选用"浙料"，色泽鲜艳，呈宝石蓝色，因为青料浓淡不同，立体感强。青花茶具的品种主要有盖碗、茶壶、茶盅、茶盒等。至于晚清生产的青花茶具，总的说来，胎体相对粗松，制作工艺较为粗糙，釉面稀薄不匀，图案纹饰呆板，造型无创新。当然，也有少量作品，特别是官窑产品，堪称上乘之作。

综观明、清时期，因为制瓷技术提高，社会经济发展，对外出口扩大，以及饮茶方法改变，都促使青花茶具获得了迅猛的发展，当时除景德镇生产青花茶具外，较有影响的还有江西的吉安、乐平，广东的潮州、揭阳、博罗，云南的玉溪，四川的会理，福建的德化、安溪等地。此外，全国还有许多地方生产"土青花"茶具，在一定区域内，供民间饮茶使用。

⊙ 红瓷

明代永宣年间出现的祭红。娇而不艳，红中透紫，色泽深沉而安定。古代皇室用这种红釉瓷做祭器，因而得名祭红。因烧制难度极大，成品率很低，所以身价特高。古人在制作祭红瓷时，真可谓不惜工本，用料如珊瑚、玛瑙、寒水石、珠子、烧料直至黄金，可是烧成率仍然很低，原来"祭红"的烧成仍是一门"火的艺术"，也就是说即使有了好的配方如果烧成条件不行，也常有满窑器皆成废品之例,故有"千窑难得一宝，十窑九不成"的说法。

⊙ 彩瓷茶具

彩瓷亦称"彩绘瓷"。器物表面中加以彩绘的瓷器。主要有釉下彩瓷和釉上彩瓷两大类，釉下始于唐（唐青花）。明清时期开始出现的是釉上彩（粉彩），同时也是彩瓷发展的盛期，以景德镇窑成就最为突出。彩瓷茶具彩色茶具的品种花色很多，其中尤以青花瓷茶具最引人注目。它的特点是花纹蓝白相映成趣，有赏心悦目之感；色彩淡雅幽菁可人，有华而不艳之力。加之彩料之上涂釉，显得滋润明亮，更平添了青花茶具的魅力。直到元代中后期，青花瓷茶具才开始成批生产，特别是景德镇，成了我国青花瓷茶具的主要生产地。由于青花瓷

茶具绘画工艺水平高,特别是将中国传统绘画技法运用在瓷器上,因此这也可以说是元代绘画的一大成就。明代,景德镇生产的青花瓷茶具,诸如茶壶、茶盅、茶盏,花色品种越来越多,质量愈来愈精,无论是器形、造型、纹饰等都冠绝全国,成为其他生产青花茶具窑场模仿的对象,清代,特别是康熙、雍正、乾隆时期,青花瓷茶具在古陶瓷发展史上,又进入了一个历史高峰,它超越前朝,影响后代。康熙年间烧制的青花瓷器具,更是史称清代之最。

⊙ 骨瓷

骨瓷原称骨粉质瓷,简称骨瓷。所谓骨瓷,就是骨粉加上石英混合而成的瓷土,始创于英国,曾长期是英国皇室的专用瓷器,世界公认的高档的瓷种。其制作过程极为复杂,用料考究,制作精细,标准严格,它的规整度、洁白度、透明度、热稳定性等诸项理化指标均要求极高。

在骨瓷行业中有句对骨瓷最精辟的概述:"薄如纸,白如玉,声如磬,光如镜",这句话很完整的概括了骨瓷的特点:薄如纸说明它很薄,对着灯光或者外界的阳光能薄到透亮的程度;白如玉就显示在它的色泽上,说明骨瓷像玉一样洁白无瑕、温润,让人感到舒服;声如磬是指在敲击骨瓷碗时会发出如钟声似地回声响,清脆悦耳,回声经久不绝,容器越大效果越明显;光如镜是说的骨瓷的釉面很光,就跟镜子一样很光滑。骨瓷茶具使用和艺术的双重价值集于一身,以自身独有的雍容典雅,成为收藏名家、豪华宴会都视之如珍的首选,无愧为当世"瓷中之王"。

⊙ 景瓷

景德镇瓷器作为茶具上品,应用最广。景瓷始于汉,兴于宋,北宋时期,景瓷创造性地烧造出了一种"土白壤而埴、质薄腻、色滋润"的青白瓷,使青瓷艺术达到了高峰。到了元明清时期,景瓷工艺发展迅速,广征博采,大胆创新,被称为"至精至美之瓷,莫不出于景德镇"。

景瓷造型优美、品种繁多、装饰丰富、风格独特。在装饰方面有青花、釉里红、古彩、粉彩、斗彩、新彩、釉下五彩、青花玲珑等,其中尤以青花、粉彩产品为大宗,颜色釉为名产。在琳琅满目的瓷器中,最著名的有典雅素净的青花瓷,明净剔透的青花玲珑瓷,五彩缤纷的颜色釉瓷,幽静雅致的青花影青瓷,古朴清丽的古彩瓷,万紫千红的新彩瓷,明丽隽秀的窑彩瓷,别开生面的总和装饰瓷等。这些珍贵的名瓷,被人

们誉为"中华民族文化之精华"、"瓷国之瑰宝"。

玲珑瓷，是明永乐年间在镂空工艺的基础创造和发展起来的，已有500多年的历史。瓷工用刀片在坯胎上镂成点点米粒状，被人们称为"米通"，又叫玲珑眼，再填入玲珑釉料，并配上青花装饰，入窑烧制而成。它显得灵巧、明彻、透剔，特别高雅秀洁。

青花瓷，被人们称为"人间瑰宝"。始创于元代，到明、清两代为高峰。它用氧化钴料在坯胎上描绘纹样，施釉后高温一次烧成。它蓝白相映，怡然成趣，晶莹明快，美观隽秀，使人赏心悦目。

粉彩瓷，粉彩亦称软彩，是瓷器的釉上装饰，自清康熙晚期开始，到雍正、乾隆年间，日臻完善。其制法是：先在白胎瓷器上勾出图案轮廓，再堆填色料，在700℃的温度下烧煅而成，颜色柔和，画工细腻工整，既有国画风味，又有浮雕感，画面充满着浓郁的民族特色。有以中国历史故事和神话为主的人物、有秀丽多彩的山水、有栩栩如生鸟翎毛，有工整对称的几何图案。

颜色釉瓷，在釉料里加上某种氧化金属，经过焙烧以后，就会显现出某种固有的色泽，这就是颜色釉。影响色釉成色的主要是起着色剂作用的金属氧化物，此外还与釉料的组成，料度大小，烧制温度以及烧制气氛有着密切的关系。人们说"自然界有什么颜色，就可以烧制出什么颜色的瓷器"。

薄胎瓷，薄如蝉翼，轻如绸纱，是一种轻巧秀丽，薄如蛋壳的细白瓷。古人吟诵薄胎瓷曰："只恐风吹去，还愁日炙消"。

青花影青瓷，在同一件影青釉瓷器上，既绘有幽静雅致的"青花"，又刻有清淡秀丽的纹饰，称青花影青瓷。该釉色酷似白玉，花纹晶莹剔透，釉层下的暗花与青花融为一体，使器物显得更加秀丽、高雅。

⊙ 识别仿古瓷器

如今的生活当中，所常见的仿古瓷日具增多，识别仿瓷需要一定的知识和独到的"眼力"，如果你能从以下方面入手，便可以把仿古瓷和现代瓷区别开来。

一是要注意器物的造型。一般说来古瓷古朴，形制自然，并具有某个时代的风格特征，如康熙时代特有的器型观音瓶、棒槌瓶等。

二是要细看釉面光洁度。古瓷釉面往往很润泽，无现代瓷上的刺眼浮光。部分古瓷还有蛤蜊光。

三是要分析颜料。古瓷用料与仿古瓷不同。如康熙青花采用国产浙江颜料，色彩十分艳丽，具备了青花分五色的特点。

四是要看画功是否精致。古瓷釉面富有层次感，花卉、飞禽栩栩如生，带有时代韵味，形神兼备。如雍正时代的鸡翅凤、壮婴图等。

五是要掌握底足的特点。古瓷底足往往露胎，表面可见米黄色护釉胎，有自然磨损痕迹；底足相对规整，圈足圆滑。如康熙时代的"泥鳅背"和"糯米胎"尤为明显。而仿古瓷底足露胎松散，无护胎釉，过于规整，多为平足。

六是要识别落款的方式。不同朝代的官窑底足有不同的款识。如康熙和雍正时代大部分为六字楷书蓝款,也有少量的篆书红(蓝)款。

七是要借助高倍放大镜观察釉面气泡。真品古瓷气泡大小不一,间距较舒朗;而仿古瓷气泡一般细密,无自然风化的斑点,更无舒朗之感。

⊙ 多姿多彩的漆器茶具

◇ 主要产地

我国的漆器起源久远,在距今约7000年前的浙江余姚河姆渡文化中,就有可用来作为饮器的木胎漆碗。距今4000~5000年的浙江余杭良渚文化中,也有可用作饮器的嵌玉朱漆杯。至夏商以后的漆制饮器就更多了。现代漆器工艺主要分布于北京、江苏、扬州、上海、四川、重庆、福建、山西平遥、贵州大方、甘肃天水、江西宜春、陕西凤翔等地。其中,北京雕漆,是在木胎或铜胎上髹饰数十层甚至上百层,再进行浮雕,色彩以朱红为主,风格富丽华贵。江苏扬州漆器以镶嵌螺钿为其特色,在光线照映下,非常精美。福建脱胎漆器,以其色泽光亮,轻巧美观,不怕水浸,能耐温,耐酸碱腐蚀为其特点。四川漆器,多用推光的髹饰技法或以雕填见长,或以研磨绘著称。此外,还有厦门漆线装饰,天水的雕填等,都各有不同的艺术特色。

◇ 原料天然

传统漆器的涂料又称为大漆,采自生长了8~13年的成熟漆树,取主要成分为漆油的树液酿制加工而成。这类涂料有着非同一般的特性,干燥后可形成一层保护膜,坚硬且抗酸碱,兼具防水耐热的特点,黏着力很强。漆色原料并非我们看见的成品那样多彩,一般为黑、朱、黄、绿、青黑五色。生漆精制后而呈半透明朱色系;黑色系是在生漆中掺入铁粉制成;黄色系则是生漆中加入石黄后的颜色;掺入石黄和群青后的生漆呈现出青色成为绿色系;褐色系是朱色混合黑色后呈现出来的。天然漆有着抗菌的特效,非常适宜制成生活用具。

◇ 技艺繁复

漆器茶具的制作精细复杂,一般有两种类别:一是脱胎,就是以泥土、石

膏等材料做成坯胎模型，以大漆为黏剂，然后用夏布（苎麻布）或绸布在坯胎上逐层裱褙，待阴干后去除坯胎模型，留下漆布雏形，再经过上灰底、打磨、涂漆研磨，最后添加装饰纹样，便成了色泽明亮、绚丽多彩的脱胎漆器成品；二是木胎及其他材料胎，它们以硬度较高的材质为坯胎，不经过脱胎直接涂漆而成，其工序与脱胎基本相同。

◇ 脱胎漆茶具

脱胎漆茶具的制作精细复杂，先要按照茶具的设计要求，做成木胎或泥胎模型，其上用夏布或绸料以漆裱上，再连上几道漆灰料，然后脱去模型，再经填灰、上漆、打磨、装饰等多道工序，才最终成为古朴典雅的脱胎漆茶具。脱胎漆茶具通常是一把茶壶连同四只茶杯，存放在圆形或长方形的茶盘内，壶、杯、盘通常呈一色，多为黑色，也有黄棕、棕红、深绿等色，并融书画于一体，饱含文化意蕴；且轻巧美观，色泽光亮，明艳照人；又不怕水浸，能耐温、耐酸碱腐蚀。脱胎漆茶具除有实用价值外，

还有很高的艺术欣赏价值，常为鉴赏家所收藏。

◇ 漆器辨别

分辨漆器产品是否为传统原料、工艺制作而成的，可用煮水和火烫的方法来检验。大漆在特定环境下会有轻微变色，但放置回常规环境下会还原成黑色，在沸水里煮会变色但不会脱落，用烟头烫会变有黑点但不会起泡、焦化；而合成漆经不起长时间的日晒，在沸水里煮

有的会变色，有的不会，但都会脱落，用烟头烫会起泡、焦化。

⊙ 雍容华贵的金玉茶具

◇ 尊贵的金银茶具

大约到南北朝时，我国出现了包括饮茶器皿在内的金银器具。到隋唐时，金银器具的制作达到高峰。陕西扶风法门寺出土的一套宫廷御用的鎏金茶具，可谓是金属茶具中罕见的稀世珍宝。特别是鎏金壶门座茶碾子和鎏金仙人驾鹤纹门座茶罗子，更为珍贵。前者实为碾槽，槽体上有金制的鸿雁，作展翅飞翔状。碾轮用银制作，上饰金团花，给人以富态优美之感。后者为一件鎏金方匣，上层是茶罗，罗底有抽屉、壶门座。鎏金制成的飞天，身段秀美，神态动人，充分反映了唐人制作金银茶具的卓越技巧。与唐代相比，金银茶具受到宋代社会上层人士的普遍欢迎，富丽工巧的金银茶具成为文人骚客吟哦的对象——"黄金碾畔绿尘飞，碧玉瓯中翠涛起"（范仲淹）、"银瓶铜碾俱官样，恨欠纤纤为捧瓯"（陆游），诗中"黄金碾"、"银瓶、铜碾"都是指碾茶和注汤金银制茶具。宋人周密《癸辛杂识》一书中描述宋时"长沙茶具精妙甲天下，每副用白金三百星，或五百星，凡茶之具悉备，外则以大缕银合贮之。"宋徽宗在《大观茶论》中也极力推崇金银茶具，在全国各地的宋代达官贵人墓葬中不乏用金银茶具作为随葬的例子。

金银茶具绚烂夺目,在工艺上穷极精巧,自身造价极高,无论何时都是奢侈的高档消费品。

◇ 富贵至尊的玉石茶具

自从陶瓷茶具出现,石茶具就逐渐淘汰并被取代。究其原因,除了陶瓷本身具有适宜泡茶的特点外,陶瓷工艺的迅速发展也是一个方面。当然最重要的还是玉石本身,因材料稀少而价格昂贵,且雕琢困难,用玉石制成的茶具成为普通人可望不可即的奢侈品。也正因如此,自唐宋以来,使用玉石茶具饮茶,仅仅成为贵族富人炫耀财富与地位的方式之一而已。

然而玉石茶具并没在茶文化的历史上销声匿迹,只是扮演着次要的角色。时至今日,仍有不少现代人对玉石茶具情有独钟。材料上乘,工艺精湛,外观精美,平滑圆润,光泽流转的玉石茶具,是价值不菲的工艺品,甚为值得赏玩与收藏。另外,《本草纲目》中详细记述玉器具有"除胃中热、喘急、烦闷、润心肺、润声喉、活筋强骨。安魂魄、利血脉"之功能。科学研究表明,玉石含有26种对人体健康有益的微量元素和矿物质,可以补充人体不足的元素和微量元素,用玉器饮茶,具有良好的保健功能。一时,民间又兴起玉石茶具之风。

⊙ 光泽夺目的玻璃茶具

◇ 古称流璃

"琉璃",实是一种有色半透明的矿物质。用这种材料制成的茶具,能给人以色泽鲜艳,光彩照人之感。我国的琉璃烧制技术虽然起步较早,但直到唐代,随着中外文化交流的增多,西方琉璃器的不断传入,我国才开始烧制琉璃茶具。陕西扶风法门寺地宫出土的由唐僖宗供奉的素面圈足淡黄色琉璃茶盏和素面淡黄色琉璃茶托,是地道的中国琉璃茶具,虽然造型原始,装饰简朴,质地显混,透明度低,但却表明我国的琉璃茶具唐代已经起步,在当时堪称珍贵之物。唐·元稹曾写诗赞誉琉璃,说它是"有色同寒冰,无物隔纤尘。象筵看不见,堪将对玉人"。难怪唐代在供奉法门寺塔佛骨舍利时,也将琉璃茶具列入供奉之物。宋时,我国独特的高铅琉璃器具相继问世。元、明时,规模较大的琉璃作坊在山东、新疆等地出现。清康熙时,在北京还开设了宫廷琉璃厂,只是自宋至清,虽有琉璃器件生产,且身价名贵,但多以生产琉璃艺术品为主,只有少量茶具制品,始终没有形成琉璃茶具的规模生产。

◇ 无可比拟的优势

近现代,随着玻璃工业的崛起,玻璃茶具很快兴起,这是因为,玻璃质地透明,光泽夺目,可塑性大,因此,用它制成的茶具,形态各异,用途广泛,加之价格低廉,购买方便,而受到茶人好评。在众多的玻璃茶具中,以玻璃茶杯最为常见,用它泡茶,茶汤的鲜艳色泽,茶叶的细嫩柔软,茶叶在整个冲泡过程中的上下穿动,叶片的逐渐舒展等,可以一览无余,可说是一种动态的艺术欣赏。特别是冲泡各类名茶,茶具晶莹剔透,杯中轻雾缥缈,澄清碧绿,芽叶朵朵,亭亭玉立,观之赏心悦目,别有风趣。

而且玻璃杯价廉物美，深受广大消费者的欢迎。

◇ 玻璃茶具套装

在当今的日常生活中，玻璃茶具无疑是最常用的日用品之一，很多家庭都会有一套玻璃茶具用以泡茶。玻璃茶具是一个非常庞大的茶具系，其分类众多，并且优点突出，受到人们的喜爱。在购买时首先是看生产厂家，正规的生产厂家生产的玻璃茶具质量好，安全也有保障，最好还是选用高硼硅材质制作而成的产品。其次是看材质。好的玻璃茶具是采用纯正的材质制作而成的，而如果材质不纯，则会引起玻璃茶具上会产生纹、泡或者砂的瑕疵，这些瑕疵将大大影响玻璃的膨胀系数，甚至有些劣质的玻璃茶具稍有碰撞就会开裂；有时虽然没有碰撞，但因为温度变化也很有可能会引起玻璃自动炸裂。再者是看厚度，即厚度最好是一致的。挑选的时候将玻璃茶具进行对光观察，如果各处光感一致，则说明厚度一致；如果各处存在明显的明暗差别，则说明厚度不一致。而我们使用的茶具应该挑选薄一些的，最后则来考虑其美观度了。

⊙ 自然粗旷竹木茶具

◇ 来自民间

在历史上，广大农村包括茶区，很多人使用竹或木碗泡茶。它价廉物美，经济实惠。陆羽在《茶经·四之器》中开列的28种茶具，多数是用竹木制作的。这种茶具，来源广，制作方便，对茶无污染，对人体又无害，因此，自古至今，一直受到茶人的欢迎。在我国南方，如海南等地有用椰壳制作的壶、碗来泡茶的，经济而实用，又具有艺术性。用木罐、竹罐装茶，则仍然随处可见，特别是福建省武夷山等地的乌龙茶木盒，在盒上绘制山水图案，制作精细，别具一格。

作为艺术品的黄阳木罐、二黄竹片茶罐，也是馈赠亲友的珍品，且有实用价值。

◇ 造型美观

到了清代，在四川出现了一种竹编茶具，它既是一种工艺品，又富有实用价值，主要品种有茶杯、茶盅、茶托、茶壶、茶盘等，多为成套制作。

竹编茶具由内胎和外套组成，内胎多为陶瓷类饮茶器具，外套用精选慈竹，经劈、启、揉、匀等多道工序，制成粗细如发的柔软竹丝，经烤色、染色，再按茶具内胎形状、大小编织嵌合，使之成为整体如一的茶具。这种茶具，不但色调和谐，美观大方，而且能保护内胎，减少损坏；同时，泡茶后不易烫手，并富含艺术欣赏价值。因此，多数人购置竹编茶具，不在其用，而重在摆设和收藏。

⊙ 收藏新贵老铁壶

◇ 铁壶溯源

铁壶（铁釜）在我国有文字记载的历史，可以追溯到秦汉。唐宋时期，经茶圣陆羽的推广介绍，煮茶式开始流行，

铁釜（时名为汤釜）正是当时中国茶道里十分流行的一种煮水器具。在与中国的文化交流中，日本僧人将制釜工艺及绿茶树种、制茶方法、茶道带回本国。在相当长的一段时间内，日本人并没有对铁釜进行改造，只是遵循他们在中国学到的制造方法、使用方式延续着。大约在500年前，日本茶圣千利休确立日本茶道，铁釜（汤釜）成为日本茶道必备器具。日本茶道的影响是自上而下的，首先在各藩主大名之间流行，再到武士阶层，再传播到平民。大约400年前，日本盛冈南部藩主在其南部辖区内大量聘任制釜师，最初目的是为促进当地制造工业，但因各代南部藩主对茶道的热衷，不断推动铁釜制作的创新，市场需求也由此增加。尤其第八代藩主利雄公，更是拜师在第三代御釜师——小泉仁左卫门的门下，尝试自己制作茶具。一种新的煮水工具——铁壶即在此时产生，即按茶道用的铁汤釜尺寸大小缩小，并加上壶嘴和把手。

铁壶一经问世就广受欢迎，南部盛冈地区自古以来便以出产砂铁、岩铁等良质铁矿闻名，铁壶作为比当时民众家中的陶壶更耐用也更实用的器具，逐渐在民间流行开来。此风后来也传到京都。京都地区素来更为讲究器物之精美细致，因此京都的铁壶在壶身与盖子方面跟南部铁壶有着鲜明的区别。京都的铁壶是铜盖，不易生锈，壶身上则经常出现富士山、琵琶湖的近江八景、树木、樱花等日本特色的装饰图案，典雅华丽；而且在200多年前便出现如龙文堂、龟文堂、金寿堂等著名堂号，为后来铁壶的制作从实用器物逐渐上升到艺术的创作提供了机遇。

在2000年左右，日本老铁壶进入台湾市场。由于中国台湾地区以台湾高山乌龙茶和云南陈年普洱此二种茶品为主，对水的温度和质量要求较高；而老铁壶的提温和保温效果明显，煮出来的水相较一般的煮水器较柔甜，因此特别受台湾茶友的追捧。老铁壶热潮走进台湾，成为台湾市场在宜兴紫砂壶热度消退后的一个新热点。

近年，国内的普洱热潮带动了对品茗器具的关注。虽然国人对老铁壶关注的时间并不是很长，但是对老铁壶的钟爱是很强烈的。主要是因为老铁壶的壶身浮雕技艺，具有唯一性，如京都龙文堂系统。龟文堂系统、金寿堂系统等的蜡铸法的失传，更使老铁壶有不可复制的特性。

现在国内的老铁壶收藏主要集中在京沪这两个地方。北京地区文化沉淀深厚，对老铁壶此一类工艺品更具有欣赏能力，因此北京精品老铁壶较多。上海地区是中国金融中心，与国外文化往来较多，更易接受外来文化，此地区日本老铁壶的普壶较多，指素壶；本地人也喜欢收集一些舶来品，区域的市场热潮更能辐射整个华东地区。而东北地区如辽宁吉林二省也有分布部分老铁壶。华南地区的浙江福建广东等地，品茗氛围较好，这些地方也有老铁壶的爱好者。

◇ 气质之美

制作一把铁壶需要60多道以上的工序、其可以从造型、落款、文字到壶盖、壶钮、裙边等10多个方面来进行鉴赏。正是这样一把的凝聚着造物

者心血的铁壶，自然地带有着一种深厚的韵味和气质。铁壶古朴素雅的外形，让茶友在品茗的过程中，似乎脱离现实喧嚣，进入古人远离世俗、澄净心灵的境界，这是铁壶的"气质之美"。一般而论，只要具备"精"、"巧"、"美"、"好"、"稀"要素之一者，即有被收藏的价值。

壶嘴：壶嘴对茶人而言，最重要的是能做到出水顺畅、断水得宜的要求。具备良好出水、断水功能后，再进一步探究铁壶的壶嘴造型是否流畅优美。壶嘴一般造型为：直立炮管嘴、兽口嘴、鸭嘴、四方型、环竹状等。

图案：铁壶壶体的图案，大多以植物（松、竹、梅、柳、枫、桐、花卉、牡丹等），风景（山水、庭林、山居、海川、社寺等），动物（鹤、鹭、飞鸟、龟、鹿、龙、虎、马、牛、犬等）为取材重点，但亦有以吉祥图案、理想、期望、思想信仰等直接具体的展现在壶体图案特色上。当然也有很优质的铁壶，是完全没有图案的，既朴实素雅又唯美绝伦至极。

文字：铁壶文字一般以汉风诗词居多，例如：花落飘风只。其间亦有大和俳句、汉诗行草、处世哲学佳句、人生必读座右铭等。例如：高风亮节，勿临渴而掘井、莫贪意外之财，戒多言，言多必失等。铁壶有以文字书法之美取向，亦有以文字内容涵义抒发为要。其实只要文字美，意境佳，都是值得好好珍爱品味的。

落款：通过壶的落款可知其来历、出处、堂号、作者、年代等。一般而言，有明确落款的铁壶在收藏价值上较无争议性，但仍须注意同一年代、同一堂号、同一作者，其铁壶的工艺精度与细致度也可能有极大的差异。此点对于收藏使用铁壶者不可不察，应慎选之。另有一种无款之款，即无任何落款，不知出处、作者为谁，却美丽、优雅大方、款款动人，这也是值得珍藏的要项之一。

造型：壶的造型一般依形制分类而生，但亦有罕见稀有的壶形，是因为铁壶师的某种独见或其特殊涵义要求而被创作出来。例如："尚方壶"、"棋人之壶"。

手把：铁壶的手把是整体壶感的骨干，或缺此手把或手把的比例造型不佳而无法匹配时，都将大大影响壶的美感与身段。手把在设计上有些为固定式，但活动形制较多。这些手把虽设计为活动形态，但仍以不要经常左右弯折为最佳。因为金属把互相折磨，久而久之铁壶手把将会无法站立。因此正确保养与使用铁壶的手把也是一重要课程。

壶摘：壶摘功能仅注重于提取壶盖打开壶身之用，但对铁壶之美有绝对画龙点睛的功效。一颗细腻雅致的摘钮，除了可以增添壶之美感之外，亦可鉴别出是否为一只具有特色的名门铁壶。名门铁壶从其高雅、细致、独特的形美中，一眼便能知此壶绝美且富含深层哲理，摘钮亦具备特殊意涵潜藏其间。摘钮造型众多，常见的有松果、鱼、贝、灵芝、貔貅等。一颗完美的摘钮，可以达壶沸而钮不烫之境。

钮座：壶盖的摘钮若无美丽的钮座配合，是很孤单的。若以红花来比喻摘钮的话，那么绿叶就是钮座。钮座能透析铁壶是否为名门之作，亦可判别年代久远与否。钮座的造型包括：星芒、扇子、菊、梅、樱、枫叶、五岳等。而有些摘钮则无钮座：鱼、螺贝、灵芝、龙、龟等。

壶盖：盖的主要功能在于蓄积沸水蒸气能量，使壶水易沸。选用铁壶时，应注意壶盖形制与壶身的一致性，并留意壶盖的堂号是否与壶身同一款，同时考量壶盖的宽松度、适宜度，从壶口内将壶盖轻推向另一边时，如能不见及壶内壁为宜，反之若全密合毫无动弹空间，则易造成大量沸水由壶嘴喷溅，且壶盖一时无法打开等情形。

环付：环付为铁壶固定连接手把之用。环付选定的位置点，一般而言必须是壶的重心平衡处，否则此壶操控不易。环付有如壶的两耳，耳顺至为重要，传统上造型以鬼而居多。造型有：鬼面（不明兽面）、植物（松、竹、梅、菊等）、动物（龙、龟、狮子、貔貅等）、事物（如意云、社殿、七宝、环、香包）等。

金银镶嵌：以贵金属镶嵌于铁壶壶体（壶身、壶盖、手把），铁壶上金银镶嵌图饰的精巧细致度，能倍增铁壶的价值与艺术性，同时其价格也昂贵许多。

羽：其设计主要便于架设风炉之上，或为增加受火面积，集中火力于壶身下方为目的，但亦有少数专为美观装饰用。

羽落：壶应有羽处无羽，且环壶线呈不规则状缺刻者。

裙边：裙边有集中火力，引导空气流动补充燃气之用，一般的形状大部份为不规则缺刻裙边，但亦有少数为平整无缺刻或有平整锯齿状纹者。

◇ 实用之美

在煮水过程中，铁壶能产生对于人体有益的二价铁，改善水质，则可以说是铁壶的"实用之美"。用铸铁茶壶煮出的水为软水，口感较圆润、甘甜，用来冲泡饮品，可有效提升口感。不仅可以冲煮、还可持续加热，功能性范围更广，所以欧美人士专门用来冲煮花果茶、红茶，用来煮普洱茶也是不错的选择，因为经由铸铁壶的冲煮，可有效去除茶

品/茗/听/壶

中的异味,提升口感。

⊙ 使用保养

铁壶第一次使用,先将5~10克茶叶放入铁壶网内,加水蒸煮约10分钟。如此茶叶中所含的丹宁和铁壶中溶解出的铁份,会在铁壶表面形成一层丹宁铁的皮膜,将更不容意生锈;同时可去除新壶的异味。烧开后将壶内水倒掉,重复2~3次,直至水质清澈即可。建议新壶刚开始使用时请每天使用,让水垢能迅速付着。日常使用时,装8分满的水,以免水沸腾后溢出。铁壶使用约5天后,内壁会出现猩红色斑点,10天左右会出现白色的水垢。这为正常现象,只要水不混浊是不影响饮用的。每次使用后,开小火将壶内水分充分蒸发,再用干的软布擦干,保持壶体干燥,不要壶内剩水过夜。防止铁壶生锈,影响使用寿命。

其实铁壶生锈不必太过担心。因为铁壶生锈不会对人的身体健康有危害,它只是会影响茶或水的口感而已。如果觉得锈渍很难看,我们在去除铁锈后,再次使用铁壶时,可以用切开的生姜涂抹铁壶,或把喝剩的茶叶渣装在纱布里擦铁壶,将洗干净的铁壶浸入浓浓的淘米水中晾干,从而有效地防止铁壶生锈。

⊙ 搪瓷木鱼石茶具

◇ 搪瓷茶具

搪瓷茶具以坚固耐用，图案清新，轻便耐腐蚀而著称。它起源于古代埃及，以后传入欧洲。但现在使用的铸铁搪瓷始于19世纪初的德国与奥地利。搪瓷工艺传入我国，大约是在元代。明代景泰年间（1450～1456年），我国创制了珐琅镶嵌工艺品景泰蓝茶具，清代乾隆年间（1736～1795年）景泰蓝从宫廷流向民间，这可以说是我国搪瓷工业的肇始。我国真正开始生产搪瓷茶具，是上世纪初的事，至今已有100多年的历史。在众多的搪瓷茶具中，洁白、细腻、光亮，可与瓷器媲美的仿瓷茶杯；饰有网眼或彩色加网眼，且层次清晰，有较强艺术感的网眼花茶杯；式样轻巧，造型独特的鼓形茶杯和蝶形茶杯；能起保温作用，且携带方便的保温茶杯，以及可作放置茶壶、茶杯用的加彩搪瓷茶盘，受到不少茶人的欢迎。但搪瓷茶具传热快，易烫手，放在茶几上，会烫坏桌面，加之"身价"较低，所以，使用时受到一定限制，一般不作居家待客之用。

◇ 木鱼石茶具

木鱼石，是一种非常罕见的空心的石头，学名"太一余粮"，俗称"还魂石"。象征着吉祥如意、佛力无边，可护佑众生、辟邪消灾。木鱼石是一种中空的石头，一般有空腔，腔内物有的呈卵核状，有的为粉末或液体，手摇或敲击能发出动听的声响。外壳质地坚硬、细腻，表面为土褐色、橙黄色、紫红色或黑色，半金属光泽，新鲜断面呈介壳状。

木鱼石茶具是指用整块木鱼石作出

品/茗/听/壶

来的茶具，主要包括茶壶、酒壶、竹节杯、套筒杯、冷水杯、茶叶筒等。将水放在木鱼石器具中浸泡两小时，水中溶解的微量元素和矿物质的含量即能达到国家矿泉水限量指标。因木鱼石中铀及稀土元素含量适中，故此茶具的防腐和通透性好,用其泡茶即便是在酷暑季节，五天内茶水仍可饮用不会变质。

此外，古代还有用玉、石、玛瑙、贝壳、果壳等制作的茶具，但都没有自成一类。因此，在此不再赘述。

图解
中国茶经
下卷

主编／宋全林

中医古籍出版社

名窑茶具鉴赏

⊙ 以瓷为首

中国古代茶具虽然种类很多，但用途最广又能延绵始终、长盛不衰的当推陶瓷茶具。

中国陶瓷茶具的产生与演变和陶瓷生产的发展是直接相关的。古代的缶，是用陶土制成的瓦器，最早用来盛酒、饮茶，又作为一种乐器。《说文解字》上称缶是"秦人鼓之以节歌"的乐器。西汉时王褒所著的《僮约》一书中就有"武都买茶，杨氏担荷"，"烹茶尽具，铺以盖藏"的记载，说明当时饮茶已有专门的茶具。古代茶具非常丰富，除了金属和陶瓷茶具外，还有漆器、玉器、水晶、玛瑙等茶具。

古代的"瓷"字，最早出现于魏、晋的文献，瓷茶具也是从魏、晋时期开始的。宜兴周墓墩两次出土大量青瓷器具，从墓砖文字考证，说明宜兴在汉、魏、六朝就烧造过美丽的青瓷器。晋朝杜毓写的《荈赋》中有"器择陶简，出自东隅"的诗句。东隅即当时越地，也是全国烧造青瓷的著名地方。这时茶具的装饰，最流行的壶式是一种鸡头壶。所以从晋一直到隋，茶壶的流子都是作鸡头状。白瓷的创烧始于六朝。可能是因为佛教的影响，六朝开始出现用莲装饰的瓷器，特别是南方烧制青瓷茶具，基本上都是荷瓣纹饰。

古代茶具中还有一种木制的碗。据北魏贾思勰《齐民要术·种榆》篇中说："又种榆法……十年之后，魁、碗、瓶，各值一百文。"贾氏为古代著名农学家，他提倡种榆原是为了供应民间魁、碗等器皿的需要。唐代及唐以前用碗的习惯，是魏、晋遗留下来的古风气。饮茶在中国有着悠久的历史，早在汉代至六朝时，人们已懂得把茶叶与姜、葱等混煮来喝。唐代北方瓷窑的盛起，转入以烧造茶具为主，甚至出现了持续的"茶具热"。开元年间（713～741年），北方因大兴禅教，一时朱门柴屋，饮茶相起成风，"自邹、齐、沧、棣渐至京邑，城市多开店铺，煎茶买之。"饮茶的普及，茶店的遍设，引起了茶具生产的发展。当时南方茶具的重要产地有越州、岳州、鼎州、婺州、寿州和洪州等处。另外，四川大邑的茶碗也独步一时。在唐代，饮茶的风尚自南方的发源地渐渐推广至中国北方及边疆地域。在中唐时，茶已被誉为"举国之饮"。唐代人们煮茶除沿袭了前朝以姜、葱、枣、橘皮、茱萸、薄荷及茶叶等物置于镬中合煮成羹的混煮法外，还有将茶先捣碎，再煎炙、舂捣，然后置于瓶中，灌上沸水，浸泡成汤的饮法，以及陆羽在《茶经》中详加解说并极力推荐的投茶法。

唐代饮茶的主要器具，是瓷壶和瓷碗。当时茶壶、茶碗有三大著名产地：一是浙江余姚的越窑，以烧制青瓷茶碗著称；二是河北内丘的邢窑，以烧制白瓷茶碗盛名；三是湖南的长沙窑，以釉下彩绘的瓷壶取胜。壶在唐代称注子，茶壶也叫茶注。这时的壶式，普遍以短行小流代替了过去的鸡头饰流。唐人习

品/茗/听/壶

用的茶杯没有杯把，往往衬以托子，制作精巧，大概就是后来带盖茶盏的起源。唐代还首创了一种饮茶用的碗托，当时叫"茶托子"，也就是后来的盏托。这时煮水用的壶、茶盘、杯垫以及储茶用的瓶、罐等等，都是饮茶的配合用具，也是茶具，为古今讲究饮茶的人所重视。陆羽对各地瓷茶碗作过比较分析，他说："碗，越州上，鼎州、婺州次。""邢州窑类银，越州窑类玉""邢瓷类雪，越瓷类冰。""邢瓷白而茶色丹，越瓷青而茶色绿。"陆羽认为"越瓷比邢瓷要优。"邢窑在今河北省邢台地区，是中国北方有名的白瓷产地。

中唐前，各地茶具是独立并存的，名称也较为杂乱。到中唐时，陆羽应当时社会的需要，集纳各地好的茶具，并把它们配之成套，对茶具作了统一。据《茶经》所载，陆羽在过去储茶、碎茶、煮茶和饮茶这几部分器物以外，又增添炙茶、存水、放盐、清洗等方面的茶具。如《茶经》中就有：灰承、筥、炭、䉛、风炉、交床、夹、纸囊、碾、罗合、则、水方、漉水囊、瓢、竹火、熟盂、茶盏、畚、札、滓方、巾、具列、都篮等等。饮茶器具如此之多，不愧为世界第一，后来有人把茶几、茶椅等家具也作为广义的茶具，大概是从唐代开始的。

到了宋代饮茶的风气比前朝更盛。以茶款客已为遍行天下的礼仪。文人雅士更常相聚品茗，皇室贵胄亦多精于茶艺。宋代制茶多蒸压团，加入龙脑香，以增添香味。饮茶的方法以点茶为主。备茶必先用碾将茶团碾细，再入磨中磨成茶末，经箩筛净摆于碗中沸汤冲点，再用竹筅调匀，然后饮用。饮茶的乐处不仅是品尝茶味，而还在乎备茶的过程。

宋代，全国有五大名窑，即官窑、哥窑、汝窑、定窑、钧窑，这五大名窑百花齐放，各自烧造不同风格的瓷器。官窑北宋时在河南开封，南宋时在浙江临安。越窑在今浙江余姚，生产著名的青瓷，各种茶碗、茶壶、茶盘。汝窑在河南临汝。定窑有北定、南定两处，北定在河北曲阳，南定在江西景德镇。钧窑在河南禹县，烧造的"钧红小茶壶"、"孔雀双耳瓶"是其代表产品。此外，陕西的耀州窑、福建的建窑、江西的吉州窑、浙江的哥窑、弟窑、象州窑，河北的磁州窑，也都很有名气。当时江西景德镇烧制的各种茶具瓷器，"白如玉，薄如纸，明如镜，声如磬"，称誉世界。福建建窑生产的兔毫茶盏称"兔毫天目"，风格独特，上大足小，胎体厚重，釉里布满兔毛状的褐色花纹，朴素雅观。日本人圆珠蕴藏的"油滴天目茶碗"被作为国宝珍藏起来。

宋代烧制茶具有名的产地有福建建安的黑瓷，浙江龙泉的青瓷，河南钧窑的玫瑰紫釉瓷，河北定窑的白瓷等等。在这些瓷窑中，因当时的"斗茶"所尚，尤以建安黑盏最为名贵。在茶具的形制方面，宋代饮茶由过去用碗改为用盏。盏即小型的碗，或称做盅。因为宋代盛行用盏饮茶，盏托使用更加普遍，而且制作较唐代更为精细多姿，托口突起，托沿多作花瓣纹，托底中凹。到了南宋，壶身明显由饱满变得瘦长，壶体的纹饰也由过去常见的莲瓣发展为棱纹。

元代在备茶的方法上，创造了各种调以酥油乳酪的汤茶，用以适应蒙古统治者的口味。这种酥油茶至今仍为西藏、蒙古民族所喜爱。制茶者也以各种花类薰茶，以增加茶的幽香。此外，当时人饮茶也习惯于茶汤中加入核桃、松实、芝麻、杏仁、栗子等物，以供咀嚼。这些置于碗内的果仁，名为"点心"。这名称至今已广泛的包括一切佐茶的小食。而元代的茶具则和宋代差不多，只有茶

壶稍有变化。宋代的茶壶，流子都在肩部，元代时下移至腹部。但元代茶具最大的变化，还是以景德镇创烧青花瓷而盛名于世。当时青花茶具不仅为国内所共珍，而且远销国外，日本的"茶汤之祖"珠光特别喜爱这种茶具，后来把青花瓷茶具定名为"珠光青瓷"，沿称至今。

茶具所用的材料，唐、宋时金属的制器较多，并以"金银为优"，到了明代时，茶具中的金属器具开始逐渐减少，陶瓷制品甚至超过金银。特别是宜兴紫砂壶的出现，在陶瓷茶具中别树一帜，取得了首要的地位。

明代在传统的基础上，陶瓷技术有很大的提高，陶瓷茶具也有较多的变化和发展。许次纾《茶疏》说："其在今日，纯白为佳，兼贵于小。"永乐时创制的白釉脱胎瓷器及宝石红釉，宣德时的青花和霁红，成化时的五彩和斗彩，都超越前代。明代品茶的瓷色尚白，器形贵小，故北方白瓷窑场如（官、宣和定窑）都成为以生产茶具而闻名的地方，其中又以宣德所产的白釉小盏最为著名。因这种小盏形似鸡心，故又俗称鸡心杯。宣德的青花茶具，幽雅明艳，被人称为"开一代未有之奇"。明代茶书中除有茶杯之外，还提到了一样茶洗。洗的历史也很久，形状如碗盂，底部有孔，是饮茶之前用来专门冲洗茶叶的。从明代正德年间起，江苏宜兴用五色陶土烧成的紫砂壶更显赫一时，与各种瓷器茶具争名于世。当时人们深喜用青花及白釉茶具外，更以宜兴所产紫砂壶为高雅。明代在崇尚宜兴紫砂壶和宣德白瓷盏的同时，景德镇又创烧了斗彩、五彩和填彩茶具。青花是釉下彩，即先用笔在瓷坯上画彩，然后再敷釉烘烧。斗彩、五彩、填彩是釉上彩。所谓斗彩，也就是在青花瓷器上，再加上红、黄、绿、紫等各种彩料，釉下花纹和釉上彩绘共成一体，相互争辉。

在明代，茶叶的生产基本上已完全取代了团茶的地位。饮茶时不再碾茶成末，而是全叶冲泡。泡茶法虽不若唐宋的煎煮烹点那样繁复，但也有其细致的工序。泡茶法不单注重茶量、水温、火候，茶壶的形制也十分讲究。明代人初期多以大壶泡茶（陈用卿制紫砂弦线金钱如意大壶，高28.6厘米，阔22厘米）。然而茶叶浸泡过久则鲜味不存，且变得苦涩，所以紫砂茶壶的形状逐渐由大转小。到了清代，饮茶仍以泡茶为主。饮茶者对茶壶的要求更高。

一般都以造型淳朴、简洁，泡茶能发挥茶的色、香、味的宜兴紫砂壶为茶具的首选。其次则为耐温的锡壶及精致的瓷壶。此外，人们还普遍采用盖杯泡茶。一则可独斟独酌，再则可用以端茶奉客。

清代陶瓷茶具的生产，以康熙、雍正和乾隆三个时期最为繁荣，制品尤其精巧华丽，技艺达到了历史空前水平。清代名窑，除景德镇和宜兴外，有石湾、德化、博山等地，至清末，湖南醴陵瓷业一鸣惊人，成为后起之秀。在整个清代，陶瓷茶具有"景瓷宜陶"的说法，也就是说瓷茶具以景德镇为首，陶茶具以宜兴紫砂壶为最。清代的陶瓷制作技术，在明代的基础上，又有不少创新。景德镇的瓷器在康熙时除以生产五彩瓷为主外，还创烧了珐琅彩、粉彩两种新的釉上彩。以本色特性称著的宜兴紫砂壶，造型艺术达到了极高的水平，当时就有"世间茶具称为首"的赞语。

在古代瓷窑中，有许多是以产茶具而著称的，其中主要有：以烧制青瓷茶具闻名的越窑，以烧制白瓷茶具闻名的邢窑，以烧制釉下彩绘茶具闻名的长沙窑，以烧制黑瓷茶具闻名的建窑，以烧制紫砂陶茶具闻名的宜兴窑，以烧制青花瓷茶具闻名的景德镇窑。此外，还有官窑、汝窑、定窑、钧窑、龙泉窑、哥窑、

德化窑、德清窑、吉州窑、耀州窑等，它们都是古代以烧制茶具而闻名的瓷窑。它们之中，既有烧制十分注重工料，不计成本，产品"百里挑一"，专贡宫廷使用，绝不流于民间的官窑；也有烧制粗犷，产品通俗豪放，讲究实用的民窑。它们相互融合，互相补充，携手臻进，代表着一个时代的特征，对茶具发展起过重要的推动作用。现将一些既有茶具产出又有代表性的古代名窑，简介如下。

⊙ 长沙窑茶具鉴赏

长沙窑为我国古代制瓷名窑之一。20世纪50年代中期，在湖南长沙市望城县铜官镇发现瓷窑遗址，始为人知。因古窑位于铜官镇，故又称铜官窑。

考古表明，长沙窑始于中唐，盛于晚唐，终于五代，它以烧制包括茶具在内的青瓷日常生活用具为主。其中，已出土的有碾茶用具茶碾、擂钵等；炙茶、煮茶用具鼎、铫、锅等；饮茶用具壶、碗、盏等。

特别是长沙窑烧制青釉釉下彩绘茶具，突破了青瓷的单一釉色，对后世釉下彩的使用开创了先河。在装饰上，由最初的褐色斑点，演变为褐绿色彩斑点，富含美感。在造型上，做到随形变化，特别是茶具造型之多，在唐代是首屈一指的。迄今为止，长沙窑烧制的茶具，不仅国内有较多的出土，而且在韩国、日本，以及东南亚和西亚的一些国家，也有遗存相继出土。从出土茶具来看，长沙窑瓷器很可能是我国唐代重要的出口瓷之一。可惜对长沙窑很少有历史记载，只能从出土实物中去描摹它的往日辉煌了。

⊙ 越窑茶具鉴赏

越窑为我国古代著名制瓷名窑之一，主要分布于浙江宁绍地区，现今的上虞、余姚和慈溪为烧瓷中心，这些地方，唐、宋时为越州辖地，故名越窑。越窑自东汉开始创烧青瓷，六朝为其发展期，隋唐是兴盛期，宋代开始衰落，前后历时千余年，一直是青瓷器具的主产地。兴盛时，窑场林立，烧制区域包括现今的绍兴、宁波、台州三地市的众多县市。

越窑以烧制日常生活用器具为主，从已出土的器具来看，当时烧制的茶具，主要的有茶碗、执壶、茶盏、茶盘等。

这些茶具,胎体细薄,釉面滋润,色泽青绿;还有浮雕、釉下彩绘、刻画花等装饰,使茶具显得优美动人。陆羽《茶经》中说的"碗,越州上,……"即指越窑产的茶具为上品,陆羽说它"类冰"、"类玉","益色",以致青瓷茶具为唐代茶人所崇尚。尤其是"秘色瓷",其釉色青绿碧玉,釉质晶莹润澈,曾是中外史学家们所力图解析的千古谜案。直至1987年陕西扶风法门寺地宫中出土了被称为"秘色瓷"的越窑青瓷茶碗,才揭开了"秘色瓷"之谜。唐代诗人陆龟蒙赞越窑青釉器具是:"九秋风露越窑开,夺得千峰翠色来。"把胎质细腻,釉色晶莹,以青翠著称的越窑青釉瓷器,说得栩栩如生,惟妙惟肖。五代十国时,吴越国国王钱镠将"秘色瓷"作为宫廷专用瓷,并成为向后唐、后晋和宋、辽王朝的进贡品。此时,越窑青瓷受皇室直接控制,使烧制技艺更加精湛,原料处理更加细致,成型要求更加严格。

越窑茶具除行销当时的大江南北外,唐代开始还远销亚、非各国。越窑成为当时最著名的烧制茶具的瓷窑。目前,印度、伊朗、埃及、日本等国的古港口、古城堡的遗址中,均有越窑青瓷遗物出土,足见越窑影响之深。

⊙ 两宋官窑茶具鉴赏

它有两种含义:广义地说,是指历代由朝廷直接掌管,专烧宫廷用器的窑场。狭义地说,是指宋代官窑,为宋时五大名窑之一。

历代对官窑数量控制十分严格,产品质量要求极高,即便稍有瑕疵,也要当即毁埋,决不流入民间。官窑烧制的茶具,主要供皇室使用,也常作皇帝恩赐给达官显贵,或馈赠给外国使臣的礼品,因此,民间甚难寻求。宋代的官窑,有北宋官窑和南宋官窑之分。北宋官窑,据宋·顾文荐《负暄杂录》载,建于北宋宣和、政和年间,设在京师汴京(今河南开封),烧造青瓷,但为时很短。1127年,北宋灭亡,宋高宗赵构南渡,建都临安(今浙江杭州)。与此同时,许多制瓷名匠也云集杭州,先后在杭州南郊的万松岭和乌龟山下的八卦田附近建立南宋官窑,设置了"修内司"官窑和"郊坛下"官窑,由南宋朝廷专控,烧制包括茶具在内的生活用具和艺术瓷器。

南宋官窑,以紫金土为制胎原料,烧制青釉瓷。釉而开片,色泽晶莹滋润。南宋叶寘的《坦斋笔衡》赞南宋官窑瓷是:"澄泥为范,极其精致。釉色莹澈,为世所珍。"当时生产的茶具产品有茶盏、茶盘、茶瓶等。1179年,南宋王朝覆灭,工匠流失,官窑毁弃。

历史上,清康熙、雍正、乾隆三代鼎盛时期曾在景德镇仿制过南宋官窑青瓷。近些年,南宋官窑青瓷的研究者们又力求仿制。但因为种种原因,清代和近些年的仿品,其胎釉特点与真正南宋时制品相比,都相差较远。

⊙ 建窑茶具鉴赏

为中国古代名窑之一,窑址位于今福建建阳水吉镇,其地唐、宋时属建州辖地,故而得名。建窑始于唐代,宋时大振,以烧制黑釉茶盏而驰名中外。

北宋诗人苏轼赞兔毫茶盏是:"忽惊午盏兔毛斑,打作春瓮鹅儿酒。"宋徽宗赵佶在《大观茶论》中也说:"盏色贵青黑,玉毫条达者为上。"建窑以烧制黑釉瓷系产品为主,并一度承烧

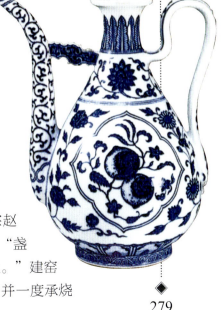

贡瓷茶具等,以作宫廷斗茶之需。为与民间茶具相区别,凡作贡茶盏,外底均刻有"供御"字样。

建窑烧制的黑釉茶盏,润黑之中闪射出釉面纹样,其色或白、或黄,使人遐想联翩。建盏的品种很多,有金毫盏、银毫盏、玉毫盏、异毫盏等,而最珍贵的要数细密如兔毛的"兔毫斑"茶盏,而釉面呈油滴状的"鹧鸪斑"茶盏也为宋代茶人所爱。

⊙ 德清窑茶具鉴赏

为中国古代制瓷名窑之一。窑址位于今浙北德清市境内,故名德清窑。大约建于4世纪初至5世纪中叶的东晋至南朝早期,仅百余年历史。它以烧制精良的黑釉器具为主,目前证实是我国最早烧制黑釉的瓷窑。由德清窑烧制的壶、碗、盏托、盘、罐等早期茶具,流通范围很广,除浙江外,四川、福建、江苏等省,都有德清窑产品出土。

德清窑烧制的黑釉茶具,是在青瓷的基础上发展起来的。它的烧制成功,打破了单一的青釉传统色调,且烧制的产品釉色稳定,其色滋润,乌黑如漆。因为德清窑烧制技术精湛,终使其成为当时颇俱声誉的特殊窑系,烧制的茶具能与当时的越窑、婺州窑茶具相媲美。

另外,德清窑在当时还兼烧青瓷茶具,产品具有经济、实用的特点。

⊙ 钧窑茶具鉴赏

钧窑为中国古代制瓷名窑之一。位于河南禹县。禹县曾是夏禹时的都城。古文献载,夏启夺位后,召集部落首领在禹县北门外的"钧台"举行盛会。北宋以后至元,其地窑场遍布,目前已发现的有百余处,钧窑也由此得名。钧窑始于唐,盛于宋。北宋时,以成功地烧制出色如海棠红、玫瑰紫的窑变釉瓷,名声远播,为世人瞩目。宋徽宗时,钧窑受命烧制宫廷用器具,其时广集民间制瓷高手,在禹县城北八卦洞建立官钧窑。官钧窑制品,均采用二次烧制工艺,即先烧素胎,再上釉复烧成器。尔后精心挑选,落选者破毁深埋。其时,钧窑与定窑、汝窑、官窑、哥窑并称为"宋代五大名窑"。当时生产的茶具制品有碗、盏、瓶、盘等。到明万历时,钧窑为避皇帝朱翊钧讳,改称为均窑。

钧窑茶具,因为在烧制时能利用窑变,通过铜的呈色作用,用控制火焰的办法,除烧制红色釉瓷茶具外,还能烧制出蓝色釉瓷和衍生的紫色釉瓷茶具,使釉色更加绚丽多彩。又因为经烧制而成的茶具,能常在厚釉层而上见到有流动状细线,俗称"蚯蚓走泥纹",而受到时人的欢迎。钧窑为我国陶瓷美学揭开了新的一页。现存世的明宣德宝石红僧帽壶,就是在宋钧窑茶具的烧造基础上,由景德镇窑烧制的不可多得的珍品。另在台北故宫博物院藏有宋钧窑粉青窑变粉红茶盏等。

⊙ 定窑茶具鉴赏

定窑为古代制瓷名窑之一。窑址在今河北曲阳县的涧磁村和燕山村，因其地在唐、宋时属定州辖区，故而得名。

定窑在唐时已烧制白瓷，五代十国时开始兴起，宋时仍以烧白瓷为主，兼烧酱釉、红釉、黑釉、绿釉等，统称彩色釉。其产品分别称之为紫定、红定、黑定、绿定等。我国宋代的彩色釉器具，多为定窑所产，品种繁多。它利用外部轮廓线的粗细、横直、长短、屈曲的不同，使器具的形状多种多样。所产的茶具制作正规，刻意求精，无繁杂装饰，显现了宋人饮茶及其对茶具的清逸典雅的审美情趣。

定窑所产瓷器，无论何种釉色，其胎始终为白色，这是定窑和仿定窑制品的区别。北宋早期，产品盛行浮雕装饰，刻花加篦纹装也较普遍；以后，碗、盘类制品多葵瓣口装饰，并开始采用刻画花和印花装饰。定窑产的白瓷器具，胎质细腻，釉色白中略带牙黄，滋润如玉。金时生产的广口小底碗，多流行印花。彩色釉器具，一般光素无纹，尤以酱釉为上，古人称它"烂紫晶澈，如熟葡萄，璀璨可爱"。明·曹昭《格古要论》说到当时紫定的价格高于白定，被视为珍

品。定窑在五代至北宋期间，曾承烧部分宫廷生活用具。为与民间相区别，常在器具外底加"官"或"新官"铭文。北宋后期，定窑创覆烧法，包括茶具盏、碗、瓶等在内的众多器物，口沿无釉，称之为"芒口"。到了宋钦宗以后，因金兵入侵，京都南迁临安（今浙江杭州），定窑也就不再烧制宫廷用具了。现今在台北故宫博物院藏有宋定窑牙白划花双龙茶盏、宋定窑印花孩儿卧榴茶盏、宋定窑云龙茶盘等。

历史上，定窑白瓷器具在外销上占有一定比例。在亚、非许多国家，曾有不少定窑白瓷器具出土。国内很多博物馆等文物收藏场所，都藏有定窑遗物。

品／茗／听／壶

⊙ 汝窑茶具鉴赏

汝窑为古代制瓷名窑之一。窑址位于今河南宝丰县清凉寺一带，因该地北宋时为汝州辖地，故以此得名。

文献中常以汝官窑称之，原因是北宋时曾一度专门烧制包括茶具在内的宫廷用瓷。汝窑也是宋代五大名窑之一。北宋时为宫廷烧造青瓷，为区别于民间用瓷，多在器具底部外侧刻有"奉华"、"蔡"、"申"等铭文。宋·叶寘《坦斋笔衡》载："本朝以定州白瓷器有芒不堪用，遂命汝州造青瓷器，故河北唐、邓、耀州悉有之，汝州为魁。"

足见汝窑烧制的青瓷器具，在宋代青窑中居首位。

汝窑瓷器具的釉色，以"天青"为主，这是一种与蓝天的色调接近的釉色，有深、浅之分。此外，还有"卵白"，也称"卵青"，是一种与鸭蛋壳相近似的釉色；"淡青"，是一种以青色为主，又略带微绿的釉色。此外，汝窑还兼产部分白瓷、黑瓷、三彩陶等日常生活用器具。当时生产的茶具品种，主要的有茶盏、茶瓶、茶盘等，现今存世的有宋汝窑划花茶盏等茶具。后因"靖康之变"，宋迁都浙江临安（今杭州），大批制瓷高手随之南迁，汝窑也就因此衰落。因为汝官窑为北宋宫廷烧制瓷器为时不长，又严禁在民间流传，所以传世很少，到南宋时，已"近尤难得"，故弥足珍贵。

⊙ 耀州窑茶具鉴赏

为古代制瓷名窑之一。窑址位于陕西铜川市黄堡镇，其地唐、宋时属耀州辖地，故而得名。

耀州窑始于唐代中期，当时烧制一些黑、白、青、黄等杂色瓷器。晚唐时，因越州窑青瓷成为风尚，耀州窑遂弃烧黑、白瓷，转而以烧青瓷器具为主。北宋时，采用浮雕手法，烧制了许多具有强装饰效果的日常生活用青瓷器，与汝窑、钧窑形成三足鼎立之势，其地位不亚于宋代五大名窑官窑、哥窑、钧窑、定窑和汝窑，烧制的茶具有茶碗、执壶、茶盏、茶盘等品种。特别是宋神宗元丰至宋徽宗崇宁的30多年间，耀州窑一直烧制贡瓷，供宫廷使用。

据载，当年金兵攻克汴梁（今河南开封）时，就从北宋宫中掠去大批耀州窑青瓷器具，足见耀州窑青瓷之珍贵。现今还有耀州生产的宋青釉茶盏、宋青釉划花三鱼茶盏、宋青釉印花菊花茶盏等存世。

耀州窑茶具，制作精良，风格独特。北宋《德应侯碑记》赞其为："巧如范金，精比琢玉"。"方圆大小，皆中规矩"。表明耀州窑青瓷器具，制作正规，犹如精巧的金器，也若玲珑的玉雕。耀州窑烧制的青瓷器具造型优美，釉色滴翠，刻画娟秀。宋室南迁后，耀州窑为金人控制，其时，耀州窑虽仍有少量瓷器茶具等生产，但烧制器具的釉色已转为以姜黄色为主，还有部分黑釉、酱釉等器具，生产规模日渐缩小，数量锐减，逐渐走向衰落。

⊙ 哥窑茶具鉴赏

关于哥窑是否存在，目前仍是古陶瓷史学界所争议的问题。原因之一是有学者认为龙泉窑中的哥、弟之说纯属传闻，之二是宋代的书籍中没有见到哥、弟窑的记载。

有关哥窑的史料记载，元代晚期成书的《至正直记》，第一次谈到"哥哥洞窑"、"哥哥窑"，但没有说窑在何处？更没有提到"弟窑"。最早明确提到"哥窑"的是明宣德三年（1428年）的《宣德鼎彝谱》："……内库所藏柴、汝、官、哥、均、定各窑器皿，款式典雅者，写图进呈。"这里还有柴窑未见其址、其器，余者均属宋代名窑。明嘉靖辛酉年（1561年）印行的《浙江通志》始有"山下即琉田，居民多以陶为业。相传旧有章生一、生二兄弟二人，未详何时人，主琉田窑，造青瓷，粹美冠绝当世。兄曰哥窑，弟曰生二窑……"之说，但说明是"相传"，也"未详何时人"。青瓷考古学者朱伯谦教授指出：遗憾的是后来的文人，将"相传"两字去掉，成为正式史料叙述，而且肯定"章生一、生二兄弟"为南宋人。

明·曹昭《格古要论》称："旧哥哥窑出，色青，浓淡不一，亦有铁足紫口，色好者类董窑，今亦少有。"明嘉靖年间编的《七修类稿续编》记载得更为详细，并谈及哥窑与龙泉窑是同出处州（今浙江丽水的龙泉县）。

"哥窑"茶具的特点：一是青釉开片，有釉面裂纹；二是紫口铁足，即器具口沿脱釉，露胎色，但足为酱铁色，上下相映成趣，这种特点类似于南宋官窑瓷器中的黑胎青釉官窑瓷，有很高的艺术欣赏价值。

⊙ 德化窑茶具鉴赏

为古代制瓷名窑之一。窑址位于福建腹地山区的德化县，故名。现已发现古窑址200余处。

德化窑始于宋代，宋、元时受景德镇窑影响，烧制的茶具以青白瓷为多，明代时则主要烧制白瓷茶具，在历史上为我国东南沿海地区外销瓷器的重要产地。在日本以及东南亚和欧洲不少国家，都有德化窑茶具发掘出土。

德化窑白瓷，既不同于唐、宋时的北方白瓷，也不同于景德镇青白瓷，这是因为所用瓷土不同。德化窑四邻盛产

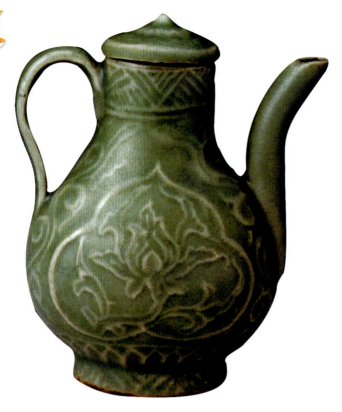

瓷土，质较软，含铁量低，而含钾量高，与江西、湖南等地的硬瓷相比，别具一格。用这种原料烧制的器具，釉色洁白滋润，似凝脂，如美玉。在光照射下，呈半透明猪油状，隐显粉红或乳白色泽，俗称"象牙白"，也有称其为"猪油白"或"奶白"的。加之器具面上多饰刻花和篦划纹，使其更富艺术感。明时，德化窑生产的包括茶碗、茶壶、茶杯等茶具在内的白瓷器具，销往欧洲后，被法国人称之为"中国白"、"鹅绒白"，堪称"瓷坛明珠"。清代德化窑又有扩展，但釉色白中显微黄，缺少温润之感，略嫌美中不足。

⊙ 邢窑茶具鉴赏

为古代制瓷名窑之一。窑址位于河北内丘、临城一带，其地唐时属邢州辖地，故名邢窑。邢窑始于隋代，盛于唐代。唐·李肇《国史补》载："内丘白瓷瓯，端溪紫石砚，天下无贵贱通用之。"陆羽在《茶经》中也称邢窑茶碗"类银"、"类雪"，足见邢窑在唐代影响之大。

唐时，茶具生产形成"南青北白"的格局，越窑是"南青"的代表窑，"北白"则以邢窑为领衔。唐代邢窑茶具产品可分为两类：一类是玉璧底施釉的细瓷，质地洁白细腻，釉质滋润，大多进贡朝廷；一类是玉璧底不施釉的粗瓷，胎质相对较粗，多施以化妆土，供民间人民大众使用。邢窑生产的茶具主要有茶碗、茶盏、茶盘等品种。

唐时邢窑茶具负有盛名，不但进贡，还远销到东南亚、北非等地。在国内，各地出土的唐墓中，常有邢窑白瓷茶具问世。邢窑的生产一直延续至元代，是古代北方茶具的重要生产基地。

⊙ 龙泉窑茶具鉴赏

龙泉自宋代以来隶属处州府（今浙江丽水地区），龙泉窑在一些史籍上亦称"处州窑"或"处窑"。处州龙泉境内，山岭连绵，森林茂密，瓷石等矿藏资源丰富，又是瓯江的重要发源地，自然条件优越。龙泉窑烧制出的龙泉青瓷，是我国陶瓷史上的一颗明珠，占有十分重要的地位。从上世纪30年代以来，特别是50年代以后，文物考古工作者，对龙泉进行过一系列的调查和考查，在龙泉以及周围的一些县市，共发现各时代的龙泉青瓷窑址四五百处。南宋时是龙泉窑发展的迅速时期，南宋后期至元代是它的鼎盛时期，大量地生产器形优

雅、釉层丰厚如玉的瓷茶器，把青瓷茶具的工艺技术提高到前所未有的高度，使龙泉窑名闻中外；明代以后产品质量下降，釉色灰暗，至清初终于停烧。

龙泉窑青瓷茶具的早期制作工艺、釉色、装饰，受越窑、瓯窑、婺州窑影响。南宋以后"其色皆青，浓淡不一；其足皆铁色，亦浓淡不一。旧闻紫足，今少见焉。惟土脉细薄，釉色纯粹者最贵"（参见《七修类稿续编》）。龙泉窑以烧制包括茶杯、茶盏、茶壶、茶碗等日用器具为主，产品大量外销，日本、韩国以及东南亚等地的不少国家都曾先后出土过龙泉窑青瓷茶具。

⊙ 吉州窑茶具鉴赏

为古代制瓷名窑之一。窑址分布于江西吉安市永和镇一带，这里自隋至宋属吉州辖地，故而得名。吉州窑始于唐代，发展于五代至北宋，南宋时盛极一时，元代开始衰落，明时曾一度中兴，前后达1200年之久，是中国陶瓷史上规模较大的瓷窑之一。

吉州窑以产黑釉瓷著称，生产的茶具主要有茶瓶、茶碗、茶盏、茶罐等。这些产品，釉色变化丰富多彩，烧制工艺独特。特别是北宋晚期，天下大乱，河北磁州窑（以烧白釉黑花瓷为主）的许多工匠南迁于此，终使吉州窑成为兼容南北烧瓷技艺，生产多种器件的著名瓷窑。

吉州窑所产的黑釉瓷，又称吉州天目釉。宋时，吉州窑烧制的包括茶具在内的器件上出现的"剪纸漏花"，以及在此基础上派生出来的"木叶天目"两种装饰，是吉州窑的创新，前者是将民间广泛流传的手工艺剪纸，巧妙地移植到瓷器上加以应用。后者是将各种不同形状的自然生长的树叶采下贴在已上过釉的器件上，再上一层含铁量较高的薄釉，然后揭去树叶烧制，从而使器件釉面上出现叶状花纹。这种装饰，既逼真，又富天趣；加上吉州窑器型端庄，胎质细密，釉色柔和，做工精细，终使吉州窑产品名噪一时，为后人留下了一份宝贵的遗产。现今存世的吉州窑茶具有宋吉州窑乌金釉叶纹茶盏、宋吉州窑剪纸双龙纹茶盏等。

⊙ 湘阴窑茶具鉴赏

为我国古代制瓷名窑之一。窑址位于湖南湘阴城关及县内其他地区，人称湘阴窑。我国窑名出自唐代，而湘阴唐时属岳州辖地，所以，唐代称其为岳州窑。陆羽《茶经·四之器》称茶碗是"岳州上，寿州、洪州次"。盛赞当时岳州窑烧制的茶碗为上品。岳州窑是唐代主要的青瓷茶具产地之一。

岳州窑，始于南北朝时期，最早烧制的器具，胎呈灰白色，胎质欠细密，釉色以青绿为主，半透明，多呈开片，施半釉。唐代开始，烧制范围扩大。当时烧制的茶具，有茶碗、茶瓯、茶盒等，其胎多为灰白色，釉色仍以青绿为多，有玻璃质感，釉开细片。唐初，岳州窑瓷器多施半釉，甚至只在茶具的口沿施一圈釉，这是一个特色。但中唐以后，可能受附近长沙窑兴起的影响，岳州窑开始衰落，但尽管如此，在茶具发展史上，岳州窑仍占有一席之地。

⊙ 景德镇窑茶具鉴赏

为中国古代制瓷名窑之一。因位于景德镇而得名。清代兰浦的《景德镇陶录》历史窑考中，说唐时景德镇就有陶窑和霍窑存在，并有白瓷器具生产。宋代又开始烧制青白瓷茶具。因为唐、宋时我国的制瓷中心在中原和江南，所以，景德镇窑并不占重要地位。自元代开始，景德镇窑地位日趋重要，就其烧制的茶具而言，青白瓷茶具，无论是产量还是质量，均超过其他窑场；青花瓷茶具，因为装饰绘画工艺水平高，成了我国陶瓷茶具中的一个重要品种。明初开始，因为景德镇窑有元代的制瓷基础，四邻又有量丰质优的原材料，以及便利的水上交通，加上明朝在景德镇设立专门工厂（即御窑），制造宫廷所需的各种瓷器，终使景德镇窑名冠全国，景德镇成了全国的制瓷中心。明永乐、宣德年间创制的茶壶，时人称它是"发古未有"，"一代绝品"（参见《博物要览》）。其时，它生产的青花茶具，器形、造型、纹饰等都名冠于世，成为其他窑场的模仿对象。它烧制的彩绘茶具，在素瓷上使用彩料绘画，使得茶具在胎质细腻、小巧玲珑的基础上，又增添了色泽艳丽、画意生动的特色。清代，景德镇还创制了粉彩、古彩等釉上彩绘茶具。景德镇窑生产的茶具，主要有茶壶、茶杯、茶盅等器件。从明代开始，景德镇有大批瓷器出口，轰动海外，国外赞誉中国为"瓷器之国（China）"。在当时出口的瓷器中，就包括许多茶具在内。明万历三十六年（1608年），有一份记录当时中国人去大泥国（patani）贩卖瓷器的备忘录，备忘录记载的大批瓷件中，内有茶壶500件。景德镇在明、清两代已是举世闻名的"瓷都"。清代，景德镇窑继续为清皇宫烧制御用品，其青花瓷茶具始终处于一统地位。清乾隆年间（1736～1795年）烧制的彩绘茶具，名噪一时，为皇宫珍品。现今，在北京故宫博物院中，仍珍藏有不少清代康（熙）乾（隆）时期的景德镇窑生产的瓷器茶具。

⊙ 宜兴窑茶具鉴赏

为我国古代制陶名窑之一。因位于

江苏宜兴而得名。宜兴窑始于六朝,早期生产青瓷。至宋代时开始烧制无釉土陶(紫金土)器具,这就是紫砂器的前身,但存世很少。明代开始,方成一代名窑,名扬四海,宜兴亦以"陶都"闻名于世。

宜兴窑生产的紫砂器,以茶壶形制最多。其原料是一种含铁量很高(7%~8%)的紫金土,陶色有紫黑、淡黄、赤褐等多种。因为自元至明,茶类创新,大兴散茶,时人饮茶由原来重视汤色的显现,转向注重"茶味"、讲求"壶趣",特别是从明代开始,宜兴制壶名家辈出,使宜兴窑生产的紫砂壶成为陶色典雅,造型朴拙,制作精细,实用可心之作。一些制壶大家的作品,更成了珍奇瑰宝。明·李渔在《闲情偶寄》中说:"茗注莫妙于砂壶,砂壶之精者,又莫过于阳羡。"阳羡是宜兴一带的古名。明·周高起在《阳羡茗壶系》中称:"近百年中,壶黜银、锡及闽(福建)、豫(河南)瓷,而尚宜陶。"足见宜兴紫砂器之珍贵。明正德、嘉靖年间供(龚)春制作的"供春壶",当时就有"胜似金玉"之誉。明万历年间时大彬制作的"大彬壶",时人赞它"妙不可思"。与时大彬齐名的还有李大仲、徐大友,他们制作的紫砂壶,或像商周鼎彝,古趣盎然,或若花鸟鱼虫,栩栩如生,或似瓜果树桩,各肖其形,或如天仙寿翁,情态可掬,都是不可多得的珍品,从而使宜兴窑生产的紫砂茶具进入到一个新时代。自明开始,"宜(即宜兴)陶景(即景德镇)瓷"几成"霸占天下"的局面,前者以制紫砂陶著称,后者以制瓷器闻名,都达到了登峰造极的境界。

清代,宜兴窑生产的紫砂茶具,在前人的基础上又有新的发展。如清初陈鸣远制作的"鸣远壶",集书法、雕塑于一体,人称有"晋唐风格"。嘉庆、道光年间由文人陈鸿寿(曼生)设计,制壶高手杨彭年制作的"曼生壶",在紫砂壶更趋艺术化上迈进了一大步,为鉴赏家所珍藏。

此外,明、清时期,宜兴窑还生产仿钧窑茶具,白胎,有天青、月白、天蓝等釉色,人称"宜钧"。生产的茶具与钧窑相比,釉较薄,开细片纹。清代中后期,"宜钧"又盛行贴花装饰。生产的茶具,以茶壶、茶杯为多,但名声远不如紫砂茶具为高。

紫砂壶鉴赏

⊙ 紫砂壶的起源

宜兴紫砂壶,始于北宋,盛于明清,辉煌于当今,饮誉海内外。古代吃茶用紫砂壶的文献记载,最早见于宋人诗句:

"喜共紫瓯吟且酌，羡君潇洒有余清。"（欧阳修）"小石冷泉留早味，紫泥新品泛春华。"（梅尧臣）"松风竹炉，提壶相呼。"（苏东坡）传器有宜兴蠡墅羊角山古窑址出土的北宋中期紫砂器：平盖龙头条把壶、高颈大方壶和平盖提梁壶。文献记载和考古发掘的实物，互相参证，尤足可贵。到了元代，紫砂壶的烧造工艺有了一定的发展，开始在紫砂壶上镌刻铭文。据蔡司沾著《霁园丛话》记载："余于白下（今南京）获一紫砂罐（即壶），有'且吃茶，清隐'草书五字，知为孙高士遗物，每以泡茶，古雅绝伦。"孙高士即孙道明，在元代生活了七十年。他博学好古，藏书万卷，筑映雪斋，延接四方名士，以校阅为乐，故人称高士，其居名为"且吃茶处"。《先进录》云："俗称壶为罐也"。

据《宜兴县志》记载，明代正德年间，陶都出了一个卓越的匠师供春。供春是一个书僮出身的劳动者，随主人吴颐山读书于金沙寺期间，窃仿老僧心匠，学会制壶，制品古朴风雅，极造型之美，世称"供春壶"。供春壶虽然名满天下，但当时的制品不多，流传后世的更是凤毛麟角。据说供春亲手制作的树瘿壶，至今仅遗存一把，珍藏在北京中国历史博物馆（现名中国国家博物馆）。

根据文献记载和考古发现，紫砂壶由日用陶器脱颖而出，并与日用陶分道扬镳，走上艺术化发展道路，约在明代正德年间（1506～1521年），也即由金沙寺僧、供春所开创。

明代万历年间（1573～1626年），宜兴紫砂工艺盛极一时，空前繁荣。许多良师名匠，毕智穷工，制成了很多别出心裁的产品。如茗壶、酒器、花盆、香薰、文玩等。其时，紫砂陶即由日用陶进入到工艺美术品的境地，从而形成了一个独立的工艺体系，以独特的民族风格和艺术特色，步入中国特种工艺美术行列。当时文人饮茶，已远非停留在解渴提神的初级阶段，而是上升为一种文化活动，讲究的是"趣"，追求的是"两腋习习清风生"的境界。紫砂茗壶也开始从日用品转变为艺术品。

紫砂茗壶的迅速勃兴是因为明代饮茶方式由烹煮饼茶改为冲泡散茶。泡茶需用新式茶具茶壶。紫砂的特性可使茶的色、香、味得到最佳发挥；紫砂泥的可塑性强，最适合制作茶壶，且造型可随心所欲地变化，因此逐渐被精于茶理的文人士大夫所关注，并有人参与设计制作，赋予它文人艺术品的性质。

明代是紫砂壶的兴旺成熟期，名手辈出，代有精品。自供春树瘿壶问世后，万历年间继起的名家有董翰、赵梁、元畅、时朋，称为"四大家"。四人作品，董翰以文巧称著，其他三家则以古拙见长，但是传器很少。四大家以后有李养心，号茂林，也是万历时名艺人，他善于制作小圆壶，朴素带艳，世称"名玩"。李的最大贡献是开创"壶乃另作瓦缶囊闭入陶穴"的匣钵装烧法。明代壶艺成就最高的是时朋之子时大彬，他的作品，淳朴古雅，有"砂粗、质古、肌理匀"的特点，标志着紫砂壶艺的成熟。时大彬的弟子李仲芳、徐友泉也是明代的制壶名手，而且都行大，有"壶家妙手称三大"的说法，名载壶史。

紫砂茗壶的风格和式样，明代大都崇尚古朴，金沙寺僧和供春所制各式都是如此。明万历年间，涌现出的制壶名家为数很多，且各人都有自己的风格，所谓大彬典重，价拟琅琳；仲美雕镂，巧穷毫发；仲芳骨胜而秀出刀镌；正春肉好而工疑刻画；君用美妍离奇，尚彼浑成；用卿朴直醇饬，丰满自然。各家的面目，各自不同。

明末清初间，壶艺风格日益倾向于精工巧妍一途，以杰出的陈鸣远为代表。但风格高古的也有闵鲁生、陈和之、沈子澈、项不损、华凤翔等辈，而浑朴与精致兼备的更有惠孟臣、惠逸公等，百花竞秀，维持着一个灿烂的局面。

清嘉庆年间的溧阳县宰、书法篆刻家陈曼生对紫砂壶艺术化的发展升华起到了重要作用。由陈曼生设计、制壶艺人杨彭年等人制作的紫砂茗壶，世称"曼生壶"，开创了紫砂壶艺与诗词、书法、绘画、篆刻相结合的新路。

明清时期的紫砂茗壶，不但式样变化多端，壶形大小也很不相同。大体上说，明万历之前，好尚大壶；万历之后，壶形日渐缩小，时大彬早期专仿供春，多作大壶，从他游娄东和诸名士交接之后，才改作小壶。以后徐友泉诸家，更向这一方面推进，从"盈尺兮丰隆"转向"径寸而平抵"一途。明末清初更有陈子畦、惠孟臣等都是"小壶精妙"、"各擅胜场"的名手。壶形由大而小，不得不承认决定于士大夫吃茶趣味和习惯的改变。

历代紫砂艺人都有在壶底、壶把下方等处落名款的习惯，明代多为用竹刀阴刻，以欧体楷书刻于壶底；明清之际，刻字与印章并用；从清代康熙以后，刻字减少，除壶底用印外，或于盖内、把下盖小章。

紫砂壶的制作成型都是由手工操作的，以泥片镶接法成型，也有模制的，造型变化多样，不受时代局限。制坯的工具，在明代还极简单。金沙寺僧制壶只用一把竹刀，所谓"削竹为刃，剜山土为之。"到了清初，制壶工具即增加到数十种，主要有椎、碓、镅、钗以及圭形、笏形、贝形、月形和蝎形等工具。后来制壶工具又增加了搭子、拍子、转盘、直尺、矩车、线梗、明针等；而制造工具的原料也有竹、木、角、石和金属等等。各种各样的工具，适应于各种不同的用途，所谓"意至器生，因穷得变。"

紫砂茗壶式样繁多，所谓"方非一式，圆不一相。"按其造型分类，大体可分为几何形体造型（俗称光货）、自然形体造型（俗称花货）和筋纹器造型三类。"光货"的造型讲究立面线条和平面形态的变化，圆器要求"圆、稳、匀、正"，方器要求线面挺括，轮廓分明。"花货"的造型是用提炼取舍的艺术手法，从自然形态（如松竹梅）变化来的造型。筋纹器造型要求线条纹理清晰，制作精神，口盖准缝紧密。但是，它们的成型过程基本相同，用泥片镶接和打身筒法。

紫砂茗壶的刻画装饰，是由制壶艺人署名落款而逐渐发展起来的一种装饰形式，最早见于元代壶铭"且吃茶，清隐"五字草书。至明代，供春、时大彬等名家所制紫砂壶都铭刻着作者的姓名和制作年代，一般都刻于壶的底部或壶盖的子口或壶把下方等不显眼处。后来，因为茶事兴盛和紫砂壶的社会影响，追求书法艺术和铭刻趣味，不仅是制壶艺人自己落款题词刻于壶上，而且还吸引了不少精于品赏的书画家、金石家及文人墨客，他们也纷纷介入，出样订制和挥毫饰壶。同时，刻画装饰的部位也都移至壶的肩、腹、盖面等显眼处了。铭文内容有诗句，也有仿商周青铜器铭文。绘画有梅、兰、竹、菊、山水、人物等。其中最有影响的是"曼生壶"，集诗书画印于一体，且多有精品。清末，因为紫砂壶艺生产规模不断扩大，刻画装饰逐渐形成了一支专业队伍，正式列为紫砂工艺流程的一道工序，相沿至今。

紫砂茗壶一般不上釉，以其本色特性称著。清乾隆至嘉庆年间，一度在紫砂壶上施炉均釉，用珐琅、粉彩绘图案和在壶表包锡、镶玉、描金，还有用本色泥在紫褐色壶上绘画的泥绘工艺。除了各式茗壶，紫砂还用来制作茶杯、花盆、文具、挂屏或陶塑、杂件等。

从明代万历起到清末（1573～1911年），紫砂壶艺术化发展取得了很高的成就，在国内盛行了三百多年。在国外，它也大为艺术界、收藏界所珍赏，几乎是"茗壶奔走天下半"了。

从20世纪50年代开始到20世纪90年代，紫砂壶的造型和装饰工艺踏进了历史发展的最繁荣时期，呈现着满园春色，万紫千红。几种类型的紫砂壶（几何形体、自然形体、筋纹器及水平壶和茶器等）都有生产，色彩包括白泥、红泥、紫泥、青蓝泥、墨绿泥、梨皮泥；纹饰运用了浅浮雕、泥绘、印花、贴花、书画镌刻及金银丝镶嵌等工艺。现代的紫砂壶艺术以朱可心、顾景舟、蒋蓉为代表。著名的艺人还有任淦庭、吴云根、裴石民、王寅春、高海庚等。随着现代工艺的发展，新一代富有开拓精神的陶艺师正在茁壮成长，他们在继承传统制壶技艺的基础上，借鉴古今名师制壶的优秀成果，在用泥色调、壶具结构、制作技术及造型装饰等方面，取得了可喜的成绩，新秀辈出，传、承、创欣欣向荣。目前正在努力探求单纯、简朴、概括的造型风格，以充分显示紫砂泥料固有的色泽及肌理效果。展现出百品竞艳的浓厚时代气息，把紫砂壶造型艺术推向一个新的阶段。

紫砂壶造型艺术的演变与发展，不仅体现了中国制陶业日新月异的面貌，而且显示着新一代陶艺师和制壶艺人那种丰富的想象力，以及在艺术上勇于探索追求的新风尚。

现在，紫砂壶远销世界五十多个国家和地区，先后参加过七十多次国际性博览会，并获得多项奖状和金质奖章，为古老的中华文化增添了新的光彩。

⊙ 紫砂壶的发展

宜兴紫砂壶，始于北宋，盛于明清。关于紫砂壶的记述，见于文献记载的有北宋梅尧臣、欧阳修、苏东坡等诗人的诗句。传器有宜兴蠡墅羊角山紫砂古窑出土的北宋中期紫砂器：平盖龙头双条把壶、高颈六方壶和平盖提梁壶。文献

记载和发掘的实物,互相参证,从而基本上明确了紫砂壶创始的年代问题。北宋中期到明代正德年间的500多年间,无数陶工艺人为紫砂壶的发展作品了贡献。

在元以至明代前期的500多年间,紫砂器为何默默无闻并缺乏记载呢?我们认为大致上有三方面的原因。一是紫砂器在宋代才显露头角,产品也多为民间粗货,虽然有少数文人对它发生兴趣,但并未得到士大夫阶层的普遍赏识。二是北宋时期文人雅士的嗜茶之风虽已流行,但当时饮用的是一种半发酵的膏饼茶,茶具以大口小底的盏类为主。饮茶时将碾碎的茶膏末放置在盏中,用沸水点注,以茶汤表面能浮起一层白沫者为佳。故茶具中亦以黑釉的兔毫盏和鹧鸪等为最上等,而无釉又较粗糙的早期紫砂器,只能作为煮水或煮茶之用。三是在南宋初年的宋金战争中,宜兴地区是战场之一,陶业生产也受到了影响;到了元代和明代前期,又因为"匠户制"的束缚,使手工业生产受到很大摧残。因此,包括紫砂器在内的宜兴陶业未能得到应有的发展。

有记载可考或有传器可证的最早的紫砂壶名手,当推明代正德年间的金沙寺僧和供春。从明代周高起著《阳羡茗壶系》以来,一直把金沙寺僧和供春两人尊为紫砂茶壶的艺术大师,尤以供春最为后人注意。把紫砂茶壶从一般粗糙的手工业品推进为工艺美术的创作,应该归功于供春。

⊙ 陶壶鼻祖供春与供春壶

"彼新奇兮万变,师造化兮元功。信陶壶之鼻祖,亦天下之良工。"

这是清代学者吴梅鼎在他所著的《阳羡茗壶赋》中对陶壶鼻祖供春的赞句。

供春,又称龚春、龚供春,明代正德年间宜兴人,原是一个吴姓显宦的家僮,也有人说是婢女。据《宜兴县志》记载:"明正德年间,提学副使吴颐山,携带书僮供春,读书于金沙寺中。"吴骞《阳羡名陶录》说："供春，学宪吴颐山家僮也，颐山读书金沙寺中，春给使之暇，窃仿老僧心匠，亦淘细土抟坯，茶匙穴中，指掠内外，指螺纹隐起可按，胎必累按，故腹半尚现节腠，视以辨真。今传世者，栗色，暗暗如古金铁，敦庞周正，允称神明垂则矣。"吴梅鼎《阳羡茗壶赋》的序言里说："余从祖拳石公（指吴颐山）读书南山，携一童子，名供春，见土人以泥为缶，即澄其泥为壶，极古秀可爱，世所称供春壶是也"。

据查考，吴颐山名仕，字克学，宜兴人，极有文名，是吴门画家唐寅的好友。明正德甲戌进士，以提学副使擢四川参政，供春。实颐山身旁一个"髫龄颖异"家僮。金沙寺，在宜兴西南境湖㳇山间，原是唐代宰相陆希声晚年隐居的地方，称"陆相山房"，又称"遁叟山居"。建筑宏伟。这所在"地当君山之隅，东溪之上，"古谓"湖者"。

古时寺旁有一棵四五人合抱的大银杏树，据说满100年才结一个树瘿（即树瘤），100年以后每年结一个，色式非常奇特。当时供春侍候主人吴颐山住在金沙寺里读书，见一老僧炼土制壶，成品精美，就在空闲的时候仔细研究老僧的制陶技术。久而久之，他掌握了这一套复杂的技术。他私下取了一点老僧制壶后洗手沉淀在缸底的陶土做坯，把寺旁的大银杏树的树瘿作为壶身的表面花纹，做成几把茶壶。当时，他没有工具，只用一把茶匙用来挖空壶身，并完

全用手指按平胎面，捏炼成型。因此，他的茶壶烧成后，茶壶表面上就有"指螺纹隐起可按"的痕迹，显得古秀可爱，很像三代的古铜器。

有一次，供春做的茶壶被主人吴颐山看到了，以为质朴古雅，便叫供春照样再做几把，一面又请当代名流加以鉴赏。不消几年，供春竟然出了名，他的作品为时人所珍爱，收藏家竞相搜购。从此，供春就离开了吴颐山家，摆脱了仆僮的生活，专门从事制陶事业。他的制品也被称为"供春壶"。

供春壶造型新颖精巧，温雅天然，质地薄而坚实，在当时已经负有盛名，所谓"供春之壶，胜于金玉"。清代诗人周澍曾有这样的诗句赞誉供春的作品："寒梧垂荫日初晴，白泻供春蟹眼生。疑是闭门风雨候，竹梢露重瓦沟鸣。"又在《台阳百咏注》中记述："台湾郡人，茗皆自煮……最重供春小壶，一具用之数十年，则值金一笏。"可见供春壶的工艺成就和当时的社会声望。

《项子京历代名瓷图谱》中所辑两件供春壶，有"壁呈红色，注茶后即现绿，茶倾倒色复原"之说，美妙绝伦。此即李景康、张虹合撰的《阳羡砂壶图考》下卷图刊中首列两壶：一名龚春圆形变

色壶，并加注："项氏历代名瓷图谱纪龚春褐色壶云：宜兴一窑出自本朝武庙（按：即正德皇帝庙号）之世，有名工龚春者，宜兴人，以粗砂制器，专供茗事，往往有窑变者如此壶，本褐色储茗之后则通身变成碧色，酌一分则一分还成褐色，若斟完则通身复回褐色矣，岂非造物之奇秘泄露人间，以为至宝耶？与下朱壶咸出龚制，予曾一见于京口靳公子家，其后俱为南部张中贵以五百金购去。"一名龚春六角宫灯变色壶，并加注："又纪龚春窑变朱色壶云：怪诞之物，天地之大，何所不有，余之未信者，未曾余自见也！今见此二壶……"项氏所记，把供春壶描写成神奇的器物，不足为信。已有后人驳其所言云："案壶用久则茶渍深，储茗略现碧色，理或有之，非窑变色也。若如项氏说，通身转变，分明若此，似不近情"。这个批评是以科学态度分析的，当然不无道理。

供春所制茶壶，款式不一。他还创作过"龙蛋'、"印方"、"刻角印方"、"六角宫灯"等新颖式样，而尤以"树瘿壶"为世所宝重。此壶乍看似老松树皮，呈栗色，凹凸不平，类松根，质朴古雅，别具风格。也许是出于对自己绝技的矜重爱惜，供春的制品很少，流传到后世的更是凤毛麟角。清代吴骞编《阳羡名陶录》一书里，对紫砂壶搜罗极广，记载详尽，可是单单缺少供春壶，吴氏以未曾亲眼见过供春壶为终身遗憾。稍后的张叔未自诩为陶壶鉴赏家，平生看到过不少紫砂壶，但在他的《清仪阁杂咏》中，也自叹福薄，没有看到过供春壶，甚至还感慨地说："这个瑰宝，世间已经不复存在了！"

供春壶已世无闻，前辈皆尝如是云。

神物忽来奇兴发，"春归"二字剧芳芬。

这一首七言绝句，是60年以前储南强赠给潘勤孟的诗。虽只寥寥28字，里面却包含着一件重要文物——供春壶重返故乡陶都的故事。

1928年，宜兴有一位毁家整治善卷洞与张公洞古迹的储南强先生，十分重视故乡的文物，曾不惜一切代价征集和搜求供春壶。一天，他在苏州摊上无意中发现了一把紫砂茶壶，造型非常奇古，摆摊子的主人却把它当作破铜烂铁，满不在乎地摆在一边。储先生见了好奇地拿起一瞧，壶把下的款式赫然是"供春"两字。这一发现使储先生大为惊喜，立即不露声色地花了壹块银圆买了回来。后来由制陶名手黄玉麟配制了壶盖。

储先生为了要考证这把供春壶来历，鉴定它的真伪，又花了很大一番工夫。首先亲自再去苏州，找到那个摆摊的主人，向他调查盘问。摆摊主人见他那么专心诚意地打听，就告诉他说，是从绍兴傅叔和家里流传出来的。储先生又赶到绍兴，进一步向傅家了解，知道在傅家收藏之前，曾经是西蠡费氏所有的。再写信请问费氏，费氏又说在他之前一度是吴大澂收藏的。再打听说是得之于另一收藏家沈钧和。沈之前出于何人已渺不可考。这把残破的供春壶，来历竟是如此曲折，而储先生的考证毅力也确乎惊人。最后，储先生为这个珍宝做了几万字的考证文章，证实这把破茶壶确实是供春的原作，并非"假虎丘"。

画家黄宾虹看到了这把壶，也以为真是奇遇，当即评论说："天才的赋予，是不分阶级的，物质的成就方显精神；传世称奇，功名难与相比的供春，虽然出身贫贱的书僮，后世传名，艺术谱上叙事，乃不落于千百万人之后。"给予

品／茗／听／壶

供春本人极高的评价。但他在欣赏供春壶后提出了一点意见，他认为，供春壶壶身既然以银杏树瘿为蓝本，那么，黄玉麟配制的壶盖也应该是树瘿的形式，然而黄玉麟没有理解这一点，却配上了北瓜的蒂柄，此之谓"张冠李戴"。储先生认为有理，就请现代制壶名手裴石民重做一个树瘿的壶盖，并在壶盖止口外缘刻上两行隶书铭文，凡45字，文曰："作壶者供春，误为瓜者黄玉麟，五百年后黄宾虹识为瘿。英人以二万金易之而未能，重为制盖者石民，题记者稚君。"稚君是宜兴的金石书法家潘稚亮。所谓"英人以二万金易之而未能"，是指当时英国皇家博物馆派人来商量，希望储先生出让供春壶，代价是2万美金。储先生因为这是国宝，又是故乡文物，没有答应。

据说，为了庆幸供春壶重返故乡，

Chinese Tea

储南强先生打算在宜兴城外西溪上造一座楼房，题名为"春归阁"，并请潘勤孟写了一方"春归"的匾额，准备专门收藏供春壶。后来，因为抗日战争爆发，"春归阁"未曾建成。宜兴沦陷后，日本人曾几次想谋夺这把供春壶。他们有一部《茗壶图录》（奥兰田著），收录宜兴的紫砂壶比《阳羡名陶录》还要丰富。日本人也久闻供春壶的大名，有一次派了专人来找储南强先生，愿以8000元的代价买去。储先生有骨气，没有出卖。为了免于纠缠不清，他索性躲到深山别墅，干脆避而不见了。

1949年之后，储先生把一生所有集藏全部献给了国家，这把惟一的供春壶是所献的重点文物之一。1953年4月收藏在苏南文物管理委员会时，徐悲鸿先生在北京曾托宜兴的任敷孟老师专程去苏州为其拍摄照片。之后，南京博物院为了不使供春壶绝技失传，曾请宜兴紫砂工艺厂的名手依原形仿制若干把，以广流传。现在，供春壶原作收藏在中国历史博物馆（现为中国国家博物馆），供大众观赏。

⊙ 紫砂壶与阳羡茶文化

茶，浇灌着华夏古国数千年的历史文化，饮茶是中国人的传统生活习惯。俗话说得好，开门七件事：柴、米、油、盐、酱、醋、茶。当你在辛勤劳动之后，坐下来稍作休息时，茶将是你的良伴。喝茶既能止渴，又能消释疲劳，所谓"清茶一杯，元气百倍。"伏案工作的人，常用茶来振奋精神，帮助思考。吃了油腻的食物，喝点茶，则可以帮助消化。经常饮茶，对身体健康也很有益处。茶还用于祀祖、婚聘、奉客等礼仪中。可见茶与人的生活有着多么密切的关系、它深深地交融在中国人的血脉情怀之间。

茶的古体字本写作"荼"，最初是一种草药，称做"瑞草"、"灵草"。《品茶要录》中有"周书记荼苦，春秋书齐荼，汉志书荼陵"的记载。汉以前，茶主要作药用。据说"神农尝百草，日中七十二毒，得荼始解。"《神农食经》说："苦荼久服，令人悦志。"东汉名医华佗所著的《食论》中有"苦荼久饮，可以益思"的论述。唐代陈藏器在《本草拾遗》中说得更加清楚："止渴除疫，贵哉茶也……茶为万病之药。"明代的大医学家李时珍的《本草纲目》也认为茶"饮之使人益思、少卧、轻身、明目。"用现代科学方法进行分析，证实茶不仅

能提神醒脑,生津止渴,还有解毒、杀菌、收敛等药物功能。茶叶中含有许多对人体有益的物质,如茶素、茶单宁、芳香油以及其他多种维生素等等。茶素是茶叶的成分,具有强心利尿和刺激大脑皮质兴奋,促进新陈代谢的作用。茶单宁则决定茶汤色、香、味的主要成分,不但能够帮助人体增加对维生素C的储存、吸收和同化的能力,而且具有杀菌作用。在中国民间的药方中,就有用浓茶汤治疗细菌性痢疾的。实验证明,饮茶还能减少放射性物质的危害,在人体消化器官中如有1%～2%的茶单宁,便可以把放射性元素(锶90)的30%～40%由粪尿中排出体外。茶叶中的芳香油,使人闻到了有爽快感,它具有溶解脂肪的能力,有助于对肉食品的消化,所以在以肉食为主的少数民族更是"宁可一日无油盐,不可一日无茶。"至于茶叶所含其他一些维生素,对于增进身体健康也有不同的作用。

中国茶叶,品种繁多。如果以制作方法来划分,有发酵过的红茶,半发酵的乌龙茶,不发酵的绿茶,未经揉捻而保持嫩芽的白茶,蒸软后压成砖形或其他形状的压制茶,以及用茉莉、珠兰、玫瑰等香花窨制的花薰茶六大类。这些茶又因茶种、产地和制法不同而有无数的名称和品种。如西湖龙井、太湖碧螺春、黄山毛峰、云南滇红、广东英德红茶、福建乌龙茶、台湾阿里山茶和南京雨花茶等等。一般地说,近热带的人喜欢绿茶,近寒带的人喜欢红茶,广东、福建人和海外华侨喜欢乌龙茶,边疆少数民族爱喝浓烈的砖茶,而北京、四川人则特别爱好花茶。

宜兴,是中国最享有盛名的古茶区之一。秦统一中国后,滇、蜀一带的茶叶种植沿长江逐渐向中下游推广。翻阅史书,发现早在汉朝便有"阳羡买茶"和汉王到茗岭"课堂艺茶"的记载,表明宜兴早在2000多年前已开始招收学童,传授茶叶生产技术了。到了三国孙吴时,所产"国山苑茶",名传江南。据《宜兴县志》记载:阳羡"有名山一百三十六"。"离墨山(按即国山,

三国时孙皓在善卷洞立国山碑而易名）在县西南五十里；……山顶产佳茗，芳香冠他种"。山顶佳茗就是云雾茶。到了唐代，连皇帝也喜欢宜兴名茶，规定每年要宜兴进贡茶叶。唐上元年间（760～762年），陆羽在《茶经》专著中证实阳羡茶山产茶，"芬芳冠他境"。而阳羡茶是早于"建茶"南茶北贡的名贵贡品，故有阳羡唐贡茶的美称。阳羡茶在历代文人笔下是极负盛誉的。隐居茗岭的唐代诗人卢仝曾在《谢孟谏议寄新茶诗》中写道："闻道新年入山里，蛰虫惊动春风起。天子须尝阳羡茶，百草不敢先开花。"曾在宜兴居住的唐代诗人杜牧在《题茶山》诗中也写下了"山实东南秀，茶称瑞草冠。泉嫩黄金涌，芽香石壁栽"的名句，赞赏阳羡名茶。《新唐书·地理志》中说：当时"常州晋陵群土贡紫笋茶"，同时又说，茶以阳羡张公洞附近产品为最。李郢写的《茶山焙贡歌》称颂阳羡唐贡茶是"蒸之馥馥香胜梅"。现在宜兴湖㳇的唐贡山即因唐时产茶入贡而得名。今其村名唐贡里，山农多艺茶，小峰垒垒，慨称之茶山。

据查考，阳羡茶正式列入贡茶在唐肃宗年间（757～762年），是由陆羽推荐而开始的。明代学者周高起在书中写道："唐，李栖筠守常州日，山僧进阳羡茶，陆羽品为芳香冠世产，可供上方，遂置茶舍于罨画溪，去湖㳇一里许，岁贡万两。"到唐武宗年间（841～846年），贡茶数量增加到1.84万斤。

唐元和初年曾任苏州刺史的白居易有《夜闻贾常州崔湖州茶山境会想羡欢宴》诗，吟颂的是阳羡太华山区的篆岭、啄木岭，唐时有"境会亭"，每逢贡茶时节，常州、湖州二州太守集会于此。

陆羽为了研究茶，曾到宜兴南山种茶、采茶、制茶，在山区住了很长时间，积累了丰富的实践经验，为他撰写《茶经》取得了第一手材料。唐代诗人皇甫冉《送陆鸿渐南山采茶》诗写道："千峰待过客，香茗复丛生。采摘知深处，烟霞羡独行。幽期山寺远，野饭石泉清。寂寞燃灯夜，相思磬一声。"这首诗生动而又形象地描绘了陆羽在阳羡南山实地考察茶的情景。陆羽在《茶经》中所说的"阳崖阴林，紫者上，绿者次，笋者上，芽者次"，就是阳羡紫笋茶的出典。根据陆羽的说法，最嫩的茶芽，芽未展，形似笋色近紫，称"紫笋"；一叶一芽者为"旗芽"；一芽二叶者为"雀舌"。唐皇对贡茶是十分讲究的，规定凡贡茶都要"紫笋"，每年过了春分，官府就把茶农赶到山里去选采刚刚脱鳞吐芽的幼嫩的茶芽，所谓"动致千金费，日使万姓贫。"清明前，还正春寒料峭，"阴岭芽未吐"，这时找紫笋茶真比找金子都难。要到那高高的山岭去找"云雾茶"，要到向阳

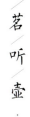

品／茗／听／壶

的悬崖去采早发茶，连夜蒸青后炒制压成饼茶。唐皇还专派茶吏太监到阳羡设立茶舍、贡茶院，专管督茶、品尝和鉴定。当时，皇帝规定，阳羡茶分五批进贡。第一批紫笋茶限清明前通过驿道陆运到长安。地方官必须快马日夜兼程送往京城，赶上朝廷祭祀宗庙的清明宴，即李郢《茶山贡焙歌》中所描写的，"十日皇程路四千，到时须及清明宴"，这就是当时的所谓"急程茶"。唐朝京城长安，距宜兴有4000多华里，"急程茶"要用快马每日夜行400里的速度飞送京城。阳羡茶的名贵可想而知。

据古籍所载，茶原是中国川西的野生植物，西汉时传入江南。当时北方人不懂得饮茶，他们到南方来，南方人以茶款待，哪里想到，北方来客却不识礼遇，竟暗自叫苦不迭，认为茶不好喝。当时南北饮习非常不同，原因是茶喜湿气候，故多沿江而生。后来，隋炀皇帝下扬州，开凿运河，打开了南北交通之门，饮茶的风习才逐渐传入北方。隋唐初期，战事频繁。佛道学说慢慢兴起，一些僧侣道士修身炼功，常借茶提神。他们细饮、品味，很懂得如何用茶。据说，一些好茶都是当时的僧侣发现的。此后饮茶在中国广泛流行，到唐代，饮茶已成为遍及中国各地的风尚，茶且被誉为"国饮"。

古人饮茶，最初是将茶的青叶煎煮，其味浓涩，需加食盐、香料、薄荷、枣子等各种调味品中和。唐、宋以饮粉茶为主，元代以后才普遍用茶叶。在饮茶方法上，有所谓"饮"和"品"之说。"饮"在现代人常称之为喝，主要是解渴提神；而"品"的意境深，包括鉴别优劣，欣赏品味，所以要细啜慢饮。宋代还流行一种"斗茶"，又称"茗战"，连皇帝也乐于此事，宋徽宗曾著书加以记述。

299

无论是饮还是品,都要有好的水来煎煮。用泉水煮的茶,味醇、形美、色翠。古人认为煮茶的水,以"山水上,江水中,井水下。"在唐代,宜兴的金沙泉也成为贡茶时必须同时上贡的煎茶良泉。据说,当时金沙泉是以陶都特产的紫砂水瓶(古称雅壶)为容器,由水路专程运往京城长安。

金沙泉又称玉女泉,在宜兴湖汊金沙寺向北张公洞附近的玉女潭。唐代文学家独孤及有《题玉女泉》诗:"碧玉徒强名,冰壶难此德。惟当夕照心,可并瀹色。"这首诗也证实金沙泉原名玉女泉。古时金沙泉周围有较多山岭,有茂密的林木,山林下面有透水性质好的砂岩层,蓄有较多的地下水,金沙泉四季不绝,泉水就从这难溶的石英岩中渗透过来的,因此清澈见底,矿物质很少,氯化物含量也很少,形成了甘美的泉水。

用金沙泉泡的阳羡茶,汤清、色浓、茶香、回味甜。明代学者周高起在他的《洞山茶系》中形容阳羡茶、泉时说:"淡黄不绿,叶茎淡白而厚,制成梗绝少;入汤色柔白如玉露,味甘,芳香藏味中,空蒙深永,啜之,愈密,致在有无之外。"可见品质之佳。

有了好的茶叶、好的泉水,还得有好的茶具。一套精致的茶具用来配合色、香、味三绝的名茶,确实可以收到相得益彰的效果。唐代推崇越窑,即浙江青瓷茶具。之后,江苏宜兴的紫砂壶就异军突起,成为在各种名瓷之外别树一帜的茶具。宋代大诗人苏轼谪居宜兴蜀山讲学时,非常讲究饮茶,有所谓"饮茶

三绝"的美称,即茶美、水美、壶美,惟宜兴三者兼备。

据说,苏轼讲究饮茶有三个很高的要求:茶壶一定要是紫砂提梁壶(即今"东坡壶");茶叶一定要是阳羡唐贡茶;烹茶的水一定要是金沙泉。金沙泉醇厚甘美,传说同样一担水要比其他河水重两斤。所以,苏东坡经常派书僮从蜀山到金沙寺去挑水。日子一久,书僮苦于

往返劳顿，从半路的鼎山就取水回去。可是鼎山的河山烹的茶，苏东坡一尝即能分辨出来。他为了要饮到用金沙泉烹的茶，就想出一个法子：事先和金沙寺老和尚商量好，备了两道不同颜色的竹制桃符，一交老和尚，一交小书僮，并关照小书僮去金沙寺取水，必须同老和尚调换桃符。这样，小书僮没法偷懒了。这事在《宜兴县志》上也有记载。苏东坡在一篇《调水符》的诗序中记述此事非常详细，他写道："爱玉女洞中水，既置两瓶，恐后复取为使者见绐，因破竹为契，使金沙寺僧藏其一，以为往来之信，戏谓之调水符。"这种竹制的桃符，和今天开水店里使用的上面烫有火烙印的竹制水筹相似，据说今天的水筹就是当年桃符的化身，传为佳话。

唐宋前系煎煮茶汁，茶壶为金属制器较多，且以"金银为优"。后因冲泡方法风行，茶壶主要采用陶瓷制品，并与煮水的壶分开使用。

紫砂壶不仅具有造型简练大方、色彩淳朴古雅的特色，而且还有特殊的功能，泡茶不走味，储茶不变色，盛暑不易馊。加之使用的年代越久，器身色泽就越发光润古雅，泡出来的茶也越醇郁芳馨，甚至空壶里注入的沸水都会有一股清淡的香味。

根据科学分析，紫砂壶确有保味的功能。它能吸收茶汁，耐寒耐热。紫砂陶是介于陶和瓷之间的属半烧结精细陶器，表里都不施釉。它既有一定的机械强度，又有一定气孔率，盛茶既不会渗漏，又有良好的透气性。总括起来有五大特点：第一，紫砂陶是从砂锤炼出来的陶，既不夺香又无熟汤气，故用以泡茶不失原味，色香味皆蕴。第二，砂质茶壶能吸收茶汁，增积"茶锈"，所以空壶里注入沸水也有茶香。第三，便于洗涤。日久不用，难免异味，但内积茶锈无需

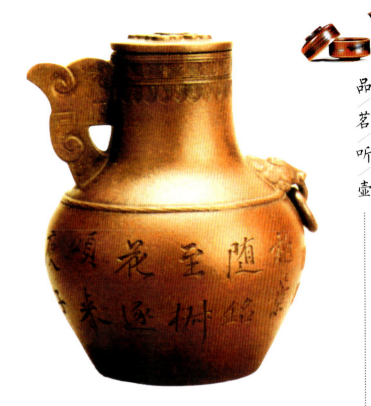

除去，可用开水烫泡两三遍，浸没在冷水中，然后取出，泡茶原味不变。第四，冷热急变性好。寒冬腊月，注入沸水，不因温度急变而胀裂；而砂质传热慢，提握抚拿不会炙手。第五，紫砂陶质耐烧，冬天置于高温火炉炖茶，壶也不易爆裂。海外有人称紫砂壶为"无毒餐具"，经常使用它，会延年益寿。这就是古今中外嗜茶者特别喜爱紫砂壶的奥秘。

⊙ 紫砂壶的鉴赏与购买

◇ 紫砂工艺的时代特征

自明代中期以来，紫砂壶的原料淘炼、装饰方法、铭文印记、造型风格不断成熟有明显的阶段性，是我们鉴定紫砂年代的主要依据。紫砂原料：紫砂是夹于宜兴陶土矿中的一种泥料，称"泥中泥"，含量仅占矿土的1‰左右，十分珍贵。紫砂泥有紫泥、红泥和本山绿泥三种，可以单独制作器皿，也可根据需要掺和使用。成品以紫红色为主，也有朱砂、深紫、栗色、梨皮、青灰等。

紫砂泥料加工有手工和机械两种，手工制较粗，机械制较细。较粗的紫砂泥因为泥的粗细颗粒悬殊，烧成时收缩不一，表面粗颗粒略有凸出，呈梨皮状。壶表经拍压，滋润光泽，内壁未经拍压，疏松而保持了透气性，吸水率可达3%～5%。近40年新制紫砂壶用较细的泥，过细的紫砂泥制品的表面已无法看到梨皮状效果，吸水率也仅达1%。明代中期正德至嘉靖的紫砂壶，泥料较粗，如较细的缸土。传闻金沙寺僧即用制缸的粗泥澄炼后作原料。南京嘉靖十二年（1533年）墓出土的紫砂提梁壶，胎骨较粗，表面有缸坛釉泪，说明当时还是和上釉的缸坛同窑烧制，因不装匣钵，缸坛的釉高温熔化后随气流升腾凝附到素身砂壶上。因此这一时期的紫砂壶除用粗泥作原料外，器表的"飞釉"是又一重要特征。万历后，紫砂坯件装缸后附陶穴烧成，不再有釉渍出现。明万历到清初的紫砂名家，注重对泥料的加工、调配。许多艺人用各种色泥制壶，使壶形和壶色更加协调。这时开始用调砂泥料，即在较细的泥中掺入颗粒较粗的生泥或熟料，烧成后壶表砂粒隐约可见，典雅古朴。至今，一些高档砂壶仍用调砂泥。现代紫砂壶无论优劣，都用机械统一加工的泥料，极为匀净细腻，即使调入砂粒，仍无古壶的质朴。有些器物用紫砂泥浆注塑成型，除轮廓不挺拔外，表面还有浮光包浆。

◇ 装饰方法

明代的作品注重泥料的淘炼和器型的雕琢。清初，受瓷器的影响，紫砂也采用表面装饰的方法。康熙时，早期的珐琅彩器就用的是紫砂胎。雍正、乾隆时，采取紫砂外施低温色釉或以彩漆描绘的方法。这种彩绘紫砂，乾隆后不再流行，直到近代又重新出现。乾隆时，壶表的堆花、贴花、印花和泥浆堆花等装饰手法得到较多运用，成为这一时期作品的重要特征。清嘉庆时，采用砂壶外包锡的工艺，锡皮外刻制各种纹饰。有的还用玉石镶嘴尖、把手和盖纽（的子）。紫砂表面经抛光，看上去光亮如镜，清代出口产品中应用较多，这种方法民国初又流行，有些运用铜片包饰口沿、盖沿、嘴口和盖纽。

◇ 造型风格

紫砂壶的造型有几何型、自然型和筋纹型三大类。几何型俗称"光货"，以各种简洁的几何图形构成壶身、壶把、壶嘴和壶盖。如四方壶、汉君壶、合盘壶、掇球壶等。自然型又称"花货",造型模拟自然界的竹木蔬果或上古的铜铁瓷瓦器,如梅壶、竹壶、包袱壶、古玺壶、南瓜壶、铜镜壶、鱼龙壶等。

筋纹型是几何型和自然型的结合,模仿菱花、水仙、南瓜、菊花的造型,在器身上用纵向条纹分成若干块面。块面有外凸或内凹两种形式。如瓜棱壶、菱花仙子壶、希菊壶等。纵观几百年的紫砂壶流行过程,每一阶段都有一种造型风格为主流,兼有其他形式。据有些学者的研究,分为初创期、筋纹型期、自然型期、书画几何型期和近现代期。初创期——以供春为代表,已罕见实物。据文献记载,几何型、自然型、筋纹型的造型均有,其中董翰所制菱花式壶已极为工致。筋纹型期——以时大彬为代表,从16世纪末至17世纪初,几何型、自然型、筋纹型并见,从数量说几何型为多,以品质论筋纹型已占主导。自然型期——以陈鸣远为代表,17世纪中至18世纪中,相当于清康熙、雍正、乾隆时期。三类造型均有作品问世,自然型逐渐代替筋纹型。除各种壶外,紫砂瓜果等象生雕塑也有许多非常成功的佳作。书画几何型期——以陈曼生、杨彭年为代表,18世纪末至19世纪末,相当于清代中后期。这时期以各种镌刻书画的几何型为主流,壶的制作更追求文人趣味,在造型简洁、风格古朴,有较大块面的壶上刻诗句、警言或纹饰,非常注意造型

和书画结合的整体效果。这时期自然型和筋纹型壶也取得了相当高的成就。近现代期——20世纪初以来,涌现了一大批紫砂高手,技术更为娴熟,风格更趋多样,不但继承了各种造型的传统,而且创作了大量新的款式,粗略统计已逾千种。各种带有现代气息的造型使紫砂壶的制作进入了一个全新时期。除造型外,由壶身通向壶嘴的通水孔,也具有时代特征:清嘉庆前都用独孔,网眼多孔出现于嘉庆中期,半球形的网眼罩则是受日本陶艺影响,近代才出现。

◇ 铭文印记

紫砂是一种完全艺术化了的日用器，作品上大多留下作者的铭文或印记，成为作品的重要组成部分。经过长期研究，考古界对紫砂铭文印记的演变及其时代特征有了规律性的认识。据记载元末孙道明订制的茶壶上刻有五个草字，是目前所知紫砂壶铭文的最早年代。近年出土的明代纪年墓中的紫砂器，也偶见标志性质的印记。传世的供春壶刻有篆体"供春"二字，海外也藏有刻供春字样的供春壶，但是否系供春原作尚存疑问。明代万历后期，紫砂器多见楷书刻铭，在壶坯未干时用毛笔写好，以利刃双刀刻就，字口爽利，字体工致圆润，如晋唐小楷。明代壶上的这种楷书铭文个人风格不明显，估计非制壶人所写，可能有专业刻款者。明代制壶家陈辰精于刻款，许多制壶者都请他代笔，有"陶之中书君"的美誉，说明当时已有专业刻铭的艺人。明末清初紫砂采取铭文和印记并用的方式，这时已少见单纯的楷书名款：陈鸣远生活在明末清初，他的作品上刻铭书法精妙、印记古雅，后世仿的极多。清中期开始，以陈鸿寿、杨彭年为代表，把壶艺同文学、书画、篆刻结合在一起，使铭文印记从单纯的记事功能变成了装饰功能。壶上不但书法精妙、画意高雅，而且印鉴都出自名家之手，诗、书、画、印达到了完美的统一。晚清时，紫砂上镌刻字画的方法逐渐流行，产生了分工，有专门从事刻字的匠人。工艺上改湿坯刻字为干坯刻字，改双人正刀法为单人侧刀法。干后的砂质泥料在刻制中崩剥纷落，具有更佳的表现能力，增加了金石气。这时宜兴涌现了如陈懋生、陈研卿、沈瑞田、邵云如、韩泰、卢兰芳等刻壶名家。20世纪初，茶壶底印除一部分名家外，还有不少商号印记，另见寿星、天官、如意等图案。这时上海的一些商号如铁画轩、葛德和、陈鼎和等，都派专人赴宜兴订烧，因此印有商号的紫砂壶属当时的佳作。20世纪50年代至70年代，除个别名家作品外，大部分紫砂器底部印"中国宜兴"四字篆文印，印由工厂统一用牛角刻制，壶盖内则钤作者姓名印。当时许多紫砂名匠都参加生产大宗商品，因而在这些

普通壶中还可见到紫砂大师的作品。20世纪80年代以来，紫砂器又都打上作者印鉴，不但中档壶如此，低档壶也普遍见到。因此，近年新作不但要看是否有印记，还要看壶本身质量。

⊙ 紫砂的工艺水平

明清旧壶中有惊世骇俗的传世之作，也有制造粗率的平庸之作。因此历来就有"雅器"和"粗器"之分。我们买的壶，一是要旧，二是要精，不能单纯为旧而旧。现代紫砂器的紫砂泥都用机械加工，原料几乎一致，价值高低就主要取决于工艺水平，同一款式同种原料制成的壶，名家名作和平庸之作的价值可相差成百上千倍。选择可从原料、制作、烧制、款印几方面考虑。原料——紫砂贵在砂字，若过分细腻则体现不出紫砂的透气性等优点。有些中档以上茶壶选用调砂泥，泥中砂点若隐若现如梨皮状。有些壶表面一层泥浆状浮光，属比较差的泥料所制。泥色有紫红、绿、黄、蓝等色，总以深紫为正宗。制作——口盖吻合紧密，提盖时有滞重吸住之感，圆器盖旋转中不见时松时紧，方器和筋纹器盖在各个方向盖上去，都能和子口吻合，盖上的通气孔圆润通畅。嘴、把、盖纽应保持一直线。嘴管通水流畅，网眼不堵塞，倒水时流则即流，止则即止，无滴水流涎现象。壶身平置桌上应平稳妥贴。器表光滑平整，无毛刺，无疵点。烧制——烧制火候应恰到好处，火头过老或太嫩都是缺陷。火候适中，烧制良好的器物色泽深沉古朴，胎骨致密坚挺，叩之清越如凝铜。过烧的器物色泽焦黑，有的起泡甚至坍塌，同时因温度过高使紫泥的透气性和吸水性受到影响，直接影响使用。烧制温度太低的产品胎骨粗松如瓦器，使用时甚至有土味，色泽淡而灰，似蒙粉翳，全无神气。有些已烧成的紫色器再入窑烧炼，呈青黑色，称"乌灰"，属少见品种。款印——壶上的铭文印记是壶的重要组成部分，近年来壶上文字名款已很少见，以印鉴为多。壶上名印有三种：一是底印，印文为作者姓名（或加籍贯），四方形为多；二是盖印，在盖内，是作者名号印；三是把脚印，在壶把脚下段。印一般为阳文（文字凸出）。许多壶艺大师的用印非常讲究，或自刻或由金石家刻，本身就是一件艺术品。对大多数普通砂壶来说，壶上印文应圆润挺拔，印痕须四面轻重一致。底印钤制保持平直，以壶把方向为上，壶嘴方向在下，不可歪斜。

⊙ 紫砂旧壶的仿制及其识别

现在存世的大量旧壶的甄别鉴定是一个很复杂的问题，有明清壶艺大师同时代人的托名之作，又有后人的仿作。仿旧壶有清仿、民国仿和现代仿等情况。近年还有仿现代人作品的情况。紫砂壶诞生后，经过历代艺人的劳动，创作了无数件典雅古朴的艺术珍品。每一代艺人都在继承传统的基础上，创造出新的款式。据统计，历史上曾出现过的紫砂壶造型在千种以上。有些经典式样几乎从未停止过生产。这种仿古作品，明末清初就已出现。现在见到的明代紫砂壶中，有很多具时大彬名款，而时大彬许多学生的作品却很少见。题时大彬名款的旧壶风格不一，优劣迥异，估计是时的学生或别人所作而题时大彬名款。陈曼生的紫砂创作活动仅3年左右，但传世的曼生壶却很多。甚至陈曼生去世后，仍有新的曼生壶出现。题惠孟臣名款的作品，在一、二百年中都有，说明大量的是仿制品。这类旧壶，经济价值虽略下一等，但也极具收藏价值。历史上仿古作伪的热潮出现于19世纪中至20世纪初（清同治、光绪到民国初）。有以名人传器复制的，也有商贾据砂艺史籍品名重新设计制作的。这些署历代名家名款和印章的作品，壶艺大师顾景舟认为对其艺术品位应作进一步分析：凡是仿明代作品，无论在技术上还是泥色上都远远超过历史原作；仿清前期的陈鸣远、项圣思、邵大亨等人的旷代杰作，尽管复制者技术上多么成熟，但神气上总有欠缺，如燕石与玉之别。近年新仿壶有二种，一种是仿明清旧壶，一种是仿现代名家作品。这些仿品大多粗制滥造，作伪手法有：其一，将新壶外表略加打磨，用蜡或颜料涂抹。按使用规律，壶身凸出之处或手经常接触之处应少茶垢或灰尘堆积，同时又光润有包浆，但伪作往往不见这种规律。有些在泥浆中浸泡，甚至壶内满是泥浆，手法十分幼拙。其二是仿名人款识，但书法功底欠深或对旧壶款识的字体、刻法规律不甚了解，往往张冠李戴，有些即使有几分相像，但神韵难似。民国初，上海一些古玩商请高手仿刻名家印鉴印于复制的紫砂壶上，几可乱真。这些作品，流传至今仍有不少。近年来，壶上印鉴用火漆翻印。因为壶上的印烧制后较原印为小，经翻印再烧制，比原壶印更小，且字口模糊不清，绝无原作的挺拔有力风格。

⊙ 历代紫砂名家及其作品

和景德镇瓷匠不同，紫砂艺人大多在作品上留下他们的名款、印鉴或标记，为我们研究紫砂的发展提供了便利。据文献记载，紫砂茶壶创始于明正德年间（16世纪初），由金沙寺僧首制。这一手艺为其学生供春继承，逐渐开拓了砂壶领域，但明正德、嘉靖、隆庆时紫砂壶影响不大，仅有董翰、赵梁、元畅、时鹏四大家及稍后的李茂林，且罕见作

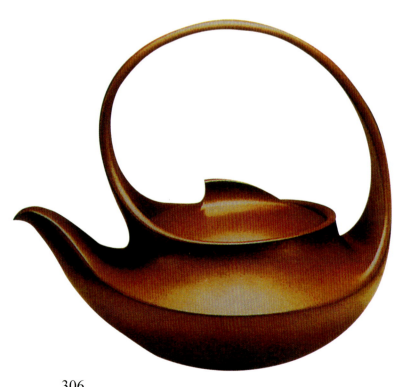

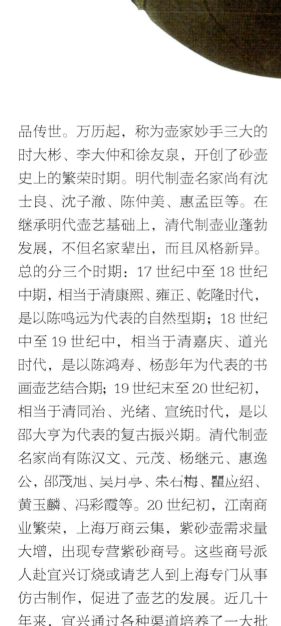

品/茗/听/壶

品传世。万历起，称为壶家妙手三大的时大彬、李大仲和徐友泉，开创了砂壶史上的繁荣时期。明代制壶名家尚有沈士良、沈子澈、陈仲美、惠孟臣等。在继承明代壶艺基础上，清代制壶业蓬勃发展，不但名家辈出，而且风格新异。总的分三个时期：17世纪中至18世纪中期，相当于清康熙、雍正、乾隆时代，是以陈鸣远为代表的自然型期；18世纪中至19世纪中，相当于清嘉庆、道光时代，是以陈鸿寿、杨彭年为代表的书画壶艺结合期；19世纪末至20世纪初，相当于清同治、光绪、宣统时代，是以邵大亨为代表的复古振兴期。清代制壶名家尚有陈汉文、元茂、杨继元、惠逸公、邵茂旭、吴月亭、朱石梅、瞿应绍、黄玉麟、冯彩霞等。20世纪初，江南商业繁荣，上海万商云集，紫砂壶需求量大增，出现专营紫砂商号。这些商号派人赴宜兴订烧或请艺人到上海专门从事仿古制作，促进了壶艺的发展。近几十年来，宜兴通过各种渠道培养了一大批制壶艺人，如：程寿珍、俞国良、范鼎甫、冯桂林、斐石民、汪宝根、储铭、王寅春、任淦庭、朱可心、吴云根、顾景舟、蒋蓉等，产品数量大增，也具有相当的质量。

⊙ 紫砂壶的评价

"茗注莫妙于砂，壶之精者又莫过于阳羡。"（李渔《亲说》）这是明人李渔对紫砂壶的总评价。

为什么宜兴的紫砂壶好？这可以从两方面来说明。一方面，它是艺术品，形制优美，颜色古雅，可以"直跻商彝周鼎之列而毫无惭色"（张岱《梦忆》）。另一方面，它又是实用品，用以沏茶，茶味特别清香，"用以盛茶，不失元味"。明人文震亨在《长物志》一书中说："茶壶以砂者为上，盖既不夺香，又无熟汤气。"还有许次纾《茶疏》也说："以粗砂制之，正取砂无土气耳！"紫砂壶还有一种特点，就是使用越久，器身色泽越发光润，沏出来的茶汁也越发醇郁芳馨。《阳羡茗壶系》说："壶经用久，涤拭日加，自发暗然之光，人手可鉴。"在林古度《陶宝肖像歌》里也有"久且色泽生光明"的诗句。这种既有艺术价值又有实用价值的特点，使紫砂壶的身价"贵重如珩璜"，甚至于超过珠玉。清人汪文柏赠给当时紫砂壶名家陈鸣远的一首《陶器行》诗里，有"人间珠玉安足取，岂如阳羡溪头一丸土"的赞句，可见宜兴紫砂壶的身价是非常高的。究

307

竟值多少钱一具呢？明人周澍《台阳百永注》里说：供春小壶一具，"用之数十年，则值金一笏。"到了清康熙年间（1662～1722年），也是"一具尚值三千缗"（陈其年《赠高澹人诗》），可见名家出品价格尤高。再往后，则凡是明代名家所制的紫砂壶，不仅"价埒金玉"，而且已为"四方好事者收藏殆尽"。（吴梅鼎《阳羡茗壶赋》）爱壶者不仅重金购藏名家茗壶，甚至对一些残破的紫砂壶，也愿意出价收购，明末周伯高就是这样的人。他在《过吴迪美朱萼堂看壶歌》中说："供春、大彬诸名壶，价高不易辨。予但别其真，而旁搜残缺于好事家，用自怡悦。"紫砂壶古朴淳厚，不媚不俗，与文人气质十分相近。文人玩壶，视为"雅趣，参与其事，成为"风雅之举"。他们对紫砂壶的评价是："温润如君子，豪迈如丈夫，风流如词客，丽娴如佳人，葆光如稳士，潇洒如少年，短小如侏儒，朴讷如仁人，飘逸如仙子，廉洁如高土，脱尘如衲子。"（见奥玄宝《茗壶图录》）紫砂壶与当时名震宫廷的景德镇瓷器是截然不同的感觉，因而博得古今外文人的"深爱笃好"。

⊙ 进入欣赏紫砂壶之门

欣赏紫砂壶，必须从爱壶、玩壶入门，在使用、玩赏中，了解什么是正宗紫砂，紫砂泥原料的性能、化学成分、分子结构、吸水率、透气性，紫砂壶泡茶、注茗的功能，壶的造型、泥的色泽、工艺技巧以及装饰手段、艺术风格，名人名作、历史沿革、流派等等，逐步确立自己的收藏风格。欣赏紫砂壶，亦浅亦深，亦玄亦神，关键在于你如何进入赏壶之门。宜兴紫砂壶历来分四个档次：实用品（大路产品）、工艺品（细货）、特艺品（名人产品）及艺术品（富于艺术生命之作）。实用品的特点是每个历史时期投入的制作人员最多，制作技艺较差，日产量高，品种单一，这项产品历来不入赏壶之列（历史上也有专做大路产品而独具功力的高手，应属例外）。工艺品出于良工巧手，其作品一般来说制工精良，但出于历史或文化因素、艺术素质，他们的作品大多为模仿传统造型，或创作一些符合初涉紫砂爱好者喜爱的造型。再上一个层次就是名人产品，称之为特艺品。名人当然是在同行中出类拔萃的佼佼者。名人少，作品亦少，它总是赏壶、藏壶者渴求的对象。艺术品，粗略地说，并非就特种工艺、精湛技艺、独具功能、材质贵重等而言，而是根据作者文化艺术素养的高下，在紫砂这个传统工艺中注入艺术生命的多少来判定的。

不富收藏就无赏壶可言。收藏应该各有所好，不必强求一致，多、全、精、专、深、大、小，都可视为收藏特色。在收藏中可以学会欣赏，在欣赏中能够学会收藏。

⊙ 鉴赏紫砂壶的基本知识

评价一件紫砂壶的内涵，必须具备三个主要因素：美好的形象结构，精湛的制作技巧和优良的实用功能。所谓形象结构，是指壶的嘴、鋬、盖、钮、脚，应与壶身整体比例协调。精湛的技艺，是评审壶艺优劣的准则。优良的实用功能，是指容积和重量的恰当，壶鋬的便于执握，壶盖的周圆合缝，壶嘴的出水流畅，同时要考虑色地和图案的脱俗和谐。当代紫砂陶艺大师顾景舟在《简谈紫砂陶艺鉴赏》一文中说："抽象地讲紫砂陶艺的审美，可以总结为形、神、气、态这四个要素。形，即形式的美，是指作品的外轮廓，也就是具象的辟面相；神，即神韵，一种能令人意远体验出精神美的韵味；气，即气质，陶艺所内涵的和谐协调色泽本质的美；态，即形态，作品的高、低、肥、瘦、刚、柔、方、圆的各种姿态。从这几个方面贯通一气，才是一件真正的完美的好作品。但这里又要区分理和趣两个方面。若壶艺之爱好者偏于理，斤斤较量于壶的容积的宜大宜小，嘴的宜曲宜直，盖的或盎或平，身段的或高或矮，侧重於从沏茶茗饮的

方便为出发点,那就只知理而无趣。一种艺术的欣赏应该在理亦在趣。一件作品不管它是大是小,壶嘴是曲是直,盖子是凹是平,形制是高是矮,都在乎有趣,趣才能产生情感,怡养心灵,百玩不厌。所以观赏一件新的造型,应该在领悟到美的本质以后才始加以评点。从这样的审美态度作出发点,才能中肯地赢得普遍爱好砂艺界的共鸣。当然,作为一件实用工艺美术品,它的适用性也非常重要的,使用上的舒适可以愉悦身心,引起和谐的兴致。因此,也就要依据饮茶的习惯、风俗,有选择地考虑壶体的容量,壶嘴的出水流畅,壶把的端拿省力舒适等等。这些都是必须作具体范围的内容来考虑的。当今,鉴定紫砂壶优劣的标准归纳起来,可以用五个字来概括:"泥、形、工、款、功"。前四字属艺术标准,后一字为功用标准,分述如下:一是"泥"。紫砂壶得名于世,固然与它的制作分不开,但根本的原因,是其制作原材料紫砂泥的优越。近代许多陶瓷专著分析紫砂原材料时,均说其含有氧化铁的成分,其实含有氧化铁的泥,全国各地不知有多少,但别处就产生不了紫砂,只能有紫泥,这说明问题的关键不在含有氧化铁,而在紫砂的"砂"。根据现代科学的分析,紫砂泥的分子结构确有与其他泥不同的地方,就是同样的紫砂泥,其结构也不尽相同,有着细微的差别。这样,因为原材料不同,带来功能效用及给人的官能感受也就不尽相同。功能效用好的则质优,不然则质差;官能感受好的则质优,反之则质差。所以评价一把紫砂壶的优劣,首先是泥的优劣。按泥的色来分,大致有黑泥、深紫泥(俗称"拼紫")、浅紫泥(俗称"普紫")、红泥、米黄泥、绿泥六种。两种以上的泥混合或者加入化工呈色剂,又可产生许许多多的泥色。近年来,冻梨泥色、墨绿泥色、古铜泥色,就是这样产生的。但不管怎样,泥色的变化,只给人带来视觉感官的不同,与功用、手感无济。而紫砂壶是实用功能很强的艺术品,尤其因为使用的习惯,紫砂壶需要不断抚摸,让手感到舒服,达到心理愉悦的目的,所以紫砂壶质表的感觉比泥色更重要。紫砂与其他陶泥相比,一个显著的特点就是手感不同。一个熟悉紫砂的人,闭着眼睛也能区别紫砂与非紫砂,摸非紫砂的物件,就如摸玻璃质器物——黏手;而摸紫砂物件,就如手摸豆沙——细而不腻,十分舒服。所以评价一把紫砂壶,壶质表面的手感是十分重要的内容。近年来时兴的铺砂壶,正是强调这种质表手感的产物。如何使紫砂泥性能更好?在经过几十年工业化生产后,人们逐渐发现用原始手工方法炼制的紫砂泥比大工业生产的紫砂泥,更能体现紫砂本身的个性,手工味更浓,更有人情味。于是近年来,有不少大家开始摒弃工业化

作法，而采用手工作坊作法。其中最突出的是有"壶艺魔术师"之称的吕尧臣。他十分重视的泥的质量，当紫砂工艺厂在成吨成吨进泥的时候，他仅一两一斤地进，见有特别好的泥，不惜重价，不惜陈腐时间长，也不惜炼制工序的繁复，以致许多工艺师都惊叹，吕尧臣把"好泥"都垄断了。所以，目前就紫砂壶的原材料来说，最好的莫过于"尧臣壶"，它具有"色不艳、质不腻"的显著特点，以致价格一涨再涨。二是"形"。紫砂壶之形，是存世各类器皿中最丰富的了，素有"方非一式，圆不一相"之赞誉。如何评价这些造型，也是"仁者见仁，智者见智"，因为艺术的社会功能即是满足人们的心理需要，既然有各种各样的人，就会有各种各样的心理需要：大度的爱大度，清秀的爱清秀，古拙的爱古拙，喜玩的爱趣味，人各有爱，不能强求。有人认为古拙为最佳，大度次之，清秀再次之，趣味又次之。道理何在？因为紫砂壶属整个茶文化的组成部分，所以它追求的意境，应是茶道所追求的意境"淡泊平和，超世脱俗"，而古拙正与这种气氛最为融洽，所以古拙为最佳。许多制壶艺人，虽亦明白这个道理，但却是一味模仿古拙，结果反是"东施效颦"，把自己的可爱之处丢掉了。须知，艺术品乃是作者心境之表露，修养之结果，不是其他所能替代得了的。所以，模仿是不可能达到古拙境地的。历史上遗留下来许多传统造型的紫砂壶，例如石铫、井栏、僧帽、掇球、茄段、弧菱、梅桩等等，是经过年代的冲刷，而依然闪烁发光的优秀作品。现在许多艺人的临摹，也是一人一个样，各不相同。譬如石铫壶，据不完全统计，就有一百多种，原因就是古今的艺人们，都把自己的审美情趣融进了他们的作品之中。说起"形"，人们常把它与紫砂壶艺的流派相并提，认为紫砂壶流派分"筋囊"、"花货"、"光货等，其实，这是错误的分析。道理很简单，就如戏剧表演家的流派分类，不能以他演什么戏而定，而应以他

在戏剧表演中追求的精神境界而定。同样花货中有人追求古拙，有人追求清秀，也有人追求趣味。艺术家在他们的艺术生涯中，一旦艺术成熟，必然形成他的个人风格，几个相差无几的个人风格凑在一起，就成了流派。根据这个道理，紫砂壶艺的流派不宜以作者那类作品来划分，而应以作者所追求的精神境界来划分。艺术讲究的是感觉。一把紫砂壶造型的优劣，全凭个人的感觉，作壶的讲"等样"、"等势"，就是造型学讲的"均衡"。讲许多高深的理论，很可能越讲越不清，不是有句俗话只可意会，不能言传吗？艺术上的感觉，全靠心声的共鸣，心灵的理解，即所谓"心有灵犀一点通"。三是"工"。中国艺术有很多相通的地方，例如京剧的舞蹈动作，与国画的大写意，是属于豪放之列；京剧唱段与国画工笔，则属于严谨之列。而紫砂壶成型技法，乃与京剧唱段、国画工笔技法，有着同工异曲之妙，也是十分严谨的。点、线、面是构成紫砂壶形体的基本元素，在紫砂壶成型过程中，必须交待得清清楚楚，犹如工笔绘画一样，起笔落笔，转变曲折，抑扬顿挫，都必须交待清楚。面，须光则光，须毛则毛；线，须直则直，须曲则曲；点，须方则方，须圆则圆，都不能有半点含糊。否则，就不能算是一把好壶。

按照紫砂壶成型工艺特殊要求来说，壶嘴与壶鋬要绝对在一直线上，并且分量要均衡；壶口与壶盖结合要严谨。这也是"工"的要求。

四是"款"。款即壶的款识。鉴赏紫砂壶款的意思有两层：一层意思是鉴别壶的作者是谁，或题词镌铭的作者是谁？另一层意思是欣赏题词的内容（文字）、镌刻的书画，还有印款（金石篆刻）。

紫砂壶的装饰艺术是中国传统艺术的一部分，它具有中国传统艺术"诗、书、画、印"四位一体的显著特点。所以，一把紫砂壶可看的地方，除泥色，造型，制作工夫以外，还有文学、书法、绘画、金石诸多方面，能给赏壶人带来更多美的享受。历来，紫砂壶是按人定价，名家名壶身价百倍。在商品经济社会尤其显得突出。这样，市场上就容易出现许多模仿名家之作，伪造的质品屡见不鲜，造购名壶尤其需要小心。五是"功"。所谓"功"是指壶的功能美。近年来，紫砂壶新品层出不穷，如群星璀璨，令人目不暇接。制壶人讲究造型的形式美，而往往忽视功能美的现象，随处可见。尤其是有些制壶人自己不饮茶，所以对饮茶习惯知之甚少，这也直接影响了紫砂壶功能的发挥，有的壶甚至会出现"中看不中用"的情况。其实，紫砂壶与别的艺术品最大的区别，就在于它是实用性很强的艺术品，它的"艺"全在"用"中"品"，如果失去"用"的意义，"艺"亦不复存在。所以，千万不能忽视壶的功能美。紫砂壶的功能美主要表现在：容量适度；高矮得当；口盖严谨；出水流畅。按目前我国南方人（包括港台）的饮茶习惯，一般2～5人会饮，宜采用容量350毫升为最佳。其容量刚好四杯左右，手摸手提，都只需一手之劳，所以称"一手壶"。紫砂壶的高矮，各有用处。高壶口小，宜泡红茶；矮壶口大，宜泡绿茶。但又必须适度，过高则茶失味，过矮则茶易从口盖溢出，大煞风景。煞风景的还有壶嘴出水不畅，几粒很小的的珠茶，到得壶中，均变成大叶，易把出口堵住，此时需把壶嘴通一下为妙。现时作壶已根据饮茶人习惯，把壶嘴改成独口，使流水明显比以前通畅。

要求壶的口盖严谨，能使冲壶水于茶海而不致落入壶内，看来似乎与功能美关系不大，实际是为讲究卫生，也不可不提。凡此种种，都属功用标准。

⊙ 紫砂壶的选用与收藏

选用紫砂壶，若以名为贵或以稀为贵，那是古董收藏家的事。一般选壶，不必过分讲究，只要是把好的紫砂壶，用以泡茶，善于蕴味育香；使用经久，越发光润古雅，就会给你的饮茶生活带来艺术享受和无穷乐处。

选壶要领：购置新壶，壶的造型与外观要美，只要自己看得舒服满意，那就代表了个人的美感。壶毕竟是自己使用的，未必要追随流行样式。壶的质地，胎骨要坚，色泽要润。选用新壶，可先轻拨壶盖，以音色清脆轻扬，听来悦耳者为佳。壶中之味，应注意闻闻。一般新壶可能会略带土味，但可选用。若带火烧味、油味或人工着色味的则不可取。壶的精密度，即壶盖与壶身的紧密程度要好，否则茶香易散，不能蕴味。测定方法是注水入壶试验，手压气孔或流口，再倾壶，若涓滴不出或壶盖不落，就表示精密度高。壶的出水效果跟"流"的设计最有关系。倾壶倒水，能使壶中滴水不存者为佳。出水水束的"集束段"长短也可比较，长者为佳。壶把的力点应接近壶身受水时的重心，注水入壶约四分之三，然后慢慢倾壶倒水，顺手者则佳，反之则不佳。壶的特性与茶的特性宜相配合则适水性更佳。壶音频率较高者，适宜配泡重香气的茶叶，如清茶；壶音稍低者宜配泡重滋味的茶，如乌龙、铁观音。养壶要领：新壶新泡。先要决定此壶将用以配泡哪种茶？譬如是重香气的茶还是重滋味的茶，如果讲究的话，都应有专门备泡的壶。但是不讲究也无妨。使用新壶，应先用茶汤烫煮一番，一则除去土味，也可使壶接受滋养。方法是用干净锅器盛水，用小火加热煮壶，到水将滚未滚时，同将茶叶放入锅中同煮；等滚沸后捞出茶渣，再稍待些时候取出新壶置于干燥且无异味处自然阴干后，便可使用。旧壶重泡。每次泡完茶后，将茶渣倒掉，并用热水涤去残汤，以保持清洁，合乎卫生。注意"壶里茶山"。有人泡茶，只除茶渣，而往往将茶汤留在壶里阴干，日久累积茶山，如维护不当，易生异味。所以在泡用前更应以滚沸的开水冲烫一番。把茶渣摆存在壶里来养壶的方式绝不可取。一方面茶渣闷在壶里易有酸馊异味，有害于壶；另一方面紫砂壶乃吸附热香茶味之质，残渣剩味实也无益于壶。壶应经常擦拭，并用手不断抚摸，不仅手感舒服，且能焕发出紫砂陶质本身的光泽，浑朴润雅，耐人寻味。清洗壶的表面，可用手加以擦洗，洗后再用干净的细棉布或其他较柔细的布擦拭，然后放于干燥通风且无异味之处阴干。久而久之，自会与这把壶发生感情。名壶收藏：目前，在中国港、台和东南亚一带，紫砂壶已和中国

几千年的茶文化联系在一起，成为受人青睐的国粹。收藏名壶成了人们精神享受上的一种乐处，许多人竞相高价收购珍藏，犹如50年前的上海一样出现"一两紫砂一两黄金"的身价。大陆改革开放，为中国台湾、中国香港、日本和一些东南亚国家的华裔嗜茶者，提供了寻觅他们梦寐以求的制作精巧的紫砂壶的大好机遇。

⊙ 紫砂壶的赝品及其鉴定

随着岁月的流逝，传世的紫砂名壶成了历史遗留下来的珍贵文物，为国内外博物馆及收藏家所悉心搜求。明代的名家名壶，到清初已极为珍贵，清初名家陈鸣远等的作品，在清末也已十分稀少。于是，为了满足各方面的搜求，就出现了赝品。关于紫砂壶艺的仿制，由来已久。早在明代，文献上就有时大彬"仿供春得手"的记载，传器有"仿供春龙带壶"，说明时大彬曾仿制过供春的作品。时大彬成名之后，仿制大彬壶的人也很多，文献中就有所谓"李大瓶，时大名"的记载，说明大彬壶也有李仲芳所制作，大彬"见赏而自署款识"。

还有名家陈信卿，善仿时大彬、李茂林之传器，文献说陈信卿还"多削改弟子作品而署款"。可见有些制壶名家的作品，实际上是其弟子所制。在清代，制壶名家杨彭年的女儿杨莲凤，据传所制茗壶多盖彭年印章，故而少见莲凤印记的壶艺作品。近代（民国初），制壶名家程寿珍的儿子程盘根，所制茗壶的落款很多是使用他父亲的印章，特别是那枚"八十二老人作此茗壶巴拿马和国货物品展览会曾获优奖"的印章，程寿珍逝世后也一直由程盘根保管使用。再说现代的紫砂行业中，徒弟制壶钤师傅印章者有之，儿子、儿媳及女儿、女婿制壶钤父母亲印章者也有之。其他陶人作假的情况，则更可想而知了。传世的紫砂名壶，问题比较复杂，为了分清是非，去伪存真，就必须进行鉴识。而要学会鉴识紫砂茗壶，就必须既要知真，又要知假；如不能知假，也就难以辨真。所以，我们对紫砂茗壶作伪的各种情况，必须有所了解。19世纪中叶和20世纪初期，一度曾出现过摹仿古代名家名壶的热潮，其复制作伪的方法有三种：第一，按照名人的传世名壶进行摹仿复制；第二，一些古玩商根据紫砂壶艺史籍记载的品名，通过艺匠臆测构思设计制作；第三，将一些品位高雅、工艺精致的无款紫砂茗壶补刻上历代名家的款识或盖上名家的印章。第一种情况的仿制者往往都是茗壶技艺上的"高手"，无论在技艺上、泥色上都远远超过历史原作，所以将摹制品与明代或清代初期传器相比，都显示出后代摹仿品的高水平，其价值下真迹一等，有些作品的价值还要超过原作，碰到这样的仿制品可以说是三生有幸。只是对几位杰出的大家，如项圣思、陈鸣远、邵大亨等名家的旷代佳作，尽管复制者技巧很是精工，总觉得在神韵上有所不逮。这类作品流传至今日，还是很有收藏价值的。它应当区别于现代的假冒伪造的赝品。第二种是近年出现的借图谱仿造的茗壶产品。作假人虽也有一些过硬功夫，但风格和韵致皆不对路，所以做出来的茗壶很难得要领，很难作到原品形、神、气、态的和谐。稍有紫砂壶艺常识的人，一看便知。第三种假冒名家的赝品，只要了解某些名家名作

的壶艺风格、形制，技巧手法、艺术擅长和款识的形式，一戳即穿。因此，凡遇名家的名壶，千万要小心辨识。紫砂茗壶的鉴识对象，主要是传世名壶和当代名人的作品。明、清流传下来的紫砂茗壶中，真伪掺杂，鉴识有一定的难度。而当代制壶技艺已经相当成熟，赝品伪作有些已达到了真伪难辨的程度。当今紫砂茗壶作假的方法尽管很多，但归根究底都不外乎以下三类：一是地地道道的完全作假；二是新壶做旧；三是代做的紫砂茗壶。代做的茗壶虽然说它是假的，但又和前二种作假有所不同。完全作假的紫砂名壶，一种情况是作伪者没有见过真品，只知其大名，而不了解名人的制壶风格，作伪者与名人之间的时代相隔较远。这类伪品的特点：不是制作技艺高超，就是制作手段较为拙劣。例如仿时大彬的伪品，大致可分三个时期。第一，若是同时期即明末紫砂艺人仿制的，那么伪作的壶体造型和所刻书

体款识，基本上接近时大彬的风格，较难辨别；第二，清中期的伪品，作伪者制壶技艺较高，可惜壶上出现时大彬的印章款识，不符合真品特色，容易鉴别；第三，清末和民国时期的伪品，壶艺制作手段一般，而又有清中期伪品遗风，即壶底或壶盖都有印章落款，更易辨别。大彬壶上不可能出现刻款和印章同时并用的形式。十几年前曾出现一批仿陈鸣远的名壶伪品，有自然形和几何形二种款式，几何形体以小型鼓腹式壶居多，简称"一手壶"，壶底使用的印章是四字楷书款"陈鸣远制"，显然，作伪者是根本不了解陈鸣远印款的特点。另一种完全造假的紫砂茗壶，是参考名家名壶出版物仿制和以实样仿制。这种仿制作假方法，自清末、民国时期，一直沿用到现在。从事紫砂壶收藏和鉴定，必须了解这些情况。对于以实样仿制的赝品名壶，辨别真伪时，一定要谨慎地细心察看，发现破绽要认真研究分析。同时，还要抓住伪品的一些薄弱环节，如有名人刻款的茗壶，要三思名人刻款的风格特点，刻字笔画的多或少等等。再如有名人装饰的茗壶，要细看其装饰手法，大凡名人的装饰特点是一巧、二细、三气质佳，有一种脱俗气息；而伪品的制作一是功力不够，二是缺乏这种艺术境界。依葫芦画瓢的东西，终究不可能成为高雅艺术品。20世纪80年代末、90年代初，随着紫砂壶收藏热潮在港台、东南亚地区掀起，作伪之风再度盛行。所有这些赝品伪作的手法，最常见的是新壶做旧。细心察看名壶有无作伪痕迹，这是顾景舟大师的一种鉴辨技巧。有的人在造假作伪时，将壶的表面覆满旧茶迹，但壶盖和壶颈子口的吻合之处，并无长期使用的磨损痕迹，这就露出了马脚。关于新壶做旧，这种作伪伎俩是随着国内外对紫砂壶爱好的兴起而出现的，是一种不择手段牟取暴利的卑劣行为，而且随着时间的推移，其做旧方法越来越多。新壶表面都有一层新器的光泽，如果去除这层光泽，就可作为旧壶出售，以假乱真。所使用的方法有以下几种：将新壶放入浓重的红茶汤中煮烧，经过一定时间后取出，待干燥后再投入，这样反复煮烧几次，达到除去新光的效果，经过处理的新壶，表面滞涩黯然。这个方法是从玉器、瓷器做旧的常用方法中借来的。将新壶埋在地下，使新壶在地下水和土质（酸性或碱性）的作用下，自然退去新光，这是借用青铜器做假的一种方法。在新壶上擦拭同色的皮鞋油，鞋油吸附在紫砂壶表面，掩盖壶的新光。但这种做因有鞋油的异味，容易被买主识别。

用浓茶汁、食油、酱油、醋、糖调合在一起，涂抹新壶表面，或者加温蒸煮，使调合汁吸入壶胎，退去新光，但这样做壶表油腻，用手触摸即可感觉到，这种方法也容易识破。

此外，还有一些制壶陶人，技艺精绝，名声显赫，其制品为时人所钟爱，

订购者众多，或者应酬繁忙，应接不暇，于是让徒弟或请同时代制壶陶人，代为制壶，自己署款。此种代制的紫砂茗壶，虽然与后世的作伪有别，但毕竟不是本人所制，也应归于赝品之列，只是鉴辨较为困难。鉴辨一件紫砂茗壶的真伪，判定其是历史遗留下来的真品，还是后世的仿品或伪造，必须要从壶式造型的时代风格、泥料、工艺、装饰的特征、署款铭记的方式、内容等几个方面，进行全面的考察分析，才能得出正确的判断。

茶与健康

ZHONGGUO CHADIAN

饮茶与健康

⊙ 茶的功能性成分

◇ 茶多酚

茶多酚是存在于茶树中的酚类物质与其衍生物的总称,其中的6种儿茶素及其氧化产物是最重要的。这些多酚类物质不仅是体现茶叶感官特质的主要成分,也是茶叶的药效最主要的成分。

茶鲜叶中含量最多的可溶性成分就是茶多酚。通常其含有干重超过15%的茶多酚,甚至可达到40%。众多药理学和生物化学研究已经揭示出茶多酚物质的抗氧化、清除氧自由基、杀菌抗病毒、增强免疫功能、解毒、抗衰老、抗辐射损伤、对DNA的保护及修复(抗肿瘤作用)以及生理调节功能(降血脂、降血糖等)等功效。

由于上述的多种生理活性,在临床上,茶多酚已辅助甚至直接用于心脑血管疾病、肿瘤、糖尿病、脂肪肝、肾病综合征以及龋齿等的预防和治疗。另外,在食品和日化等领域,茶多酚也具有广阔的发展前景。

◇ 氨基酸与蛋白质

科学研究已经发现茶叶中含有26种氨基酸,其中的6种是非蛋白质组成的游离氨基酸。茶叶中的氨基酸总量通常占茶叶干重的1%~4%。茶叶中最多的游离氨基酸便是茶氨酸,它的含量占游离氨基酸总量的50%左右,是茶叶的特征性氨基酸。它具有降压安神、防癌抗癌、促进大脑功能、增强人体免疫

功能以及延缓衰老等作用。茶叶中的另一种重要的游离氨基酸是 γ-氨基丁酸，它具有明显的降低血压效果，更有加强记忆力、改善脑功能、改善视觉、降低胆固醇以及调理激素分泌等效果。胱氨酸有防止早衰和促进毛发生长的功效；谷氨酸和精氨酸可降低血氨，治疗肝昏迷；半胱氨酸能抵抗辐射性损伤，参与进机体内氧化还原过程，调理脂肪代谢，预防动物实验性肝坏死；蛋氨酸可调节脂肪代谢，参与进机体内物质的甲基运转过程，预防动物实验性营养缺乏而导致肝坏死；苏氨酸、组氨酸与精氨酸对促进身体和智力发育均有一定效用，又可增强人体对钙和铁的吸收，进而预防老年性骨质疏松。

以营养的角度来看，茶叶中的氨基酸与蛋白质都是非常好的营养成分，是人体获得营养的补充途径。但是由于蛋白质多半以水不溶状态存在，借助饮茶仅能获取其蛋白质营养的很小一部分。不过摄取的氨基酸的营养比例则要高很多。由近年的研究来看，茶叶中另外存有一些可溶性蛋白成分，它们除了富含营养以外，对保健人体也有一定功用。

◇ 茶多糖

茶叶中含有的茶多糖物质，其化学成分较为复杂，事实上，它是一类构成复杂且变化较大的混合物。由于分离纯化技术的局限，早先的研究所制备的茶多糖内含较多的酯类成分，所以，彼时叫此类提取物为茶叶脂多糖。后来，进一步研究出茶多糖是一种酸性糖蛋白，并且结合了众多的矿物质元素，其蛋白质部分主要是由大约20种常见的氨基酸所构成，而糖的部分多半是由 1～7 种单糖构成，矿物质元素主要是钙、镁、铁和锰等以及少量的微量元素，例如稀土元素等。由此可见，茶多糖的确切名称应当是茶叶多糖复合物。通常粗老茶叶中的茶多糖含量更高。

茶多糖的药理功效可总结为：降血脂、防辐射、降血糖、增强机体免疫功能、抗凝血及血栓、抗氧化、抗动脉粥样硬化、降血压以及保护心血管等。茶多糖由其他元素修饰之后所形成的茶多糖复合物，其功用有可能得到强化甚至产生新的功效。现正处于研究中的茶多糖复合物有：茶多糖钙复合物和茶多糖稀土复合物等。茶多糖的药理功能已经引起了人们越来越多的重视，它的医学开发也正在进行时。

◇ 生物碱

茶叶中的生物碱主要有茶碱、咖啡碱和可可碱，其中，咖啡碱占有大部分。三种生物碱均为甲基嘌呤类化合物，是一种重要的生理活性物质。它们是茶叶的一种特征性化学物质，其药理功效类似。茶叶中咖啡碱的含量占鲜叶干重的2%～4%，它对构成茶汤滋味有着重要作用。它与茶红素、茶黄素能呈现乳浊现象，一般称为"冷后浑"。由于同时存在多酚类等物质，茶叶中的咖啡碱与合成咖啡碱有较大差别。合成咖啡碱对人体有毒性积累，而茶叶中的咖啡碱则不会在人体内积累，7天左右便可全部排出体外。目前，研究结果表明，咖啡碱具有抗癌作用。另外，茶叶中的咖啡碱还有强心、利尿以及兴奋大脑中枢神经等多种药理作用。饮茶的诸多功用，比如消除疲劳、提高工作效率、抵抗酒精和尼古丁等毒害、减轻支气管和胆管痉挛、调节体温以及兴奋呼吸中枢等，都和茶叶中的咖啡碱相关。自然，咖啡碱也有负面作用，主要表现为夜晚饮茶会影响睡眠，对神经衰弱者和心动过速者等有不利影响。为避免这些不利因素，同时又可迎合特殊人群的饮茶需求，现今已有脱咖啡因茶的生产。

◇ 色素

茶色素是一个通俗的称呼，它的概念范畴并不确切。在实际使用时通常是指叶绿素、β－胡萝卜素、茶黄素以及茶红素等。已经得到证明，茶色素中的许多成分对人体健康极为有利，而且属茶叶保健功能的主要有效成分。

叶绿素：叶绿素是茶叶脂溶性色素的主要组成成分，可以分为叶绿素a和叶绿素b，它的含量占茶叶干重的大约0.6%。叶绿素由甲醇、叶绿醇和卟啉环结合后形成。叶绿素由于其分子中的共轭双链闭合系统（卟啉结构）而显现绿色。茶叶中的叶绿素含量和茶叶品质有一定关系，茶叶加工过程中，叶绿素逐步遭到损坏，一般绿茶中保存有较多的叶绿素。作为天然的生物资源，茶叶的叶绿素是一种优异的食用色素，更具抗菌、消炎和除臭等多方面的保健作用。

β－胡萝卜素：茶叶中β－胡萝卜素的含量也很丰富，它的含量一般为100～200微克／克，对茶叶的保健功效也有一定贡献。β－胡萝卜素的生理功能首先体现在它有维生素A的效用，1个β－胡萝卜素分子，经过体内酶的作用可转化成2个分子的维生素A。它能够抗氧化，可清除体内的自由基、增强免疫力以及提高人体抗病能力等。

茶黄素、茶红素：茶叶中的茶黄素和茶红素是由茶多酚及其衍生物氧化缩合而成，它们是红茶品质和色泽的主要构成成分，也是茶叶的主要生理活性物质之一，由于它们是从儿茶素氧化而来的，因此其在红茶中的含量属最高，一般在1%左右，黑茶、黄茶和乌龙茶中也存有少量茶黄素与茶红素。研究证明，

茶黄素不但是一种有效的抗氧化剂和自由基清除剂,并且有抗癌、抗突变、抑菌抗病毒、改善和治疗心脑血管疾病以及治疗糖尿病等多种生理功效。

◇ 维生素

维生素是保持人体健康与新陈代谢的必要营养成分。茶叶内含多种维生素,如维生素 A、维生素 D、维生素 C、维生素 B_1、维生素 B_2、维生素 E 和肌醇等,其中,属维生素 B 和 C 族维生素的含量最高。各种茶类中,绿茶的维生素含量明显高于红茶。高级绿茶中的维生素 C 可高达 0.5% 的含量。研究表明,维生素 C 有较强的还原性,对人体具有抗细胞氧化和解毒等功效,可防治坏血病、增加机体抵抗力和促进伤口愈合等。茶叶中的维生素 C 还可与茶多酚产生协同效应,增强二者的生理功效。饮食正常的情况下,每天喝高档绿茶 3~4 杯便可基本满足人体对维生素 C 的需求。茶叶中的 B 族维生素含量也极丰富,高达茶叶干重的 100~150 毫克/千克,其中,维生素 B_5 的含量又为 B 族维生素的一半。它们的药理功效主要表现在对癞皮病、消化系统疾病以及眼病等的明显效用。茶叶中的脂溶性维生素,如维生素 A、维生素 E 和维生素 K 等,尽管含量也很高,但由于饮茶一般以水冲泡或用水提取的方法为主,而这些脂溶性维生素在水中的溶解度很低,所以在饮茶时其利用率并不高。茶叶中的维生素 A 原(类胡萝卜素)含量比胡萝卜的还高,它可促成人体的正常发育,维护上皮细胞的正常功能,防止角化,并且加入视网膜内视紫质的合成过程。怎样提高对这些脂溶性维生素的利用,还有待深入的研究。

◇ 矿物质

茶叶中矿物质元素的含量极为丰富,其中,磷与钾的含量最高,而就保健功能来说,氟和硒最重要。

茶叶中氟的含量是在所有植物中最高的。氟对预防龋齿和预防老年骨质疏松具有明显功效,但是饮用大量的粗老茶可能会导致氟元素摄入过量,进而引起氟中毒,比如氟斑牙和氟骨症等。这一问题多半发生于砖茶消费区。因此，合理利用茶叶中氟的保健功效的同时，也要防止氟摄入过度。硒是人体谷胱甘肽氧化酶的必要构成，能够刺激免疫蛋白与抗体的产生，增强人体抗病能力，能有效防治克山病，并对治疗冠心病和抑制癌细胞的发生与扩散等有明显效用。

◇ 茶皂素

茶皂素是五环三萜类化合物的衍生物，是一种由配基皂苷元、糖体和有机酸组成的有复杂结构的混合物。茶树的种子、叶、根和茎中都含有，其中，茶根中的含量最高，而饮用的茶叶中茶皂素的含量很少。茶皂素除最主要的表面活性之外，它还具有如下生物活性：溶血作用、降低胆固醇作用、抗生育作用、抗菌作用、杀软体动物活性、抗炎活性以及镇静活性（抑制中枢神经、镇咳、镇痛）等。另外，还有报道说茶皂素还具有抗癌活性，还有报道说茶皂素有降血压功效。而对茶皂素的医学保健功效，目前还未见到系统的开发，但是从基础性研究中获知的生理活性来看，其对茶叶的医疗保健功效是有帮助的，尤其是在使用茶根或粗老茶进行治病等方面。

⊙ 茶的主要保健功效

多种功能性成分的综合作用，使茶叶成为广泛实用的防病治病良药、保健养生妙方以及健康的生活方式。茶饮的综合医疗保健功能总结如下。

◇ 抗氧化、抗衰老

生物机体是由核酸、脂类以及蛋白质等多种生物分子组成的，这些成分因受自由基等因素的攻击而容易发生氧化、交联与聚合等，进而使其丧失正常功能，从而危害细胞功能与机体健康。正常生理条件下，人体存在一种自由基的形成与清除之间的均衡。茶叶具有极强的抗氧化作用，它可强化人体清除自由基的功能，因而具有显著的抗衰老作用。众多研究表明，茶叶中的有效成分 EGCG 的抗氧化活性远强于维生素 C 和维生素 E。瑞典科学家曾对比了红茶、绿茶和 21 种蔬菜与水果的抗氧化活性，结果说明绿茶和红茶的抗氧化活性高出供试蔬菜和水果的许多倍。

生物的自然衰老及退行性疾病的发展过程，均伴随着氧自由基对细胞的氧化破坏。茶多酚具有良好的抗氧化和清除自由基的作用，有效地维护生物细胞免于自由基的攻击和氧化损坏，从而延长细胞寿命，这样自然能延缓生物体的衰老进程。

对延缓生物体衰老和增长寿命有帮助的茶叶成分是各种各样的，作用与作用机制也常常是综合性的。现今已经得到证明的对防衰老有贡献的成分有：茶多酚、茶多糖、茶氨酸及各种维生素等。

◇ 抗癌

茶的抗癌功能是最近 20 多年来研究得最多且进展显著的领域。日本的富田勋研究小组从 1986 年开始持续 10 年对总数为 8522 人进行了追踪调查，其中有 419 位是癌症患者。结果说明，每

日饮用 10 杯绿茶的女性能使癌症的发生延迟 7.3 年,男性为 3.2 年。美国一向对临床药物的限制极其严格,而今也已准许绿茶作为预防癌症物品在美国的使用。1997 年美国药物管理署批准将绿茶胶囊作为第一阶段临床实验药用,一共对 46 位癌症患者进行使用。第二阶段的临床实验也即将开始,这表示绿茶在美国已不仅仅是一种"抗癌饮料",更即将发展为一种抗癌药物。依据日本和美国的应用情况可以预见,绿茶及其有用成分作为一种药物出现已经为期不远。

◇ 增强免疫功能

人体的免疫能力体现了对疾病的抵抗力,可分成肠道免疫和血液免疫。饮茶可增加肠道中的有益菌(如双歧杆菌)数量,减少有害菌的数量,从而增强肠道的免疫能力。饮茶还可以增加血液中白细胞及淋巴细胞的数量,从而强化血液的免疫能力。

茶多糖在增强机体免疫功能方面也起到了重要作用。有这样的实验,给小鼠腹腔注射茶多糖,7 天后静脉注射 2% 的碳素墨水,剂量为 0.01 毫升 / 克,2 分钟和 15 分钟后分别自眼静脉丛取血,当茶多糖剂量为 25 毫克 / 千克和 50 毫克 / 千克时,小鼠碳粒廓清速率分别增加 60% 和 83%。它表明茶多糖可以强化单核巨噬细胞系统的吞噬作用,增强机体的自我保护能力。

◇ 调节血脂、血糖、血压及预防心血管疾病

临床实验证明,茶叶可降低血液中甘油酸酯的含量,这也是饮茶可减肥的作用机制之一。茶叶降脂的物质基础主要是茶多酚、咖啡碱与茶多糖等。

治疗糖尿病的功效:中国民间有饮用粗老茶医治糖尿病的方法,现代研究证实了这一作用,并且发现茶多糖与茶色素等是其主要物质基础。有研究人员把茶多糖制成饮料供给糖尿病患者饮用,令患者症状好转。有研究人员以粗老茶

治疗糖尿病，有效率高达70%。茶色素在降血糖方面也有明显疗效。有研究人员等用茶色素治疗糖尿病肾病，最终使糖尿病肾病患者的主要症状有显著改善，尿蛋白、空腹血糖值和糖基化血红蛋白的含量均有降低，显著改善了血液流变学和自由基代谢指标，而且疗效比口服降糖药或胰岛素要好。

预防和降低高血压的功效：对城市中老年人的健康调查结果表明，合理饮茶能预防或降低高血压。将高浓度儿茶素作为降低血压的药物，这在前苏联已经得到临床应用。茶叶可降压的物质基础主要为茶多酚、茶多糖、茶氨酸、γ-氨基丁酸以及茶叶皂苷等成分。

预防心血管疾病的功效：饮茶可减少人体血液中有害胆固醇的含量，并提高有益胆固醇含量，同时还可降低血液黏度和抗血小板的凝集。所以，饮茶有防治心血管疾病的作用。比如在荷兰进行的流行病学调查结果表明，饮茶较多的人群患冠心病的危险性能降低45%。

◇ 抗辐射

科技给人类带来了现代文明，同时也造成了环境的大量污染，其中，电磁波污染便是典型的"现代化"污染。众多的实践和研究证明，茶是一种可有效防治辐射损伤的天然饮料，被誉为"原子时代的保健饮料"。根据对二战期间日本广岛原子弹受害者的调查，那些长期饮茶的人受到辐射损伤的程度较轻，存活率也偏高。临床医学更发现，一些癌症患者由于采用放射治疗所引起的轻度放射病症，比如恶心、腹泻和食欲不振等，遵照医嘱饮茶之后，其中90%的患者放射病的症状显著减轻，白细胞数量不再下降甚至有所上升。中外科学家的实验证明，茶叶防辐射的物质基础是茶叶的茶多酚、茶多糖、维生素C、B族维生素以及氨基酸等。茶多酚中的一些儿茶素与维生素P的作用相类似；脂多糖则可强化机体的非特异性免疫能力；维生素C对解毒、减弱病毒致病力、恢复机体代谢以及加速放射性物质的排出有一定的作用；另外，茶叶中含有少量半胱氨酸、胱氨酸以及B族维生素，均有一定的抗辐射作用。

◇ 抑制有害微生物

人体内存有数量巨大的微生物，成人消化道中有100多种。其细菌总量约有100兆之多，其中有些是有益的，有些是有害的。消化道中有益微生物和有害微生物的种群数量的平衡与人体健康紧密相关。饮茶对杀灭肠道病菌有持久的作用。在俄罗斯，人们建议腹泻患者饮用浓茶汁进行治疗。美国与日本的科学家证实茶叶中的EGCG对流感病毒有极强的抑制能力，可阻断病毒黏附在细胞上。2003年"非典"流行期间，WHO及我国台湾省的专家就提倡喝茶来防止冠状病毒的侵入。另外，关于茶及其提取物对艾滋病病毒的抑制作用也有报道。

◇ 抗龋齿

龋齿是最多见的牙病，为口腔疾病之首。国内外研究早已证实，饮茶可防龋。饮茶可以抑制口腔中龋齿菌分泌的一种酶，而令龋齿菌不能黏附在牙齿表层。茶叶含的氟还能使牙齿的珐琅质更为坚固，而茶多酚则可杀死龋齿菌。美国、日本和我国早在20世纪70年代就用实验证实了儿童每天一杯茶水能使龋齿率降低一半。

茶叶防龋的物质基础主要是氟和茶多酚。茶富含氟化物，氟可以代替构成牙釉质的主要成分，结合水、蛋白质、脂质及其他金属元素的含碳羟磷灰石晶体中的羟基，成为不易溶于酸的氟磷灰石晶体，这样就不易形成龋齿。氟化物还是酶的抑制剂，它与多酚类一起可抑制葡萄糖聚合酶的活性，这样便使黏附在牙菌斑上的细菌对葡萄糖的摄取和糖解氧化过程被抑制，从而降低了细菌在牙菌斑和唾液中的生存与存活，中断了龋齿的形成过程。

◇ 美容

茶叶的许多保健功能，在人体美容上均表现杰出。茶叶及其提取物凭借其抗氧化和清除自由基的作用、抑制有害微生物的作用、调节血脂和提高人体免役功能的作用以及抵抗紫外线及其他电离辐射的作用等，令人体维持正常的体重、消除粉刺和癣病、消除黄褐斑和延缓皮肤衰老等，进而达成美容的目的。依据衰老自由基学说，老化是因自由基产生及清除状态失去平衡所致。所以，减少自由基的生成或者对已生成的自由基进行有效的清除，可有效减缓皮肤的衰老和皱纹的出现。茶多酚是一种抗氧化作用较强的天然抗氧化剂，其清除自

由基的能力大大超出目前已知的抗氧化剂维生素E和维生素C。因此，茶可有效地预防和延缓皮肤衰老。茶多酚能直接隔离紫外线对皮肤的损伤，故而有"紫外线过滤器"的美称。研究证明，茶多酚对紫外线引起的皮肤损伤有较强的保护作用，其紫外线的功效强于维生素E。茶多酚还可限制酪氨酸酶的活性，降低黑色素细胞的代谢强度，减少黑色素的生成，有使皮肤美白的功效。

⊙ 科学饮茶

茶有不同的特征，人也有不同的情况，外加季节和环境条件的不同，都会对人与茶之间的关系产生影响。因此，要科学合理地饮茶须因人因时因地因茶而异。

◇ 不同茶的不同特性

从中医的角度看，茶性温凉，其药性一般属微寒，偏于平、凉。但是相比较而言，红茶性偏温，对胃的刺激较小，绿茶性偏凉，对肠胃有较大的刺激。而从另一个角度来说，刚炒制出来的新茶，无论是红茶还是绿茶，均有较强的热性，多饮易使人上火，但这种热性只会短时存在，通常放置数周后便消失，相反，陈茶则性趋凉，一般是茶越陈性越凉。

从现代科技的角度看，不同的茶叶其化学成分含量则不同。比如，绿茶富含各种儿茶素，而红茶中的儿茶素多已被氧化成茶红素和茶黄素等氧化缩合产物，乌龙茶的情况属红茶和绿茶之间。较为粗老的砖茶，含有较多的茶多糖，这对治疗糖尿病有用，但同时，它们含有太多的氟，饮用时须注意降低氟的摄入量。不同茶叶的咖啡碱含量也会有较大的差别，甚至有脱咖啡因茶的产品，而不同的人群在不同饮茶时间对咖啡碱的敏感度都不同，咖啡碱是合理饮茶必须考虑的重要因素之一。

◇ 不同季节与茶类选择

季节与气候是关系人们生活方式的重要因素，要根据一年四季气候的变化来选择不同属性的茶。夏日炎炎，宜饮绿茶，其性凉，饮上一杯清凉的绿茶，可驱散身上的暑气，解渴消暑。冬日严寒，饮一杯味甘性温的红茶，或者发酵程度较重的乌龙茶，可生热暖胃。所以，在中国有"夏饮龙井，冬饮乌龙"之说。春日，伴随严冬的退去，气候开始转暖，但是雨水较多、湿度大，此时若饮些香气馥郁的花茶，既能去寒邪，又利于理郁，促使人体阳刚之气的回升。这样安排四季的饮茶，可有效提高茶叶对人体健康的功效。

◇ 不同食物结构与茶类选择

我国西藏和内蒙古等边疆少数民族地区喜欢饮用砖茶，这与他们的食物结构和历史文化背景都有关联。他们长时间将牛、羊、马的肉和奶作为主食，又缺乏新鲜蔬菜，身体所需的许多维生素均来自茶叶，茶中的许多其他成分对他们的保健和营养效用也很大。因此，茶成了这些少数民族日常生活的必需品，他们"宁可三日无粮，不可一日无茶"。至于为何选用砖茶，主要是由于砖茶长途运输方便，价格相对较低，适合在茶壶内慢慢熬煮，又契合惯饮酥油茶的习惯。

在英国，奶的消费极为普遍，而且有喝奶茶的传统习惯。在所有茶类中，红茶加奶后无论是外观品质还是香气或滋味都比较协调，因此，加奶调配的茶以红茶为优。我国边疆牧区也有饮用奶茶的习惯，选用黑茶（砖茶）比较适合。

◇ 不同体质与茶类选择

人的体质不同，对茶的要求也会不同，因此选茶要因人而异。一般而言，初次饮茶、偶尔饮茶或喜欢清淡茶味的人，最好是选择高级名优绿茶，例如西

湖龙井和黄山毛峰等；倘若平时要求茶味浓醇者，则选用炒青类茶叶为好，如珍眉和珠茶等；如果平日畏寒，那么选择红茶或普洱茶为佳，这两种茶性温，有去寒暖胃之效；如若平时畏热，那么选择绿茶为上，因为绿茶性凉，喝了给人清凉之感。由于绿茶含较多茶多酚，对胃有一定的刺激作用，所以喝了绿茶如感到胃有不适，可以改饮红茶，还可在茶汤中加些牛奶与糖之类的东西。通常年轻人阳气足，内火旺，在夏季可喝些凉茶消暑解渴。但是老年人或体质较弱的人，应尽可能避免喝凉茶，因凉茶性寒，容易损坏体弱者的肺经功能与脾胃功能。体弱者尤其是脾胃虚寒者饮茶以热饮或温饮为好。

◇ 不吃茶渣

铅和镉等重金属元素对人体健康是有害的。因其水溶性很小，所以很大部分都残存于泡过的叶底中，有的人有吃泡过的茶叶的习惯，倘若吃掉这些叶底，

其中的重金属也就进入了人体。还有一些水溶性较小的农药残留物,其情况亦是如此。至于粗老茶(如砖茶),由于这些茶叶含氟量过高,容易因摄入过量的氟而造成氟中毒。因此,应适当缩短砖茶熬煮的时间,如此可以减少氟的浸出量。不过,若是选择原料嫩度较好的茶叶,就不会有氟摄入过量的问题。

◇ 不喝过度冲泡或存放过久的茶汤

不喝冲泡次数过多或存放过久的茶,也是一个具有普遍意义的合理的饮茶习惯。一杯茶经3次冲泡之后,约90%的可溶性成分已被浸出,再冲泡,这时浸出的有效成分已非常有限,而一些对品质或健康不利的物质会浸出较多,从而不利于身体健康。茶叶冲泡后存放过久,一则会产生微生物污染且大量繁殖微生物,尤其是在天气炎热的夏天;另外,长时间的浸泡会使茶叶中的茶多酚、芳香物质、维生素以及蛋白质等物质氧化变质甚至变性。所以,茶叶是现泡现饮为好。

◇ 适合的饮茶温度

尽管现今的饮茶方式已有多种,但多半还是传统的开水泡饮的方式。以开水泡好茶,在什么温度下饮用为好?这个问题十分重要,却又常被人忽视。首先,要避免烫饮,也就是不要在水温较高的情况下边吹边饮。过高的水温不但会损伤口腔、咽喉及食管黏膜,长时间的高温刺激还是诱发口腔和食管肿瘤的一个因素。其次,对于冷饮则要看具体情况。老人及脾胃虚寒者,应忌饮冷茶,因茶叶本身性偏寒,加上冷饮其寒性得以增强,这会对脾胃虚寒者产生聚痰及伤脾胃等不良影响,对口腔、咽喉及肠等也会有副作用;对阳气旺盛及脾胃强健的年轻人来说,在暑天,为消暑降温饮凉茶是可以的。总而言之,一般情况下建议热饮或温饮,避免烫饮和冷饮。

◇ 适合的饮茶时间

饮茶效果的好坏在极大程度上取决于对饮茶时间的把握。饭前半小时内不宜饮茶,以免茶叶中的酚类化合物等与食物的营养成分产生不良反应;饭后不宜立即饮茶,通常可把饮茶时间安排在饭后1小时左右;临睡前也不应喝茶,以免茶叶中的咖啡碱令人兴奋,且摄入过多水分引起夜间多尿,从而影响睡眠。

何时饮茶也不能一概而论。一般是为解渴而饮茶,渴了便饮,不必刻意。倘若是在进食过多肥腻食物后立即饮茶也是可以的,这样可以促进脂肪排泄、解除酒毒以及消除胀饱不适等。有口臭和爱吃辛辣食物的人,在与人交谈前如先喝一杯茶,可减轻口臭。嗜烟的人,如在抽烟的同时喝茶,即可减轻尼古丁对人体的侵害。观看电视时也可饮茶,这对消除电视荧屏辐射及保护视力有一定作用。脑力劳动者在工作时饮茶,能提神保健,且利于提高工作效率。清晨起床洗漱后喝上一杯茶,不应过浓,可有助洗涤肠胃,对健康也是有帮助的。

◇ 适量饮茶

饮茶好处虽多,但也应当适量。饮茶过量,尤其是过度饮浓茶,非常不

利于健康。由于茶中的生物碱会令中枢神经过于兴奋,心跳加速,加重心和肾的负担,夜晚还会影响睡眠;过高浓度的咖啡碱和多酚类等物质对肠胃的刺激强烈,将抑制胃液分泌,不利于消化。依据人体对茶叶中的营养成分和药效成分的合理需求来判断,并考虑到人体对水的需求,成年人应以每天泡饮干茶5～15克为宜。茶的用水总量可限制在200～800毫升。这是对一般人每日用茶总量的建议,具体还须考虑到人的年龄、饮茶习惯、健康状况和所处生活环境等因素。

◇ 特殊人群和特殊时期的饮茶

神经衰弱者:此类人不宜在临睡前饮茶,而早晨和上午应适当饮茶,既可以补充营养,又有助振奋精神。

脾胃虚寒者:脾胃虚寒者不宜饮浓茶,特别是不应饮绿茶。可以用些性温的茶类,如红茶和普洱茶等。

肥胖症者:对于有肥胖症的人而言,饮各类茶均可。由于茶叶中的咖啡碱、黄烷醇类和维生素等类化合物,可促使脂肪氧化,从而去除体内多余脂肪。根据实际经验,喝乌龙茶、沱茶、普洱茶和砖茶等,更有助于降脂减肥。

处于"三期"的妇女:处于"三期"(经期、孕期和产期)的妇女以少饮茶为好,或只饮淡茶和脱咖啡因茶等。茶叶中的茶多酚会对铁离子产生络合作用,使铁离子失去活性,这样易使处于"三期"的妇女出现贫血症。茶叶中的咖啡因对神经和心血管都会产生一定的刺激,这对处于"三期"的妇女本人身体的恢复以及婴儿的生长都有不好的影响。

儿童小孩:为防治龋齿可适当饮茶,但是不要饮浓茶,也不要在晚上饮茶。建议饭后以茶水漱口,这样对清洁口腔和防治龋齿有良好效果。用来漱口的茶水可以浓一些。

四季茶饮

按照我国传统医药学的说法,茶叶因品种、产地的不同,便有寒温甘苦等茶性的不同,对人体的功效作用也各异。为了取得更佳的保健效果,人们春、夏、秋、冬四季饮茶,要根据茶叶的性能功效,随季节变化选择不同的品种为宜,以益于健康。

⊙ 春季茶饮

"春三月,此谓发陈,天地俱生,万物以荣"(《素问·四气调神大论》)。春天风和日暖,阳气升发,万物生机盎然,人体皮肤毛孔逐渐空疏,机体处于舒展放松的状态,五脏六腑功能活跃,新陈代谢旺盛,"春气通肝",因此可适当饮用疏肝泄风、发散升提之品,以助宣发阳气。但不宜过酸而宜增加辛甘之味,"省酸增甘,以养脾气",避免过分亢盛的肝气。此季节多感冒,因此可饮用花茶、菊花茶、薄荷茶、柴胡茶、防风茶等类茶饮。

◇ 花茶

花茶性温,春饮花茶可以散发漫漫冬季积郁于人体之内的寒气,促进人体阳气生发。花茶香气浓烈,香而不浮,爽而不浊,令人精神振奋,消除春困,提高人体功能效率。

◇ 甘蔗红茶

红茶5克,甘蔗500克(削去皮,切碎)。加水适量共煎汤,代茶频饮之。可以清热生津,醒酒和胃。适用于春季气候干燥,咽干口渴,喉痒咳嗽,过食肥腻等。

◇ 菊花绿茶

春季喝什么茶好,绿茶与菊花肯定是少不了的。绿茶5克,菊花12克,白糖30克。煎水代茶饮,每天1剂。可以清热解毒,宁神明目。适用于春季忽冷忽热,气候干燥,肝火目赤头痛,

酒醉不适，并预防感冒。

◇ 葱白姜汁茶

茶叶1把，生姜汁1匙，葱白适量。将大葱葱白砸扁切细，放锅内加水烧开，放入茶叶，倒入生姜汁，混合均匀，即可趁热饮用。每日1剂。如饮后就寝，一觉醒来便觉病情减，体力大增。可以温通阳气，清利头目，消食下气。适宜于春季保健养生。治疗感冒疗效极佳。

◇ 绿豆冰糖茶

绿茶5克，绿豆50克（捣烂），冰糖15克。以沸水冲泡，盖浸20分钟服饮。可以清热解毒。防治流行性感冒，并医治咽痛热症咳嗽病。适宜于春季保健颐生。

◇ 枸杞茶

取枸杞10克，加热水冲泡即可。枸杞茶能滋肾、养肝、润肺、明目、强壮筋骨，改善疲劳。适于肝肾亏虚、病后体虚、老年体衰者饮用。对长期使用计算机而引起的眼睛疲劳尤为适宜。

◇ 金银花茶

取金银花10克，沸水冲泡即可。此茶清热解毒，疏利咽喉，可治疗病毒性感冒、急慢性扁桃体炎、牙周炎等病。对喉咙肿痛、感冒患者均有效。

◇ 决明子茶

取决明子20克，以文火炒黄，加沸水冲泡，饮用即可。决明子茶能祛风，清肝明目，润肠通便。对虚火上炎、头痛、大便燥结的患者更加有效。

◇ 菊花茶

菊花有清肝明目作用，对眼睛劳损、头痛、高血压等均有一定作用。每天午餐后，用五六朵杭菊花冲泡，连续饮用3个月即可见效。冲泡时加少许蜂蜜，口感更好。

◇ 柠檬茶

这种茶能顺气化痰，消除疲劳，减轻头痛。而其做法也非常简单，切新鲜柠檬两至三片，加1克的盐，再用热开水冲泡。此茶要趁热饮，冷了味道会变苦。饭前饭后均可，不伤肠胃。

茶／与／健／康

⊙ 夏季茶饮

"夏三月，此为蕃秀，天地气交，万物华实"（《素问·四气调神大论》）。夏天阳气旺盛，气候炎热，是自然界万物生长最为茂盛的季节。人体新陈代谢亢盛，被暑热所蒸，汗失过多，易于耗伤气阴。因此宜饮用益气生津的生脉茶、白术茶、茯苓茶、黄芪茶、芦根茶、玉竹茶等类茶饮。"夏气通心"，还可饮用绿茶、竹叶茶、荷叶茶、生地茶、麦冬茶、栀子茶等清心生津类茶饮。夏季中的长夏，湿气较重，与暑热交蒸，脾胃易伤，此时可选择绿茶、茯苓茶、藿香茶、佩兰茶等清暑化湿类茶饮。

◇ 绿茶

绿茶味略苦性寒，具有消热、消暑、解毒、去火、降燥、止渴、生津、强心提神的功能。绿茶绿叶绿汤，清鲜爽口，滋味甘香并略带苦寒味，富含维生素、氨基酸、矿物质等营养成分，饮之既有消暑解热之功，又具增添营养之效。

◇ 麦冬茶

取麦冬、党参、北沙参、玉竹各9克，知母、乌梅、甘草各6克，研成粗末，加绿茶末50克，煎茶水1000毫升，冷却后当茶喝。本茶适用于糖尿病患者夏季防暑饮用。

◇ 麦芽山楂茶

焦麦芽50克，焦山楂15克，加水5杯浸泡半小时，煎汤服用。本茶适宜于纳差、便溏或成人高血脂，小儿食积也可饮用，但哺乳期妇女不宜服用，因麦芽有轻度回乳作用。

◇ 双花茶

金银花15克，白菊花10克，用开水冲泡代茶饮。本茶有清热解毒，祛暑消炎的功效，适用于流行性感冒、烦躁不安、急性肠炎等。

◇ 百合大枣茶

百合干品20克（或鲜百合50克），浸泡4小时，煮沸后加入大枣20枚，白糖少许，同煎备服。本茶养阴润肺，安心宁神，适宜于肺胃阴虚，口渴唇燥，失眠或干咳不止，对病后余热未清或痛风患者尤宜。

◇ 苦瓜解暑茶

将苦瓜上端切开，挖去瓜瓤，装入绿茶，把瓜挂于通风处阴干，取下洗净，

连同茶切碎、混匀,取10克放入杯中,以沸水冲沏,闷半小时,可频频饮用。本茶有清热解暑除烦之功效,适用于中暑发热、口渴烦躁、小便不利等。

◇ 菊花龙井茶

菊花10克,龙井茶5克,和匀放茶杯内,冲入开水,加盖泡10分钟后饮服。本茶有疏散风热、清肝明目的功效,对早期高血压、风热头痛、结膜炎等症有辅助治疗作用。

⊙ 秋季茶饮

"秋三月,此谓容平,天气以急,地气以明"(《素问·四气调神大论》)。秋天气候由热转凉,秋高气爽,气候多干燥,万物渐趋凋谢。人体受外界影响,在暑热所耗的阴津尚未复之际,又受秋燥耗伤,常出现肺燥津伤咳嗽等病症。"秋气通肺",故宜饮用润肺养阴的银耳茶、梨子茶、沙参茶、杏仁茶、乌龙茶等类茶饮。

◇ 青茶

青茶性适中,介于红、绿茶之间,不寒不热,适合秋天气候,常饮能润肤、益肺、生津、润喉,有效清除体内余热,恢复津液,对金秋保健大有好处。青茶汤色金黄,外形肥壮均匀,紧结卷曲,色泽绿润,内质馥郁,其味爽口回甘。

◇ 苏叶茶

具体做法是选取生姜、苏叶各3克,将生姜切成细丝,苏叶洗干净,用开水冲泡 10 分钟代茶饮用。每天喝 2 次，上下午各温服 1 次。

◇ 萝卜茶

选用白萝卜 100 克，茶叶 5 克，先将白萝卜洗净切片煮烂，稍微加点食盐调味，再将茶叶冲泡 5 分钟后倒入萝卜汁内服用，每天 2 次。此茶能清肺热，化痰湿，加少许食盐既可调味，又可清肺消炎。

◇ 银耳茶

选用银耳 20 克，茶叶 5 克，冰糖 20 克。先将银耳洗净加水与冰糖炖熟，再将茶叶泡 5 分钟后加入银耳汤里，搅拌均匀服用。此茶有滋阴降火、润肺止咳的功效，特别适用于阴虚咳嗽。

◇ 桂花茶

选用桂花 3 克，红茶 1 克或绿茶 3 克，用沸水适量冲泡，盖闷 10 分钟后便可随时饮用。此茶适用于口臭、风火牙痛、胃热牙痛及龋齿牙痛等。

◇ 苦瓜茶

把苦瓜去瓤装入绿茶，挂在通风处阴干，饮用时切碎苦瓜后取 10 克用沸水冲泡即可。此茶有利尿等功效。

◇ 玫瑰薄荷茶

玫瑰花干花蕾 4～5 颗，薄荷少量。将干玫瑰花与薄荷一同放入杯中，倒入热水加盖 10～15 分钟，待凉后饮用提神效果更佳。玫瑰花具有活血化瘀、舒缓情绪的作用，薄荷可驱除疲劳，使人感觉焕然一新，并且玫瑰花的甘甜纯香可以冲淡薄荷的苦涩味，一举两得。

◇ 菊花茶

菊花适量，滚水冲泡饮用。菊花茶是最好的选择，可以起到清肺去火的效果。秋天是菊花收成的季节，在秋季不仅能喝上新鲜美味的菊花茶，菊花茶还可以滋补肝肾之阴、清肝明目、治疗头痛眼痛眼花等症状。

⊙ 冬季茶饮

"冬三月，此谓闭藏，水冰地坼"（《素问·四气调神大论》）。冬天阳气闭蒙，阴气聚盛，自然界万物凋谢，寒风凛冽，人体新陈代谢缓慢，精气内藏。"冬气通肾"，在这个季节中就应注意选择饮用红茶、枸杞茶、熟地茶、山茱萸茶、菟丝子茶、冬虫夏草茶、肉桂茶等温热助阳、补肾填精类的茶饮。

◇ 红茶、黑茶

红茶性味甘温，含有丰富的蛋白质，冬季饮之，可补益身体，善蓄阳气，生热暖腹，从而增强人体对冬季气候的适应能力。红茶也含有丰富的蛋白质，能

够强身补体。红茶干茶呈黑色，泡出后叶红汤红，醇厚甘温，可加奶、糖，芳香不改。此外，冬季人们的食欲增加，进食油腻食品增多，饮用红茶还可去油腻、开胃口、助养生，使人体更好地顺应自然环境的变化。黑茶则有近乎红茶之效。

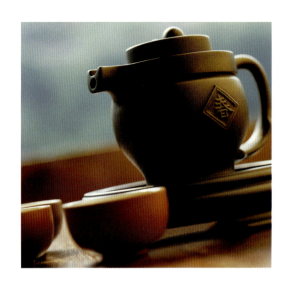

◇ 玫瑰绿茶

将1茶匙玫瑰花瓣，加2茶匙绿茶，加入热开水冲泡。玫瑰花含丰富的维生素A、B、C、E、K，以及单宁酸，能改善内分泌失调，对消除疲劳和伤口愈合也有帮助。调气血，调理女性生理问题，促进血液循环，美容，调经，利尿，缓和肠胃神经，防皱纹。

◇ 大枣生姜茶

大枣、生姜和红茶叶用沸水冲泡5分钟，加红糖即成。本方可以改善手脚发凉的症状。大枣性味甘温，具有补中益气，养血安神的作用，生姜性味辛温，具有温中止呕，解表散寒的作用。二者合用，可充分发挥姜辛温而行，枣甘温而补之意，共同促进气血的流通，全身的血液循环也就得到了相应的改善，手脚自然也就随之温暖起来。此外，大枣生姜汤中的红糖，也具有补中、养血、活血的作用。

◇ 菊花枸杞茶

干菊花、枸杞各适量，将菊花以热水冲泡，加入枸杞,静待1分钟即可饮用。本方适用于长期对着电脑工作，且减重者。菊花有疏风清热，解毒明目的作用。枸杞能养阴补血，益精明目。现代研究证明，枸杞有降低血糖的作用，能降低血中胆固醇,阻止动脉粥样硬化的形成。

◇ 补气生津茶

红枣3个，西洋参3片，麦冬2克，五味子0.3克。用200毫升的开水冲泡10分钟，补气生津。麦冬和五味子起润肺润燥生津作用，西洋参补气清热养阴。适于需要经常忙碌工作和经常说话的人群。

◇ 杞菊参茶

西洋参3片，高丽参1片，枸杞1克，菊花3朵，200毫升的开水冲泡十分钟。养肝明目补气。高丽参属温性，西洋参属凉性。温凉互补，恰到好处。经常面对电子产品工作，眼睛干涩的现代职场男女。

◇ 双参红枣茶

人参、丹参各3克，红枣5个。冲泡稍微复杂，在保温杯中用热开水冲泡后拧紧杯盖，第二天早上起床时喝，也可以接着泡。健脑通脉抗衰老，预防老年失智症。人参大补健气，丹参活血祛瘀，红枣健脾养胃。适宜经常体弱气促，精神不振的人群。

◇ 强身免疫茶

黄芪5克，大枣3个，枸杞4克，何首乌与绞股蓝各3克。200毫升的开水冲泡十分钟。益气健脾，有预防疾病之功效。在流行性感冒盛行的季节时食用最好，比如秋冬交际天气变化较大的时候。

◇ 活血补身养生茶

黑豆100克，苏木10克，红糖适量，清水700毫升。将黑豆用清水洗一下，沥干水分后备用。在锅中加入适量清水、苏木和黑豆，将黑豆煮熟后取出苏木和黑豆。之后再加入适量红糖，将其搅拌融化后即可食用。在经期后期或经血量少时引用这道茶，可以呵护虚弱的身体。黑豆可抗击衰老，在《本草纲目》中记载到黑豆对延缓衰老，治疗腰膝疼痛很有效果。另外，想补肾、乌发的女性也

可以经常饮用这道茶。黑豆的营养价值与黄豆不分上下，药用价值高于黄豆。适宜肾虚阳亏的人群。

花草茶

花草茶，是由欧洲传过来的。一般我们所谓的花草茶，特指那些不含茶叶成分的香草类饮品，所以花草茶其实是不含"茶叶"的成分。草本植物因其香味、刺激性或其他好处而将整株或部分干燥后利用，包括根、茎、皮、花、枝、果实、种子、叶等，都可以称为花草，它的成长期较木本植物短，且方便取用，用途可以说是千变万化，大部分是用在美容护肤、美体瘦身、保健养生的功用等方面。在崇尚绿色、环保的今天，花草茶已成为人们"回归自然，享受健康"的好茶。

⊙ 认识花草茶

◇ 选择适合自己的香草茶

虽然大多数花草茶都有理气、疏肝、开胃的作用，但不同的花草茶功效各异。像月季花、红花茶有活血的作用，怀孕的妇女就不能喝。而海棠花、野菊花茶比较寒凉，脾胃虚弱的人也不宜饮用。因此，大家在挑选花草茶时不能只重外观，一定要了解清楚花草茶的功效。

牡丹花：养血和肝，散郁祛瘀，适用于面部黄褐斑，皮肤衰老，常饮可使气血充沛，容颜红润，精神饱满。饮用方法：取牡丹花3克，沸水冲泡，代茶常饮，可调入冰糖或绿茶同饮。

康乃馨：纯天然康乃馨产于云南高寒地区，海拔3000米以上，无任何杂质感染。具有健脾补肺，固肾益精，治虚劳、咳嗽、消渴等功能。是馈赠亲友的好补品。

百合花：含有人体所需的多种维生素、矿物质及铁、钙等微量元素，具有极高的药用价值。百合花性微寒平，味甘微苦，能清凉润肺，祛火安神，实属炎炎夏日饮品之首选。

胖大海：苦寒入肺，能清肺热，利咽喉，对急、慢性支气管炎、咳嗽、咽喉肿痛、扁桃体炎有很好的效果，是发声的最佳保健品。

金莲花：产于中国北方深山老林，是纯天然草本植物的花，无任何污染。能养颜，清热解毒，消炎通便，养肝明目，益肾利尿，抗病毒，增强机体免疫功能，防治人体呼吸系统、消化系统等疾病，是独特的纯天然保健饮品。用法：每次1到2朵，用开水冲饮，汤色泽金黄艳丽，回味甘醇，口感和功效优于贡菊和杭白菊。

田七花：降血压、血脂，减肥，防癌，治咽喉炎等。能生津止渴，提神补气，提高心肌供养能力，增强机体免疫能力。每次取10至13朵，开水冲泡，可反复浸泡，直到无甘苦味后换用。除此外，还可用10到20朵花浸泡10至20分钟炒肉。

桂花：味甘，性温，开胃，理气，化痰宽胸，芳香辟秽除臭，解毒。适用于口臭，风火，胃胀，火热牙痛，咳嗽痰多，经闭腹痛。

甜叶菊：天然栽培的保健饮品，具有甜度高无糖质的特点。对清热解毒，咽喉疼痛，高血压，糖尿病，肥胖症者具有较好的效果，还有调节功能平衡和内分泌失调的作用。

红巧梅：产于中国西南部边沿地区，为历代宫廷饮用必备贡品，产量极为稀少。它具有调节内分泌紊乱、解胸闷、降火、补血、健脾胃、通经络、消炎、祛斑，特别是治疗内分泌紊乱引起的黄褐斑、暗疮有明显疗效，还能外用于防皮肤皲裂。饮用它能使得皮肤白嫩红润，是理想上佳的饮用品。

玫瑰花：玫瑰美容花茶是新一代美容茶，它对雀斑、皱纹有明显的消除作用，同时还具有养颜消炎润喉的作用。放入水中，浮在水面，如同玫瑰绽放，能观能饮，口感细腻，香气高雅，是美容、保健的最佳选择。

迷迭香：增强记忆力，提神，调理贫血，可祛斑，减少皱纹，强化肝及心脏功能。

勿忘我：美白皮肤，清肝明目，滋阴补肾。并能促进机体新生代谢，延缓细胞衰老，提高免疫力。

紫罗兰：具有滋润皮肤，除皱消斑的作用。不但适合爱美人士饮用，同时对喉咙痛、支气管炎、便秘、清除口腔异味也有极佳疗效（与薰衣草搭配饮用，效果更佳）。

红雪茶：产于东北长白山海拔1800米以上的高山雪地，天然野生，珍稀罕

见，口感纯正，带阴香。具有清心开窍，降低血压、胆固醇，软化血管的作用。用于高血压、肥胖症、神衰体弱等症状，是食疗的理想佳品。

薰衣草：纾解压力，松弛神经，帮助入眠。

茉莉花：可调肠胃不适、胃痛、理气，用于头晕，安神。

红花：活血通经，祛瘀止痛。

绞股蓝：生津止渴，祛病强身，调理内分泌。能清热解毒，平肝明目，降脂减肥，抗癌防癌，降血压，抗衰老等。

竹叶青：纯野生植物，生长于青岛山的山崖石缝之中。每逢春天，条细叶嫩，经精工制作，即成上等保健饮品茶。其内含皂花，糖类及维生素A、C，有清热毒、消炎、利尿等药效作用。

金银花：清热解毒，凉血止痢，降血降火，消炎利膈。

泻叶茶：润肠通便，润肺养肾，降血压，减肥。

柠檬茶：抗病，消炎，提高身体免疫力，生津止渴，祛暑，安胎理气。能开胃，滋阴养血，化痰止咳，对治疗气喘腹泻有良效。

决明子：清肝，明目，利水，通便，治风热赤眼，高血压，肝炎，肝硬腹水，习惯性便秘等。

玫瑰茄：具有清热解暑、养颜、消斑、解酒等功效。

月季花：活血调经，解毒消肿，养颜美容、治月经不调、经来腹痛、跌打疼痛。

山茶花：凉血，散瘀，消肿，解渴。

黄山贡菊：具有散风热，平肝明目的作用。对风热感冒，头昏目眩、齿龈肿痛及高血压均有良好疗效。

美容花：具有养颜，消炎，润喉之特效。

桃花：利水，活血，通便，通经。

腊梅：解暑，生津，除胸闷烦躁。

冰山雪莲：养肝，疏肝，能和胃化痰。

白玉兰：消炎，益肺补气、花蜜优良。

野菊花：疏散风热，平肝明目，清热解毒。

辛夷花：治感冒头痛，避寒流鼻涕和过敏性鼻炎，风寒关节痛等。

玉蝴蝶：清肺热，利咽喉，对慢性支气管炎、咳嗽、咽喉肿痛、扁桃体炎有很好的疗效。

金盏菊：具有止痛促进伤口愈合的功效，有助于治疗胃痛、胃溃疡，但孕妇不宜使用。

康仙花：有清心定热，活血化瘀，祛湿清心的功效。对面部色斑，心火亢盛，心烦，口渴等症具有疗效。

千日红：清热息风，保肝潜阳，明目止痛，解毒消肿。

七彩菊：疏散风热，平肝明目，清热解毒。

人参花：大补元气，补脾益肺，宁神益智，生津止渴。

玉美人：清肝胆热，解毒，目赤头痛，咽喉炎。

迎春花：能清热解毒，清心明目，滋阴补肾，美容养颜，补血养血，延缓衰老，抗病毒，抗癌。

薄荷叶：清凉，祛火，有明目安神止渴功效。

甘草：清热解毒，润肺缓急，祛痰止嗽，调和诸药。

山楂：健胃消食，行瘀。

饮用建议：可加冰糖、白糖、蜂蜜、果酱、金橘干、干话梅、果汁、新鲜果粒。也可和传统茶叶一起泡饮。

◇ 花草茶的选购

市面上贩售的花草茶原料，绝大部分由欧美进口，普遍采用罐装花草茶或袋装花草茶，内容以单一花草茶原料居多，也有以数种花草及果粒复合的。

注意花草茶新鲜度：由于在花草的干燥制作过程中，要尽量保留住花草茶的原始色泽和完整形态；所以透过目视花草茶外形与颜色，即可初步判断花草茶的新鲜度。接着，再嗅嗅花草茶是否自然透出干爽的清香，或拈取少许花草茶搓揉以观察其干松程度，凡是绵软、色灰、味霉的，即可知是劣质货。当然，冲泡来试喝花草茶最为可靠，也更能进一步鉴别品质的好坏。

少量购买花草茶：即使是经常饮用花草茶的人，一次的花草茶购买量也不宜过多，以半年内能饮用完的花草茶量较为适宜。对于偶而饮之的人，则宜选择小包装花草茶。

注意花草茶包装：选购时除了检查包装是否完整无破损外，还应留心花草茶包装上的制造日期或保存期限，出品一年以上或保存期将满的花草茶，风味难免丧失，不宜购买。

依个人喜好及需求：各种花草茶的色香味有别，对各人的效果也不尽相同，初步接触花草茶者应向店家多询问各种产品的风味及药理功能，并要求试饮，以确定符合自己的口味，而能在适合的时机享用。

⊙ 花草茶的冲泡方法

在杯中或壶中倒入一些热水，先将茶壶温热，待壶热了之后，再倒出热水。在杯中或壶中放入适量的花草茶，茶量随个人喜欢浓淡决定。

若几种花草混合冲泡，建议可将细碎的种类放在滤茶器中，而大朵或大块的则可以放在外层，因为如果茶材不在水中完全舒展开来，则永远泡不出一杯好茶。如此叶可以让花草在透明的壶中伸展，呈现出不同的视觉效果，又称"茶舞"。

如使用自来水冲泡煮沸后，建议打开茶壶10分钟让水中的先蒸散，并降温至85℃，再倒入冲泡最为适合，如此可避免沸水让茶汁变色、变苦。等待约5分钟后，即可倒出饮用。其他如蒸馏水、

纯净水与滚沸太久的水，因为缺乏矿物质会使茶汁味道不佳，或因其他成分含量太高而出现苦味，不建议用来冲泡花草茶。

⊙ 香草茶的保存与储藏

市面上贩售的花草茶原料，常以玻璃纸袋装，包装上多半密闭性不足，买回后若想保存较久，应该换罐储藏。陶瓷制的茶罐，最能保持干燥花草品质稳定；而装在透明的玻璃或罐内，虽然便于观察是否受潮发霉，但因为阳光能穿透照射，所以最好再将透明罐放入储藏柜中。但无论是何种材质的容器，都必须是密封罐，才能防潮又防虫；而且罐子需先加以清洁、通风，使罐内干燥无异味，再将干燥花草茶放入。不同种类的干燥花草应避免混合存放，因为它们会相互吸收香味，尤其如熏衣草、迷迭香等气味较浓的花草，更容易盖过共置花草的清香。此外，同种类但购买时期不同的也应分别收藏，以免新鲜的芳香加速流失。

将花草茶原料放在冰箱内，或与气味强烈的物品并列，都是大忌，因为容易吸收异味，混淆原有的芳香；而放在阳光直照之处，短期内就会褪色变质。阴暗、干燥、通风的地方才最理想。

依照上述正确方式，通常可保存1～2年，不过放得愈久，干燥原料的色泽与香味便日趋衰退。原则上，在买回后3个月内享用，最能品尝其新鲜的清香风味。

⊙ 单方花草茶

◇ 牡丹花茶

牡丹，别名木芍药、洛阳花、谷雨花、百雨金、鼠姑、鹿韭等。属毛茛科多年生落叶灌木，与芍药同科。又有富贵花和"花中之王"之美称。据中国科学院等单位对牡丹花瓣和花粉的化学测定结果表明，牡丹的花瓣和花粉中含有多种有益于人体的营养物质。含有13种氨基酸中有8种为人体所需，且用牡丹花制作饮食，有丰富的营养。牡丹的根茎叶花（花瓣、花粉）和种子中含有16

种氨基酸和近20种微量元素，具有防癌、抗癌和降血脂作用。

【功用】养血和肝、散郁祛瘀，适用于面部黄褐斑、皮肤衰老，常饮可使气血充沛、容颜红润、精神饱满。能减轻生理疼痛，降低血压，对改善贫血及养颜美容有助益。可镇痛、止咳、止泄、促进血液循环，防止高血压等。

【茶色口感】茶色淡粉，入口微甘。

【冲泡方法】沸水冲泡，加蜂蜜或冰糖，焖泡五分钟即可饮用。适宜搭配玫瑰花、绿茶等饮用。

【性味归经】性寒，味辛。

【宜忌】脾胃虚寒者不宜多饮。

【贮藏】避光、防潮，置阴凉干燥处。

◇ 菩提叶

植物学名是椴树，原产地中海沿岸。菩提树在夏天开米黄色的小花，由于含有特殊的挥发性油，香味十分清远。此外，菩提子花适合用来做药草浴，不但能消除疲劳，还可以消除黑斑皱纹。菩提叶茶具有安神镇静，改善睡眠的效果，能让你在这个烦躁不安、精神紧张的世界安然入睡。所以你不妨在晚饭后来一杯菩提茶，在缓解一天工作压力的同时，还可以提高睡眠质量，降低血脂，预防动脉硬化，促进新陈代谢。菩提茶还可以使小便顺畅以及促进新陈代谢，帮助消化及维持消化道功能，可当成日常健美茶饮用。

【功用】静心安神、消食通便、减肥瘦身、降血脂、消除黑斑皱纹、防动脉硬化、促进新陈代谢、改善睡眠质量、缓解疲劳压力等。

【茶色口感】茶色金黄，香味芬芳浓郁，滋味甘甜。

【冲泡方法】沸水冲泡，焖五分钟即可饮用。加蜂蜜或味道更佳。适宜搭配的花草茶有甘草、洋甘菊等。

【宜忌】孕妇不宜经常饮用。

【贮藏】避光、防潮，置阴凉干燥处。

◇ 红巧梅

红巧梅是千日红的一种，俗称妃子红，花朵十分红艳，历代宫廷作为必备贡品，为西藏高原雪山上的野生苋科植物。产量极为稀少，在科学发达的今天，凝聚了科研人员几十年的心血和艰辛，产量尚未突破100斤/亩。娇艳的淡粉色，味淡有一点点甜，开水冲泡的红巧梅，花型舒展，婀娜多姿，晶莹剔透，观之赏心悦目，饮之身心舒泰，心旷神怡，常饮此茶可延缓衰老。花蕾入药能祛痰，用于止咳平喘，平肝明目。对小儿癫痫，腹胀，惊风，夜啼等均有一定疗效。

【功用】消火祛斑，养颜调经、清肝散结、调节内分泌、调理气血、护肤消斑，促进新陈代谢。常饮能调整内分泌紊乱引起的黄褐斑、肝斑、色斑、暗淡、暗疮，使皮肤光滑富有光泽和弹性。

【茶色口感】茶色淡粉红，香气凛冽，甘甜清爽。

【冲泡方法】沸水冲泡，加蜂蜜或冰糖，焖泡五分钟即可饮用。

【性味归经】性寒，味甘、微苦，归肺、心、胃经。

【宜忌】脾胃虚寒、腹泻者不宜多饮。

【贮藏】避光、防潮，置阴凉干燥处。

◇ 桑叶

桑叶为桑科植物桑的干燥老叶，栽培或野生。全国大部分地区多有生产，尤以长江中下游及四川盆地桑区为多。原植物喜温暖湿润气候，稍耐荫、耐旱，不耐涝，耐贫瘠，对土壤适应性强。味苦、甘，性寒。归肺、肝经。功效疏散风热、清肺润燥、清肝明目。临床上习惯认为经霜者质佳，称"霜桑叶"或"冬桑叶"，饮片名称桑叶、蜜炙桑叶。桑叶茶的多种保健作用：现代医学研究表明，桑叶中含有丰富的钾、钙、铁和维生素C、B_1、B_2、B_3、A和叶酸以及铜、锌等人体所需的微量元素，具有降压、降脂、抗衰老，增加耐力，降低血脂含量、降低胆固醇，抑制肠内有害细菌繁殖和过氧化物产生等独特功效，对人体有着良好的保健作用。

【功用】具有减肥、消疮、祛斑、美容、降血糖、降血脂、延缓衰老的功效。

【茶色口感】茶色碧绿，甘甜爽口。

【冲泡方法】开水冲泡。

【性味归经】苦、微寒。

【贮藏】阴凉干燥处保存。

◇ 勿忘我

中医认为，勿忘我花性味甘、寒，入肝、脾、肾经，有清热解毒、清心明目、养阴补肾之功，适用于肺风粉刺、疔疮疖肿、皮肤粗糙、视物昏花、大便秘结、小便短黄等。药理研究表明，勿忘我花含有丰富的维生素，可排除赘肉，避免皱纹及黑斑的产生，延缓细胞衰老，提高机体免疫能力。特别是对雀斑、粉刺有一定的消除作用，并能美白肌肤，有护肤养颜之功。有护肤养颜、促进新陈代谢，能有效地调节女性的生理问题，是健康女性的的首选饮品。

【功用】具有清热解毒、护肤养颜、美白肌肤、清肝明目，并有促进肌体新陈代谢、延缓衰老、提高免疫力的功效。对雀斑、粉刺有一定的消除作用，能有效的调节女性的生理问题，是健康女性的优选花茶。

【茶色口感】茶色淡紫，气味清香芬芳，口感纯正微苦。

【冲泡方法】沸水冲泡，加蜂蜜或冰糖，焖泡五分钟即可饮用。适宜搭配桂花、玫瑰花、玉兰花、玉蝴蝶、茉莉花、紫罗兰、金盏花、薰衣草、菩提叶等。

【贮藏】避光、防潮，置阴凉干燥处。

◇ 桃花

桃花，属蔷薇科落叶小乔木。桃花是我国传统的园林花木，桃花原产于我国中部及北部，栽培历史悠久，现各地广为种植，其树态优美，枝干扶疏，花朵丰腴，色彩艳丽，为早春重要观花树种。桃的果实是著名的水果；桃核可以榨油；其枝、叶、果、根俱能入药；桃木细密坚硬，可供雕刻用。桃花茶喝起来有淡淡的桃仁味，是一种排毒养颜花茶。

【功用】具有美容养颜，防色斑沉积、利水、活血、通便、凉血解毒、清心润肺等功效。

【茶色口感】茶色粉红，气味清香芬芳，口感纯正微苦。

【冲泡方法】沸水冲泡，加蜂蜜或冰糖，焖泡五分钟即可饮用。

【性味归经】性平，味苦。

【宜忌】孕妇及月经量过多的女子不宜多饮。

【贮藏】避光、防潮，置阴凉干燥处。

◇ 决明子

决明子又名草决明、还瞳子、狗屎豆、假绿豆、马蹄子、千里光，是一种中草药材，为豆科草本植物决明或小决明的成熟种子，全国大部分地区有栽培，主产安徽、江苏、浙江、四川。《神农本经》将决明子列为上品，谓其"主青盲、目淫、肤赤、白膜、眼赤通、泪出，久服益精，轻身"。现代研究表明，决明子除含有糖类、蛋白质、脂肪外，还含甾体化合物、大黄酚、大黄素等，还有人体必需的微量元素铁、锌、锰、铜、镍、钴、钼等。所含大黄素、大黄酸对人体有平喘、利胆、保肝、降压功效，并有一定抗菌、消炎作用。

【功用】清肝明目、益肾补精、润肠通便、宣散风热。

【茶色口感】茶色褐色，气味清淡，口感纯正，微苦。

【冲泡方法】沸水冲泡，加蜂蜜或冰糖，焖泡五分钟即可饮用。

【适宜搭配】枸杞子、菊花、荷叶、炒熟的决明子、玫瑰花。

【性味归经】性微寒，味甘、苦、咸，入肝、肾经。

【宜忌】脾胃虚寒、腹泻、低血压者及孕妇不宜饮用。

【贮藏】避光、防潮，置阴凉干燥处。

◇ 迷迭香

迷迭香别称海洋之露，常绿灌木，株直立、叶灰绿、狭细尖状、叶片发散松树香味，自古即被视为可增强记忆的药草。春夏开淡蓝色小花。迷迭香原产于地中海，属于常绿的灌木，夏天会开出蓝色的小花，看起来好像小水滴般，所以在拉丁文中的意思是"海中之露"的意思。

【功用】可抵御电脑辐射，增强记忆力、消除胃胀、降低胆固醇、促进血液循环、抑制肥胖、改善脱发的现象，有祛痰、抗感染、杀菌之功效。

【茶色口感】茶色淡绿，气味清香芬芳，口感纯正。

【冲泡方法】先倒入沸水，再放入迷迭香，能保有迷迭香的颜色，也比较耐泡，焖泡五分钟即可饮用。适宜搭配：玫瑰花、马鞭草、柠檬草、洋甘菊、菩提子、薄荷、茉莉花等。

【宜忌】孕妇不宜多饮。

◇ 荷叶

荷叶别名"蕸"，处方名：荷叶、莲叶、鲜荷叶、干荷叶、荷叶炭等。为睡莲科植物的叶，夏、秋二季采收。夏季，亦

用鲜叶或初生嫩叶（荷钱），晒至七、八成干时，除去叶柄,折成半圆形或折扇形。荷叶主要成分有荷叶碱、柠檬酸、苹果酸、葡萄糖酸、草酸、琥珀酸及其它抗有丝分裂作用的碱性成分，所以荷叶具有解热、抑菌、解痉作用。经过炮制后的荷叶味苦涩、微咸，性辛凉，具有清暑利湿、升阳发散、祛瘀止血等作用，对多种病症均有一定疗效。现代药理研究表明，荷叶具有降血压、降血脂、减肥的功效。

【功用】具有抑菌解痉、清火清脂通便、健脾祛湿、利水消肿、降血压血脂、凉血止血等功用，用于多种出血症及产后血晕。空腹饮用效果更佳。

【茶色口感】茶色淡绿，气味清香芬芳，微甜中有一种淡淡的青草味。

【冲泡方法】沸水冲泡，加蜂蜜或冰糖，焖泡五分钟即可饮用。

【性味归经】性平，味苦、涩，归心、肝、脾经。

【贮藏】避光、防潮，置阴凉干燥处。

◇ 甜叶菊

甜叶菊又叫甜菊、糖草、甜草，是菊科多年生草本植物，是天然的甘甜植物。甜叶菊全株都有甜味，以叶片最甜，普遍作为甜味料的使用。甜菊叶是一种天然、绿色、保健的功能饮品，具有芬芳、清凉的味道。甜叶菊叶子有很好的药用功效，它能辅助治疗糖尿病、肥胖症，能降血糖、降血压，药性平和，没有副作用。"三高"人群经常饮用甜叶菊茶，有很好的辅助改善效果（不可马上停药，根据病情逐渐减量）。

【功用】调节血压、软化血管、降低血脂、降血糖、尿糖、抑菌止血、镇痛、减肥养颜、养阴生津、帮助消化，促进胰腺和脾胃功能。

【茶色口感】茶色黄绿，有甘草清香芬芳，口感特甜。

【性味归经】甘，寒，肺、胃二经。

【冲泡方法】沸水冲泡，加蜂蜜或冰糖，焖泡5分钟即可饮用。

【贮藏】避光、防潮，置阴凉干燥处。

◇ 柠檬草

柠檬草，也称柠檬香茅，是热带的芳香草，原产于亚洲，印度、斯里兰卡、印尼、非洲等热带地区都有这种药草植物。叶子有很浓的柠檬味，灰色圆锥形的花,整株植物散发出沁人心脾的香味。有健胃、利尿、防止贫血及滋润皮肤，健脾健胃，祛除胃肠胀气、疼痛，帮助消化。具抗菌能力，可治疗霍乱、急性胃肠炎及慢性腹泻，滋润肌肤有助于女性养颜美容之用。减轻感冒症状，可治胃痛、腹痛、头痛、发烧，解除头痛、发热、疱疹等，利尿解毒，消除水肿及多余脂肪。含有大量的维生素C，亦是美容美发的佳品。调节油脂分泌，有益于油性肤质和发质，

可加入水中清洁皮肤，促进血液循环。治疗贫血，改善面色苍白、萎黄、眩晕等；喝剩下的茶汤可泡脚，治疗香港脚或出汗过度的脚。印度的传统医术中视柠檬草为治疗百病的药用植物。柠檬草是东南亚料理的一大特色，尤其有一股柠檬清凉淡爽的香味，适合泰式料理，常见于泰国菜。气味芬芳而且有杀菌抗病毒的作用，从古至今受到医家的推崇。平日饮用，有效预防疾病，增强免疫力，达到有病治病，无病防身的效果。

【功用】补脾健胃，祛除胃肠胀气、疼痛，助消化。具抗菌能力，可治疗霍乱、急性胃肠炎及慢性腹泻。

【冲泡方法】1. 热水冲泡，用热水温热茶壶、茶杯，之后将其沥干。2. 取出3~5克花草茶，装入温过的壶中，缓缓注入500毫升的滚水，花草茶香随之飘散开来。3. 放置约3分钟后饮用。回冲第二次约要7分钟，第三次大约要静置10分钟。4. 将花草茶取出，以免浸泡过久让茶汤变涩，而且适时取出，可以让下次回冲时仍有香气。5. 如果先放入滚水，再放入花草茶，能保有花草茶的颜色，也比较耐泡。

【适宜搭配】玫瑰花、马鞭草、柠檬草、迷迭香等。

【宜忌】孕妇请勿饮用。

◇ 马鞭草

马鞭草，多年生直立草本植物，高可达120厘米，基部木质化，单叶对生，卵形至长卵形，两面被硬毛，下面脉上的毛尤密。顶生或腋生的穗状花序，花蓝紫色，无柄，花萼膜质，筒状，花冠微呈二唇形，花丝极短；子房无毛，果包藏于萼内，小坚果。花果期6~10月。

【功用】活血散瘀，截疟，解毒，利水消肿。用于癥瘕积聚，经闭痛经，疟疾，喉痹，痈肿，水肿，热淋。

【茶色口感】茶色淡绿，气味清香，口感纯正，微苦。

【冲泡方法】沸水冲泡，加蜂蜜或冰糖，焖泡三至五分钟即可饮用。

【性味归经】苦，微寒。归肝、脾经。

【宜忌】月经过多、孕妇忌用。

【贮藏】避光、防潮，置阴凉干燥处。

◇ 洋甘菊

洋甘菊是菊科植物，原产欧洲。洋甘菊、罗马洋甘菊和德国洋甘菊有许多共同的特征：约30厘米高，中心黄色，花瓣白色，略为毛茸茸的叶片。洋甘菊精油也是非常流行的保键和药物制品。洋甘菊有帮助睡眠的功效，缓解病人的发炎和疼痛症状，缓解由神经性皮肤瘙痒引起的失眠。中国也有大量栽培，用以入药和制茶。

【功用】具有清热解毒、清肝明目、活血补血、降血压、调经止痛、润肺滑肠、疏风散热、抗炎消菌、舒缓疲劳、安抚情绪、改善睡眠的功用，漱口可缓解牙痛，冲泡过的茶冰凉包敷眼睛可去除黑眼圈。建议有青春痘、痤疮的女性更应多饮。

【茶色口感】香味芬芳浓郁，滋味微苦带甘。

【冲泡方法】取花蕾3～5个加蜂蜜或冰糖，沸水冲泡，焖5分钟即可饮用。适宜搭配的花茶有玫瑰花、满天星、薄荷、紫罗兰、菩提子、金盏花、迷迭香、桂花、马鞭草等。

【宜忌】低血压、寒性体质者根据自身情况酌量饮用；孕妇不宜常饮用。

【贮藏】避光、防潮，置阴凉干燥处。

◇ 茉莉花

茉莉，直立或攀援灌木，小枝被疏柔毛。果球形，径约1厘米，成熟时紫黑色。花期5～8月，果期7～9月。原产于印度、巴基斯坦，中国早已引种，并广泛地种植。茉莉喜温暖湿润和阳光充足环境，其叶色翠绿，花朵颜色洁白，香气浓郁，是最常见的芳香性盆栽花木。茉莉有着良好的保健和美容功效，可以用来饮食，可用于茉莉花茶的制作。茉莉花是菲律宾、突尼斯、印尼的国花，象征着爱情和友谊。

【功用】具有清热解毒、理气安神、温中和胃、开郁辟秽、强心益肝、振脾健胃、抗菌消炎的功效，舒缓目赤肿痛、迎风流泪、血虚经闭等症状，对口臭、疮疡肿毒，月经失调也有功用。建议女性更应多饮。

【茶色口感】茶色黄绿，香味芬芳清雅，滋味甘中微涩。

【冲泡方法】沸水冲泡，焖五分钟即可饮用。加蜂蜜或冰糖味道更佳。

【性味归经】性温，味辛、甘，主肝、脾、胃经。

【贮藏】避光、防潮，置阴凉干燥处。

◇ 金盏花

金盏花，又名金盏菊，为菊科金盏菊属植物。金盏菊植株矮生，花朵密集，花色鲜艳夺目，花期又长，重瓣、卷瓣和绿心、深紫色花心等。是早春园林和城市中最常见的草本花卉之一。在古代西方作为药用或染料，也可以作为化妆品或食用，其叶和花瓣可以食用，因此可以用作菜肴的装饰。

【功用】清热降火、利尿发汗、清湿热、降血脂，具有缓解疼痛、安神镇

静、调节内分泌、促进消化、抗菌消炎、治疗皮肤病的功效。建议女性多饮用，特别是有青春痘、痤疮的女性更应多饮。

【茶色口感】茶色淡黄，气味清香芬芳，口感纯正，微苦。

【冲泡方法】取本品3~5朵，加蜂蜜或冰糖色，沸水冲泡，焖五分钟即可饮用。

【贮藏】避光、防潮，置阴凉干燥处。

◇ 杜鹃花

杜鹃又名映山红、山石榴，为常绿或平常绿灌木。相传，古有杜鹃鸟，日夜哀鸣而咯血，染红遍山的花朵，因而得名。杜鹃花一般春季开花，每簇花2~6朵，花冠漏斗形，有红、淡红、杏红、雪青、白色等，花色繁茂艳丽。生于海拔500~1200（2500）米的山地疏灌丛或松林下，为中国中南及西南典型的酸性土植物。

【功用】具有清热解毒、消肿止血、养颜护肤、和血调经、祛风湿等功效。

【茶色口感】茶色淡红，气味清香芬芳，口感纯正，微苦。

【冲泡方法】沸水冲泡，斟加蜂蜜或冰糖，焖泡五分钟即可饮用

【贮藏】避光、防潮，置阴凉干燥处。

◇ 菊花

菊花为一年生蔷薇科灌木，品种繁多，生于路旁、山坡、原野，我国大部分地区均有分布。菊花又名：菊华、秋菊、九华、黄花、帝女花、笑靥金，我国古代又称菊花为"节花"和"女华"等。因其花开于晚秋和具有浓香，故有"晚艳"、"冷香"之雅称。

【功用】具有清热解毒、降压、平肝明目之功效，可治痈肿、肺热咳嗽、目赤肿痛、痈肿疔疮、头痛、眩晕、血压亢进、神经性头痛及眼结膜炎等症，对口臭、体臭有特效。建议有青春痘、痤疮的女性更应多饮。

【茶色口感】茶色淡绿，香味芬芳浓郁，滋味甘中微苦。

【冲泡方法】取花蕾2~4个，沸水冲泡，焖五分钟即可饮用。加蜂蜜或冰糖味道更佳。

【性味归经】性微寒，味苦、辛，归肺、肝经。

【宜忌】虚寒体质，平时怕冷，易

手脚发凉的人不宜经常饮用。

【贮藏】避光、防潮,置阴凉干燥处。

◇ 金银花

金银花为忍冬科属常绿援接灌木,我国大部分地区均有分布。金银花又名:银花、双花、二花、二宝花、金藤花、鸳鸯藤、鸳鸯草、鹭鸶花、忍冬等。三月开花,五出,微香,蒂带红色,花初开则色白,经一、二日则色黄,故名金银花。又因为一蒂二花,两条花蕊探在外,成双成对,形影不离,状如雄雌相伴,又似鸳鸯对舞,故有鸳鸯藤之称。

【功用】清热解毒、消肿通络、缓解风热感冒和咽喉肿痛,用于抑制青春痘、热痱子、痈肿疔疮、喉痹、丹毒、热毒血痢。建议有青春痘、痤疮的女性更应多饮。【茶色口感】茶色淡绿,气味清香芬芳,口感纯正,微苦。

【冲泡方法】沸水冲泡,加蜂蜜或冰糖,焖泡五分钟即可饮用。

【性味归经】性寒,味甘、微苦,归肺、心、胃经。

【宜忌】脾胃虚寒、腹泻者不宜多饮。

【贮藏】避光、防潮,置阴凉干燥处。

◇ 康乃馨

康乃馨又名香石竹、狮头石竹、麝香石竹、大花石竹、荷兰石竹。为石竹科、石竹属类植物。康乃馨包括许多变种与杂交种,在温室里几乎可以连续不断开花。1907年,美国费城的贾维斯(Jarvis)首先以粉红色康乃馨作为母亲节的象征,故今常被作为献给母亲的花。它是一种大量种植的石竹科、石竹属多年生植物。通常开重瓣花,花色多样且鲜艳,气味芳香。康乃馨是最受欢迎的切花之一,代表了健康和美好祝愿。

【功用】具有清心除燥、排毒养颜,能改善血液循环,增强肌体新陈代谢,促进乳腺发育、调节女性内分泌功能。

【茶色口感】茶色淡红,气味清香芬芳,口感纯正,微甜。

【冲泡方法】沸水冲泡,斟加蜂蜜或冰糖,焖泡五分钟即可饮用。

【贮藏】避光、防潮,置阴凉干燥处。

【适宜搭配】康乃馨冲泡时适合搭配:勿忘我、紫罗兰、玫瑰王、牡丹花、腊梅花。

◇ 薄荷

薄荷,别名野薄荷、夜息香。多年

生草本植物，多生于山野湿地河旁，根茎横生地下。全株青气芳香，花期7~9月，果期10月。薄荷以全草入药，亦可食用，主要用来提炼薄荷油和薄荷脑，二者是薄荷发挥作用的主要成分，也是区分不同薄荷品种的依据。

【功用】提神解郁、疏热解毒、消炎止痒、防腐去腥，治感冒头痛、咽喉肿痛、目赤、口疮、牙痛、疮疖、瘾疹。日饮3~5杯，饮用后通体舒坦，精力倍增。

【茶色口感】茶色黄绿，茶味辛香，滋味清香略带苦涩。

【冲泡方法】加白糖或冰糖沸水冲泡，焖五分钟即可饮用。

【性味归经】性寒，味辛，归肺、肝经。

【宜忌】发汗耗气，故体虚多汗者，不宜经常饮用；孕妇切勿过量饮用。

【贮藏】避光、防潮，置阴凉干燥处。

◇ 腊梅花

腊梅花为腊梅科植物。腊梅的花蕾干燥，又名雪里花，一般在11月中旬开花直到次年3月左右，花期很长。初春花未开放时采摘，及时低温干燥。干燥花蕾呈圆形、矩形或倒卵形，长1~1.5厘米，宽约0.4~0.8厘米，花被叠合作花芽状，棕黄色，下半部由多数膜质鳞片所包，鳞片黄褐色，略呈三角形，有微毛。气香，味微甜，后苦，稍有油腻感。以花心黄色、完整饱满而未开放者为佳。

【功用】有解暑生津、开胃散郁、解毒生肌、止咳、增强免疫力的效果。主治暑热头晕、呕吐、热病烦渴、气郁胃闷、咳嗽等疾病。民间常用腊梅花煎水给婴儿饮服，有清热排毒的功效。

【茶色口感】茶色粉红，气味清香芬芳，口感纯正。

【冲泡方法】沸水冲泡，加蜂蜜或红糖，焖泡五分钟即可饮用。适宜搭配：苦瓜茶、苦丁茶、雪莲花、玫瑰花、金银花、康乃馨、人参花、雪丽花、纹股蓝茶、香蜂花、柠檬草、灵芝、桂花、桂桂香花、玉兰花、代代花、金盏菊、山茶花、莲花、杜鹃花等。

【性味归经】性温，味甘、辛，归脾、胃经。

【贮藏】避光、防潮,置阴凉干燥处。

◇ 玳玳花

玳玳花,别名回青橙、枳壳花、酸橙花,常绿灌木,枝楞、细长,叶互生,革质,椭圆形,春夏(4~5)月开白花,香气浓郁,果实扁球形,当年冬季为橙红色,翌年夏季又变青,故称:"回青橙",因有果实数代同生一树习性,亦称"公孙桔"。玳玳花是香科常绿灌木,头一年的果实留在树上过冬,次年开花结新果,陈果皮色由黄回青,两代果实同一棵树上,所以叫玳玳。玳玳花略微有点苦,但香气浓郁,闻之令人忘倦。

【功用】清热解毒、疏肝和胃、退热利尿、理气解郁,有祛痰行瘀,散积消痞之功效。主治偏头痛、胸中痞闷、脘腹胀痛、呕吐少食,调节经期不适,强化神经系统,滋润肌肤,还可以减少腹部脂肪,是绝佳美容瘦身饮品。

【茶色口感】茶色银绿,香味芬芳,茶味微苦。

【冲泡方法】沸水冲泡,焖五分钟即可饮用。加冰糖味道更佳。适宜搭配玫瑰花、绿茶。

【性味归经】性温,味甘、苦,归肝、胃经。

【贮藏】避光、防潮,置阴凉干燥处。

◇ 山茶花

山茶花,又名:山茶、茶花、山茶科、山茶属植物属常绿灌木和小乔木。古名海石榴。有玉茗花、耐冬或曼陀罗等别名,又被分为华东山茶、川茶花和晚山茶。茶花的品种极多,是中国传统的观赏花卉,"十大名花"中排名第七,亦是世界名贵花木之一。分布于重庆、浙江、四川、江西及山东;日本、朝鲜半岛也有分布。

【功用】有凉血、止血、散瘀、清肝火、润肺养阴之功效。

【茶色口感】茶色粉红,气味清香芬芳,口感纯正微甜。

【冲泡方法】沸水冲泡,加蜂蜜或冰糖,焖泡五分钟即可饮用。

【性味归经】性平,味甘、苦,主肝、肺经。

【贮藏】避光、防潮,置阴凉干燥处。

◇ 薰衣草

薰衣草又名香水植物,灵香草,香

草,黄香草,拉文德。属唇形科薰衣草属,一种小灌木。茎直立,被星状绒毛,老枝灰褐色,具条状剥落的皮层。叶条形或披针状条形,被或疏或密的灰色星状绒毛,干时灰白色或橄榄绿色,全缘而外卷。轮伞花序在枝顶聚集成间断或近连续的穗状花序;苞片菱状卵形,小苞片不明显;花萼卵状筒形或近筒状;花冠筒直伸,在喉部内被腺状毛。小坚果椭圆形,光滑。原产于地中海沿岸、欧洲各地及大洋洲列岛,后被广泛栽种于英国及南斯拉夫。其叶形花色优美典雅,蓝紫色花序颀长秀丽,是庭院中一种新的多年生耐寒花卉,适宜花径丛植或条植,也可盆栽观赏。

【功用】1.精神疗效:净化心灵。安抚紧张情绪、松弛身心、缓和头痛、恢复沙哑失声、减轻疲劳的感觉。2.身体疗效:改善咳嗽与失眠,降低压脂,镇静心脏,有助于改善呼吸系统、消化系统及妇科问题,经常饮用还可口气清新,对风温及刚出现症状的流感有一定的功效,并可使肌肤更有光泽。3.皮肤疗效:促进细胞再生,平衡油脂分泌,有益于改善烫伤、晒伤、湿疹、干癣、脓疮的皮肤,改善瘢痕,抑制细菌生长,帮助头发生长。建议女性可多饮用,有青春痘、痤疮的女性更应多饮。

【茶色口感】香味芬芳浓郁,滋味甘中微苦。

【冲泡方法】沸水冲泡,焖泡5~10分钟,将茶叶滤出既可饮用。酌加蜂蜜、冰糖或者加其它花草茶味道更佳。

【宜忌】单独冲泡时茶水不宜过浓,与其它花草茶混合冲泡时,以少量为宜;孕妇不宜一次连续饮用。

【贮藏】避光、防潮,置阴凉干燥处。

◇ 玫瑰花

玫瑰,属蔷薇目。蔷薇科落叶灌木,枝杆多针刺,奇数羽状复叶,小叶5~9片,椭圆形,有边刺。花瓣倒卵形,重瓣至半重瓣,花有紫红色、白色等,果期8~9月,扁球形。

【功用】具有柔肝养胃,活血调经,润肠通便,解郁安神之功效,可缓和情绪、平衡内分泌、补血气,对肝及胃有调理的作用,舒缓情绪,并有消炎杀菌、消除疲劳、改善体质、润泽肌肤的功效。建议女性可多饮用。

【茶色口感】茶色粉红,香气芬芳

浓郁，滋味甘中略带清苦。

【冲泡方法】取花蕾3～5朵，沸水冲泡，焖五分钟即可饮用；可边喝边冲，直至色淡无味，即可更换茶。加蜂蜜或冰糖味道更佳。个性饮法：A. 玫瑰花茶配料：茶叶、玫瑰花（茶叶有绿茶、铁观音、碧螺春等为原料加工成的玫瑰花茶）。使用方法：根据个人口味，取适量玫瑰花茶，加入沸水冲泡即可。B. 花果中药一起泡有一个让肌肤细嫩的妙方，就是将大红枣3枚，玫瑰花4朵，枸杞10克，蜂蜜若干，放入杯中，加入开水300毫升，浸泡5分钟后饮用。这种饮用方法可以补充肌肤水分，每天饮用，不但可使皮肤变得越来越光滑细腻，而且可以改善人体的内分泌状况。

【性味归经】性温，味甘微苦，归肝脾经。

【宜忌】口渴、舌红少苔、脉细弦劲之阴虚火旺证者不宜长期、大量饮服，孕妇不宜多次饮用。

【贮藏】避光、防潮，置阴凉干燥处。

◇ 苹果花

苹果属蔷薇科多年生树木，苹果花属茄科、蔷薇科，呈白色喇叭状，是献给公元三世纪时黑海沿岸的宣教师－圣库雷哥力。原产地不明，如今已分布于全世界，特别喜欢生长在温暖的地方。中国大部分地区均有种植，主要产于辽宁、河北、北京、山东、山西、河南、陕西、甘肃、内蒙古、宁夏等地。唐代孙思邈曾说苹果花能"益心气"；元代忽思慧认为能"生津止渴"；清代名医王士雄称有"润肺悦心，生津开胃，醒酒"等功效。

【功用】有补血或舒解神经痛、补血明目、祛痘美白的功效。适宜搭配：1.苹果花＋玫瑰花＋橙花，三种花搭配泡茶，口感独特，可补血活血、调理血气，亦有缓解郁闷，调节内分泌及滋养子宫之效，经常出现经痛的女士不妨多饮。

【茶色口感】茶色淡粉，气味清香芬芳，口感微甘。

【冲泡方法】沸水冲泡，加蜂蜜或冰糖，焖泡五分钟即可饮用。

【贮藏】避光、防潮，置阴凉干燥处。

◇ 百合花

百合，又名强蜀、番韭、山丹、倒仙、重迈、中庭、摩罗、重箱、中逢花、百合蒜、大师傅蒜、蒜脑薯、夜合花等。是百合科百合属多年生草本球根植物，原产于中国，主要分布在亚洲东部、欧洲、北美洲等北半球温带地区，全球已发现有至少120个品种，其中55种产于中国。

近年更有不少经过人工杂交而产生的新品种，如亚洲百合、香水百合、火百合等。鳞茎含丰富淀粉，可食，亦作药用。

【功用】清心安神，润肺止咳，养阴清热，滋补精血；还能减轻胃疼，同时也具有一定的排毒、美容养颜功效。

【茶色口感】茶色粉红，香味芬芳，滋味微甜。

【冲泡方法】沸水冲泡，焖五分钟即可饮用。加冰糖味道更佳。

【性味归经】性微寒、味甘，归心、肺经。

【宜忌】脾胃虚弱者不宜多饮。

【贮藏】避光、防潮，置阴凉干燥处。

◇ 金莲花

金莲花，别名旱荷、旱莲花寒荷、陆地莲、旱地莲、金梅草、金疙瘩，是毛茛科金莲花属的植物。一年生或多年生草本。株高30～100厘米。茎柔软攀附。叶圆形似荷叶，花形近似喇叭，萼筒细长，常见黄、橙、红色。有变种矮金莲，株形紧密低矮，枝叶密生，株高仅达30厘米，极适宜盆栽观赏，花期2～5月。是很好的装饰用花卉，也可构成窗景。

【功用】养颜润肤，清咽润喉，提神醒脑，消食去腻，消炎止咳，调理肠胃、消炎、抗病毒，有清热解毒，治上呼吸道感染、扁桃体炎、咽炎、急性中耳炎、口疮、喉肿等功效。

【茶色口感】茶色金黄，气味清香芬芳，口感微苦。

【冲泡方法】沸水冲泡，加蜂蜜或冰糖，焖泡五分钟即可饮用。适宜搭配：茶叶、玉蝴蝶、枸杞子、甘草、玉竹、西洋参片、莲子芯等。

【性味归经】性凉，味苦。

【宜忌】脾胃虚寒者、孕妇不宜多饮。

【贮藏】避光、防潮，置阴凉干燥处。

复方香草茶

◇ 安神醒脑茶

原料：迷迭香干叶0.2克，甜薰衣草干叶1克，玫瑰干蕾1克，洋甘菊干蕾0.1克，甜叶菊干叶0.1克，90℃热水300～500毫升。

功效：缓解头痛，尤其对女性偏头痛有较好的辅助治疗作用。

◇ 醒脑镇痛茶

原料：柠檬香蜂草干叶1克，香叶天竺葵干叶1克，甜叶菊干叶0.1克，

90℃热水300～500毫升。

功效：缓解头痛、偏头痛。

◇ 抗感冒茶

原料：甜薰衣草干叶0.5克，玫瑰干蕾1克，洋甘菊干蕾0.1克，甜叶菊干叶0.1克，90℃热水300～500毫升。

功效：预防感冒，有效排解感冒初期症状。

◇ 提神减压茶

原料：马郁兰干品1克，香蜂草干叶1克，绿薄荷干叶1克，柠檬草干品2克，90℃热水300毫升。

功效：提振精神，改善忧郁、烦躁等不良情绪。同时可缓解胀气、腹痛等不适感。

◇ 安神镇痛茶

原料：柠檬香蜂草干叶1克，薰衣草干叶1克，90℃的水300～500毫升。

功效：安神镇定，改善失眠症状；调经通经，舒缓女性经期疼痛感。

注意：1.孕妇不宜饮用。

2.低血压患者不宜大量饮用。

◇ 产妇调养茶

原料：普通鼠尾草干叶1克，罗马洋甘菊干蕾0.1克，甜叶菊干叶0.1克，90℃热水300～500毫升。

功效：1.调理产妇内分泌，帮助断奶，舒缓乳房肿胀感。

2.提高女性自体清理子宫能力，预防妇科疾病。

3.调经，舒缓经期综合征。

注意：具有癫痫病史者禁止饮用。

◇ 舒压去痛茶

原料：甜罗勒干叶1克，薰衣草干叶1克，胡椒薄荷干叶1克，马郁兰干叶1克，柠檬马鞭草干叶1克，90℃热水500毫升。

功效：舒缓压力，安抚不安、紧张的情绪，对紧张性头痛也有一定的疗效。

注意：孕妇、哺乳期女性及幼儿不宜饮用。

◇ 润肠通便茶

原料：玫瑰果3～5克，柠檬香蜂草干品1克，柠檬草干品1克，90℃热水300～500毫升。

功效：改善便秘症状，促消化，增强人体免疫力。

◇ 抗过敏茶

原料：茉莉花干蕾1克，柠檬马鞭草干品1克，胡椒薄荷干叶1克，90℃水300毫升。

功效：改善干性、过敏性肌肤，清新提神，消除疲劳，稳定情绪，清热健胃。

◇ 燃脂塑身茶

原料：柠檬草干叶1克，甜牛至干叶1克，玫瑰花干蕾1克，90℃水300～500毫升。

功效：促进脂肪分解，具有减肥功效。

◇ 瘦腿茶

原料：迷迭香干叶0.2克，柠檬马鞭草干叶1克，柠檬草干品1克，90℃热水300～500毫升。

功效：排除身体多余水分，分解摄入的脂肪。

醒酒茶

原料：柠檬草干叶1克，薄荷干叶1克，百里香干叶0.2克，90℃水300～500毫升。

功效：加速体内水分排出，有效缓解酒后不适。

◇ 养肝明目茶

原料：罗马洋甘菊干蕾1克，欧薄荷干叶1克，玫瑰干蕾1克，90℃水300～500毫升。

功效：明目养肝，提振精神，使身体充满活力。

◇ 开胃茶

原料：柠檬草干叶1克，欧薄荷干叶0.2克，洋甘菊干蕾0.1克，迷迭香干叶0.1克，甜叶菊干叶0.1克，90℃的水300～500毫升。

功效：饭前饮用可开胃健脾，增强食欲；饭后饮用，可消脂解腻，促进消化。

注意：孕妇不宜饮用。

◇ 清热健胃茶

原料：柠檬马鞭草干叶1克，欧薄荷干叶1克，茉莉花干蕾1克，90℃的水300～500毫升。

功效：清热解毒，改善消化系统功能；也有改善肌肤过干与过敏的症状。

◇ 排毒养颜茶

原料：柠檬草干叶0.8克，玫瑰干蕾1克，金莲花干蕾0.1克，迷迭香干叶0.1克，90℃的水300～500毫升。

功效：促进血液及淋巴液循环，具有排毒作用；能调气调血，使肌肤红润有光泽。

注意：孕妇不宜饮用。

民族茶

饮茶风俗即茶俗，它是在长期社会生活中，逐渐形成的以茶为主题或以茶为媒体的风俗、习惯、礼仪，是一定社会政治、经济、文化形态的产物。它随着社会形态的演变而消长变化。在不同时代、不同地方、不同民族、不同阶层、不同行业，茶俗的特点和内容不同。以下我们根据各地区不同的少数民族，分别向大家介绍丰富多彩的茶俗。

⊙ 擂茶

擂茶发源于湖南桃源县马石村，又名三生汤，是一种汉族特色食品。主要流传于湖南常德、益阳等地。起于汉盛于明清。擂茶一般都用大米、花生、芝麻、绿豆、食盐、茶叶、山苍子、生姜等为原料，用擂钵捣烂成糊状，冲开水和匀，加上炒米，清香可口的养生茶饮。擂茶在中国华南六省都有分布。保留擂茶古朴习俗的地方有：湖南的桃源、临澧、安化、桃江、益阳、凤凰、常德等地；广东省的揭西、陆河、清远、英德、海丰、汕尾、惠来、五华等地；江西省的赣县、石城、兴国、于都、瑞金等地；福建省的将乐、泰宁、宁化等地；广西的贺州黄姚、公会、八步等地；台湾的新竹、苗栗等地。

另外，在江西省丰城市下辖的荷湖、罗山、蕉坑、洛市、秀市等地（即当地所称的河东地区），也有擂茶的习俗，不过至今不清楚其流传的开始时间。其制作方法比客家人的擂茶简略了许多。

⊙ 器具

"擂"茶的用具是擂棍和擂钵。前者取一根粗的樟、楠、枫、茶等可食杂木，长短65～130厘米不等，直径约6厘米，上端刻环沟系绳悬挂，下端刨圆便于擂转；后者乃内壁布满辐射状沟纹而形成细牙的特制陶盆，有大有小，呈倒圆台状。

⊙ 原料

擂茶的基本原料是茶叶、米、芝麻、黄豆、花生、盐及桔皮，有时也加些青草药。茶叶其实不全是茶叶，除采用老茶树叶外，更多的是采摘许多野生植物的嫩叶，如清明前的山梨叶、大青叶（不分季节）、中药称淮山的雪薯叶等等，不下十余种。经洗净、焖煮、发酵、晒干等工序而大量制备，常年取用。加用药草则随季节气候不同而有所变换，如春夏温热，常用艾叶、薄荷、细叶金钱、斑笋菜等鲜草；秋季风燥，多选金盏菊或白菊花；冬天寒冷，可用竹叶椒或肉桂。

⊙ 制作

原料备好，同置钵中。一般是坐姿操作，左手协助或仅用双腿夹住擂钵，右手或双手紧握擂持，以其圆端沿擂钵内壁成圆周频频擂转，直到原料擂成酱状茶泥，冲入滚水，撒些碎葱，便成为日常的饮料。相传擂茶起源于中原人将青草药擂烂冲服的"药饮"。客家先民在流迁过程中，艰辛劳作，容易"上火"，为防止"六淫"致病，经常采集清热解毒的青草药制药饮。江南可供采用的药草很多，"茶"就是其中的一味，《本草经集注》谓主好眠，兼有清热、解暑、止渴、生津等多种功效，所以成了药饮必不可少的用料。后又有人在药饮中添加一些食物，便改良成了乡土味极浓的家常食饮。劳动归来，美美地享用一碗，

甘醇的清流沁人心脾。如果用来淘饭，一股馨香，格外爽口。逢有普通客到，一勺笊饭，一把炒豆，搅入茶中，便可以招待。令人称绝的是擂茶不排斥任何"飨料"，几乎所有的食物都可加入。农家取材，极为方便。豆米花生、粉条干果之类应先煮熟，连水冲入；菇笋香料和肉类应另行炒熟再加；芝麻米花则可直接撒入茶中。用勺搅匀，即成佳品。既可解渴，又可充饥，用以待客，经济实惠。客家人热情好客，吃擂茶往往见者有份，越吃人越多，客人吃了一碗又一碗，主人添满这碗舀那碗，欢声笑语，彼此间感情得以充分交流。

擂茶，制作简便，清香可口，且因配料不同，分别具有解渴、清凉、消暑、充饥等效用，经济而又实惠。

白族三道茶

⊙ 历史渊源

早在唐代《蛮书》中就有记载，一千年前的南诏时期，白族就有了饮茶的习惯。明代的徐霞客来大理时，也被这种独特的礼俗所感动。在他的游记中这样描述它"注茶为玩，初清茶、中盐茶、次蜜茶"。所谓"注茶为玩"，就是把饮茶作为一种品赏的艺术活动，也即是后人所称的茶道。

在白族当地，饮三道茶有一种调节人际关系和传扬民族文化的作用。不论是在街头巷尾，还是在公园船头，饮用三道茶的形式和内容都是丰富多彩的。尤其是在欢迎客人和来宾的重要场合，显得更加隆重和热烈。三道茶中，每一道都伴有三至五个节目，身穿漂亮民族服装的"金花"和"阿鹏"们（白族姑娘统称为"金花"，小伙子统称为"阿鹏"）载歌载舞，边表演边劝茶，而当第三道回味茶饮至过半时，那些金花和阿鹏们便会热情地邀请客人走到场子中间，一起唱歌和跳舞，从而将活动推向高潮。目前，白族传统"三道茶"，尤其是大理白族三道茶可谓是民族茶文化中的一绝，其精美的配料做工、高雅的礼仪氛围，已经让品尝"三道茶"更富含人生先苦后甜再回味的深刻哲理了。

⊙ 头道茶

头道茶叫"苦茶"，是由主人在白族人堂屋里一年四季不灭的火塘上用小陶罐烧烤大理特产沱茶到黄而不焦，香气弥漫时再冲入滚烫开水制成。此道茶以浓酽为佳，香味宜人。因白族人讲究"酒满敬人，茶满欺人"，所以这道茶只有小半杯，不以冲喝为目的，以小口品饮，在舌尖上回味茶的苦凉清香为趣。寓清苦之意，代表的是人生的苦境。人生之旅，举步维艰，创业之始，苦字当头。面对苦境，我们惟有学会忍耐并让岁月浸透在苦涩之中，才能慢慢品出茶的清香，体味出生活的原汁原味，从而对人生有一个深刻的认识。

⊙ 二道茶

第二道茶叫"甜茶"，是用大理特产乳扇、核桃仁和红糖为佐料，冲入清淡的用大理名茶"感通茶"煎制的茶水制作而成。此道茶甜而不腻，所用茶杯大若小碗，客人可以痛快地喝个够。寓苦去甜来之意，代表的是人生的甘境。经过困苦的煎熬，经过岁月的浸泡，奋斗时埋下的种子终于发芽、成长，最后硕果累累。这是对勤劳的肯定，这是付出的回报。当我们在鸟语花香里，明月清辉下品尝甜美的果实之时，我们又怎能不感到生活的快意？

⊙ 三道茶

第三道茶叫"回味茶"是用蜂蜜加少许花椒、姜、桂皮为作料，冲"苍山雪绿茶"煎制而成。此道茶甜蜜中带有麻辣味，喝后回味无穷。因集中了甜、苦、辣等味，又称回味茶，代表的是人生的淡境。一个人的一生，要经历的事太多太多，有高低，有曲折，有平坦，有甘苦，也有诸如名利、权势、富贵荣华等等的诱惑。要做到"顺境不足喜，逆境不足忧"，需要淡泊的心胸和恢宏的气度。如果一味沉湎于成功或失败之中，把身外之物看得太重，太过执着，就会作茧自缚，陷入生活的泥潭不能自拔，丧失了许多人生乐趣。所以，这道茶清清楚楚地告诉我们：对于一些无关紧要的事，我们不妨看得轻些淡些，不要让生命承受那些完全可以抛弃的重负，只有这样，才能达到"宠辱不惊，闲看庭前花开花落；去留无意，漫随天外云卷云舒"的人生境界。

藏族酥油茶

藏族生活在号称"地球第三极"的青藏高原上，高寒的高原气候，严酷的生存环境，造就了藏民族勇敢刚毅的民族个性，也形成了藏民族独具高原特色的饮食文化，藏乡的酥油茶便是其中一朵奇葩。酥油茶是藏乡群众日常生活所必需的一种饮料，也是藏族人民待客、礼仪、祭祀等活动不可或缺的用品，极具民族特色和文化内涵。

⊙ 制作原料

酥油茶的主要原料是酥油、茶叶和盐巴。酥油是藏族食品之精华，高原人离不了它。酥油是似黄油的一种乳制品，是从牛奶、羊奶中提炼出的脂肪。藏区人民最喜食牦牛产的酥油。产于夏、秋两季的牦牛酥油，色泽鲜黄，味道香甜，口感极佳，冬季的则呈淡黄色。羊酥油为白色，光泽、营养价值均不及牛酥油，口感也逊牛酥油一筹。酥油滋润肠胃，和脾温中，含多种维生素，营养价值颇高。

在食品结构较简单的藏区，能补充人体多方面的需要。牧民们传统的提炼酥油方法是：先将从牛、羊身上挤出来的奶汁加热，倒入特制的大木桶中（这种桶当地叫"雪董"，是专用来提炼酥油的，高约4尺、直径在1尺左右），然后用专用的酥油用具用力上下抽打奶汁，反复近千次，酥油才从奶中分离，浮于表层。这时，操作者精心、仔细地把酥油捞起，把粘在桶壁上的油点黏出，一并放入盛凉水的大盆里。在凉水中用两手反复捏、攥，直至将酥油团中的杂质——脱脂奶除净为止。

做酥油茶用的多为大茶和砖茶。砖茶为长方体，重约2公斤左右。既适合长途运输也便于外出时携带。酥油茶的制作方法是藏族牧民们的创造。为了适应青藏高原高寒的气候和露天甚至风雪里放牧的生活，他们最需要的是一种御寒保暖的热饮，这样，酥油茶便应运而生了。

⊙ 制作方法

酥油茶有各种制法，一般是先煮后熬，即先在茶壶或锅中加入冷水，放入适量砖茶或沱茶后加盖烧开，然后用小火慢熬至茶水呈深褐色、入口不苦为最佳。在这种熬成的浓茶里放进少许盐巴，就制成了咸茶。如在成茶碗里再加一片酥油，使之溶化在茶里，就成了最简易的酥油茶。但更为正统的做法是：把煮好的浓茶滤去茶叶，倒入专门打酥油茶

用的酥油茶桶中，茶桶在藏区群众家里常见的也是必备的一种生活工具，由筒桶和搅拌器两部分组成。筒桶用木板围成，上下口径相同，外面箍以铜皮，上下两端用铜做花边，显得精美大方。搅拌器是在比筒口较小的圆木板上安一根比桶稍高的木柄构成，圆木板上有4个直径约4厘米的小孔，搅拌时，液体和气体可以上下流动。

⊙ 礼节礼仪

藏族常用酥油茶待客，他们喝酥油茶，还有一套规矩。当客人被让坐到藏式方桌边时，主人便拿过一只木碗（或茶杯）放到客人面前。接着主人（或主妇）提起酥油茶壶（进入21世纪以来常用热水瓶代替），摇晃几下，给客人倒上满碗酥油茶。刚倒下的酥油茶，客人不马上喝，先和主人聊天。等主人再次提过酥油茶壶站到客人跟前时，客人便可以端起碗来，先在酥油碗里轻轻地吹一圈，将浮在茶上的油花吹开，然后呷上一口，并赞美道："这酥油茶打得真好，油和茶分都分不开。"客人把碗放回桌上，主人再给添满。就这样，边喝边添，不一口喝完，热情的主人，总是要将客人的茶碗添满；假如你不想再喝，就不要动它；假如喝了一半，不想再喝了，主人把碗添满，你就摆着；客人准备告辞时，可以连着多喝几口，但不能喝干，碗里要留点漂油花的茶底。这样，才符合藏族的习惯和礼貌。

蒙古奶茶

⊙ 草原民族的最爱

在牧区有一句俗话说："宁可一日无食，不可一日无茶"。的确，蒙古族牧民的一天就是从喝奶茶开始的。这种

嗜好在蒙古族是作为一种历史文化表现延续至今。当你每天早晨吃早点的时候，新老朋友拥壶而坐，一面细细品尝令人怡情清心的奶茶，品尝富有蒙古民族特点的炒米、奶油和糕点，一面谈心，论世事，喝得鼻尖冒出了汗，正是体现了俗话所说："有茶之家何其美"的景象。若要有客人至家中，热情好客的主人首先斟上香喷喷的奶茶，表示对客人的真诚欢迎。客人光临家中而不斟茶，视此事为草原上最不礼之行为，并且将这事迅速传遍每家每户，从此不斟茶之户的名声衰落，各路客人绕道而行，不屑一顾。如若去亲戚朋友家中做客或赴重大的喜庆活动，要是带去一块或几块砖茶，那将是认为上等礼物，等于奉献"全羊"之礼品，不仅大方、体面、庄重、丰厚，而且可以赢得主人的赞誉。

⊙ 制作方法

蒙古族喝的咸奶茶，用的多为青砖茶或黑砖茶，煮茶的器具是铁锅。制作时，应先把砖茶打碎，并将洗净的铁锅置于火上，盛水2～3公斤，烧水至刚沸腾时，加入打碎的砖茶25克左右。当水再次沸腾5分钟后，掺入奶，用量为水的五分之一左右。稍加搅动，再加入适量盐巴。等到整锅咸奶茶开始沸腾时，才算煮好了，即可盛在碗中待饮。煮咸奶茶的技术性很强，茶汤滋味的好坏，营养成分的多少，与用茶、加水、掺奶，以及加

料次序的先后都有很大的关系。如茶叶放迟了，或者加茶和奶的次序颠倒了，茶味就会出不来。而煮茶时间过长，又会丧失茶香味。蒙古族同胞认为，只有器、茶、奶、盐、温五者互相协调，才能制成咸香可宜、美味可口的咸奶茶来。

⊙ 奶茶的特点

奶茶可以去油腻、助消化、益思提神、利尿解毒、消除疲劳，也适合于急慢性肠炎、胃炎及十二指肠溃疡等病人饮用。对酒精和麻醉药物中毒者，它还能发挥解毒作用。

品尝奶茶的优劣也以茶色、香气、形态和味道四个方面进行，而且需要细细品尝，才能够体会到其味道之美。要熬出一壶醇香沁人的奶茶，除茶叶本身的质量好坏外，水质、火候和茶乳的比例也很重要。一般说来，可口的奶茶并不是奶子越多越好，应当是茶乳比例相当，既有茶的清香，又有奶的甘酥，二者偏多偏少味道都不好。还有，奶茶煮好后，应即刻饮用或盛于热水壶以备饮用，因在锅内放的时间长了，锅锈影响奶茶的色、香、味。在多数地方喝奶茶要加少许食盐，但也有的地方不加食盐，只是把盐碟放在桌上，喜欢喝盐味的就加盐，不喜欢盐味的则不加盐。奶茶一般在吃各种干食时当水饮用，有时单独饮用，则既解渴又耐饥，比各种现代饮料更胜一筹。牧民喝奶茶时，还要泡着吃些炒米、黄油、奶豆腐和手把肉，这样既能温暖肚腹，抵御寒冷的侵袭，又能够帮助消化肉食，还能补充因吃不到蔬菜而缺少的维生素。

侗族打油茶

打油茶亦称"吃豆茶"，是侗乡人必不可少的家常饮料，也是待客的佳品。流行于云南、贵州、湖南、广西毗邻地区。"打"是指这种奇特饮料的制作过程，侗乡妇女几乎都会"打"。"打油茶"所用炊具很简单，只需一口炒锅，一把竹篾编成的茶滤，一只汤勺。

⊙ 制作程序

打油茶一般经过四道程序：

首先是选茶：通常有两种茶可供选用，一是经专门烘炒的末茶；二是刚从茶树上采下的幼嫩新梢，这可根据各人口味而定。

其次是选料：打油茶用料通常有花生米、玉米花、黄豆、芝麻、糯粑、笋干等，应预先制作好待用。

第三是煮茶：首先炸阴米（阴米都预先备制，制法是：将糯米拌油或粗糠后蒸熟、阴干，再用碓臼舂成扁状，去掉粗糠。），将少许茶油倒入热锅煮沸，把阴米倒入锅里，噼噼叭叭，转眼间炸成黄白色的米花，把它捞起盛在碗或盘里。其次是炸糍粑，炸花生、黄豆，把猪肝粉肠、虾公鱼仔煮熟分别盛在碗里。再次是煮茶水，把茶油倒入热锅，放入一小把黏米（或阴米），炒到冒烟嗅出焦味，再把茶叶拌和焦米一起炒，待锅里冒起青烟，倒入清水，撒少许盐，煮沸。每碗茶水煮多煮少，以喝油茶人数的多少而定，以每人每轮半小碗为准。喝油

茶一般每餐"三咸一甜"（三碗放盐的茶水、一碗放糖的茶水）。喝茶时，由主妇把炸阴米、炸花生、炸糍粑、猪肝、鱼仔等均分入碗，用汤勺将沸茶水倒进碗，喷香的油茶就"打"好了。

最后是奉茶：一般当主妇快要把油茶打好时，主人就会招待客人围桌入坐。由于喝油茶是碗内加有许多食料，因此，还得用筷子相助，所以，说是喝油茶，还不如说吃油茶更为贴切。吃油茶时，客人为了表示对主人热情好客的回敬，赞美油茶的鲜美可口，称道主人的手艺不凡，总是边喝、边啜、边嚼，在口中发出"啧、啧"声响，还赞不绝口！

⊙ 饮用习惯

侗乡人独创的油茶，具有浓香、甘甜的美味，常饮能提神醒脑，治病补身。侗乡人从那朝那代开始有喝油茶的习惯，无法考证。据侗族老人说，他们祖祖辈辈种油茶树，家家户户榨有一缸一缸的茶油，"有油就可以打油茶了"。侗族人民世世代代居住在高寒山区，喝油茶能御寒防病。习惯成自然，打油茶便成为代代沿传的民族习俗了。有这样一句顺口溜："一杯苦，二杯夹（方言，意为涩），三杯、四杯好油茶"。这就是提醒你慢慢品尝，好好领略。油茶有祛寒湿、提神、饱腹之功能。侗族地区湿度大，喝"打油茶"便成为当地百姓的饮食习惯，亦是他们用来待客的一种方式。特别是在人觉得非常劳累的时候，如果能喝上那么一两碗油茶，过不了多久，满身的疲惫便会在不知不觉中烟消云散了，同时迎来的便是一份难得的好心情。

怒族盐茶

⊙ 制作方法

盐巴茶是怒江州一带怒族一种较为普遍的饮茶方法。先将小罐放在火炭上烤，取一把青毛茶或掰一块饼茶放入罐烤香，再将事先烧开的开水加入罐中，

至沸腾翻滚3～5分钟后，去掉浮沫，将盐巴块放在瓦罐中潮几下，并持罐摇动，使茶水环转三五圈，再将茶汁倒入茶盅，茶盅中再加适量开水稀释。这种茶汁呈橙黄色，这样边煨边饮，一直到小陶罐中茶味消失为止。剩下的茶叶渣用来喂马、牛，以增进牲口食欲。

⊙ 饮用习惯

由于地处高寒山区，蔬菜缺少，就常以喝茶代蔬菜。现在，怒族人家里每人有一土陶罐。"苞谷粑粑盐巴茶，老婆孩子一火塘"，形象地描述了怒族人围坐在火塘边，边吃包谷粑边饮茶的生活情景。茶叶已成为怒族不可缺少的生活必需品，每日必饮三次茶。"早茶一盅，一天威风；午茶一盅，劳动轻松；晚茶一盅，提神去痛。一日三盅，雷打不动"，已成为怒族的饮茶谚语。

茶点

茶点是在茶道中份量较小的精雅的食物，是在茶的品饮过程中发展起来的一类点心。茶点精细美观，口味多样，形小、量少、质优，品种丰富，是佐茶食品的主体。茶点既为果腹，更为呈味载体。它有着丰富的内涵，在漫长的发展过程中，形成了许多花样不同的茶点类型与风格各异的茶点品种。在与茶的搭配上，讲究茶点与茶性的和谐搭配，注重茶点的风味效果，重视茶点的地域习惯，体现茶点的文化内涵等因素，从而创造了我国茶点与茶的搭配艺术。

⊙ 茶点分类

茶点与一般食用的点心相比有很多独特之处，常见的茶点有水果类、坚果类、粮食类、花卉类以及肉制品。

◇ 水果类

苹果、橙子、桃子、菠萝、葡萄、香蕉……水果营养丰富，美味可口，能生津止渴，清热去火，健胃消滞，美容消脂，是生活中必不可少的食品，多吃水果对人的身体有益。饮茶时，也可以与各种水果为伴。

通常喝什么茶搭配什么样的水果之间并没有一定的规则，根据个人喜好就可以。通常食用水果可以根据季节来选择：春天乍暖还寒的时候，最适合温补，食用苹果、橙子、香蕉和樱桃可以避免困乏；夏天可以选择西瓜、木瓜、菠萝、葡萄等伴茶；到了秋冬季，梨和甘蔗可以多食用，生津止渴，避免干燥。此外，将各种水果切成小块，用淡味的沙拉酱拌匀，做成水果沙拉，也是很好的佐茶食品。

◇ 坚果类

常见的坚果一般分为两类：一类是树坚果，包括核桃、杏仁、腰果、榛子、松子、板栗、开心果、夏威夷果等；另外一类是植物的种子，如葵花子、南瓜子、西瓜子、花生等。

坚果中主要含有蛋白质、不饱和脂肪酸、各类维生素、微量元素和膳食纤维等，这些丰富的营养物质有助于降低人类的心脏病猝死几率，调节人体血脂，提高视力，补脑益智。喝过几泡茶之后，偶尔拾起一粒坚果，放入口中细细咀嚼，在口中回味的坚果香有助于体味茶香，是饮茶时的好伴侣。

◇ 粮食类

以粮食为主要材料制成的茶点种类缤纷，琳琅满目，是茶点中所占比重最大的品种。根据地域的不同，有北京的、闽南的、潮汕的、广东的、江南的以及台式、日式、西式等；根据制作方法不同，有蒸的、烤的、炸的；根据配料的不同又有荤素之分。特色较鲜明的主要有：北京的传统茶点富于满汉传统，除了艾窝窝、蜂糕、排叉、盆糕、烧饼等，还有著名的大小八件，受宫廷文化的影响，茶点多制作的小巧精致。

粤式茶点与传统茶点相比，有较大的延伸。虾饺、蛋挞、鸡蛋糕、奶黄卷、烧麦等，又甜又咸，美味鲜香；日式茶点，制作十分讲究，名称多与季节特征有关，如初燕、樱饼、龙田饼等，茶点内用豆沙馅居多；西式茶点种类相对较少，主

要有饼干、松饼、蛋糕、水果派、三明治等,食用各式乳酪、水果、火腿和鱼肉搭配而成。

◇ 肉制品

可以用来当作茶点的肉制品可以是香肠、酱肉、肉脯、肉干等。常见的有西式香肠、酱牛肉、牛肉脯、牛肉干、猪肉脯、猪肉干、鱼片、鱼丝、鱼骨酥等。南方很多地方的人们还用酱制的鸡鸭头、颈、爪子等佐茶,别有一番风味。台湾出产的肉制品小食十分出名,得到很多人的喜爱。

◇ 花卉类

食用花卉在中国古代就有,历史悠久,种类丰富。据统计,可食用的花卉约97个科,100多个属,共有180多种。常见的有荷花、玫瑰、梅花、桂花、槐花、白玉兰、万寿菊、茉莉花、金银花……食用方法有做菜,制作饮料、蜜饯、果酱、糖和糕点,此外还有可以酿酒、入药、熬粥等,无不芬芳馥郁,营养丰富。

用花卉佐茶,指的是把花卉加工制作成糖果、糕点或者菜肴等食品。如玫瑰制成玫瑰糖酥、玫瑰蜜饯、玫瑰月饼、玫瑰甜羹等;用桂花做香料,制成的桂花糕、桂花糖、桂花汤圆,香甜适口;将紫薇花、刺槐、梨花等放入锅中,用热油烫过,加糖调味,即可食用,是口味清新的江南小吃。

用花卉加工成的茶点,保留了原有的花香,味道清爽,美味可口。

⊙ 茶点与茶的搭配艺术

◇ 茶点要适应茶性

休闲时候喝茶,搭配茶食的原则可概括成一个小口诀,即"甜配绿、酸配红、瓜子配乌龙"。所谓甜配绿:即甜食搭配绿茶来喝,如用各式甜糕、凤梨酥等配绿茶;酸配红:即酸的食品搭配红茶来喝,如用水果、柠檬片、蜜饯等配红茶;瓜子配乌龙:即咸的食物搭配乌龙茶来喝,如用瓜子、花生米、橄榄等配乌龙茶。

◇ 茶点要有观赏性

茶点与传统点心相比较而言,制作更加精美,注重茶点的色彩与造型,讲究茶点的观赏性。例如:水晶蝴蝶饺,欲语还羞般晶莹剔透,待饺子蒸熟后快手插上去鱼翅翅针制的"蝴蝶须",惟妙惟肖,正是妙笔。全素的馅料隔着透明的薄皮现出缤纷色彩,令人赏心悦目。

◇ 茶点要有品尝性

茶点的品尝重在慢慢咀嚼，细细品味，所以作为茶点应极富有品尝性。例如：榴莲酥，其酥皮薄如蝉翼，表面略刷清油，撒几粒芝麻，轻轻咬开外层薄薄的壳，就像吃到了一颗刚剥开的榴莲，榴莲之多出乎意料，浓郁的香味在舌尖上泛起，这榴莲之浓鲜恰好是榴莲酥的妙境。

◇ 茶点要有多样性

我国茶点种类繁多，口味多样。就地方风味而言，我国就有黄河流域的京鲁风味、西北风味，长江流域的苏扬风味、川湘风味，珠江流域的粤闽风味等，此外，还有东北、云贵、鄂豫以及各民族风味点心。茶点的选择空间很大，在"干稀搭配、口味多样"这个总的指导原则下，可以选择春卷、锅贴、饺子、烧麦、馒头、汤团、包子、家常饼、银耳羹等传统点心中的任意数种，也可以运用因茶的品种不同而创新的茶点品种。例如：茶果冻、茶瓜子、茶奶糖等等。

⊙ 茶点与茶饮的搭配

不同类型的茶饮需要不同的茶点来搭配，方能体现出本身的味道与价值。

◇ 荤油茶点配普洱

普洱茶性属甘冷，具有良好的消脂效果。陈化得宜的普洱不苦不涩，独特的陈香醇厚平和，口感爽滑。食用味重、油腻的茶点后，饮用普洱可以减轻口感上的油腻，此类茶点如蛋黄酥、月饼、酱肉、肉脯以及各种炒制的坚果等。

◇ 淡咸茶点与乌龙

乌龙茶是半发酵茶，兼有绿茶的清香气味和红茶的甘甜口感，并回避了绿茶之苦与红茶之涩，口感温润浓郁，茶汤过喉徐徐生津。用淡咸口味或甜咸口味的茶点搭配乌龙茶，对于保留茶的香气，不破坏茶汤的原滋味最为适宜。如坚果类的瓜子、花生、开心果、杏仁、腰果，以及咸橄榄、豆腐干、兰花豆等。

◇ 香甜茶点衬绿茶

绿茶淡雅轻灵，与口味香甜的茶点搭配饮用，香气此消彼长，相互补充，带来美妙的味觉享受。此外，清淡的绿茶能生津止渴，有效促进葡萄糖的代谢，防止过多的糖分留在体内，享用甜美如饴的茶点，如糖果、月饼、菠萝酥等，不必担心口感生腻和增加体内的脂肪。

◇ 精致西点伴红茶

由于红茶进入西方已经有了很长的历史，饮用红茶搭配什么样的茶点经过

茶/与/健/康

漫长的摸索和实践已经逐步成熟、完善和固定下来。

从味道上说，甜酸口味的茶点可以抵消红茶略带苦涩的口感，此类茶点有各种甜酸口味的水果、柠檬片、蜜饯等。

◇ 清淡小吃保花香

茉莉花茶香气氤氲，鲜灵清爽，且香味持久宜人。

研究表明，茉莉花的茶香可舒缓情绪，对人的生理和心理都有镇静效果。因此，饮茉莉花茶时不宜搭配各种炒制或口味浓重的茶点，以避免食物掩盖了花本身的清香。豆制品和糯米制成的茶点比较适合搭配花茶来食用，如北方的绿豆沙、豌豆黄、驴打滚等小吃。

茶疗

中医中药是中华民族中的一座宝库，食疗是这座宝库中的一顶皇冠，而茶疗恰恰是这顶皇冠上那颗最耀眼的明珠。茶疗将药与茶完美结合，能防疾病，能品茶趣，常饮能祛顽疾、强体魄、安心神、润喉肠、降脂减肥、益寿延年。

茶疗是根植于中医药文化与茶文化基础之上的一种养生方式，真正意义上的茶疗是以中药原植物叶片，并结合中药与茶叶炮制方法，制作成茶叶形态，它同时具备中药的治疗养生效果与茶叶的"形、色、香、道"，具有实效性、安全性、享受性及便捷性四大优点。李时珍在《本草纲目》上有记载："诸药为各病之药，茶为万病之药。"唐代刘贞亮也曾经总结说，茶有十德：以茶散郁气，以茶驱睡气，以茶养生气，以茶除病气，以茶利礼仁，以茶表敬意，以茶尝滋味，以茶养身体，以茶可行道，以茶可养志。由此可见，以茶疗身心，不仅能治病养生享健康，还能品茶品味品人生。

基本知识

◇ 茶疗概述

茶疗，是关于用茶以及相关中草药或食物进行养生保健和治疗疾病的一种学问，既保持了茶的特色和作用，又有

茶本身所不具备的功效，可谓中国茶文化宝库中的一朵奇葩。

茶在中国最早是以药物身份出现的，中国对茶的养生保健和医疗作用的研究与应用有着悠久的历史。几千年来，通过各种实践，人们逐步了解到茶具备的27种药用功效：安神除烦、少寐、明目、清头目、下气、消食、醒酒、去腻、清热解毒、止渴生津、祛痰、治痢、疗疮、利水、通便、祛风解表、益气力、坚齿、疗肌、减肥、降血脂、降血压、强心、补血、抗衰老、抗癌、抗辐射。

◇ 茶疗含义

茶疗的实施，有两个层次的含义。狭义的茶疗，仅指应用茶叶，未加任何中西药。当然，这是茶疗的基石与主体。没有这一基石与主体，茶疗就不能成立。由于茶叶在传统应用上其功效已有24项之多，所以光是茶叶一味也足以构成茶疗体系；茶疗的第二个层次概念，就是广义上的茶疗，即可在茶叶外酌加适量的中、西药物，构成一个复方来应用。当然，也包括某些方中无茶，但在煎服法中规定用"茶汤送下"的复方。这实际上是茶、药并服。

在注重饮食保健的今天，饮茶更为风行。以茶入菜，以茶入食，不但丰富了饮食菜谱，而且发挥了茶的保健与养生功效。"何须魏帝一丸药，且尽卢仝七碗茶"，茶疗正以其独特的魅力和良好的疗效日益受到人们的青睐。

◇ 茶疗原则

茶疗容保健与治疗于一身，包括"防"与"治"两个方面。"防"就是喝茶养生保健；"治"就是用茶（含药茶）治疗疾病，这也具体体现了茶疗的原则：第一，以预防为主，特别要重视自我保健，学会科学喝茶并养成习惯是对疾病最好的预防。第二，兼用多种保健治疗措施，比如经常喝茶、晨练，不吃过甜或过咸的食物，综合起来做保健效果会更好。第三，注意身体防治与心理调节相结合，这也是茶疗最重要的原则。因为人体生理的变化往往会引起心理的变化，如果人们能够自觉地将喝茶、物理疗法、药物疗法与心理疗法等结合起来，就会很容易保持身心健康了。

⊙ 养生保健

◇ 养颜美容

茶多酚具有很强的抗氧化性和生理活性，是人体自由基的清除剂。据有关部门研究证明1毫克茶多酚清除对人肌体有害的过量自由基的效能相当于9微克超氧化物歧化酶，大大高于其他同类物质。茶多酚有阻断脂质过氧化反应，清除活性酶的作用。据日本奥田拓勇试验结果，证实茶多酚的抗衰老效果要比维生素E强18倍。有助于延缓衰老。

于此意义来看，茶的生命无异于经历一场凤凰涅槃，在淡淡清香中重获新生。茶叶中的很多成分具有美容效果，每天喝茶能够美容。把茶叶用于化妆品中，使茶叶中的美容成分直接被皮肤吸收。茶叶美容品有茶叶洗面奶、茶叶化妆水、茶叶面膜、茶叶增白霜、茶叶防晒露、茶叶洗发剂等，它们都利用了茶叶的美容效果，具有安全、刺激性小等的优点。使用方法简易，经济适用，长期坚持能够达到良好的效果。

◇ 减少脂肪

茶中含有的芳香族化合物可以溶解脂肪，化浊去腻可防止脂肪积滞体内。而维生素B_1、C和咖啡因，都可以促进胃液分泌，并有助消化、消脂。减肥茶通过了功能学和毒理学实验证明，可促进脂肪代谢，维持正常的生理功能，克服了替食型、排汇型、神经抑制型等减肥产品破坏饮食规律，降低人体功能，而诱发其他疾病的缺点。茶中的茶多酚具有提高新陈代谢、抗氧化、清除自由基等作用，可以由许多甘油酸酯解脂酶及作用活化蛋白质激酶，减少脂肪细胞堆积，因此达到减肥的效果。

◇ 清除体内毒素

茶叶味甘苦，性微寒，能缓解多种毒素。因为茶叶中含有的一种活性物质——茶多酚，所以它具有解毒作用。作为一种天然的抗氧化剂，茶多酚可清除活性氧自由基，对重金属离子也可进行沉淀或还原，还可以作为生物碱中毒的解毒剂。此外，茶多酚还能提高机体的抗氧化能力，降低血脂、缓解血液高凝状态，增强细胞弹性，防止血栓形成，缓解或延缓动脉粥样硬化和高血压的发生。在各种茶叶中，以绿茶清除体内毒素的功效最强，因此适当地多饮绿茶或其他类茶饮可以有效清除体内的各种毒素。

◇ 滋补

茶叶中含有机化学成分达450多种，无机矿物元素达40多种。茶叶中的有机化学成分和无机矿物元素含有许多营养成分和药效成分。传统医学将其与传统药材结合起来，更好地发挥茶的药理作用，除了能治疗各种疾病，也有无数茶方为健康人滋补而用。与不同药材搭配的茶饮，可补脑益智，补气补血，补养内脏，强身健体，效果不一。

⊙ 治疗疾病

据现代科学分析和鉴定，茶叶中含有450多种对人体有益的化学成分，如叶绿素、维生素、类脂、咖啡碱、茶多酚、脂多糖、蛋白质和氨基酸、碳水化合物、矿物质等对人体都有很好的营养价值和药理作用。茶疗可以治疗缓解以下疾病：

化解中毒：如误服银、铝、洋地黄、奎宁、铁、铅、锌、钴、铜、马钱子等金属盐类或生物碱类毒物，饮浓茶，可使茶叶中的鞣酸与毒物结合沉淀，延迟毒物的吸收，以利抢救。

医治菌痢：无论急、慢性菌痢，饮浓茶治疗都有显著疗效。据药理研究，茶叶煎浓汁对痢疾杆菌有明显的抗菌作用。

治急性肠炎：饮食不洁而致腹痛腹泻，可泡浓茶一杯饮之，如腹泻仍然不止，用茶叶15克加水煎服两次即见效。

治胆绞痛：当胆结石患者胆绞痛急性发作时，不妨饮浓茶一杯。因为茶碱有松弛胆管平滑肌的作用，可暂时缓解胆区剧痛，并立即去医院诊治。

治带状疱疹：泡一杯浓茶，冷却后蘸花茶末涂患处，一日3次，连续使用。

治龋齿：饮茶时茶水含在口中片刻，浸润牙齿，每天10余次，可有效地防治龋齿。

延缓衰老：茶多酚具有很强的抗氧化性和生理活性，是人体自由基的清除剂。据有关部门研究证明，1毫克茶多酚清除对人机体有害的过量自由基的效能相当于9微克超氧化物歧化酶（SOD），大大高于其他同类物质。茶多酚有阻断脂质过氧化反应，清除活性酶的作用。

有助于抑制心血管疾病：茶多酚对人体脂肪代谢有着重要作用。人体的胆固醇、三酸甘油脂等含量高，血管内壁脂肪沉积，血管平滑肌细胞增生后形成动脉粥样硬化斑块等心血管疾病。茶多酚，尤其是茶多酚中的儿茶素ECG和EGC及其氧化产物茶黄素等，有助于使这种斑状增生受到抑制，使形成血凝黏度增强的纤维蛋白原降低，凝血变清，从而抑制动脉粥样硬化。

有助于预防和抗癌：茶多酚可以阻断亚硝酸等多种致癌物质在体内合成，并具有直接杀伤癌细胞和提高机体免疫能力的功效。据有关资料显示，茶叶中的茶多酚（主要是儿茶素类化合物），对胃癌、肠癌等多种癌症的预防和辅助治疗，均有稗益。

有助于预防和治疗辐射伤害：茶多酚及其氧化产物具有吸收放射性物质锶90和钴60毒害的能力。据有关医疗部门临床试验证实，对肿瘤患者在放射治疗过程中引起的轻度放射病，用茶叶提取物进行治疗，有效率可达90%以上；对血细胞减少症，茶叶提取物治疗的有效率达81.7%；对因放射辐射而引起的白细胞减少症治疗效果更好。

有助于抑制和抵抗病毒菌：茶多酚有较强的收敛作用，对病原菌、病毒有明显的抑制和杀灭作用，对消炎止泻有明显效果。我国有不少医疗单位应用茶叶制剂治疗急性和慢性痢疾、阿米巴痢疾，治愈率达90%左右。

有助于醒脑提神：茶叶中的咖啡碱能促使人体中枢神经兴奋，增强大脑皮层的兴奋过程，起到提神益思、清心的效果。

有助于利尿解乏：茶叶中的咖啡碱可刺激肾脏，促使尿液迅速排出体外，提高肾脏的滤出率，减少有害物质在肾脏中滞留时间。咖啡碱还可排除尿液中的过量乳酸，有助于使人体尽快消除疲劳。

有助于护齿明目：茶叶中含氟量较高，每100克干茶中含氟量为10～15毫克，且80%为水溶性成分。若每人每天饮茶叶10克，则可吸收水溶性氟1～1.5毫克，而且茶叶是碱性饮料，可抑制人体钙质的减少，这对预防龋齿、护齿、坚齿，都是有益的。据有关资料显示,在小学生中进行"饭后茶疗漱口"试验,龋齿率可降低80%。另据有关医疗单位调查,在白内障患者中有饮茶习惯的占28.6%;无饮茶习惯的则占71.4%。这是因为,茶叶中的维生素C等成分,能降低眼睛晶体混浊度,经常饮茶,对减少眼疾、护眼明目均有积极的作用。

⊙ 茶疗良方

◇ 消毒利湿茶

带状疱疹发作时的保健茶饮。

原料:马齿苋300克(干品)、薏米600克,红糖100克。

制作方法:①薏米放入无油的锅中,用小火炒至微黄,用料理机打成粉末。②马齿苋用剪刀剪碎,和薏米粉末、红糖一起分成10份,装入10个茶包袋。③每次取1袋。装入沸水,马上倒掉水。④再次冲入沸水,焖20分钟后饮用,可以反复冲泡。

特别功效:带状疱疹发作时的保健茶饮。

保健功效:抗病毒、祛湿热、降血脂。

美容功效:调理皮肤湿癣。

◇ 清肝降脂茶

原料:山楂150克,杭白菊30克,决明子150克。

制作方法:①把原料分成10份,分别装入10个茶包袋。②每次取1袋。冲入沸水,1分钟后倒掉。③再次冲入沸水,焖30分钟后饮用,可以反复冲泡。

特别功效:调理轻度脂肪肝。

保健功效:降血脂、降血压、预防心血管疾病。

美容功效:清脂减肥,适合肥胖兼血压高、便秘的人饮用。

◇ 降血压中药茶

高血压病属于"眩晕"的范畴,多因精神紧张,思虑过度,七情五志过极而化火,或劳累过度,嗜食肥甘,饮酒过度等致阴阳失去平衡,气血经脉运行失常所致。高血压患者除了应坚持药物治疗外,经常喝点中药茶也能起到很好的辅助治疗作用。

山楂茶:山楂所含的成分可以助消化、扩张血管、降低血糖、降低血压。同时经常饮用山楂茶,对于治疗高血压具有明显的辅助疗效。其饮用方法为,每天数次用鲜嫩山楂果1~2枚泡茶饮用。

菊花茶：所用的菊花应为甘菊，其味不苦，尤以苏杭一带所产的大白菊或小白菊最佳。每次用3克左右泡茶饮用，每日3次；也可用菊花加金银花、甘草同煎代茶饮用，具有平肝明目、清热解毒之特效。对高血压、动脉硬化患者有显著疗效。

荷叶茶：中医实践表明，荷叶的浸剂和煎剂具有扩张血管、清热解暑及降血压之效。同时，荷叶是减脂去肥之良药。治疗高血压的饮用方法为，用鲜荷叶半张洗净切碎，加适量的水，煮沸放凉后代茶饮用。

莲子心茶：所谓莲子心是指莲子中间青绿色的胚芽。其味极苦，但却具有极好的降压去脂之效。用莲心12克，开水冲泡后代茶饮用，每天早晚各饮1次，除了能降低血压外，还有清热、安神、强心之特效。

决明子茶：决明子具有降血压、降血脂、清肝明目等功效，经常饮用有治疗高血压之特效。每天数次用15～20克决明子泡水代茶饮用，不啻为治疗高血压、头晕目眩、视物不清之妙品。

槐花茶：将槐树生长的花蕾摘下晾干后，用开水浸泡后当茶饮用，每天饮用数次，对高血压患者具有独特的治疗效果。同时，槐花还有收缩血管、止血等功效。

首乌茶：首乌具有降血脂，减少血栓形成之功效。血脂增高者，常饮首乌茶疗效十分明显。其制作方法为取制首乌20～30克，加水煎煮30分钟后，待温凉后当茶饮用，每天一剂。

葛根茶：葛根具有改善脑部血液循环之效，对因高血压引起的头痛、眩晕、耳鸣及腰酸腿痛等症状有较好的缓解功效，经常饮用葛根茶对治疗高血压具有明显的疗效。其制作方法为将葛根洗净切成薄片，每天30克，加水煮沸后当茶饮用。

◇ 癌症患者的药茶

芦笋茶：鲜芦笋100克，绿茶5克。鲜芦笋洗净，切成1厘米的小段，砂锅内加水后，中火煮沸放入芦笋，加入用纱布裹扎的绿茶，煎煮20分钟，取出茶叶袋即成。代茶频频饮服，鲜芦笋可同时嚼服。可润肺祛痰，解毒抗癌，适用于鼻咽癌、食管癌、乳腺癌、宫颈癌等。

生姜茶：鲜生姜300克，茶叶5克。鲜生姜洗净，在冷开水中浸泡30分钟，压榨取汁，装瓶放入冰箱备用。将茶叶放入杯中，用沸水冲泡，加盖焖15分钟。每次滴加3滴生姜汁，搅拌后即可代茶频饮。可解毒散寒，止呕，适用于各类癌症放疗、化疗中出现的恶心、呕吐等症。

西洋参茶：西洋参3克，麦冬10克、石斛10克。先将麦冬、石斛洗净，放入砂锅，加水煎煮两次，每次30分钟，合并两次煎液，去渣后回锅，再煮沸放入西洋参，停火焖15分钟即成。当日服完，晚上可将西洋参嚼食。适用于各类癌症，尤其是食管癌、胃癌等放疗后，口腔黏膜溃疡，口干咽燥者。

绞股蓝蜜茶：绞股蓝30克，蜂蜜30克。将绞股蓝洗净、切碎，放入砂锅，加水煎煮两次，每次30分钟，合并两次煎液，趁热加入蜂蜜，搅拌均匀，当天服完。适用于肺癌、肝癌、肠癌、宫颈癌。

◇ 去火化痰健胃茶

陈皮茶：将干橘子皮10克洗净，撕成小块，放入茶杯中；用开水冲泡，盖上杯盖焖10分钟左右；然后去渣，放入少量白糖。稍凉后，放入冰箱中冰镇一下更好。常饮此茶，既能消暑，又能止咳、化痰、健胃。

桑菊茶：将桑叶、白菊花各10克，甘草3克放入锅中稍煮；然后去药渣，加入少量白糖即成。可散热清肺润喉、清肝明目，对风热感冒也有一定疗效。

荷叶凉茶：将半张荷叶撕成碎片，与中药滑石、白术各10克，甘草6克，放入水中，共煮20分钟左右，去渣取汁，放入少量白糖搅匀，冷却后饮用。可防暑降温。

香兰凉茶：藿香9克，佩兰9克洗净，和茶叶6克一起放茶壶中，用500毫升开水冲泡，盖上壶盖焖5分钟，加入冰块冷却待饮。能解热祛风、清热化湿、开胃止呕。

◇ 祛风明目茶

菊花龙井茶：菊花10克，龙井茶3克。上2味用沸水冲泡5～10分钟即可。每日1剂，不拘时饮服。有疏风、清热、明目之功效。适用于肝火盛所引起的赤眼病，羞明怕光等（包括急性结膜炎）。

莲花茶：黄连（酒炒）、天花粉、菊花、川芎、薄荷叶、连翘各30克，黄柏（酒炒）180克，茶叶360克。上药共制粗末，和匀，用滤泡纸袋包装，每袋6克。每日3次，每次取末6克，以沸水泡焖10分钟，饮服。清热泻火，祛风明目。适用于两眼赤痛，紧涩羞明、赤眵贯睛、大便秘结等。

芽茶饮：芽茶、白芷、附子各3克，细辛、防风、羌活、荆芥、川芎各1.5克，盐少许，将以上各味加盐少许，清水煎服。治目中赤脉。

⊙ 茶的外用

◇ 茶水漱口

茶有强烈的收敛作用，时常将茶叶含在嘴里，便可消除口臭。可将茶叶泡过之后，再含在嘴里，可减少苦涩的滋味，也有一定的治口臭效果。

◇ 茶汤洗脸

晚上洗脸后，泡一杯茶，把茶汤涂到脸上，轻轻拍脸，或者将蘸了茶汤的棉布附在脸上，再用清水洗。脸上的茶色经过一夜能够自然消除，能够去除色斑、美白皮肤。

◇ 茶叶面膜

把面粉1匙和蛋黄1个，拌匀后加绿茶粉1匙。把它均匀地抹在洗净的脸上，20分钟后洗脸。还可把糖茶汤1匙和面粉1匙调匀，做成面膜15～20分钟后洗脸。能够消除粉刺，去除油脂。

◇ 杀菌治脚气

茶叶里含有多量的单宁酸，具有强烈的杀菌作用，尤其对致脚气的丝状菌特别有效。所以，患脚气的人，每晚将茶叶煮成浓汁来洗脚，日久便会不治而愈。不过煮茶洗脚，要持之以恒，短时间内不会有显著的效果。而且最好用绿茶，经过发酵的红茶，单宁酸的含量就少得多。

◇ 茶叶美目

把茶叶冲泡后挤干，放到纱布袋里。闭上眼睛，把茶袋放到眼睛上，放10～15分钟。能够缓解眼睛的疲劳，改善黑眼圈，治疗眼部炎症。

◇ 茶汤洗发、护发

茶籽饼中含有10%的茶皂素，茶皂素的洗涤效果很好。以茶皂素为原料的洗发香波具有去头屑、止痒的功能，对皮肤无刺激性，头发清新飘逸。

茶叶可以护发，洗完头后把微细茶粉涂在头皮上，轻轻按摩，每天1次。或者把茶汤涂在头上，按摩1分钟后洗净。能够防治脱发，去除头屑。

◇ 茶汤泡浴

把茶叶20～30克装到小布袋里，放到浴缸里泡浴。把泡好的茶汤倒进脚盆里泡足。医治皮肤病，去除老化的角质皮肤，使皮肤光滑。还能驱除体臭，身上带有清茶香。

◇ 擦拭创伤

茶叶中含有鞣质，有良好的收敛、止血的作用。它能使伤口的蛋白质凝固，可以保护伤口、防止发炎和促进伤口愈和，还可以沉淀血中蛋白，收缩血管，故又有止血作用。从茶区的民众用鲜茶叶捣烂，用以治疗外伤出血或外敷疮面，可见茶叶外用的疗效。

药物治疗，可分内服和外用，以茶叶来治人体表面软组织的疾病则是外用。不论古今文献，在茶叶的外用疗效上均有很多记载，最早的是对"瘘疮"的治疗，在《神农食经》、《新修本草》、《千金翼方》均有提及。

茶叶除了可止血和敷疮面外，更有下列用法：

治疗晒伤：用浓茶煎煮制成的敷布，湿敷在晒伤部分，有止痛和退热作用。

治疗带状疱疹：将老茶树皮研末，泡成浓茶汁涂敷伤口，一日3～5次，具有止痛和消炎作用。

治疗蜂螫虫咬：皮肤因受蜂螫虫咬出现的红肿热痛，应立即用泡过一次的茶叶，将之捣碎后敷在伤口上，有消肿止痛止痒功效。

治疗牛皮癣：使用内层红色细皮的茶树根，加茶叶汁盛于杯里，用力搅动，取液面的泡沫涂抹癣处，一日数次，不宜间断。

◇ 废茶填枕头

平时我们泡过的茶淡而无味后就将其丢弃，其实茶渣仍然具有多种保健功效，它可以用来做保健枕头。用茶制枕的历史悠久，早在晋代葛洪《肘后备急方》中就有用茶装枕治失眠的记载；李时珍《本草纲目》记载绿茶甘露无毒作枕明目治头痛；唐代著名医学家孙思邈在《千金方》中记载"以茶入枕，可通经络，可明目清心，延年益寿"；宋代诗人陆游终身以茶做枕，80岁仍能耳聪目明；清朝康熙、乾隆两位高寿皇帝也都有睡茶枕的习惯，并且当时的上流社会形成了睡茶枕的潮流。做茶枕以绿茶渣、白茶渣、黄茶渣、乌龙茶渣为宜，需阴干使用，而不能放在阳光下曝晒，否则会使茶叶香气散失，功效降低。一般枕3个月更换一次茶渣。做茶枕的枕套最好用棉布或桑蚕丝料，茶枕长50厘米、宽30厘米即可。茶渣及配料的用量各为250～500克。

枕茶枕是一种较为理想的自我保健方法，能够起到改善睡眠，促进身体血液循环，避免颈椎病等作用。茶叶中所含的特有成分、软硬程度、茶枕高度都是保养效果得以发挥的原因。而与药枕最大的区别则在于其沁人心肺的香味，能够让枕着茶枕睡觉的人整天感受到浑身都有茶的香味，放置茶枕的房间也会因为茶的味道而让人身心愉悦。

茶与文学艺术

ZHONGGUO CHADIAN

中国古代和现代的文学艺术作品中，
以茶为题材的有诗词歌赋、小说、戏剧、绘画以及民间歌舞等等。
这些文学艺术创作琳琅满目，
尤以诗词一类更为丰富多彩。
中国历代的文学和艺术家借茶为题，
反映了当时人民的现实生活和思想感情，
创作了许多优秀作品。
世界各国凡是饮茶风习所到之处，
也都有以茶为题材的各类文学艺术作品问世。

茶与文学

茶作为一种精神文化，始于人们对饮茶的品评。早在唐宋以前，文人学者就已经把茶作为描写对象，借茶写人写事，抒发情怀，感叹人生。据《茶经》记载，早在西晋左思所作的《娇女诗》中就有"心为茶荈剧，吹嘘对鼎砺"的诗句，堪称中国古代第一首完整意义上的茶诗。从那以后，我们不仅可以读到茶圣陆羽的名著《茶经》，还可以读到如唐代杜甫，宋代苏轼，元代耶律楚材，明代徐渭等著名诗词大家的咏茶佳作。从古代的文学艺术作品中，我们还会发现茶也是美术、音乐、舞蹈，乃至宗教文化中的永盛不衰的题材。

⊙ 茶与诗词

中国是茶的故乡，千百年来，先祖们留下了大量的茶诗、茶词。《诗经》作为中国的第一部诗集，其中就有七首诗写到了茶。孔子认为学诗可以多识草木之名，茶作为植物的名称就在《诗经》里出现过。虽然历代都有许多茶诗、茶词的佳作，但真正意义上的咏茶诗词始于两晋时期，全盛于唐代，宋代达到顶峰，再加上金元明清以及近代的茶诗，总数在2000首以上，可谓琳琅满目。

◇ 晋及南北朝时期的茶诗

西晋左思的《娇女诗》是我国第一首真正意义上的茶诗，也是陆羽《茶经》收录的中国古代第一首茶诗。左思在《娇女诗》中的"心为茶荈剧，吹嘘对鼎砺。脂腻漫白袖，烟熏染阿锡。"诗中就生动地描写了两个幼女因急于品香茗就用嘴对鼎吹气的娇憨姿态。同时，也详细地记载了有关茶器、煮茶的习俗。在晋代、南北朝时期还有很多有名的茶诗，张载的《登成都楼》就是其中一首，诗中"芳茶冠六清，溢味播九区"赞美成都的香茶；孙楚的《孙楚歌》则点明了茶的原产地；另外，晋代杜毓的《荈赋》和南北朝时期鲍令晖的《香茗赋》，其中都有颂茶的佳句。

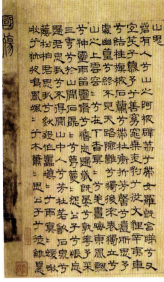

◇ 唐代茶诗

唐代以后，饮茶之风迅速遍及全国。文人墨客尤其嗜茶，很多诗人把茶作为不可或缺的物品，涌现出大量咏茶的诗篇。据不完全统计，唐代约有茶诗500首，仅大文豪白居易一人，就写过50多首茶诗。

文人饮茶，既满足口腹之欲，又能得到精神享受，所以茶的各种价值在他们的茶诗中都得到了淋漓尽致的表现。李白的《答族侄僧中孚赠玉泉仙人掌茶》"茗生此中石，玉泉流不歇"；杜甫的《重过何氏五首之三》："落阳平台上，春风啜茗时"；白居易的《夜闻贾常州、崔湖州茶山境会亭欢宴》："遥闻境会茶山夜，珠翠歌钟俱绕身"；尤其是卢仝《走笔谢孟谏议寄新茶》："一碗喉吻润，二碗破孤闷。三碗搜枯肠，惟有文字五千卷。四碗发轻汗，平生不平事，尽向毛孔散。五碗肌骨清，六碗通仙灵。七碗吃不得也，惟觉两腋习习清风生。"极力地赞美了茶的神奇功效，可谓咏茶的千古佳作。还有杜牧的《题茶山》和李郢的《茶山贡焙歌》，前者详细描述了作者奉诏到茶山监制贡茶，所见到的茶山自然风光，抢制贡茶时，河里船多，岸上旗多，山中人多；经过茶人辛勤劳动，制成了贡茶紫笋茶，派出快马，急送京师等情景。后者则在诗中表现了作者对采制贡茶的人民寄予深切的同情。诗中"凌烟触露"四句，表现了采茶者的辛苦；"驿骑鞭声"四句，描写了送贡茶者的艰辛。作者还表达了对人民的同情，表示如果自己当上宰相，就会采取适当措施缓解人民的贡茶之苦，使他们得到休养生息。当然，这只是美好的愿望。值得一提的是元稹的宝塔诗《茶》。

这首诗高度地概括了茶叶的品质，人们对茶叶的喜爱、饮茶的习惯以及茶叶的功用。这种用"宝塔体"咏茶的诗非常少见。

◇ 宋代茶诗、茶词

宋代以后，茶文化进入了兴盛繁荣的时期。茶诗也在唐代基础上继续发展，并且还出现了"茶词"。宋代有更多的诗人、文学家参与吟作茶诗和茶词，其茶诗多于唐代。

宋代的茶诗、茶词在许多诗人的诗词作品中都占有很大的比例。据不完全统计，宋代的茶诗、茶词多达1000余首，其中陆游曾写下300多首茶叶诗词，并以陆羽自比；苏东坡也有70余篇，人们把他比作卢仝，他也以卢仝自诩；梅尧臣单在《宛陵先生集》中就写有茶叶诗词 25 首。其他如蔡襄、曾巩、王安石、黄庭坚等大诗人都留下了许多脍炙人口的咏茶诗词。

宋代分为北宋和南宋。北宋时期经济繁荣，茶宴和斗茶之风都很盛行，咏茶诗词大多表现的都是以茶会友、相互唱和、触景生情、抒怀寄兴的内容。其中，范仲淹的《和章岷从事斗茶歌》最有代表性，全诗以夸手法描述当时斗茶情况，文词多处用典故，以衬托茶味之美是一首脍炙人口的茶诗。此诗开头就写茶的采制过程，然后讲斗茶，包括斗味和斗香，因为在众人眼下进行，故对茶的品第高低都有公正的评价。最后，诗人写到参加斗茶的茶品质都很好，具有神奇功效，可醒千日之醉，比任何灵芝草药都好。蔡襄的《北苑十咏》是一前所未见的组诗，这组诗依次综述了北苑的山水和贡茶的采制品尝等情况，展示了一幅琳琅满目的北苑制茶长卷。还有人把苏轼《次韵曹辅壑源度焙新茶》中"从来佳茗似佳人"和他另一首《饮湖上初晴后雨》诗中"欲把西湖比西子"两句话构成一副极妙的茶联，被后世文人所称道。

南宋时期时局混乱，人们生逢乱世，普遍忧心忡忡。南宋的咏茶诗词中以忧国忧民、伤事感怀的内容居多，其中陆游和杨万里所写的茶诗最有代表性。如陆游的《晚秋杂兴十二首》中写道："置酒何由办咄嗟，清言深愧淡生涯。聊将横浦红丝碾，自作蒙山紫笋茶。"反映了作者晚年生活清贫，无钱置酒，只得以茶代酒，自己亲自碾茶的情景。陆游在《效蜀人煎茶戏作长句》中又说："午枕初回梦蝶床，红丝小硙破旗枪。正须山石龙头鼎，一试风炉蟹眼汤。岩电已能开倦眼，春雷不许殷枯肠。饭囊酒瓮纷纷是，谁赏蒙山紫笋香？"描绘了作者碾茶、煎茶、饮茶、除倦一系列过程，凭借茶事直抒胸臆，讽刺南宋朝廷起用"饭囊酒瓮"之类的无能之辈，感叹像"蒙山紫笋茶"那样品质优异的人才却得不到重用。解物抒情，自然晓畅。再如杨万里的《以六一泉煮双井茶》中"日铸建溪当退舍，落霞秋水梦还乡。何时归上滕王阁，自看风炉自煮尝。"描写作者希望有一天能在滕王阁亲自煎饮双井茶，抒发了诗人对家乡的思念之情。

◇ 元代和明代茶诗、茶词

元代历史虽短，但史料上所记载的元代咏茶诗词也有 300 多篇。到了明代，则有 500 多篇咏茶诗词，其中以文徵明创作的茶诗、茶词数量最多，有 150 多首。

元代的茶诗大多反映了人们饮茶的意境和感受。其中，较为著名的有耶律楚材的《西域从王君玉乞茶因其韵七首》、赵孟頫的《留题惠山》、刘秉忠的《尝云芝茶》、虞集的《题蔡端明苏东坡墨迹后》、倪瓒的《题龙门茶屋图》、洪希文的《煮土茶歌》、谢应芳的《阳羡茶》、谢宗可《茶筅》等等。

明代茶诗的一个显著的特点是不少诗人以茶为题材来反映茶民疾苦、讥讽时政。如高启的《采茶词》："雷过溪山碧云暖，幽丛半吐枪旗短。银钗女儿相应歌，筐中采得谁最多？归来清香犹

在手,高品先将呈太守。竹炉新焙未得尝,笼盛贩与湖南商。山家不解种禾黍,衣食年年在春雨。"诗中描写了茶农把茶叶供官,其余的只得卖给商人,自己却舍不得尝新的痛苦,表现了诗人对人民生活同情与关怀。明代的茶诗中,比较著名的还有高启的《采茶词》、吴宽的《爱茶歌》、唐寅的《题＜事茗图＞》、文徵明的《茶具十咏》和《煎茶》、徐祯卿的《秋夜试茶》、王世贞的《试虎丘茶》、陈继儒的《试茶》、于若瀛的《龙井茶歌》、黄宗羲的《余姚瀑布茶》、阮锡的《安溪茶歌》,等等。

◇ 清代茶诗、茶词

清代时期,以厉鹗所写的茶诗最为丰富,有80多首。比较著名的茶诗有周亮工的《闽茶曲》、孔尚任的《试新茶同人分赋》、王世祯的《愚山侍讲送敬亭茶》、宫鸿历的《新茶行》、汪士慎的《幼孚斋中试泾县茶》和《武夷三味》、厉鹗的《圣因寺大恒禅师以龙井茶易予〈宋诗纪事〉真方外高致也作长句邀恒公及诸友继声焉》和《题汪近人煎茶图》、郑燮的《家兖州太守赠茶》、爱新觉罗·弘历的《观采茶作歌》、曹雪芹的《四时即事》、高鹗的《茶》、袁枚的《试茶》和《雨前茶叶(二首之二)》、张日熙的《采茶歌》、陈章的《采茶歌》、陆廷灿的《咏武夷茶》、金田的《鹿苑茶》等等。其中,最值得一提的爱新觉罗·弘历的《观采茶作歌》,该诗详细地描写了杭州西湖龙井茶的加工过程及茶农的艰辛,至今仍然被广为传诵。作为清代的皇帝,他六下江南,曾五次为杭州西湖龙井茶作诗,在我国茶文化史上比较少见。

◇ 现代茶诗、茶词

清代后期,我国的茶叶生产逐步走向衰落。新中国的成立以后,我国的茶叶生产又得到了飞速发展,人们创作咏茶诗词的雅趣也与日俱增。20世纪80年代以来,茶文化活动大量兴起,茶叶诗词的创作也更加繁荣。其中,比较著名的有毛泽东的《和柳亚子先生》、朱德的《看西湖茶区》、陈毅的《梅家坞即兴》、郭沫若的《初饮高桥银峰》、赵朴初的《咏天华谷尖茶》和《汉俳五首》、王泽农的《茶圣陆羽》、唐韬的《访

西湖梅家坞》、苏步青的《试新茶得人字》、连横的《咏茶》、戴盟的《湖上龙井茶宴》,等等。

⊙ 历代茶诗鉴赏

茶诗
五代·郑邀

嫩芽香且灵,吾谓草中英。
夜白和烟捣,寒炉对雪烹。
惟忧碧粉散,常见绿花生。
最是堪珍重,能令睡思清。

娇女诗
西晋·左思

吾家有娇女,皎皎颇白皙。
小字为纨素,口齿自清历。
有姐字惠芳,眉目粲如画。
弛骛翔园林,果下皆生摘。
贪华风雨中,倏忽数百适。
心为茶荈剧,吹嘘对鼎䥶。

咏茶十二韵
唐·齐已

百草让为灵,功先百草成。
甘传天下口,贵占火前名。
出处春无雁,收时谷有莺。
封题从泽国,贡献入秦京。
嗅觉精新极,尝知骨自轻。
研通天柱响,摘绕蜀山明。
赋客秋吟起,禅师昼卧惊。
角开香满室,炉动绿凝铛。
晚忆■泉对,闲思异果平。
松黄干旋泛,云母滑随倾。
颇贵高人寄,尤宜别柜盛。
曾寻修事法,妙尽陆先生。

宝塔诗·茶
唐·元稹

茶,
香叶,嫩芽。
慕诗客,爱僧家。
碾雕白玉,罗织红纱。
铫煎黄蕊色,碗转曲尘花。
夜后邀陪明月,晨前命对朝霞。
洗尽古今人不倦,将至醉后岂堪夸。

对茶
唐·孙淑

小阁烹香茗,疏帘下玉沟。
灯光翻出鼎,钗影倒沉瓯。
婢捧消春困,亲尝散暮愁。
吟诗因坐久,月转晚妆楼。

夏日闲居
唐·张籍

多病逢迎少,闲居又一年。
药看辰日合,茶过卯时煎。
草长晴来地,虫飞晚后天。
此时幽梦远,不觉到山边。

和韦开州盛山茶岭
唐·张籍

紫芽连白蕊,初向岭头生。
自看家人摘,寻常触露行。

尚书惠蜡面茶
唐·徐寅

武夷春暖月初圆,采摘新芽献地仙。
飞鹊印成香蜡片,啼猿溪走木兰船。
金槽和碾沉香末,冰碗轻涵翠缕烟。
分赠恩深知最异,晚铛宜煮北山泉。

峡中尝茶
唐·郑谷

簇簇新英摘露光,小江园里火煎尝。
吴僧漫说鸦山好,蜀叟休夸鸟嘴香。
合座半瓯轻泛绿,开缄数片浅含黄。
鹿门病家不归去,酒渴更知春味长。

尝茶
唐·刘禹锡

生怕芳丛鹰嘴芽,老郎封寄谪仙家。
今宵更有湘江月,照出霏霏满碗花。

九日与陆处士羽饮茶
唐·皎然

九日山僧院,东篱菊也黄。
俗人多泛酒,谁解助茶香。

喜园中茶生
唐·韦应物

洁性不可污,为饮涤尘烦。
此物信灵味,本自出山原。
聊因理郡余,率尔植荒园。
喜随众草长,得与幽人言。

湖州贡焙新茶
唐·张文规

凤辇寻春半醉回,仙娥进水御帘开。
牡丹花笑金钿动,传奏湖州紫笋来。

琴茶
唐·白居易

兀兀寄形群动内,陶陶任性一生间。
自抛官后春多醉,不读书来老更闲。
琴里知闻唯"渌水",茶中故旧是蒙山。
穷通行止长相伴,谁道吾今无往还。

夏昼偶作
唐·柳宗元

南州溽暑醉如酒,隐几熟眠开北牖。
日午独觉无余声,山童隔竹敲茶臼。

西陵道士茶歌
唐·温庭筠

乳窦溅溅通石脉,绿尘愁草春江色。
涧花入井水味香,山月当人松影直。
仙翁白扇霜鸟翎,拂坛夜读《黄庭经》。

疏香皓齿有余味,更觉鹤心通杳冥。

题禅院
唐·杜牧

觥船一棹百分空,十岁青春不负公。
今日鬓丝禅榻畔,茶烟轻扬落花风。

答族侄僧中孚赠玉泉仙人掌茶
唐·李白

尝闻玉泉山,山河多乳窟。
仙鼠白如鸦,倒悬清溪月。
茗生此中层,玉泉流不歇。
根柯洒芳津,采服润肌骨。
丛老卷绿叶,斗枝相连接。
曝成仙人掌,似拍洪崖肩。
举世未见之,其名定谁传。

宗英乃禅伯,投赠有佳篇。
清镜烛无盐,顾惭西子妍。
朝坐有余兴,长吟播诸天。

七碗茶诗
唐·卢仝

日高丈五睡正浓,军将打门惊周公。
口云谏议送书信,白绢针封三道印。
开缄宛见谏议面,手阅月团三百片。
闻到新年入山里,蛰虫惊动春风起。
天子须尝阳羡茶,百草不敢先开花。
仁风暗结珠蓓蕾,先春抽出黄金芽。
摘鲜焙芳旋封裹,至精至好且不奢。
至尊之余合王公,何事便到山人家?
柴门反关无俗客,纱帽笼头自煎吃。
碧云引风吹不断,白花浮光凝碗面。
一碗喉吻润,二碗破孤闷。
三碗搜枯肠,唯有文字五千卷。
四碗发轻汗,平生不平事,尽向毛孔散。
五碗肌骨清,六碗通仙灵。
七碗吃不得也,唯觉两腋习习清风生。
蓬莱山,在何处?玉川子乘此清风欲归去。
山中群仙司下土,地位清高隔风雨。

安得知百万亿苍生命,堕在颠崖受辛苦!

便为谏议问苍生,到头合得苏息否?

和章岷从事斗茶歌
宋·范仲淹

北苑将期献天子,林下雄豪先斗美。
鼎磨云外首山铜,瓶携江上中冷水。
黄金碾畔绿尘飞,碧玉瓯中翠涛起。
斗茶味兮轻醍醐,斗茶香兮薄兰芷。
其间品第胡可欺,十目视而十手指。
胜若登仙不可攀,输同降将无穷耻。

水调歌头
宋·苏东坡

已过几番雨,前夜一声雷,枪旗争战,建溪春色占先魁。采取枝头雀舌,带露和烟捣碎,结就紫云堆。轻动黄金辗,飞起绿尘埃。

老龙团,真凤髓,点将来,兔毫盏里,霎时滋味舌头回。唤醒青州从事,战退睡魔百万,梦不到阳台。两腋清风起,我欲上蓬莱。

品令
宋·黄庭坚

风舞团团饼,恨分破,教孤零。全渠体净,只轮慢碾,玉尘尤莹。汤响松风,平减二分酒病。

味浓香永,醉乡路,成佳境。恰如灯下故人,万里归来对影,口不能言,心下快活自省。

咏贡茶
元·林锡翁

百草逢春未敢花,御花葆蕾拾琼芽。
武夷真是神仙境,已产灵芝又产茶。

游龙井
元·虞集

杖藜入南山,却立赏奇秀。
所怀玉局翁,来往履旧。
空余松在涧,仍作琴筑奏。
徘徊龙井上,云气起晴昼。
入门避沾洒,脱屐乱苔毵。
阳岗扣云石,阴房绝遗构。
澄公爱客至,取水挹幽窦。
坐我蘼萄中,余香不闻嗅。
但见瓢中清,翠影落群岫。
烹煎黄金芽,不取谷雨后。
同来二三子,三咽不忍嗽。
讲堂集群彦,千蹬坐吟究。
浪浪杂飞雨,沉沉度清漏。
今我怀幼学,胡为裹章绶。

游虎丘
元·郭麟孙

海峰何从来?平地涌高岭。
去城不七里,幻此幽绝境。
芳游坐迟暮,无物惜余景。
树暗云岩深,花落春寺静。
野草时有香,风絮淡淡影。
山行纷游人,金翠竞驰骋。
朝来有爽气,此意独谁领,
我来极登览,妙灵应自省。
遥看青数尖,俯视绿万顷。

月圆影落银河水,云脚香融玉树春。
陆井有泉应近俗,陶家无酒未为贫。
诗脾夺尽丰年瑞,分付蓬莱顶上人。

西域从王君玉乞茶,因其韵七首(选三)
　　元·耶律楚材
积年不啜建溪茶,心窍黄尘塞五车。
碧玉瓯中思雪浪,黄金碾畔忆雷芽。
卢仝七碗诗难得,谂老三瓯梦亦赊。
敢乞君侯分数饼,暂教清兴绕烟霞。
长笑刘伶不识茶,胡为买锸谩随车。
萧萧暮雨云千顷,隐隐春雷玉一芽。
建郡深瓯吴地远,金山佳水楚江赊。
红炉石鼎烹团月,一碗和香吸碧霞。

啜罢江南一碗茶,枯肠历历走雷车。
黄金小碾飞琼雪,碧玉深瓯点雪芽。
笔阵阵兵诗思勇,睡魔卷甲梦魂赊。
精神爽逸无余勇,卧看残阳补断霞。

茶烟
　　明·瞿佑
蒙蒙漠漠更霏霏,淡抹银屏幕讲帷;
石鼎火红诗咏后,竹炉汤沸客来时;
雪飘僧舍衣初湿,花落艄船鬓已丝;
惟有庭前双白鹤,翩然趋避独先知。

蓝素轩遗茶谢之
　　明·邱云霄
御茶园里春常早,辟谷年来喜独尝。
笔阵战酣青叠甲,骚坛雄助录沉枪。
波惊鱼眼听涛细,烟暖鸥罂坐月长。
欲访踏歌云外客,注烹仙掌露华香。

竹枝词
　　明·袁宏道
雪里山茶取次红,白头嫠妇哭青风。
自从貂虎横行后,十室金钱九室空。

逃禅问顽石,试茗汲憨井。
竟行忘步滑,野坐怯衣冷。
聊为无事饮,颇觉清昼永。
藉草方醉眠,松风忽吹醒。

尝云芝茶
　　元·刘秉忠
铁色皴皮带老霜,含英咀美入诗肠;
舌根未得天真味,算观先通圣妙香;
海上精华难品第,江南草木属寻常;
待将肤腠侵微汗,毛骨生风六月■。

新样团茶
　　元·李俊民
春风倾倒在灵芽,才到江南百草花。
未试人间小团月,异香先入玉川家。

雪煎茶
　　元·谢宗可
夜扫寒英煮绿尘,松风入鼎更清新。

武夷茶
清·陆廷灿
桑苧家传旧有经，弹琴喜傍武夷君。
轻涛松下烹溪月，含露梅边煮岭云。
醒睡功资宵判牍，清神雅助画论文。
春雷催茁仙岩笋，雀尖龙团取次分。

坐龙井上烹茶偶成
清·爱新觉罗·弘历
龙井新茶龙井泉，一家风味称烹煎。
寸芽生自烂石上，时节焙成谷雨前。
何必团凤夸御茗，聊因雀舌润心莲。
呼之欲出辨才在，笑我依然文字禅。

回头诗
清·曹雪芹
一局输赢料不真，香销茶尽尚逡巡。
欲知目下兴衰兆，须问旁观冷眼人。

和柳亚子先生
毛泽东
饮茶粤海未能忘，索向渝州叶正黄。
二十一年归旧国，落花时节读华章。
牢骚太盛防肠断，风物长宜放眼量。
莫道昆明池水浅，观鱼胜过富春江。

元旦口占用柳亚子怀人韵
董必武
共庆新年笑语华，红岩士女赠梅花。
举杯互敬屠苏酒，散席分尝胜利茶。
只有精忠能报国，更无乐土可为家。
陪都歌舞迎佳节，遥称延安景物华。

和柳亚子先生
林伯渠
骇浪惊涛四海哗，新时世界叹花花。
百年岁月流如矢，几度兴亡话与茶。
士到危时方见义，国无净土忘为家。
肖然南社风流在，珍重文章报国华。

茶诗论长寿
朱德
庐山云雾茶，味浓性泼辣。
若得长年饮，延年益寿法。

访梅家坞
陈毅
会谈及公社，相约访梅家。
青山四面合，绿树几坡斜。
溪水鸣琴瑟，人民乐岁华。
嘉宾咸喜悦，细看摘新茶。

初饮高桥银峰
郭沫若
芙蓉国里产新茶，九嶷香风阜万家。
肯让湖州夸紫笋，愿同双井斗红纱。
脑如冰雪心如火，舌不豆丁眼不花。
协力免教天下醉，三闾无用独醒嗟。

茶诗入禅二首

赵朴初

吃茶

七碗受至味,一壶得真趣。
空持百千偈,不如吃茶去。

中国茶的故乡

东赢玉露甘清香,楞伽紫茸南方良。
茶经昔读今茶史,欲唤无涯让故乡。

茶的情诗

张错

如果我是开水
你是茶叶
那么你的香郁
必须倚赖我的无味。
让你的干枯柔柔的
在我里面展开,舒散;
让我的浸润舒展你的容颜。
我必须热,甚至沸
彼此才能相溶。
我们必须隐藏
在水里相觑,相缠

一盏茶功夫我俩才决定成一种颜色。
无论你怎样浮沉把持不定
你终将缓缓的(噢,轻轻的)
落下,攒聚在我最深处。
那时候你最苦的一滴泪
将是我最甘美的一口茶。

⊙ 茶与小说

茶文化的发展随着小说的兴起,又增添了新的一章。自小说创世以来,以茶入小说不乏其例,反映了现实生活中茶文化的兴盛,说明茶作为极有价值的饮料,早已成为人们生活的一种必需品。

◇ 古代茶小说

目前,茶入小说究竟从何时开始还无法考证清楚。晋宋时期的《搜神记》、《神异记》、《搜神后记》、《异苑》等神怪小说集中就有一些关于茶的故事。东晋干宝的《搜神记》中有写到"夏侯恺死后饮茶"的故事。《博异志·郑洁》中写其妻死,以茶酒祭奠之事。陶潜所著《续搜神记》中有"秦精采茗毛人"

的神异故事，陆羽《茶经》加以征引："晋武帝时，宣城人秦精入武昌山采茗。"

唐宋传奇中也有关于茶的描写。明清时代，小说逐渐成熟，不论文言小说，还是白话长篇小说，都有许多关于茶事的描写。如罗贯中的《三国演义》、施耐庵的《水浒传》、吴承恩的《西游记》、曹雪芹的《红楼梦》、兰陵笑笑生的《金瓶梅》、蒲松龄的《聊斋志异》、吴敬梓的《儒林外史》、刘鹗的《老残游记》、李渔的《夺锦楼》和《闲情偶寄》等诸多名著，都有对"茶事"的描写。

此外，如李绿园的《歧路灯》、西周生的《醒世姻缘传》、文康的《儿女英雄传》、李庆辰《醉茶志怪》、李汝珍《镜花缘》等小说，也有大量"以茶待客"、"以茶祭祀"、"以茶为聘"、"以茶赠友"等茶风俗、茶文化的记述。如《儿女英雄传》第15回就有一段文字描写"饮茶"；第二十七回安公子回家后到张老家，也有一段描写饮茶的文字。这两回对客来敬茶的描写很细腻，也很生活化。

在众多的中国古典小说中都写到茶、饮茶，但大多点到为止，显得十分空泛，算不上是"茶道"。惟有《红楼梦》中有关茶文化的描写堪称典范，曹雪芹在《红楼梦》中是把饮茶习俗作为一种文化现象来描写，他通过对茶的种类、煎茶用水、饮茶用具、茶祭祀、吃年茶、茶泡饭、以茶敬客等等细节的描写，生动展现了我国18世纪中叶封建贵族的饮茶文化。

◇ 当代茶小说

当代文学家以茶为题材写的小说更加丰富多彩，有关茶的小说短篇、中篇和长篇皆有，可谓琳琅满目。其中，为茶人们所喜爱的主要有：李劼人的《死水微澜》、沙汀的《在其香居茶馆里》、陈学昭的《春茶》、廖琪中的《茶仙》、寇丹的《壶里乾坤》和王旭烽的"茶人三部曲"《南方有嘉木》、《不夜之侯》、《筑草为城》等等。

《在其香居馆里》是著名的四川现代作家沙汀在抗战时期发表的短篇小说作品。它写到讲茶，说人们发生了纠纷，往往在茶馆里吃茶讲理，反映了四川茶馆里的风俗茶俗。另外，小说有许多形象生动的描写，例如堂倌提着茶壶穿堂走过，兴高采烈叫道："让开点，看把肥脑袋烫肿！"。

《春茶》著名女作家陈学昭的作品，作者1952年至1964年在浙江杭州龙井茶区长期参加制茶劳动以后写成。在1952年到杭州龙井茶区，作者整日跑动，跟姑娘们上山采茶或拣茶叶，同茶家的感情日益加深。第二年初夏，她在北京文学讲习所列出小说《春茶》的提纲，接着又再回杭州梅家坞体验生活，和农民一起生活和劳动，一起办合作社，于1956年完成长篇小说《春茶》

上集。几年以后,她仍然怀恋杭州茶区,在1963—1964年参加了杭州满觉陇农村社会主义教育运动,并完成了《春茶》下集的创作。作者在《春茶》后记中写道:"我只不过想用朴素的笔写下一点在这时代中我活着、见着和感觉着的东西。"没有那几年扎扎实实的生活,便没有《春茶》。

"茶人三部曲"《南方有嘉木》、《不夜之侯》、《筑草为城》是茶人王旭烽的长篇大作,是20世纪后期茶小说中的杰出代表。《南方有嘉木》获1995年度中宣部"五个一"工程奖,《茶人三部曲》前两部《南方有嘉木》、《不夜之侯》获第五届茅盾文学奖。

"茶人三部曲"之一的《南方有嘉木》是新中国第一部反映茶文化的长篇小说。故事发生在绿茶之都的杭州,忘忧茶庄的传人杭九斋是清末江南的一位茶商,风流儒雅,却不好理财治业,最终死在烟花女子的烟榻上。下一代茶人叫杭天醉,生长在封建王朝彻底崩溃与民国诞生的时代,他身上始终交错着颓唐与奋发的矛盾。有学问,有才气,有激情,也有抱负,但却优柔寡断;爱男友,爱妻子,爱小妾,爱子女……最终"爱"得茫然若失,不得已向佛门逃遁。杭天醉所生三子二女,经历的是一个更加广阔的时代,他们以各种身份和不同方式参与了华茶的兴衰起落的全过程。民族、家庭及其个人命运错综复杂,纠缠其间,跌宕起伏,茶庄兴衰又和百年华茶的兴衰紧密相连,小说因此勾画出一部近、现代史上的中国茶人的命运长卷。

"茶人三部曲"之二的《不夜之侯》讲的是以20世纪30年代末为时代背景的茶人故事。在中华民族生死存亡之际,杭氏家族及其相关人等,在战争中经历了各自的人生,其中沈绿爱,杭嘉草等杭家女性惨死在日寇的铁蹄之下;寄草、杭忆、杭汉、忘忧作为新一代杭家儿女则投入了抗日战争,他们有的在战争中牺牲了,有的为了胜利后的明天坚持着茶业建设。杭嘉禾作为这个茶叶世家的传人,在漫长的八年抗战中,承受了巨大的难以想像的劫难,呈现出中华茶人的不朽风骨。小说着力刻画了反侵略战争背景下的文化形态,展示中华茶文化作为中华民族精神的重要组成部分,在那个特定的历史背景下的深厚力量。

"茶人三部曲"之三的《筑草为城》是以1966年6月至1976年清明期间的"文化大革命"为时代背景创作的小说,杭家的第四、第五代传人在这个特殊的

历史年代登上人生舞台，杭、吴两个有着深厚历史渊源的家族后代又遇到了一起，天真与邪恶、善良与愚昧都以革命的面孔、狂热的姿态卷入了那场运动。这时的杭嘉禾已是一位世纪老人，他目睹了那场文化浩劫的全过程。在家庭蒙受巨大灾难的年代，他保持了一个中华茶人的优秀品格。杭汉、罗力等茶业工作者在苦难中从未停止过对茶事业的追求，茶支撑他们走过漫漫长夜，终于迎来了一个开明的新时代。

⊙ 茶谚、茶联

◇ 茶谚

茶谚即茶叶谚语，是我国茶叶文化发展过程中派生出的又一个文化现象。按照内容或性质，可分为茶叶饮用和茶叶生产两类。茶谚主要来源于茶叶饮用和生产实践，通过谚语的形式，采取口传心记的办法来保存和流传，是一种茶叶饮用和生产经验的概括记述。所以，茶谚不仅是我国茶学或茶文化的宝贵遗产，也是我国民间文学中的一枝奇葩。

我国茶谚现存最早的记述见于唐代末年苏廙的《十六汤品》。其"减价汤"中记述称："谚曰，茶瓶用瓦，如乘折脚骏马登高。"不过《十六汤品》中所记述的茶谚不一定是我国实际最早的茶谚。茶谚是茶叶生产、饮用发展到一定阶段才产生的一种文化现象。从茶谚的两个类型来说，其主要源泉是茶的生产实践，有关饮用茶谚的出现，不但晚于生产性的茶谚，也少于生产性茶谚。在我国古代茶书和相关文献中，基本上都未提到植茶的谚语。茶叶收藏和制茶方面的谚语也直到明、清时才有"茶是草，箬是宝"，《月令广义》也有"谚曰，善蒸不若善炒，善晒不如善焙"这样的记载。下面列举部分茶谚：

茶树种植和茶园管理谚语

法如种瓜；
向阳好种茶，背阳好插衫；
桑栽厚土扎根牢，茶种酸土呵呵笑；
高山出名茶；
槐树不开花，种茶不还家；
七挖金，八挖银，九冬十月了人情；
三年不挖，茶树摘花；
若要茶树好，铺草不可少；
若要茶树败，一季甘薯一季麦；
春山挖破皮，伏山挖见底；
锄头底下三分水；
有收无收在于水，多收少收在于肥；
基肥足，春茶绿。

茶叶采摘谚语

叶卷上，叶舒次；
笋者上，芽者次；
头茶不采，二茶不发；
头茶荒，二茶光；
立夏茶，夜夜老，小满过后茶变草；
会采年年采，不会一年光；
枣树发芽，上山采茶；
惊蛰过，茶脱壳；
插得秧来茶又老，采得茶来秧又草。

茶叶制作贮藏谚语

抛闷结合，多抛少闷；
高温杀青，先高后低；
嫩叶老杀，老叶嫩杀；
贮藏好，无价宝；
茶是草，箬是宝。

茶叶饮用谚语

山水上，江水中，井水下；
开门七件事，柴米油盐酱醋茶；
扬子江中水，蒙山顶上茶；
龙井茶，虎跑水；
宁可一日无粮，不可一日无茶；

早茶一盅，一天威风；
春茶苦，夏茶涩，要好喝，秋白露；
白天皮包水，晚上水包皮；
新茶到在先，捧得高似天。

◇ 茶联

茶联也是我国楹联宝库中的一枝夺目的奇葩。凡是饮茶的场所，如茶馆、茶楼、茶室、茶叶店、茶座的门庭或石柱上，茶道、茶礼、茶艺表演的厅堂壁上，甚至在茶人的起居室内，都常常可以看见茶联。既有古朴高雅之美，又有"公德正气"、情操高尚之感。

关于茶联最早始于何时，人们有不同观点。一般认为自唐至宋，饮茶兴盛，茶受文人墨客所推崇，因此茶联最迟应出现在宋代。目前所见的茶联，宋代有苏轼的"欲把西湖比西子，从来佳茗似佳人"，陆游的"客来茶香留舌本，睡雨书味在胸中"。明代有陈继儒"泉从石出情宜冽，茶自峰生味更圆"。

清代的茶联数量较多，其中以诗人、画家郑燮写的茶联最多，如："汲来江水烹新茗，买尽青山当画屏"、"扫来竹叶烹茶叶，劈碎松根煮菜根"、"墨兰数枝宣德纸，苦茗一杯成化窑"、"雷言古泉八九个，日铸新茶三两瓯"、"从来名士能评水，自古高僧爱斗茶"等等。清代林则徐写有"攀桂天高，忆八百孤寒，到此莫忘修士苦；煎茶地胜，看五千文字，个中谁是谪仙人"，汪次闲写的"为公忙为私忙，忙里偷闲吃碗茶去；求名苦求利苦，苦中作乐拿壶酒来"也很受人们称赞。

近代文人撰写的茶联数量更多，现将各地茶馆、茶艺馆的楹联摘录部分如下：

放晖凭水阁，把盏读茶经；
得与天下同其乐，不可一日无此君；
座畔花香留客饮，壶中茶浪拟松涛；
林下春自足，壶中别有天；
楼景半连深岸水，茶烟轻扬落花风；
为爱清香频入座，欣同知己细谈心；
只缘清香成清趣，全因浓酽有浓情；
四海咸来不速客，一堂相聚知音人；
一杯春露暂留客，两腋清风几欲仙；

得与天下同其乐，不可一日无此君；

香飘屋内外，味醇一杯中；

客至心常热，人走茶不凉；

美酒千杯难成知己，清茶一盏也能醉人；

茗外风清移月影，壶边夜静听松涛；

诗写梅花月，茶煎谷雨春；

龙井云雾毛尖瓜片碧螺春，银针毛峰猴魁甘露紫笋茶；

剪取吴淞半江水，且尽卢仝七碗茶；

半壁山房待明月，一盏清茗酬知音；

饮一盏新绿，染满身清香；

趣言能适意，茶品可清心。

茶与艺术

书、画、歌、剧等艺术形式都与茶结缘很深。一方面，茶增强了书画家歌舞剧作家的创作激情，丰富了艺术表现的内容。另一方面，书画家、歌舞戏剧创作者及其作品对茶叶文化的宣传、茶叶技术的传播也起着积极的推动作用。书、画、歌、剧与茶共同具有的清雅、质朴、自然的美学特征，是茶与书画歌剧结缘的基础。

⊙ 茶与歌舞

茶舞和茶歌也是茶叶生产、饮用发展到一定程度衍生出来的一种茶文化现象。依据皮日休《茶中杂咏序》"昔晋杜毓有荈赋，季疵有茶歌"的记述，可知最早的茶歌是陆羽的茶歌。但可惜，这首茶歌也早已散佚。一般而言，茶歌主要来源有三种：

一是由诗变为歌。即由文人的作品变成民间歌词，如《尔雅》所说的"声比于琴瑟曰歌"；《韩诗章句》称"有章曲曰歌"，认为诗词只要配以章曲，声音如琴瑟，那么诗也就是歌了。到宋代，王观国《学林》、王十朋《会稽风俗赋》等人的作品中，就把卢仝《走笔谢孟谏议寄新茶》称为"卢仝茶歌"或"卢仝谢孟谏议茶歌"，这表明此诗至少在宋代，就配以章曲、器乐奏唱了。宋代咏茶诗词由诗传为茶歌的情况较多，如熊蕃在十首《御苑采茶歌》的序文中称："先朝漕司封修睦，自号退士，曾作《御苑茶歌》十首，传在人口。……蕃谨抚故事，亦赋十首献漕使。"这里所谓的"传在人口"就是歌唱在人民中间。

二是由民谣而变为茶歌。民谣经过文人的整理配曲后再返回民间，如明清时杭州富阳一带流传的《贡茶鲥鱼歌》是正德九年（1514）按察佥事韩邦奇根据《富阳谣》改编为歌的。其词曰："富阳山之茶，富阳江之鱼，茶香破我家，鱼肥卖我儿。采茶妇，捕鱼夫，官府拷掠无完肤，皇天本圣仁，此地一何辜？鱼兮不出别县，茶兮不出别都，富阳山何日摧？富阳江何日枯？山摧茶已死，江枯鱼亦无，山不摧江不枯，吾民何以苏！"这首歌词通过一连串的问句，唱出了富阳地区采办贡茶和捕捉贡鱼使百姓遭受的侵扰和痛苦。

三是茶农和茶工自己创作的民歌或山歌，也是茶歌的主要来源。如清代时期江西每年到武夷山采制茶叶的劳工中流传的歌。由于长期的流传、发展，这些茶歌逐渐孕育产生出了专门的"采茶调"，并且逐渐发展成为我国南方的一种传统民歌形式。

我国不仅汉族有采茶歌（调）这一类的民歌，在我国西南的一些少数民族中，也演化产生了"打茶调"、"敬茶调"、"献茶调"等曲调。例如居住在金沙江西岸的彝族支系白依人，结婚第三天祭过门神开始正式宴请宾客时，吹唢呐的人，按照待客顺序，依次吹"迎宾调"、"敬茶调"等等，说明我国有些兄弟民族不仅有茶歌，还形成了若干有关茶的固定乐曲。

以茶事为内容的舞蹈，可能也出现很早。元代和明清期间，是我国舞蹈的一个中衰阶段，所以史籍中有关我国茶叶舞蹈的具体记载很少。现在都知道的是流行于我国南方各省的"茶灯"或"采茶灯"。茶灯、马灯、霸王鞭等，是过去汉族比较常见的一种民间舞蹈形式。茶灯，是福建、广西、江西和安徽"采茶灯"的简称。它在江西，还有"茶篮灯"和"灯歌"的名字；在湖南、湖北，则称为"采茶"和"茶歌"；在广西又称为"壮采茶"和"唱采舞"。

关于这一舞蹈，不仅各地名字不一，跳法也有所不同。但是，一般基本上是由一男一女或一男二女（也可有三人以上）参加表演。舞者腰系绸带，男的持一钱尺（鞭）作为扁担、锄头等，女的左手提茶篮，右手拿扇，边歌边舞，主要表现姑娘小伙子们在茶园的劳动生活。

除了汉族和壮族的《茶灯》民间舞蹈外，我国有些民族盛行的盘舞、打歌也以敬茶和饮茶的茶事为内容，也可以说是一种茶叶舞蹈。如彝族打歌时，客人坐下后，主办打歌的村子或家庭，老老少少，恭恭敬敬，在大锣和唢呐的伴奏下，手端茶盘或酒盘，边舞边走，把茶、酒一一献给每位客人，然后再边舞边退。

云南洱源白族打歌和彝族上述情况极其相像，人们手中端着茶或酒，在领歌者的带领下，唱着白语调，弯着膝，绕着火塘转圈圈，边转边抖动和扭动上身，以歌纵舞，以舞狂歌。在当代，因为广大的文艺工作者深入茶乡生活，创造出一批旋律优美，风格清新的茶歌茶舞。例如周大风作词编曲的《采茶舞曲》就是人们普遍喜爱的作品，它让茶歌舞走向舞台和银幕。

不仅中国有茶歌茶舞，国外也有。如日本人也有采茶舞表演，其民间也有采茶歌流传，歌中描写了采茶姑娘采茶的情景，并有"采呀采呀莫停罢，停时日本没有茶"的歌词，以鼓励采茶人。

19世纪中叶，英国开展节饮运动，产生了多首关于茶的歌曲。在茶会中最流行的是《给我一杯茶》。在荷兰、美国也有以茶为题材的歌曲在民间传唱，如美国作曲家加尼特所作的《茶歌》，歌唱饮茶的快乐。

⊙ 茶与绘画

在中国，画余品茗，茶余论诗，创作以茶为题材的绘画作品，都可谓历史悠久。历代茶画多以煮茶、奉茶、品茶、采茶、以茶会友、饮茶用具等为主要描绘内容。若将这些茶画作品汇集在一起，就是一部中国几千年茶文化历史图录。所以，茶画作品也是茶文化的一个重要组成部分。

唐代饮茶之风遍及全国，表现茶事活动的绘画作品随之也不断出现，其中以表现宫廷贵族饮茶生活和士大夫品茗的作品居多。主要的传世之作有人物画家周昉的《调琴啜茗图》，张萱画的《烹茶仕女图》和《煎茶图》，著名画家阎立本的《萧翼赚兰亭图》等等。

宋代时期，上至皇帝、下至平民皆珍爱茶事。民间斗茶之风盛行，与茶事相关的绘画作品也有很多，绘画涉及的面很广泛。主要作品有宋徽宗赵佶的《品茶图》，画家刘松年的《斗茶图》和《卢仝烹茶图》等，风俗画大家张择端所作的《清明上河图》，嗜茶并以茶为营生的山水画大家江参作的《千里江山图》，等等。后两幅作品中的茶肆反映了宋朝民间饮茶风尚的盛行。

元代延续了宋代的饮茶风尚和习俗，斗茶之风虽减，品茶的习俗仍然盛行。反映茶事活动有绘画作品内容丰富，表现形式多样，有的表现民间斗茶，有的表现烹茶,有的展示采茶情景,也有的描写侍茶待客。传世的主要作品有赵孟頫的《斗茶图》,钱选的《卢仝烹茶图》,赵原的《陆羽烹茶图》,元朝永乐宫中的壁画《村童采茶图》,民间壁画《童子侍茶图》,等等。

明代以茶为题材的绘画作品比元代的内容更为丰富多彩。"明代四大家"沈周、文徵明、唐寅、仇英都为后世留下了许多有关茶事的绘画作品,如沈周的《虎丘对茶坐图》、《醉茶图》,文徵明的《松下品茗图》、《品茶图》、《煮茶图》、《惠山茶会图》、《茶具十咏图》,唐寅的《品茶图》、《事茗图》、《陆羽烹茶图》,仇英的《为皇煮茗图》、《竹庭玩古图》、《松庭试泉图》。此外,还有丁云鹏的《玉川煮茶图》、陈老莲的《高逸品茗图》都是传世之作。

清代画家辈出,无论是"六家"(吴历、王石谷、王原祁、王时敏、王鉴、恽南田)、"八怪"(郑燮、高凤翰、李𫘧、黄慎、金农、李方膺、罗聘、闵贞等),还是"三任"(任熊、任薰、任预)、"四僧"(原济、朱耷、髡残、渐江)都不但好茶、品茶,还都作了许多有关茶事的画,如李𫘧的《煮茶图》、《一枝梅图》,郑燮的《墨竹图》,李方膺的《梅兰图》,"三任"作的《纨扇图》、《调琴啜茗图》、《春风啜茗图》、《竹溪煎茶》、《时花茗壶图》,蒲华的《供茶图》,虚谷的《茶壶秋菊图》,吴昌硕的《花开茶热图》、《梅花茶炉图》,等等。

近现代茶事绘画作品也很丰富,如比较著名的有齐白石的《杂画册选三》、齐白石赠毛泽东的《茶具梅花图》、丰子恺的《人散后,一钩心月天如水》、傅抱石的《蕉荫煮茶图》等等。

在国外,也有茶与绘画艺术结缘的表现。如日本以茶为题材的绘画就很多。虽然日本的茶事绘画仿自中国,但也有所创新,如《明惠上人图》。明惠上人即日本僧人高辨,他在日本宇治栽植第一株茶树,对中国的饮茶在日本的传播起了相当大的影响。在《明惠上人图》中,明惠坐禅松林之下,塑造成一个不朽的形象。在北欧和美洲,到了18世纪,饮茶也已成为风尚,一些画家就常以饮茶为题材,也出现了一些有名的作品。

此外,茶与现代摄影艺术也有相当广泛的联系,许多摄影师以茶为题材,拍摄了不少优秀作品。特别在一些名山拍摄的采茶画面,将青山绿水、松竹花木和茶园融为一体,增添了茶区景色的诗情画意。

茶与戏曲

茶与戏剧渊源很深，描写茶事的戏曲也是茶文化的一个重要组成部分，二者之间的密切关系主要表现在以下几个方面：

我国早期的营业性的戏剧演出场所一般都统称为"茶园"或"茶楼"。在我国旧社会，弹唱、相声、大鼓、评话等曲艺的演出场所通常在茶馆里进行，各种戏剧演出的剧场，又都兼营卖茶或最初也在茶馆。所以，在明、清时期，凡是营业性的戏剧演出场所，一般统称为"茶园"或"茶楼"。原因在于戏曲演员演出的收入早先是由茶馆支付。也就是说，早期的戏院或剧场，其收入是以卖茶为主；只收茶钱，不卖戏票，演戏是为了娱乐茶客和吸引茶客。比如20世纪末北京最有名的"查家茶楼"、"广和茶楼"以及上海的"丹桂茶园"、"天仙茶园"等等，均是演出场所。这类茶楼或茶园，一般在一壁墙的中间建一台，台前平地称之为"池"，三面环以楼廊作观众席，设置茶桌、茶椅，供观众一边品茗一边看戏。现在的专业剧场也是辛亥革命前后才出现的，当时还特地名之为"新式剧院"或"戏园"、"戏馆"。这"园"字和"馆"字，就出自茶园和茶馆。正因为戏曲与茶园的这些关系，有人也形象地称："戏曲是我国用茶汁浇灌起来的一门艺术。"

茶叶的生产和消费，使之成为社会生产、社会文化和社会生活的一个重要方面；茶事也随之成为戏曲创作的背景和题材。所以，古今中外的许多名戏、名剧，不但都有茶事的内容、场景，有的甚至以茶事为背景和题材创作全剧。如我国传统剧目《西园记》的开场词中，即有"买到兰陵美酒，烹来阳羡新茶"，一下子把观众引到特定的乡土风情当中。

又如昆剧传统剧目《茶访》，又称《茶坊》，是南戏《寻亲记》中的一出。主要写宋朝范仲淹新任河南开封府尹，私行察访，在茶馆中偶见当地土豪张敏横行不法，于是向茶博士探问究竟，茶博士便详述了张的罪恶。又如20世纪20年代初，我国著名剧作家田汉创作的《环娥琳与蔷薇》中，就有不少煮水、拿茶、泡茶和斟茶等场面的描写。50年代出现了诸如《茶馆》、《喜鹊岭茶歌》等一类以茶事为背景和内容的话剧与电影。赣南采茶戏解放后发掘整理了《九龙山摘茶》（改名《茶童歌》）；粤北采茶戏有传统剧目《九龙茶灯》；皖南花鼓戏解放后整理演出了《当茶园》；老舍的话剧《茶馆》；湖北宜昌京剧团的现代京剧《茶山七仙女》，写大跃进中7个采茶姑娘战胜保守思想，大胆革新的故事。再如有将我国古典传奇故事《鸣凤记》、《水浒记》、《玉簪记》中有关茶的剧情在昆剧演出中分别改编为：《吃茶》《借茶》、《茶叙》的折子戏；郭沫若创作的话剧《孔雀胆》将武夷功夫茶搬上了舞台，等等。

"采茶戏"清代就已经在采茶歌和采茶舞基础上发展起来，随着我国茶事发展成了一个独立剧种。相传，在唐明皇时代，宫廷中有一位教练舞的歌舞大师雷光华为避死罪而逃往赣南，以种茶为生，隐名埋姓于赣南的九龙山。他在与当地人民共同生活、劳动过程中，把自己的演唱艺术同地方小调与采茶动作糅合进来，从而创造了采茶歌，也就是民间所谓的"茶灯"。起初，"茶灯"只演唱"十二月采茶调"，后来逐步发展，音乐不断丰富并融入一些茶农生活的故事情节。

到明末清初，"茶灯"形成了"以歌舞演故事"的极富乡土特色的采茶戏。随着九龙山茶业的兴旺发达，该戏影响日广，遍及赣南山村。剧中人物通常为二旦一丑，人称"三脚戏"，清代《南安竹枝词》记载："长日演来三脚戏，采茶歌到试茶天。"可见当时演戏的盛况，其时还出现了采茶戏史上首部整本大戏《茶篮灯》。

采茶戏不仅流行于江西，也是湖北、广东、安徽、湖南、福建、广西等省区的一种戏曲类别。如广东的"粤北采茶戏"、湖北的"阳新采茶戏"、"黄梅采茶戏"、"蕲春采茶戏"等等。但是，这种戏以江西最为普遍，剧种也很多，江西采茶戏的剧种有"赣南采茶戏"、"抚州采茶戏"、"南昌采茶戏"、"武宁采茶戏"、"赣东采茶戏"、"吉安采茶戏"、"景德镇采茶戏"和"宁都采茶戏"等等，可见其剧种名目繁多。

采茶戏变成戏曲，最早的曲牌名就叫"采茶歌"。采茶戏的形成，不仅仅脱胎于采茶歌和采茶舞，它还吸收了花灯戏、花鼓戏的风格。花灯戏是流行于云南、广西、贵州、四川、湖北、江西等省区的花灯戏类别的统称。以云南花灯戏的剧种为最多。其产生年代较花鼓戏和采茶戏稍迟，大多形成于清代。花鼓戏以湖北、湖南二省的剧种为最多，其形成时间和采茶戏相差不多。这两种戏曲也是起源于民歌小调和民间舞蹈。由于采茶戏、花灯戏、花鼓戏的来源、形成和发展时间、风格等都比较接近，所以二者之间自然也就存在相互吸收学习的关系。

剧作家、演员也受到了茶叶文化浸染，并产生出与茶有联系的艺术流派。茶文化影响了戏曲产生了采茶戏这种戏，甚至也影响了戏剧流派的名称。如明代我国剧本创作中有一个艺术流派，叫"玉茗堂派"，即是因大剧作家汤显祖嗜茶，将其在临川的住处命名为"玉茗堂"，于是其派别即被称作"玉茗堂派"。汤显祖的剧作，注重抒写人物情感，讲究辞藻，其所作《玉茗堂四梦》刊印后，对当时和后世的戏剧创作都有巨大的影响。当然，茶使汤显祖在我国戏剧史上作用和地位，并不仅限于一个流派的名字。

饮茶传说与典故

⊙ 茶的传说

中国茶叶，历史悠久，名茶众多。所以，关于茶的传说自然也不少，几乎每种名茶都有一段美丽的传说，其内容包括人物、地理、古迹、自然风光等等。本书仅列出我国现今仍然流传的十大名茶的传说。

◇ 西湖龙井的传说

西湖龙井产自浙江杭州西湖的五云山、狮峰、龙井、虎跑一带，历史上曾分为"狮、龙、云、虎"四个品类。其中，大多认为产于狮峰的茶叶品质最佳。龙井素以"色绿、香郁、味醇、形美"四绝著称于世。其形光扁平直，色翠略黄似糙米色，滋味甘鲜醇和，香气幽雅清高，汤色碧绿黄莹，叶底细嫩成朵。

龙井茶声名之大与乾隆皇帝有关。传说，有一年乾隆帝下江南，来到龙井村附近的狮子峰下胡公庙休息。庙里的和尚端上当地的名茶招待。乾隆精于茶道，一见那茶，不由叫绝，只见洁白如玉的瓷碗中，片片嫩茶犹如雀舌，色泽碧绿，碧液中透出阵阵幽香。他品尝了一口，只觉得两颊生香，受用不已。后来，乾隆召见和尚，问道："此茶何名？产于何地？"和尚回答说："这是小庙所产的龙井茶。"乾隆一时兴发，走出庙门，只见胡公庙前碧绿如染，十八棵茶树嫩芽初发，青翠欲低，周围群山起伏，宛若狮形。茶名龙井，山名狮峰，都似乎预兆着他彪炳千秋的功业，况且十八又是个大吉大利的数字，那龙井茶更是赏心悦目、甘醇爽口，于是乾隆龙心大悦，当场封胡公庙前的十八棵茶树为"御茶"。从此，龙井茶名声远扬，并与虎跑泉素称"杭州双绝"。

那么，虎跑泉又是怎样来的呢？传说，从前有名为大虎和二虎的俩兄弟，二人力大过人，两人来到杭州，想在现在虎跑的小寺院里安家。和尚告诉他俩，这里吃水困难，要翻几道岭去挑水。兄弟俩说，只要能住下来，挑水的事他们全包了。和尚就收留了兄弟俩。一年夏天，天气大旱，又不下雨，小溪也干涸了，吃水非常困难。兄弟俩想起流浪过南岳衡山的"童子泉"，想着如果能将童子泉搬到杭州就好了。有了这想法，兄弟俩就决定去试一试，要把衡山童子泉搬过来，一路奔波，二人到衡山脚下时就都晕倒了。正当此时，狂风呼啸，暴雨发作，风停雨过，他俩醒来，只见眼前站着一位手拿柳枝管"童子泉"的小仙人。他俩向小仙人的诉说了杭州旱情，仙人听后，用柳枝洒水到他俩身上，兄弟二人顿时变成两只色彩斑斓的猛虎，小孩跃上虎背，老虎便带着"童子泉"直奔杭州而去。和尚和村民们当夜即梦见大虎、二虎变成两只猛虎，把"童子泉"搬到了杭州。第二天，天空明朗，霞光万丈，只见两只猛虎从天而降，在寺院旁的竹园里刨了一个深坑，一阵狂风暴雨过后，只见深坑里涌出一股清泉，大家想肯定是大虎和二虎给他们带来的泉水。为了纪念大虎和二虎，泉水被命名为"虎刨泉"，后来为了顺口就叫成"虎跑泉"。用虎跑泉泡龙井茶，色香味俱佳。

◇ 洞庭碧螺春的传说

江苏吴县太湖之滨的洞庭山出产洞庭碧螺春。这种茶一般是春季从茶树采摘下的细嫩芽头炒制而成；高级的碧螺春，每公斤干茶需要茶芽13.6～15万个。由于外形如条索紧结，白毫显露，色泽银绿，翠碧诱人，卷曲成螺，故名"碧螺春"。汤色清澈，浓郁甘醇，鲜爽生津，回味绵长；叶底嫩绿显翠，非常美丽。

传说，从前东洞庭莫厘峰上有一种奇异的香气，人们误认为有妖精作怪而不敢上山。一天，有位勇敢胆大、个性倔强的姑娘去莫厘峰砍柴，走到半山腰就闻到一股清香，她非常好奇，就爬上悬崖，来到山峰顶上探看，只见在石缝里长着几棵绿油油的茶树，发出一阵阵香味。于是，她从茶树上采摘了一些芽叶揣在怀里才下山。回家后，姑娘从怀里取出茶叶，满屋立即充满芬芳，姑娘大叫"吓煞人哉，吓煞人哉！"这时，姑娘感到又累又渴，就拿了一撮芽叶泡上一杯喝起来，不想那茶叶香沁心脾，还可以消除疲劳。姑娘非常高兴，就把那茶树挖来，种在西洞庭的石山脚下。经过姑娘几年精心培育以后，茶树长得枝繁叶茂，香气宜人，吸引了远近乡邻，姑娘把采下来的芽叶泡茶招待大家。大家饮后赞不绝口，问这是何茶，她见这芽叶满身茸毛，香浓味爽，随口答道："吓煞人香"。从此，"吓煞人香"茶被大量引种繁殖，逐渐遍布了整个洞庭西山和东山。后来，随着采制加工技术的逐步提高，"吓煞人香"形成了"一嫩三鲜"（即芽叶嫩，色、香、味鲜）的特点，碧绿澄清，形似螺旋，满披茸毛的碧螺春茶。

那么，"吓煞人香"为什么会改名为"碧螺春"呢？据说是皇帝下江南时品尝了此茶，觉得茶味甘醇，只是"吓煞人香"茶名太俗，遂赐名为"碧萝春"。后人因其形如卷螺，又称"碧螺春"。

◇ 白毫银针的传说

白毫银针素有"美女"、"茶王"的美称，产自福建东部的福鼎和北部的政和等地。白毫银针白毫色白如银，细长如针,因而得名。冲泡白毫银针时,"满盏浮茶乳",银针直立,上下交错,非常美丽;汤色黄亮清澈,味道清香甜爽。白茶味温性凉,健胃提神,据说有明目降火的奇效,可治"大火症"。

关于白毫银针的来历也有一个传说。据说有一年政和一带久旱不雨,瘟疫四起,病死者无数。人们听说在东方云遮雾挡的洞宫山的龙井旁长着几株仙草,揉出草汁能治百病,草汁滴在河里、田里,还能涌出水来,采得仙草即可救众乡亲。但是,那仙草有黑龙守护,很多勇敢的小伙子去寻找仙草都有去无回。当时,有一户人家的兄妹三人决定采摘仙草,大哥名志刚,二哥叫志诚,三妹叫志玉。三人商定先由大哥去找仙草,如不见回来,再由二哥去找,假如也不见回来,则由三妹继续寻找。于是,大哥志刚带着祖传的鸳鸯剑先行出发,对弟妹说:"如果发现剑上生锈,便是大哥不在人世了。"接着就朝东方出发了。36天后,志刚到达洞宫山下,正准备上山时,只见路旁走出一位白发银须的老爷爷,问他是否要上山采仙草,志刚答是,老爷爷告诉他仙草就在山上龙井旁,还告诫他上山时只能向前千万别回头,否则采不到仙草。志刚一口气爬到半山腰,只见满山乱石,阴森恐怖,身后传来喊叫声,他不予理睬,只管向前。走着走着,志刚忽听一声大喊"你敢往上闯",他大惊回头,立刻变成了一块石头。志诚兄妹在家中发现剑已生锈,知道大哥已经不在人世。于是,志诚拿出铁镞箭对志玉说,我去采仙草了,如果发现箭镞生锈,你就接着去找仙草。志诚走了49天,也在洞宫山下遇到了白发老爷爷,老爷爷同样告诉他上山时千万不能回头。他走到乱石岗时,忽听身后志刚大喊"志诚弟,快来救我",他猛一回头,也变成了一块巨石。志玉在家中发现箭镞生

锈,知道找仙草的重任落到了自己的身上。她来到洞宫山时也遇见了白发老爷爷,同样告诉她千万不能回头,并送给她一块烤糍粑。志玉告别老爷爷,背着弓箭继续往前行进,到乱石岗时,只听见怪声四起,她立即用糍粑塞住耳朵,坚决不回头,终于爬上山顶来到龙井旁,拿出弓箭射死了黑龙,采下仙草上的芽叶,并用井水浇灌仙草,仙草立即开花结子,志玉采下种子,立即下山。经过乱石岗时,她按老爷爷的吩咐,将仙草芽叶的汁水滴在每一块石头上,石头立即变成了人,志刚和志诚也复活了。兄妹三人回乡后将种子种满山坡,治好了瘟疫病,缓解了当地的旱情。后来,人们得知这种仙草便是茶树,于是这一带人们年年采摘茶树芽叶,晾晒收藏,饮用防病。这就是白毫银针名茶来历的故事。

◇ 君山银针的传说

湖南省洞庭湖的君山出产君山银针,其茶芽细嫩,满披茸毛,冲泡后,三起三落,雀舌含珠,犹如刀丛林立,有很高的观赏价值。

传说,四千多年前娥皇、女英播下了君山茶的第一颗种子,这种茶就一直流传下来。从五代的时候起,银针就作为年年向皇帝进贡的"贡茶"。后唐的第二个皇帝明宗李嗣源,第一回上朝的时候,侍臣为他捧杯沏茶,开水向杯里一倒,马上看到两团白雾腾空而起,慢慢幻化出了一只白鹤。白鹤对明宗点了三下头,便朝蓝天翩翩飞去。再看杯中,只见茶叶齐崭崭地都悬空竖了起来,就像一群破土而出的春笋。片刻之后,茶叶又慢慢下沉,就像是雪花坠落一般。明宗觉得很奇怪,就问侍臣原因。侍臣回答说:"这是君山的白鹤泉(即柳毅井)水,泡黄翎毛(即银针茶)的缘故。白鹤点头飞入青天,是表示万岁洪福齐天;

翎毛竖起，是表示对万岁的敬仰；黄翎缓坠，是表示对万岁的诚服。"明宗听后十分高兴，立即下旨把君山银针定为贡茶。侍臣的一番话自是讨好皇上，其实细嫩的君山银针茶冲泡时的确会棵棵茶芽竖立悬于杯中，上下沉浮，十分美丽。

◇ 黄山毛峰的传说

黄山毛峰产自安徽黄山，主要分布在桃花峰的云谷寺、吊桥庵、松谷庵、慈光阁及半寺周围。桃花峰山高林密，云雾多，日照短，茶树得云雾之滋润，无寒暑之侵袭，自然蕴成良好的品质。黄山毛峰外形细扁微曲，状如雀舌，香如白兰，味醇回甘。

传说，在明朝天启年间，江南黟县新任县官熊开元带书童来黄山春游时迷了路，遇到一位斜挎竹篓的老和尚，便借宿寺院。长老泡茶敬客时，知县细看这茶叶色微黄，形似雀舌，身披白毫，沸水冲泡下去，只见热气绕碗边转了一圈，转到碗中心后就直线升腾一尺多高，然后在空中转一圆圈，化成一朵白莲，白莲又慢慢上升化成一团云雾，最后散成一缕缕热气飘荡开来，幽香满室。熊知县询问得知此茶名叫黄山毛峰，临别时长老赠送此茶一包和黄山泉水一葫芦，嘱咐一定要用此泉水冲泡才能出现白莲奇景。

熊知县回县衙后遇到同窗旧友太平知县来访，便冲泡黄山毛峰表演了一番。太平知县非常惊喜，到京城禀奏皇上，想献仙茶邀功请赏。皇帝传令进宫表演，却不见白莲奇景出现。皇上大怒，太平知县只得说此茶为黟县知县熊开元所献。皇帝立即传令熊开元进宫受审，熊知县进宫后得知是因为未用黄山泉水冲泡，讲明缘由后请求回黄山取水。熊知县回到黄山拜见长老，取得了山泉。他用山泉在皇帝面前冲泡表演，玉杯中果然出现了白莲奇观，龙颜大悦，便对熊知县说道："朕念你献茶有功，升你为江南巡抚，三日后就上任去吧。"熊知县历此事端，心中感慨万千，心想黄山名茶尚且品质清高，茶犹如此，何况为人呢？心中一时顿悟，便脱下官服玉带，到黄山云谷寺出家做了和尚，法名正志。如今，在苍松入云、修竹夹道的云谷寺下的路旁，有一壁庵大师的墓塔遗址，相传正是正志和尚的坟墓。

◇ 武夷岩茶

武夷岩茶产自福建武夷山，制作方法介于绿茶与红茶之间，属半发酵茶。武夷岩茶主要有"大红袍"、"白鸡冠"、"水仙"、"乌龙"、"肉桂"等品种。武夷岩茶品质独特，虽未经窨花，茶汤却有浓郁的鲜花香，饮时甘馨可口，回味无穷。18世纪传入欧洲后，受到当地人的喜爱，曾有"百病之药"的美誉。

武夷岩茶的每一个品种都有一段美丽的传说。这里就只讲一个有关"大红袍"的传说。

关于大红袍的来历也有很多传说，此处只讲其一。据说古时候有一穷秀才上京赶考，路过武夷山时，病倒在地，被天心庙老方丈看见，泡了一碗茶给他喝，病就好了。后来秀才金榜题名，中了状元，还被招为东床驸马。一个春日，状元来到武夷山谢恩，在老方丈的陪同下到了九龙窠，只见峭壁上长着三株高大的茶树，枝叶繁茂，嫩芽簇簇，在阳光下闪着紫红色的光泽，非常可爱。老方丈说，去年你犯鼓胀病，就是用这种茶叶泡茶治好。状元听了要求采制一盒进贡皇上。第二天，老方丈召来大小和尚采下芽叶，精工制作后送给状元。状元带了茶进京时正遇皇后肚疼鼓胀，卧床不起。状元立即献茶让皇后服下，果然茶到病除。皇上非常高兴，便将一件大红袍交给状元，让他代表自己去武夷山封赏。到了九龙窠，状元命人将皇上赐的大红袍披在茶树上以示皇恩。后来，人们在石壁上刻了"大红袍"三个大字纪念，这三株茶树就被称作"大红袍"。从此，大红袍也成了每年进贡的贡茶。

◇ 安溪铁观音

安溪铁观音产自福建安溪县西坪镇。铁观音是乌龙茶中的极品，茶条卷曲，肥壮圆结，沉重匀整，色泽砂绿，整体形状似蜻蜓头、螺旋体、青蛙腿。冲泡后汤色多黄浓艳似琥珀，有天然馥郁的兰花香，滋味醇厚甘鲜，回甘悠久，俗称有"音韵"。茶音高而持久，可谓"七泡有余香"。如果用小巧的功夫茶具品饮，先闻香，后尝味，顿觉满口生香，回味无穷。

关于铁观音也有一个故事。相传，清乾隆年间，安溪西坪上尧茶农魏饮制得一手好茶，他每日晨昏泡茶三杯供奉观音菩萨，礼佛虔诚，十年从不间断。有一天晚上，魏饮梦见在山崖上有一株透发兰花香味的茶树，正欲采摘，却被一阵狗吠惊醒。第二天，他到崖石上寻找，果然发现了一株与梦中一模一样的茶树。于是采下一些芽叶，带回家中，精心制作成茶叶。品尝之后，他发现茶味甘醇鲜爽，认为这是"茶王"，就把这株茶挖回家种植。几年后，茶树长得枝繁叶茂。由于此茶是观音托梦所获，美如观音重如铁，就命名为"铁观音"。从此铁观音就名扬天下。

◇ 信阳毛尖的传说

信阳毛尖产自河南信阳，一般分布在信阳的车云山、天云山、云雾山、集云山、震雷山、黑龙潭和白龙潭等山峰之上，以车云山天雾塔峰的茶叶品质为最佳，正所谓"师河中心水，车云顶上茶"。信阳毛尖成品条索细圆紧直，色泽翠绿，白毫显露，汤色清绿明亮，香气鲜高，滋味鲜醇，茶芽嫩绿匀整。

传说，信阳很久以前本没有茶，乡亲们在官府和地主的欺压下，吃不饱，穿不暖，许多人得了一种叫"疲劳痧"的怪病，瘟病越来越凶，许多都生病死去。一个叫春姑的姑娘看到这种情况非常着急，为了能给乡亲们治病，她到处寻找能人。一天，一位采药老人告诉姑娘，往西南方向翻过九十九座大山，趟过九十九条大江，便能找到一种消除疾病的宝树。春姑按照老人的描述，在路上走了九九八十一天，爬过了九十九座大山，趟过了九十九条大江，累得精疲力竭，还染上了瘟病，倒在一条小溪边。醒来以后，春姑喝水喝到了一片树叶，她发现含在嘴里的树叶让她神清目爽，浑身来劲。于是，她顺着泉水找到了生长救命树叶的大树，摘下一颗种子。但是，看管茶树的神农氏老人告诉姑娘，摘下的种子必须在10天之内种进泥土，否则就没法长出树来。春姑想到10天之内赶不回去就不能抢救乡亲们，急得哭了，神农氏老人见此情景，拿出神鞭打了两下，春姑就变成了一只黄色羽毛的画眉鸟。小画眉飞回家乡种下树籽以后，她已经耗尽心血，在茶树旁化成了一块石头。不久，茶树就长大了，山上飞出了一群小画眉，她们用尖尖的嘴巴啄茶叶喂给患者，把患者都治好了，人们从此摆脱了瘟疫。后来，种植茶树的人越来越多，也就有了茶园和茶山。这个美丽的神话反映了古代劳动人民的美好愿望，也说明信阳毛尖拥有悠久的历史。

◇ 庐山云雾茶的传说

庐山云雾茶产自江西庐山。庐山云雾茶芽肥毫显，条索秀丽，香浓味甘，汤色清澈，是绿茶中的精品。

传说，当年孙悟空在花果山当猴王的时候，仙桃美酒吃腻了，想要尝尝玉皇大帝和王母娘娘喝过的仙茶。于是，一个跟头上了天，驾着祥云向下望时见九洲南国一片碧绿。仔细一看，竟是一片茶树。时值金秋，茶树已结籽。孙悟空不知如何采种，就请天边飞来一群多情鸟来帮忙。于是，众鸟在南国茶园里采集了许多茶籽，往花果山飞去。多情鸟含着茶籽，穿过云层，越过高山，飞过大河，一直向前。飞过庐山上空时，被庐山的巍巍胜景深深吸引住了，领头鸟情不自禁地唱起歌，众鸟也跟着唱和起来。茶籽便从它们嘴里掉了下来，直掉进庐山群峰的岩隙之中。从此云雾缭绕的庐山便长出一棵棵茶树，产出了清香袭人的庐山云雾茶。

◇ 六安瓜片的传说

六安瓜片产自皖西大别山茶区，茶区中又以六安、金寨、霍山三县所产茶叶品质最佳。六安瓜片每年春季采摘，成茶为瓜子形，因而得名。六安瓜片色翠绿，香清高，味甘鲜，耐冲泡。

关于六安瓜片的历史渊源，史料尚无记载。但有一个较为可信的传说：

1905年前后，一个六安茶行评茶师从收购的绿大茶中拣取嫩叶，剔除梗朴，作为新产品上市，获得了成功。这个消息不胫而走，金寨麻埠的茶行，闻风而动，雇用茶工，如法炮制，并起名"峰翅"（意为蜂翅）。这个举动又启发了当地另一家茶行，他们把采回的鲜叶剔除梗芽，并将嫩叶、老叶分开炒制，做成了色、香、味、形均比"峰翅"茶更好的瓜子型茶叶。后来，附近的茶农们也纷纷仿制起来，形成了一种名茶。由于这种片状茶叶形似葵花子，逐称"瓜子片"，简称"瓜片"。

由于瓜片色、香、味、形别具一格，逐渐博得饮品者的喜爱，成为全国名茶。